U0243766

"十四五"时期国家重点出版物
出版专项规划项目

磷科学前沿与技术丛书

含磷药物合成及应用

Synthesis and Application of
Phosphorus -Containing Drugs

常俊标

郭海明 | 等编著

化学工业出版社
·北京·

内容简介

本书为"磷科学前沿与技术丛书"分册之一。本书以含磷药物的药用活性进行合理分类，详细介绍了70余种含磷药物的化学名称、CAS号、结构式、药用活性以及合成路线等，涉及抗肿瘤、抗病毒、抗骨质疏松、治疗白血病、抗菌、强心、降压、酶抑制剂和麻醉等领域。同时，展望了含磷药物的发展趋势。本书适合化学、生命科学、药学研发及相关专业的科技人员、大专院校师生参考阅读。

图书在版编目（CIP）数据

含磷药物合成及应用 / 常俊标等编著 . —北京：
化学工业出版社，2022.12
　（磷科学前沿与技术丛书）
　ISBN 978-7-122-42267-5

Ⅰ.①含…　Ⅱ.①常…　Ⅲ.①有机磷化合物－药物化
学－有机合成　Ⅳ.①TQ460.31

中国版本图书馆CIP数据核字（2022）第178370号

责任编辑：曾照华
文字编辑：张瑞霞　骆倩文
责任校对：王鹏飞
装帧设计：王晓宇

出版发行：化学工业出版社
　　　　　（北京市东城区青年湖南街 13 号　邮政编码 100011）
印　　装：三河市航远印刷有限公司
710mm×1000mm　1/16　印张 20¼　彩插 1　字数 345 千字
2023 年 11 月北京第 1 版第 1 次印刷

购书咨询：010-64518888
售后服务：010-64518899
网　　址：http://www.cip.com.cn
凡购买本书，如有缺损质量问题，本社销售中心负责调换。

定　　价：168.00元　　　　　　　版权所有　违者必究

PHOSPHORUS

磷科学前沿与技术丛书
编委会

丛书序

FOREWORD

　　磷是构成生命体的基本元素，是地球上不可再生的战略资源。磷科学发展至今，早已超出了生命科学的范畴，成为一门涵盖化学、生物学、物理学、材料学、医学、药学和海洋学等学科的综合性科学研究门类，在发展国民经济、促进物质文明、提升国防安全等诸多方面都具有不可替代的作用。本丛书希望通过"磷科学"这一科学桥梁，促进化学、化工、生物、医学、环境、材料等多学科更高效地交叉融合，进一步全面推动"磷科学"自身的创新与发展。

　　国家对磷资源的可持续及高效利用高度重视，国土资源部于 2016 年发布《全国矿产资源规划（2016—2020 年）》，明确将磷矿列为 24 种国家战略性矿产资源之一，并出台多项政策，严格限制磷矿石新增产能和磷矿石出口。本丛书重点介绍了磷化工节能与资源化利用。

　　针对与农业相关的磷化工突显的问题，如肥料、农药施用过量、结构失衡等，国家也已出台政策，推动肥料和农药减施增效，为实现化肥农药零增长"对症下药"。本丛书对有机磷农药合成与应用方面的进展及磷在农业中的应用与管理进行了系统总结。

相较于磷化工在能源及农业领域所获得的关注度及取得的成果，我们对精细有机磷化工的重视还远远不够。白磷活化、黑磷在催化新能源及生物医学方面的应用、新型无毒高效磷系阻燃剂、手性膦配体的设计与开发、磷手性药物的绿色经济合成新方法、从生命原始化学进化过程到现代生命体系中系统化的磷调控机制研究、生命起源之同手性起源与密码子起源等方面的研究都是今后值得关注的磷科学战略发展要点，亟需我国的科研工作者深入研究，取得突破。

本丛书以这些研究热点和难点为切入点，重点介绍了磷元素在生命起源过程和当今生命体系中发挥的重要催化与调控作用；有机磷化合物的合成、非手性膦配体及手性膦配体的合成与应用；计算磷化学领域的重要理论与新进展；磷元素在新材料领域应用的进展；含磷药物合成与应用。

本丛书可以作为国内从事磷科学基础研究与工程技术开发及相关交叉学科的科研工作者的常备参考书，也可作为研究生及高年级本科生等学习磷科学与技术的教材。书中列出大量原始文献，方便读者对感兴趣的内容进行深入研究。期望本丛书的出版更能吸引并培养一批青年科学家加入磷科学基础研究这一重要领域，为国家新世纪磷战略资源的循环与有效利用发挥促进作用。

最后，对参与本套丛书编写工作的所有作者表示由衷的感谢！丛书中内容的设置与选取未能面面俱到，不足与疏漏之处请读者批评指正。

2023 年 1 月

　　本书介绍了含磷药物的药用活性和合成方法，其中以抗病毒和抗肿瘤含磷药物的介绍为重点。在总结国内外近几十年来含磷药物研究成果的基础上，以含磷药物的药用活性进行合理分类，并在此基础上编写此书，以期能够在含磷药物的药用活性及合成方法方面给大家提供帮助。

　　含磷药物在医药领域有着十分广泛而又成功的应用。现在含磷药物研究涵盖抗肿瘤、抗病毒、抗骨质疏松、治疗白血病、抗菌、强心、降压、酶抑制剂和麻醉等领域，目前有70多种药物已获批准上市。近年来，引人注目的磷酰胺类抗丙型肝炎病毒药物索非布韦和抗乙型肝炎病毒药物替诺福韦艾拉酚胺等重磅药物的上市，大大提高了科学家们对含磷药物的重视，使含磷药物迎来新的发展契机。

　　本书详细介绍了70余种含磷药物的化学名称、CAS号、结构式、药用活性以及合成路线等，展望了含磷药物的发展趋势，包括磷酰胺酯前药策略和新的合成技术，将为科研工作者在含磷药物的研发方面提供帮助。

在本书编著过程中，常俊标教授负责大纲的制订和全书的统稿工作；郭海明教授负责药物合成部分撰写工作的统筹和校对工作；于文全老师负责撰写药理活性部分；谢明胜、王东超、柴国利、朱博、张齐英负责撰写部分药物分子的合成，包括文献查阅、化学结构式绘制等工作；渠桂荣教授负责本书撰写指导工作。在此一并向他们表示衷心的感谢。

由于编著者知识水平有限，书中难免有疏漏和不妥之处，敬请读者批评指正，不胜感谢！

编著者

2023 年 9 月

目录

8 现代含磷药物的发展 291

索引 307

1

绪论

Synthesis and Application of Phosphorus-Containing Drugs

1.1

含磷医药的历史与发展趋势

1.1.1 含磷医药的历史

含磷医药主要指在化学、生物学、药学等学科的基础上，利用磷元素的特殊性质，设计合成新型含磷药物，包括无机化合物和有机化合物，对含磷药物结构和活性进行研究，开发用于治疗各种疾病的含磷药物的科学。研究内容涉及发现、修饰和优化先导化合物，从分子水平上揭示药物及具有生理活性物质的作用机理，研究药物及生理活性物质在体内的代谢过程。

磷属于第 V 主族元素，1669 年由德国 Barnd 通过蒸馏尿液获得。磷存在于人体所有细胞中，是维持骨骼和牙齿的必要物质，几乎参与所有生理过程中的化学反应。磷还是使心脏有规律地跳动、维持肾脏正常机能和传达神经刺激的重要物质；没有磷时，烟酸(又称为维生素 B_3)不能被吸收。随着人类对含磷物质认识的加深和科学的新发现，人们越来越多地认识到磷对人类健康的巨大作用，磷元素在许多疾病治疗上发挥着重要的作用，被人们称为"健康的卫士"。

药用有机磷化合物经历了曲折的发展过程 [1]。1811 年 Vaugue 从脑组织中分离得到第一个有机磷化合物——卵磷脂；1868 年 Miesher 从绷带脓血中分离出了另一个天然有机磷化合物，即众所周知的 DNA。进入 20 世纪后，生物学和生物化学领域几乎所有重大的成就与含磷和碳的化合物有着密切的联系，从而为磷化合物应用于医药领域开辟了十分广阔的天地。1929 年，Fiske 等发现了三磷酸腺苷(ATP)。20 世纪 40 年代以后人们发现有机磷化合物不仅仅只存在于核酸中，也是所有细胞不可缺少的重要组成部分，关联着生命的全过程。这些发现逐步拉开了人们利用含磷化合物治疗疾病、提高健康水平的序幕。

20 世纪 50 年代后，磷在生命过程中的作用逐步被揭示，如生物有机磷酸酯 ATP 在蛋白质合成、光合作用、生物固氮以及许多新陈代谢过程中起着极其重要的作用；磷酸肌酸用于 ATP 的再生；鸟苷三磷酸则可以将过剩的碳水化合物合成为多糖分子；烟酰胺腺苷二核苷 - 正磷酸根可以在叶绿素存在下使二氧化碳顺利发生光合作用等。这些发现使人们充分认识到磷在生命过程中的重要作用，有机磷化学进入了蓬勃发展时期，极大地推动了含磷药物的研制。20 世纪 50 年代末，首个有机磷抗肿瘤药环磷酰胺研制成功。之后，随着核酸研究的重大突破，核苷类药物研发获得了长足发展。

1.1.2 含磷医药的发展趋势

利用 DNA 和 RNA 的单体核苷骨架进行修饰改造得到了多种疗效显著的核苷类药物，核苷类药物在临床上被广泛应用于各种病毒性疾病和肿瘤的治疗[2-5]。到目前为止，已有数十个核苷类药物被用于治疗肿瘤、病毒性疾病等。用作抗肿瘤药的核苷类药物多为抗代谢化疗剂，其可通过干扰肿瘤细胞的 DNA 合成以及 DNA 合成中所需嘌呤、嘧啶、嘌呤核苷酸和嘧啶核苷酸的合成来抑制肿瘤细胞的存活和增殖。核苷类抗病毒药物在临床使用的抗病毒药物中占了一半以上，是抗 HIV 药物中应用最早、种类最多的一类药物，是目前临床上治疗艾滋病、疱疹、肝炎等病毒性疾病的首选药物。核苷类抗病毒药物的作用靶点多为 RNA 病毒的逆转录酶或 DNA 病毒的聚合酶。核苷类药物一般与天然核苷结构相似，病毒对这些外来假底物的识别能力差，该类药物一方面竞争性地作用于酶活性中心，另一方面嵌入正在合成的 DNA 链中，终止 DNA 链的延长，从而抑制病毒复制。近年来，随着对核苷代谢过程中的酶以及核苷类药物的抗肿瘤和抗病毒机制研究的不断深入，核苷类新药的研发取得了长足的进展。例如，6-巯基嘌呤和 6-巯基鸟嘌呤是最早应用于抗肿瘤的嘌呤核苷类似物；阿糖胞苷是最早发现并应用于临床的脱氧胞嘧啶核苷类似物，它是目前治疗急性骨髓性白血病最有效的药物之一；5-氟尿嘧啶、氟达拉滨、克拉屈滨、阿巴卡韦和阿昔洛韦等对结肠癌、胰腺癌、胸腺癌和头颈部癌有很好的疗效等(图 1-1)。但与其他许多药物相似，这些早期发展的核苷类药物也存在诸如口服生物利用度低、代谢快、不良反应多以及易产生耐药性等问题。

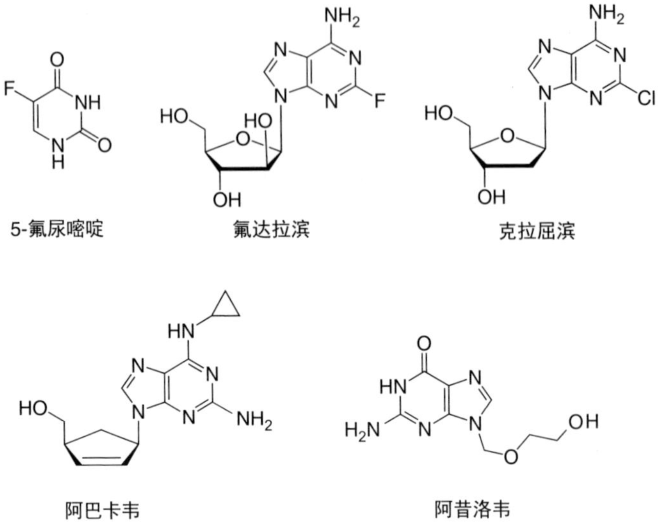

图 1-1　5-氟尿嘧啶、氟达拉滨、克拉屈滨、阿巴卡韦和阿昔洛韦的结构

随着现代检测手段的发展，很多疾病的产生原因、药物的代谢过程等被充分认识。核苷类药物进入体内后，先在相应激酶催化作用下磷酸化为活性代谢产物单磷酸酯，然后再形成三磷酸酯。核苷类药物的单磷酸化往往是药物代谢的限速步骤，人体内催化核苷发生单磷酸化的激酶——胸腺嘧啶核苷激酶 (TK)、脱氧胞嘧啶核苷激酶 (dCK)、脱氧鸟嘌呤核苷激酶 (dGK) 及腺嘌呤核苷激酶 (AK) 等对核苷的亲和力有限，同时酶活性易被核苷酸单磷酸酯 (NA-MP) 抑制，因此，核苷类药物的体内活化效果受限，影响了药物活性的发挥。在充分认识到上述原因的基础上，为了解决核苷类药物存在的上述问题，研究人员尝试采用磷酰胺酯和磷酸酯前药策略对核苷类药物进行磷酸化修饰，获得了重大突破[6,7]。如阿德福韦是首个磷酸核苷类抗乙肝病毒 (HBV) 药物，其分子中带有负电荷的磷酸基，不利于药物穿透进入被病毒感染的宿主细胞，因此，为"屏蔽"磷酸基的负电荷、增加药物脂溶性，研究人员研制了阿德福韦的前药阿德福韦酯。该前药可在细胞激酶的作用下发生磷酸化，生成活性代谢物阿德福韦二磷酸酯，后者可通过与 HBV 中 DNA 多聚酶的自然底物

脱氧腺苷三磷酸 (dATP) 相竞争的方式以及整合到病毒 DNA 中引起 DNA
链延长终止的方式来抑制 HBV 复制(图 1-2)。

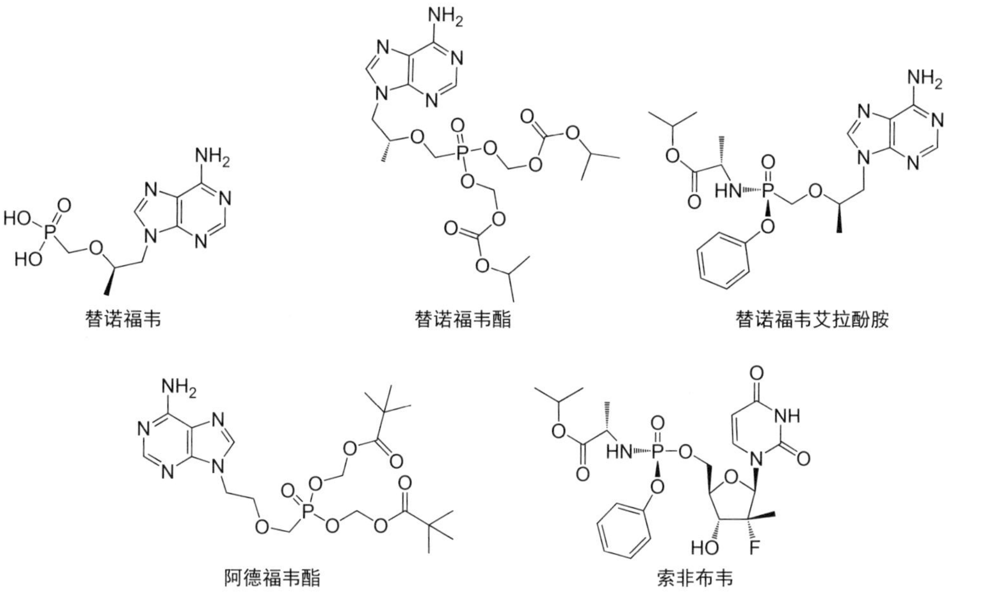

替诺福韦　　　　　　替诺福韦酯　　　　　　替诺福韦艾拉酚胺

阿德福韦酯　　　　　　索非布韦

图 1-2　代表性含磷核苷酸前药的分子结构

　　目前最耀眼的两个核苷磷酰胺酯前药策略例子为索非布韦
(sofosbuvir) 和替诺福韦艾拉酚胺 (tenofovir alafenamide) 的成功研制 [7]，
实现了治疗丙型肝炎病毒 (HCV) 和乙型肝炎病毒 (HBV) 的划时代突破。
2013 年美国 FDA 批准上市的抗丙型肝炎病毒新药索非布韦，是含氟核
苷酸类似物的磷酰胺酯前药，也是一种有效的口服 NS5B 聚合酶抑制剂，
对丙肝病毒有很强的抑制作用，同时是治疗慢性丙型肝炎联合用药的重
要组成药物，治愈率高达 90% 以上，上市第一年其全球销售额便超过
100 亿美元。2016 年美国 FDA 批准上市的替诺福韦艾拉酚胺用于治疗
慢性乙型肝炎病毒。替诺福韦艾拉酚胺是一种创新型、靶向性的替诺福
韦 (tenofovir) 磷酰胺酯前药，与 300 mg 的替诺福韦酯相比，只需要少于
1/10 的剂量就可达到类同的抗病毒功效。

　　小核酸药物的诞生也伴随着核酸研究的重大发现 [8-11]。RNA 干扰
(RNAi) 现象是核酸研究的一个重大发现，它由 Andrew Z. Fire 和 Craig C.
Mello 教授于 1998 年发现，在 2002 年被《科学》杂志评为十大科学成就

之首，在 2006 年获得诺贝尔生理学或医学奖。基于 RNAi 现象的小核酸药物研发在遭遇了资本的寒冬后，近来获得了巨大突破。截至 2017 年 1 月，美国 FDA 已批准上市的 6 个小核酸药物中，有 4 个是反义寡核苷酸药物，其中反义硫代磷酸寡核苷酸又占据了 3 个席位，分别是 1998 年批准的福米韦生 Vitravene(fomivirsen)、2013 年批准的米泊美生钠 Kynamro (mipomersen) 以及 2016 年批准的诺西那生钠 Spinraza(nusinersen)。同时，目前仍有大批反义硫代磷酸寡核苷酸药物处于不同阶段的临床研究中。2016 年 FDA 连续批准上市两个小核酸药物 eteplirsen 和 nusinersen。eteplirsen 是一种反义 RNA 药物，通过静脉注射给药，可帮助 51 号外显子跳跃的杜兴氏肌肉萎缩症(DMD)患者合成一些抗肌萎缩蛋白(肌营养蛋白)，延缓疾病进程，是 FDA 批准的 DMD 药物。nusinersen 用于治疗成人及儿童脊髓性肌萎缩 (SMA)。nusinersen 是一种反义寡核苷酸，通过鞘内注射给药，可增加患者体内促进运动神经元存活的 SMN 蛋白的表达，提高患者的运动机能，是 FDA 批准的 SMA 药物。eteplirsen 和 nusinersen 的获批具有里程碑意义，不仅为 DMD 和 SMA 患者提供了新的治疗选择，还再度点燃了医药行业和投资机构对小核酸药物的热情。

从含磷药物特别是核苷类药物及小核酸药物的发展历程上看，含磷药物的研制作为药物化学的一个重要分支，它遵循药物化学发展的一般规律和研究特点，即含磷药物的发展同样经历了发现、发展和设计三个阶段，并且与药物化学相关学科的发展密不可分。从药物化学发展史上可以看到，药物化学的发展与相关学科的发展是相辅相成的。一方面，不同的学科发展促进了药物化学发展的不同阶段，相关学科的发展不仅为药物化学的研究提供了物质手段，也对其思维方式和研究方法产生了影响，出现了崭新的认识途径和方式。另一方面，药物化学发展的需求又迫使相关学科进一步发展，以适应其研究的需要，为其提供更有力的工具。随着药物化学的发展，药物化学与相关学科的合作日益增多，界限日益模糊，先后出现了生物无机化学、生物有机化学、生物药物化学等一系列交叉学科，使化学与生物学的理论和技术进一步相互融合、相互渗透，出现了一体化的趋势。这是科学技术发展的普遍规律，也对药物化学的发展有着极其重要的实践意义和理论意义。我们应清楚地认识到相关学科对药物化学的发展所产生的重要影响，并在本学科的研究过程中主动地去学习、掌握这些技术，同时在学科教育中注重从实际出发，随着含磷药物研究模式的转变来相应转变含磷药物教育模式。

1.2
含磷医药的分类

　　含磷化合物在医药领域有着十分广泛而成功的应用。截至 2018 年 10 月，至少有 150 多种含磷药物进入临床研究阶段，其中有 70 多种药物已获批准上市，包括：抗病毒药物、抗肿瘤药物、维生素类药物、营养补充剂、双膦酸类药物、抗菌药物、抗高血压药物、放射性药物（用作造影剂）、牙科用药、肠道用药、药物溶剂 / 辅助药物和激素类药物等，后续章节将依次对上述已上市的含磷药物的结构、药理活性以及合成进行展开介绍。

参考文献

[1] 俞雄 . 含磷药物的发展概述 [J]. 医药工业，1988，19(11) : 513-520.
[2] Parker W B. Enzymology of purine and pyrimidine antimetabolites used in the treatment of cancer[J]. Chem Rev, 2009, 109(7): 2880-2893.
[3] 吴耀文，蒋宇扬，付华，等 . 抗癌核苷类似物 [J]. 有机化学，2003，23(10) : 1091-1098.
[4] 张礼和 . 以核酸为作用靶的药物研究 [J]. 北京大学学报(医学版)，2002，34(5) : 418-426.
[5] 徐丹丹，偶志红，李青山 . 药物化学的发展与相关学科的关系 [J]. 医学与哲学，2004，25(7) : 37-38.
[6] 李文保，董芳华，孙昌俊 . 核苷类药物的前药及其研发近况 [J]. 药学进展，2012，36(7) : 300-307.
[7] 聂飚，金传飞，钟文和，等 . 磷酰胺酯前药策略及 ProTide 技术在药物研发中的应用与进展 [J]. 有机化学，2017，37(11) : 2818-2840.
[8] Knouse K W, de Gruyter J N, Schmidt M A, et al. Unlocking P (Ⅴ): Reagents for chiral phosphorothioate synthesis[J]. Science, 2018, 361(6408): 1234-1238.
[9] Stein C A, Castanotto D. FDA-approved oligonucleotide therapies in 2017[J]. Mol Ther, 2017, 25(5): 1069-1075.
[10] Rupaimoole R, Slack F J. MicroRNA therapeutics: towards a new era for the management of cancer and other diseases[J]. Nat Rev Drug Discov, 2017, 16(3): 203-222.
[11] Peng C, Li L, Zhang M D, et al. miR-183 cluster scales mechanical pain sensitivity by regulating basal and neuropathic pain genes[J]. Science, 2017, 356(6343): 1168-1171.

2

抗病毒类含磷药物

Synthesis and Application of Phosphorus-Containing Drugs

2.1

抗病毒类含磷药物的结构

　　目前已上市的含磷抗病毒药物主要有西多福韦、膦甲酸、阿德福韦酯、福沙那韦、替诺福韦酯、替诺福韦艾拉酚胺、索非布韦(图 2-1)。

西多福韦

膦甲酸

阿德福韦酯

福沙那韦

替诺福韦酯

替诺福韦艾拉酚胺

索非布韦

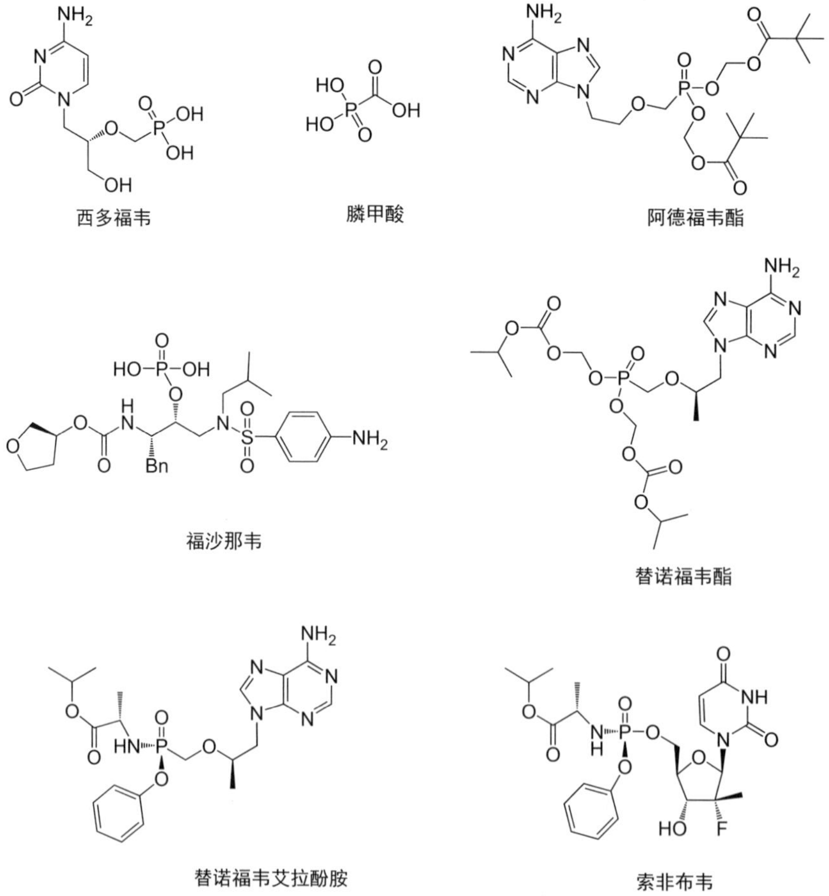

图 2-1　抗病毒类含磷药物的分子结构

2.2
抗病毒类含磷药物的药理活性及合成方法

2.2.1 西多福韦

西多福韦(cidofovir，CDV)属于无环核苷酸类化合物，以其抗病毒特性而闻名。它是由美国 Gilead 公司开发的一种胞嘧啶无环核苷膦酸类抗病毒药物，并于 1996 年获得 FDA 批准将其用于艾滋病患者的巨细胞病毒(CMV)引起的视网膜炎的治疗，它通过选择性抑制病毒 DNA 合成来抑制巨细胞病毒的复制。西多福韦可以通过皮下和静脉内途径，经皮和病灶内注射给药，该药具有强的抗 CMV 活性，其疗效优于抗 CMV 药物更昔洛韦，并对某些耐更昔洛韦或膦甲酸的病毒株也有活性，且与其他抗 CMV 药物相比，西多福韦的疗效更持久[1]。

西多福韦

西多福韦为无环核苷膦酸酯衍生物，能够抑制病毒 DNA 聚合酶，并在细胞胸苷激酶的作用下转化成为活性代谢物单磷酸酯、二磷酸酯和它的磷酸胆碱的加成物[2]。嘧啶核苷单磷酸激酶已被证实用于催化第一步磷酸化，丙酮酸激酶、肌酸激酶或核苷二磷酸激酶这三种酶中的一种催化第二步磷酸化。而 Cihlar 和 Chen 发现，人巨细胞病毒(HCMV)感染会导致西多福韦单磷酸酯和西多福韦二磷酸酯的细胞内水平相对于未感染的细胞有明显升高[3]。西多福韦二磷酸酯(CDVpp)是西多福韦的抗病毒代谢产物，也能够抑制病毒 DNA 复制，如牛痘病毒、EBV 和 HBV，它对磷酸酶具有抗性，并且不需要病毒编码的激酶来进行磷酸化[4]。西多福韦二磷酸酯通过抑制 DNA 聚合酶，竞争性地抑制脱氧胞嘧啶核苷 -5- 三磷酸酯整合入病毒的 DNA，减缓 DNA 合成，连续两个西多福韦分子整合入 DNA 链中会引起 DNA 链终止延长，使病毒 DNA 失去稳定性，从而抑制病毒的复制，发挥抗病毒作用。掺入 DNA 链的西多福韦二磷酸酯不能被病毒 DNA 聚合酶的 3′ 到 5′ 端核酸外切酶活性切除，故能产生持久的抗病毒效应 [5]。CDVpp 是人类 DNA 聚合酶 β 和人类 DNA 聚合酶 γ 的弱抑制剂，是人类 DNA 聚合酶 α 和 HCMV DNA 聚合酶的中度抑制剂，以及 HSV-1 和 HSV-2 DNA 聚合酶的强抑制剂 [6]。

西多福韦作为一种核苷膦酸酯类似物，对多种 DNA 病毒均具有强大的体外和体内活性。除了人类巨细胞病毒，西多福韦通常还用于治疗 HCMV 以外的各种 DNA 病毒引起的严重感染，包括巨乳头瘤病毒和多瘤病毒，它们不编码自己的 DNA 聚合酶。目前市场上已将西多福韦的不同制剂用于抗阿昔洛韦和 / 或膦甲酸钠耐药的单纯疱疹病毒感染及痘病毒相关的疾病，包括软体动物传染性葡萄球菌和口疮病毒感染、威胁生命的腺病毒和人类多瘤病毒(HPyV)感染以及与人乳头瘤病毒(HPV)相关的过度增殖性疾病，在较早的研究中，西多福韦已显示出对 HPV 阳性宫颈癌和 HPV 阴性转化细胞株的抗增殖特性 [7]。当前，西多福韦作为包括天花在内的痘病毒感染的潜在疗法也特别受关注 [8]。

西多福韦对于治疗 DNA 病毒感染的临床应用广泛，包括单纯性疱疹脑炎、带状疱疹、多瘤病毒感染以及骨髓移植引起的巨细胞病毒性肺炎等。另外，西多福韦这种抑制病毒 DNA 聚合酶的广谱抗病毒药物已被证明是 HPV 外科手术的辅助病灶内治疗方法，其在许多体内 HPV 阴性恶性肿瘤中也有疗效，如胶质母细胞瘤和鼻咽癌。如今，西多福韦对 HPV 的确切作用机制还尚未完全了解，HPV 的复制周期不同于其他 DNA 病毒，它不编码自身的 DNA 聚合酶，而这是巨细胞病毒感染中西多福韦二磷酸的最终靶标 [9]。人们对理解西多福韦为何能有效对抗这些小 DNA 肿瘤病毒有极大的兴趣，考虑到乳头瘤病毒和多瘤病毒会导致与生产性感染或转化相关的疾病，猜测西多福韦可能是作为抗病毒和 / 或抗增殖剂起作用，并具有诱导细胞凋亡的能力，因此可以为重度复发的 HPV 引起的病变提供治疗方案，也可用于尝试治疗增生异常病变或作为辅助治疗。

尽管西多福韦尚未被批准用于治疗癌症，但它已被广泛用于严重复发性肛门疣的治疗[10]。西多福韦可以由患者局部给药或由给药者病灶内给药。已有报告证实了局部用西多福韦治疗的 HIV / AIDS 患者的肛门疣得到了改善，其中有 65% 的患者得到了完全或部分缓解。此外，据报道，西多福韦可通过抑制 CXCR4 依赖性细胞黏附来降低 HPV 阳性癌细胞的转移潜能。病灶内注射西多福韦甚至可以完全清除标准治疗难以治愈的移植受者的癌症[11]。

西多福韦化学名为 (S)-N^1-[(2-膦酸甲氧基-3-羟基) 丙基] 胞嘧啶，CAS 号为 113852-37-2，分子式为 $C_8H_{14}N_3O_6P$，分子量为 279.06。西多福韦由美国 Gilead 公司开发，于 1996 年被美国 FDA 批准上市，商品名为 Vistide，是一种非环核苷类抗病毒药物，用于治疗巨细胞病毒(CMV)感染。近年研究表明，西多福韦具有广谱抗 DNA 病毒活性[12,13]。

1988 年，Webb II 等首次报道了西多福韦的合成(图 2-2)。该方法以异亚丙基-L-丙三醇 1 为手性起始原料，经苄基保护、脱亚丙酮基和单甲氧基三苯甲基化反应，以 3 步 59% 的总收率得到手性醇 4。手性醇 4 经磷甲基化反应，生成手性膦酸酯 5。再经脱保护和甲磺酸化反应得到手性甲磺酸酯片段 7。在碳酸铯作为碱的条件下，胞嘧啶与手性甲磺酸酯片段 7 发生 N^1-烷基化，以 67% 的收率得到 N^1-烷基化产物 8，同时伴随有少量 O-烷基化副产物。产物 8 经脱苄基可得产物 9，其再经酯基的脱烷基化反应可得最终产物西多福韦。该路线从手性源出发，经 9 步以 10.4% 的总收率得到西多福韦[14]。

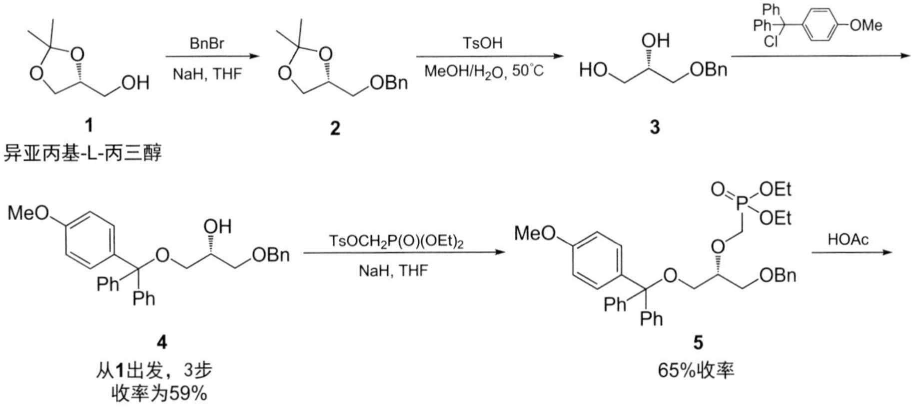

图 2-2

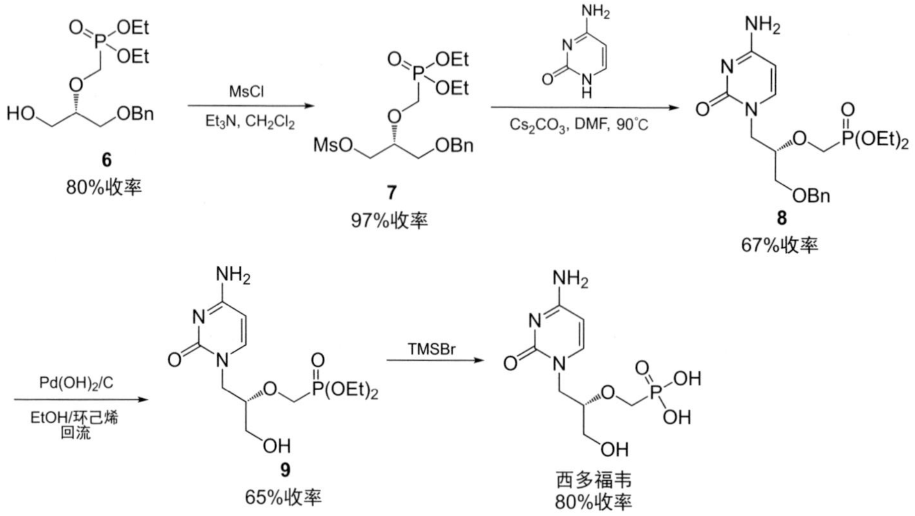

图 2-2　西多福韦的合成路线 1

　　1990 年，Bronson 等发展了另一种合成西多福韦的方法（图 2-3）。以异丙基保护的手性甘油醇为手性源，与甲磺酰氯反应得到相应的磺酸酯，在碱性条件下，磺酸酯与苯甲酰基保护的胞嘧啶发生取代反应，得到非环核苷类取代产物。在酸性条件下，脱除亚丙酮基，再将端位的羟基进行保护，并发生磷甲基化反应，再经酸性条件下脱 Tr 保护、酯基的脱烷基化反应和苯甲酰基的脱除，可到西多福韦 [15]。该合成工艺路线较长，且总收率较低。采用通 HCl 气体来脱除 Tr 保护，废气污染较大，操作复杂且脱除时间较长。反应过程中副反应较多，产物纯化较为困难，不适合工业化生产 [16]。

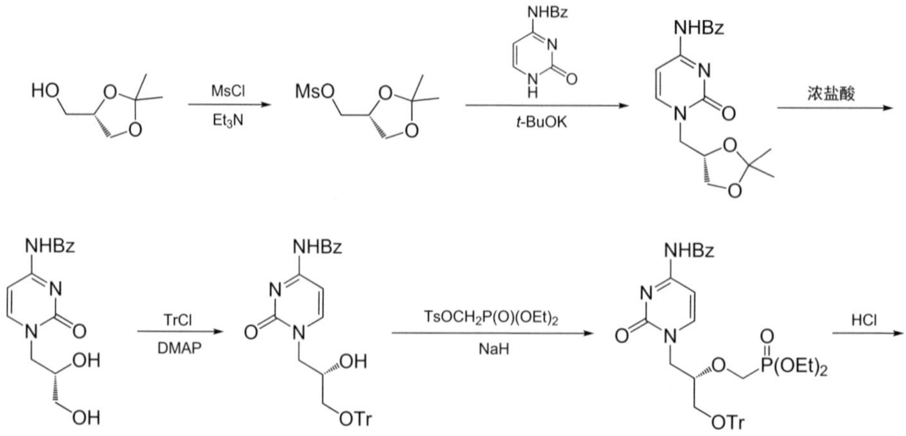

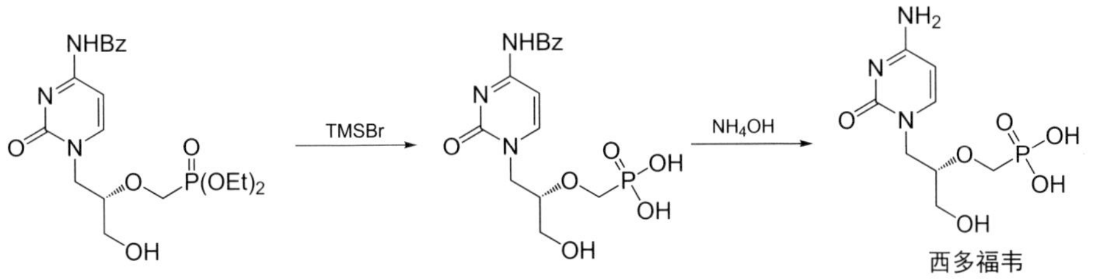

图2-3　西多福韦的合成路线2

1994 年，Brodfuehrer 等报道了一种更加高效的合成西多福韦的方法（图 2-4）。该方法以 *R*-缩水甘油 **10**（88% ee）为手性起始原料，将羟基进行三苯甲基保护得到手性环氧 **11**。该环氧 **11** 与苯甲酰基保护的胞嘧啶发生区域选择性开环反应，以 82% 的收率得到手性醇 **12**。手性醇 **12** 经磷甲基化反应，得手性膦酸酯 **13**，再经脱除三苯甲基保护基得到产物 **14**。再经酯基的脱烷基化反应和苯甲酰基的脱除，可得西多福韦。该路线从手性源出发，经 6 步反应可得西多福韦[17]。

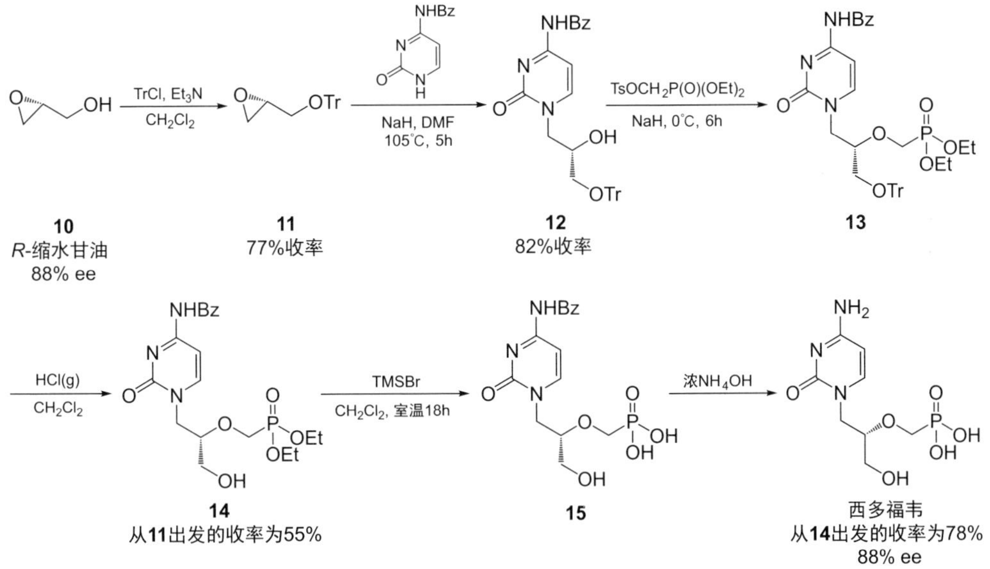

图2-4　西多福韦的合成路线3

2012 年，孟繁钦等优化了西多福韦的合成工艺，以中间体 (*S*)-*N*[1]-[(3-羟基-2-乙基膦酸甲氧基)甘油醇]-*N*[4]- 苯甲酰基胞嘧啶为原料，在室温下加入三甲基溴硅烷(TMSBr)，反应一段时间之后，再加入浓氨水。将膦酸酯的酯基水解和苯甲酰基保护基的脱除这两步反应缩短为一步，简化了操作，有利于工业化生产(图 2-5)[18]。

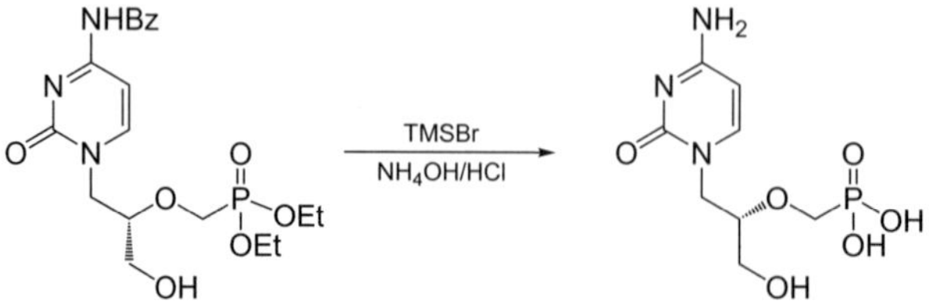

14　　西多福韦

图 2-5　西多福韦的合成工艺优化路线

2018 年，河南师范大学郭海明等通过不对称催化的方法合成了西多福韦的前体化合物。该方法以 N^1- 烯丙基胞嘧啶 **16** 为起始原料，经 Sharpless 不对称双羟基化反应，可一步合成手性二醇 **17**，收率达 93%，但对映选择性只有 76%(图 2-6)。为了进一步提高对映选择性，在 N^1- 烯丙基胞嘧啶 **16** 侧链的 2′-位引入三甲基硅基，可得原料 **18**。该原料 **18** 经 Sharpless 不对称双羟基化反应，以 88% 的收率和 95% 的对映选择性得到了手性二醇 **19**。在四丁基氟化铵的作用下，化合物 **19** 可脱除三甲基硅基，以 73% 的收率和 95% 的 ee 值生成西多福韦的前体化合物 **17**。参照文献 [15]，再经 5 步反应可得西多福韦(图 2-6)[19]。

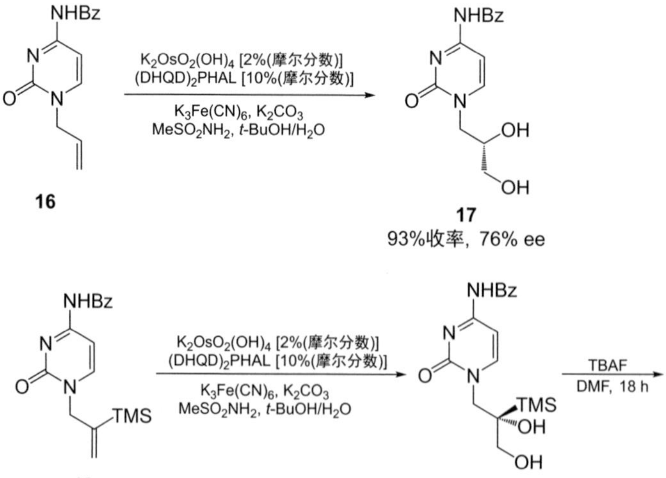

16　　17
93%收率，76% ee

18
1 mmol, 0.33 g

19
0.32 g, 88%收率，95% ee

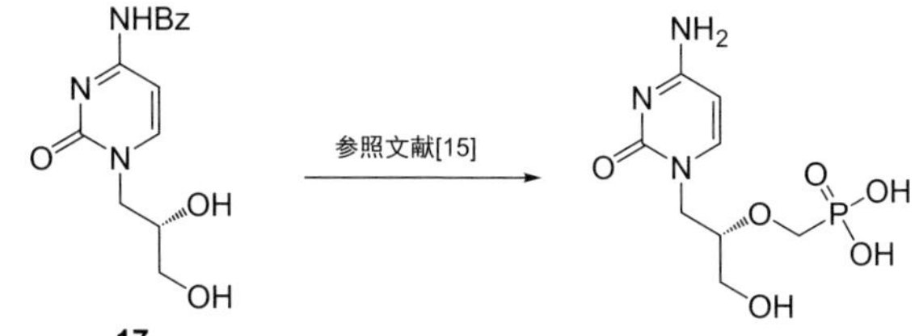

17
73%收率, 95% ee

西多福韦

图 2-6　西多福韦的合成路线 4

2.2.2　膦甲酸

膦甲酸（foscarnet）是人工合成的无机焦磷酸盐的有机类似物，可选择性抑制病毒在感染细胞中的复制。它在体外抑制所有疱疹病毒的复制，包括浓度为 100 ～ 300 μmol/L 的人类巨细胞病毒（HCMV），并对 HIV-1 病毒、流感病毒和乙型肝炎病毒具有剂量相关的抑制作用。膦甲酸不需要细胞内磷酸化即可获得抗病毒活性。膦甲酸的口服生物利用度（12%～ 22%）低，须静脉内施用膦甲酸酯。膦甲酸可用于治疗艾滋病患者的巨细胞病毒性视网膜炎，也可用于治疗对阿昔洛韦耐药的免疫功能低下患者的皮肤黏膜单纯疱疹病毒（HSV）感染。膦甲酸还显示出抗人类疱疹病毒和艾滋病病毒活性。

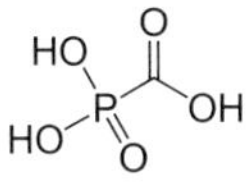

膦甲酸

膦甲酸钠（foscarnet sodium）是一种焦磷酸盐类似物，对多种 DNA 病毒具有抗病毒活性，包括巨细胞病毒（CMV）和乙型肝炎病毒，为非核苷类抗病毒药物。其抗病毒作用在 1976 年首先被发现，当时发现它能抑制单纯疱疹病毒（HSV）的复制。之后的研究表明膦甲酸钠能抑制多种病毒的复制，包括巨细胞病毒（CMV）、EB 病毒（EBV）、水痘-带状疱疹病毒（VZV）和人类免疫缺陷病毒（HIV）等，经过多年的应用，证明其有较好的临床效果。膦甲酸钠的抗病毒机制是非竞争性抑制病毒的 DNA 聚合酶。当膦甲酸钠与病毒 DNA 聚合酶的焦磷酸结合位点相结合后，会形成一种不稳定的核苷单磷酸盐中间物，进而阻止引物和底物之间形成 3′,5′-磷酸二酯键，抑制 DNA 复制链的延长。目前，在临床上，膦甲酸钠广泛应用于感染乙肝病毒的患者，以及艾滋病患者巨细胞病毒性视网膜炎和免疫功能损害患者耐阿昔洛韦单纯疱疹毒性皮肤黏膜感染的治疗。膦甲酸钠最主要的不良反应是肾毒性，并呈现剂量相关性[20]。

膦甲酸钠(PFA)是膦乙酸(PAA)的同类物，两者均为焦磷酸盐的类似物，PFA 于 1924 年由 Nylén P 实验室首先合成，1978 年，Helgstrand 等在《科学》杂志发表文章，认为 PFA 是单纯疱疹病毒(HSV)DNA 多聚酶抑制剂，并在体外细胞水平和豚鼠体内证实了它的抗病毒活性。PFA 对 HBV 的潜在疗效主要体现在三个方面：(1)它是一个小分子焦磷酸盐类似物，其化学结构与已知的嘧啶核苷类 RT 抑制剂 3TC 不同；(2)体外试验研究表明，PFA 通过非竞争性阻断病毒 DNA 多聚酶的磷酸盐结合部位，抑制 HSV DNA 多聚酶、HIV-1 RT 和 HBV DNA 多聚酶等多种病毒 DNA 多聚酶活性，阻止焦磷酸盐从三磷酸脱氧核苷中分离，而 3TC 在病毒 DNA 多聚酶中的结合部位是催化结构域；(3)PFA 在细胞内不需要依靠病毒的胸腺嘧啶核苷激酶(TK)与宿主细胞的激酶激活和磷酸化活化过程，区别于 3TC、阿昔洛韦、更昔洛韦。

膦甲酸钠分子式为 CNa_3O_5P，分子量为 191.95，CAS 号为 63585-09-1，由 Astra 公司开发，商品名 Foscavir，1989 年在瑞典上市，是一种有效的抗病毒药物[21,22]。

1983 年，美国专利中首次报道了膦甲酸钠的制备方法(图 2-7)。通过亚磷酸三乙酯和氯甲酸-4-甲氧基苯酯反应合成膦甲酸酯，再将其水解可得膦甲酸钠[23]。

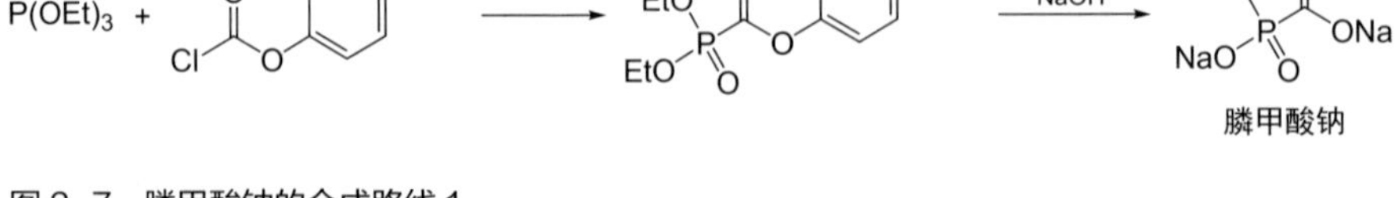

图 2-7　膦甲酸钠的合成路线 1

1987 年，西班牙专利报道了另一种膦甲酸钠的制备方法（图 2-8）。通过亚磷酸三乙酯和氯甲酸乙酯的加热反应合成膦甲酸三乙酯，而后将酯基水解，制得膦甲酸钠[24]。

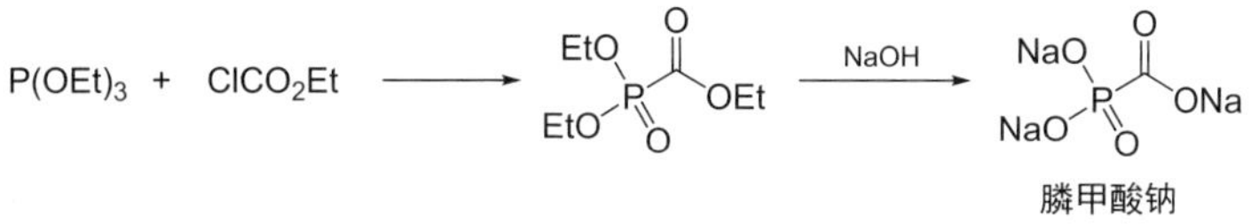

膦甲酸钠

图 2-8　膦甲酸钠的合成路线 2

2.2.3　阿德福韦酯

阿德福韦酯（adefovir dipivoxil，ADV）是一种口服非环核苷酸类逆转录酶抑制剂药物，是单磷酸腺苷的核苷酸类似物。它是核苷酸阿德福韦的二酯前药，是第一种应用于临床的用以治疗慢性乙肝的核苷酸类药物。阿德福韦酯在体内水解为阿德福韦而发挥抗病毒作用，阿德福韦在细胞内被磷酸化成其活性形式——阿德福韦二磷酸盐（AFV），它是阿德福韦的活性代谢产物，是脱氧腺苷三磷酸的类似物，它通过与天然底物脱氧腺苷三磷酸竞争并通过掺入病毒 DNA 后引起链终止来抑制乙肝病毒 DNA 聚合酶（逆转录酶）活性。体外和体内研究表明，阿德福韦酯在抑制野生型和拉米夫定耐药性 HBV 病毒株方面具有良好的活性[25]。

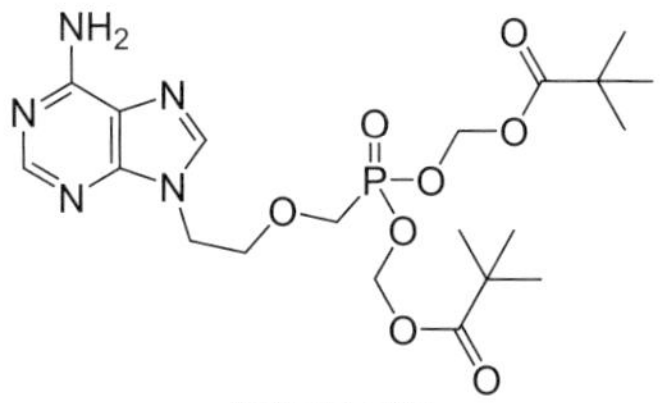

阿德福韦酯

阿德福韦酯是一种无环核苷酸类似物，白色或类白色粉末，味苦，无臭，其在 pH 值为 2.0 的水溶液中的溶解度为 19 mg/mL，在 pH 值为 7.2 的水溶液中的溶解度为 0.4 mg/mL[26]，口服后可迅速水解为阿德福韦而发挥抗病毒作用，在体内外对逆转录病毒的复制具有有效和选择性的抑制作用。

由于膦酸盐的肠道通透性有限，阿德福韦不能被很好地口服吸收，随着前药阿德福韦酯(ADV)的开发，其生物利用度得到了显著提高。阿德福韦酯对肝炎病毒、逆转录病毒和疱疹病毒均具有有效的体外活性。口服给药的阿德福韦酯通过非特异性酯酶进行快速酶促水解，产生阿德福韦，并转运到细胞中，通过两次磷酸化反应转化为阿德福韦二磷酸，即活性分子[27]。阿德福韦二磷酸通过与内源性底物脱氧腺苷三磷酸(dATP)竞争而并入病毒 DAN 链，选择性地抑制 HIV 的逆转录酶(RT)、HBV 的逆转录 DNA 聚合酶和疱疹病毒的 DNA 聚合酶。阿德福韦二磷酸缺少 $3'$-羟基，在掺入新生病毒 DNA 后，会导致病毒 DNA 合成提前终止。与其他核苷酸类似物(如拉米夫定)不同，阿德福韦酯被单磷酸化，并且不依赖于病毒核苷激酶的初始磷酸化来发挥其抗病毒作用[28]。体外研究表明，阿德福韦酯可选择性抑制 HBV 聚合酶，抑制 50% HBV 聚合酶酶促活性所需的浓度为 0.1 μmol/L，而对于人体 DNA-α 聚合酶则超过 100 μmol/L。另外，活性细胞内代谢产物阿德福韦二磷酸选择性抑制 HBV DNA 聚合酶的浓度是抑制人 DNA 聚合酶所需的浓度的 $1/700 \sim 1/10$。重组 HBV 聚合酶的酶促测定表明，阿德福韦二磷酸的抑制浓度仅为 0.1 μmol/L。细胞培养和体外酶促测定表明，阿德福韦酯在体外对所有已知的拉米夫定、恩曲他滨、泛昔洛韦和乙型肝炎免疫球蛋白(HBIG)耐药的 HBV 均具有活性[29]。阿德福韦酯的细胞内半衰期长，可以每天仅服用一次，且很容易在血浆和组织中通过胞外激酶转化为阿德福韦，其血浆半衰期为 $5 \sim 7$ h，并随尿液排出体外，而在体外并未检测到阿德福韦二磷酸；体外研究中，其细胞内半衰期显示为 $16 \sim 18$ h[30]。阿德福韦酯与人血浆或血清蛋白的体外蛋白结合可以忽略不计，其清除完全依靠于肾脏排泄。阿德福韦酯似乎不是药物性肝损伤的重要原因，但是治疗的开始和治疗的突然停止会引起潜在的乙型肝炎的短暂恶化。

阿德福韦酯在体外具有抗肝 DNA 病毒、疱疹病毒和逆转录病毒的广谱抗病毒活性[31]。最初阿德福韦酯开发的目的是用于治疗人类免疫缺陷病毒(HIV)，但其对 HIV 感染活性极低，使用剂量高达

120 mg/d，由于肾毒性，于 1999 年停止了其对治疗 HIV 的开发[32]。随后的大量随机对照研究表明，阿德福韦酯可以使 HBeAg(乙型肝炎 e 抗原)阳性和 HBeAg 阴性的慢性乙肝患者的组织学、病毒学和生化学得到改善。虽然 1 年的 HBeAg 血清转换率(12%)低于拉米夫定和干扰素，但随着治疗时间的延长，这种转换率会增加[33]。2002 年经 FDA 批准，阿德福韦酯以 10 mg/d 的较低剂量用于治疗慢性 HBV 感染。而当时仅有拉米夫定和干扰素(IFN)-α 被批准为 HBV 治疗药物，随后，全球研究人员将 ADV 作为单一药物或与其他药物联合治疗慢性乙型肝炎。在抗 HBV 药物恩替卡韦和富马酸替诺福韦酯(TDF)上市之前的十年中，多项重要的全球研究结果表明，阿德福韦酯是一种安全可靠的口服抗 HBV 药物。阿德福韦酯可作为单一疗法或与其他药物联合使用，适用于多种情况，例如小儿、移植后患者、肝硬化或艾滋病病毒合并感染的患者。与拉米夫定相比，ADV 仍然具有优势，这是因为 HBV 聚合酶的酪氨酸-蛋氨酸-天冬氨酸-天冬氨酸(YMDD)基序突变，拉米夫定在慢性乙型肝炎中的广泛使用导致耐拉米夫定的 HBV 患者不断增加[34]。阿德福韦酯是唯一被证明对拉米夫定耐药的患者有效的药物，另外还发现 ADV 对所有类型的抗拉米夫定的 YMDD 突变型 HBV 株具有相似的抗病毒效力[35]。

阿德福韦酯化学名为 9-[2-[双 (新戊酰氧甲氧基) 膦酰甲氧基] 乙基] 腺嘌呤，CAS 号为 142340-99-6，分子式为 $C_{20}H_{32}N_5O_8P$，分子量为 501.47。阿德福韦酯由美国 Gilead 公司研制，于 2002 年经美国 FDA 批准上市，商品名为 Hepsera，是一种非环核苷酸类抗病毒药物，临床上用于慢性乙型肝炎的治疗[36-38]。

1987 年，捷克科学院的 Holý 和 Rosenberg 首次报道了 9-(2-膦酰甲氧乙基)腺嘌呤(PMEA)的合成(图 2-9)。以 2-(氯甲氧基)乙酸乙酯 20 为原料，与亚磷酸三乙酯经 Arbuzov 反应生成膦酸酯产物 21。产物 21 经酸性条件下水解得到伯醇 22，再与对甲苯磺酰氯(TsCl)反应生成含磺酸酯的侧链 23。此侧链 23 与腺嘌呤在碳酸铯作用下生成膦酸酯 24，后经酯基的脱烷基化反应得到 PMEA[39]。

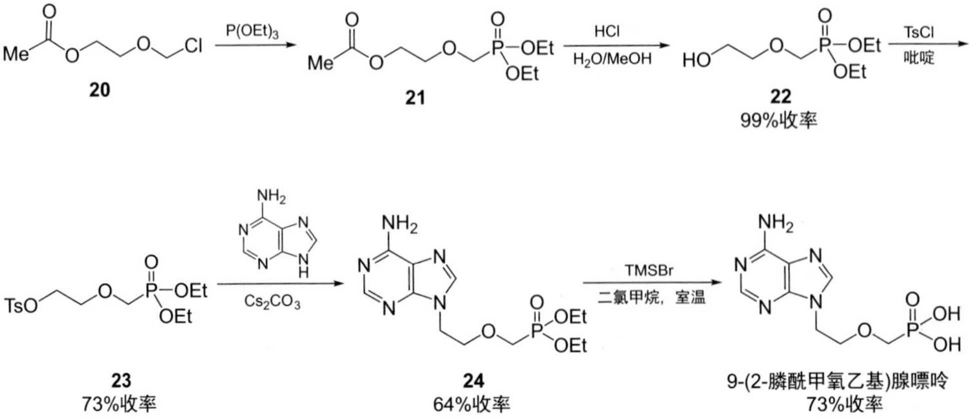

图 2-9 PMEA 的合成路线 1

在上述的同一工作中，Holý 等还发展了另一条路径来合成 PMEA（图 2-10）。以 2-(氯甲氧基) 乙酸乙酯 **20** 为原料，与亚磷酸三乙酯经 Arbuzov 反应生成膦酸酯产物 **21**。产物 **21** 经酸性条件下水解得到伯醇 **22**，该伯醇在四溴化碳的条件下发生溴代反应，得到含膦酸酯片段的溴代烃，再与腺嘌呤发生烷基化反应，得到非环核苷酸类产物，再经酯基的脱烷基化反应得到 PMEA[39]。

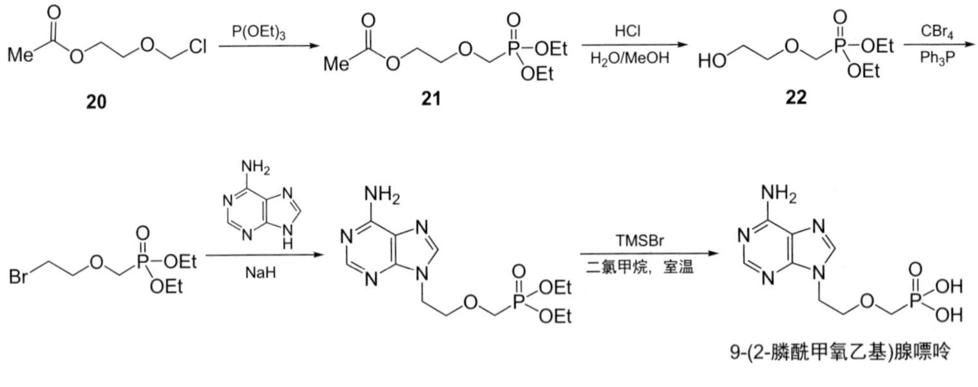

图 2-10 PMEA 的合成路线 2

1989 年，捷克科学院的 Holý 小组发展了另一种合成 PMEA 的方法（图 2-11）。以 2-氯乙醇为起始原料，与多聚甲醛在酸性条件下发生氯甲基化反应，再与亚磷酸三乙酯发生 Arbuzov 反应，得到相应的膦酸酯。其与腺嘌呤在碱性条件下发生亲核取代反应，得到非环核苷类产物，再经酯基的脱烷基化反应可得 PMEA[40]。

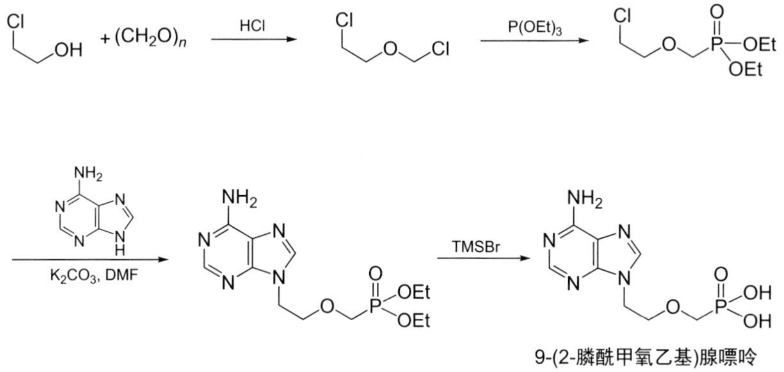

图 2-11　PMEA 的合成路线 3

　　1992 年，美国 BMS（百时美施贵宝）公司的 Starrett 等完成了 PMEA 到阿德福韦酯的合成（图 2-12）。以 PMEA 为原料，与新戊酸氯甲酯在大位阻的 N, N-二环己基-4-吗啉脒的作用下，以 32% 的收率得到阿德福韦酯[41]。

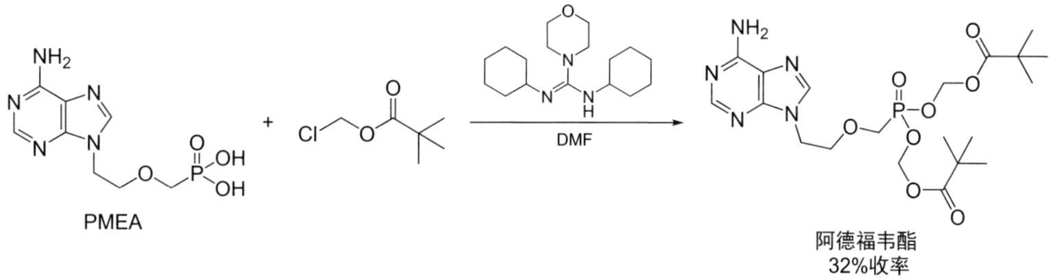

图 2-12　阿德福韦酯的合成路线 1

　　1999 年，美国 Gilead 公司改进了阿德福韦酯的合成路线（图 2-13）。通过腺嘌呤与碳酸乙烯酯 25 反应生成 9-(2-羟乙基)腺嘌呤 26，26 发生磷甲基化反应生成膦酸酯 24。在生成膦酸酯 24 这步反应中，使用叔丁醇钠代替了氢化钠，使得在大规模生产膦酸酯 24 时，提高了产品的纯度和收率，并简化了后处理和避免了氢气的释放。产物 24 经酯基的脱烷基化反应得到 PMEA，再与新戊酸氯甲酯反应可得阿德福韦酯[42]。

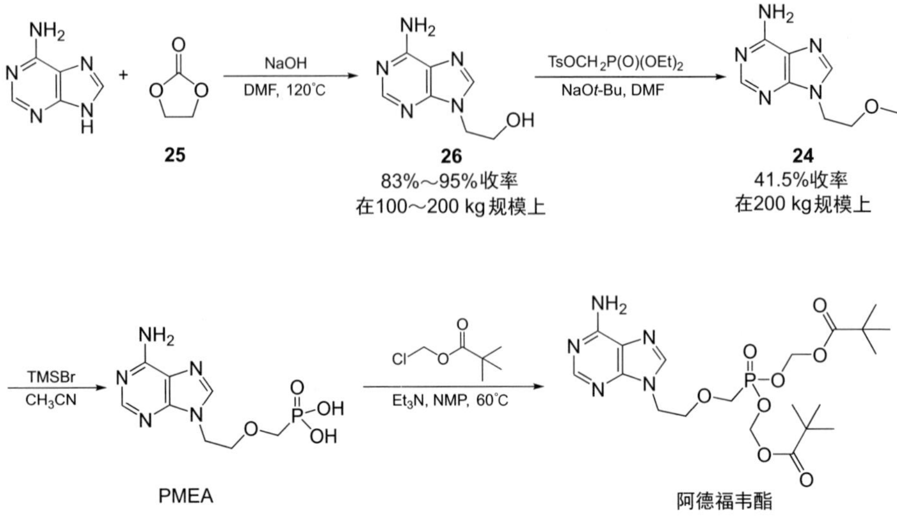

图 2-13 阿德福韦酯的合成路线 2

2.2.4 福沙那韦

福沙那韦(fosamprenavir)是典型且有效的蛋白酶抑制剂之一，也是抗逆转录病毒药物安普那韦(amprenavir)的前药，是一种具有高度水溶性的低活性磷酸酯，用药方便，具有很好的发展前景。福沙那韦作为蛋白酶抑制剂，临床用于 HIV 感染的治疗。福沙那韦由英国 GSK 公司和美国 Vertex 公司共同研究开发而成，并于 2003 年 10 月在美国上市。

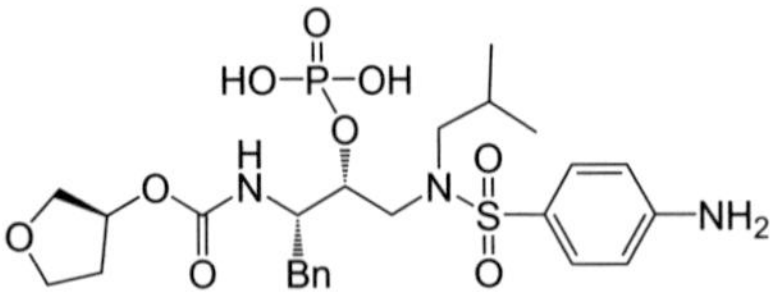

福沙那韦

安普那韦是一种磺酰胺非肽类 HIV 蛋白酶抑制剂，于 1999 年获得批准在美国使用，通过与病毒蛋白酶的催化位点结合而起作用，从而防止 HIV 多蛋白前体裂解为病毒复制所必需的成熟的功能蛋白。安普那韦具

含磷药物合成及应用

有强的抗病毒活性和耐受性，但其动力学润湿缓慢且具有高亲脂性，因此以晶状固体给药时限制了其总生物利用度[43]。福沙那韦是安普那韦的磷酰氧基前药，在吸收过程中会在肠上皮中被碱性磷酸酶水解成安普那韦，从而发挥药效。与安普那韦相比，福沙那韦的水溶性和生物利用度更高，在临床上已大大取代了安普那韦。福沙那韦给药后安普那韦的药代动力学特征已被很好地表征，并且在 HIV 感染或未感染的受试者中几乎没有差异，达到峰值浓度的时间为 1.5～4 h[44]。安普那韦和福沙那韦均可引起短暂的、通常无症状的血清氨基转移酶升高，并且是临床上明显的急性肝损伤的罕见原因。

福沙那韦作为一种蛋白酶抑制剂，基于"拟肽"原理，其本身包含模拟正常肽键（可被 HIV 蛋白酶裂解）但本身不能裂解的羟乙烯支架，因此阻止了 HIV 蛋白酶发挥其正常功能——将前体病毒蛋白水解为成熟病毒蛋白[45]。福沙那韦本身几乎无抗病毒活性，而在被细胞磷酸酶水解成安普那韦后发挥药效，该代谢过程增加了安普那韦的药效持续时间，减少了用药量，且水溶性好，不良反应少，用药更为方便。福沙那韦结合了安普那韦的药理学特点，具有较低的药剂负担和灵活的给药方案，使其在治疗当中更可取，这两种药物通常与低剂量的利托那韦联合使用，用于艾滋病感染治疗。2003 年获批准将福沙那韦与其他抗逆转录病毒药物联合用于成人和儿童的 HIV 感染治疗。福沙那韦在年幼的患者中表现出了良好的血脂水平，不良反应发生率低。与洛匹那韦 / 利托那韦一样，福沙那韦因其对晚期艾滋病病毒感染者的强效活性而区别于其他蛋白酶抑制剂[46]。福沙那韦在晚期疾病、CD4 计数低或 HIV RNA 高的患者中似乎具有很好的活性，且给药过程不受食物作用影响，因此，福沙那韦可以在进食或禁食状态下服用[46]。

福沙那韦的 CAS 号为 226700-79-4，分子式为 $C_{25}H_{36}N_3O_9PS$，分子量为 585.61。福沙那韦由英国 GSK 公司和美国 Vertex 公司合作开发，商品名为 Lexiva，于 2003 年经美国 FDA 批准上市，是一种蛋白酶抑制剂，用于治疗艾滋病。福沙那韦是安普那韦的前药。通常将福沙那韦制成钙盐或钠盐用药，福沙那韦钙的 CAS 号为 226700-81-8[47]。

1999 年，美国 Vertex 公司首次报道了福沙那韦的合成（图 2-14）。以 N-[(1S,2R)-1-苯甲基-2-羟基 -3-[异丁基 [4-硝基苯磺酰基] 氨基] 丙基]-(3S)-

四氢呋喃-3-基氨甲酸酯 **27** 为原料，与三氯氧磷反应生成磷酸酯 **28**，再将硝基还原为氨基，即得福沙那韦[48]。

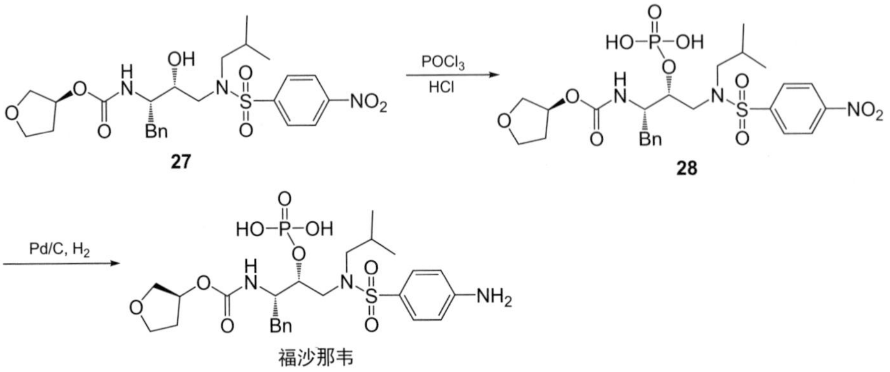

图 2-14　福沙那韦的合成路线

对于福沙那韦合成中的关键原料：N-[(1S,2R)-1-苯甲基-2-羟基-3-[异丁基 [4-硝基苯磺酰基] 氨基] 丙基]-(3S)-四氢呋喃-3-基氨甲酸酯 **27**，美国 Vertex 公司报道了其合成方法（图 2-15）。以 (1S,2R)-N-[1-苯甲基-2-羟基-3-(异丁氨基) 丙基] 氨甲酸叔丁酯 **29** 为原料，首先与对硝基苯磺酰氯 **30** 经磺酰化反应生成产物 **31**，再脱除 Boc 保护基生成产物 **32**。反应物 **33** 是通过 (S)-3-羟基四氢呋喃与 N,N-羰基二咪唑反应制得的。反应物 **32** 与 **33** 作用生成目标产物 **27**[49]。

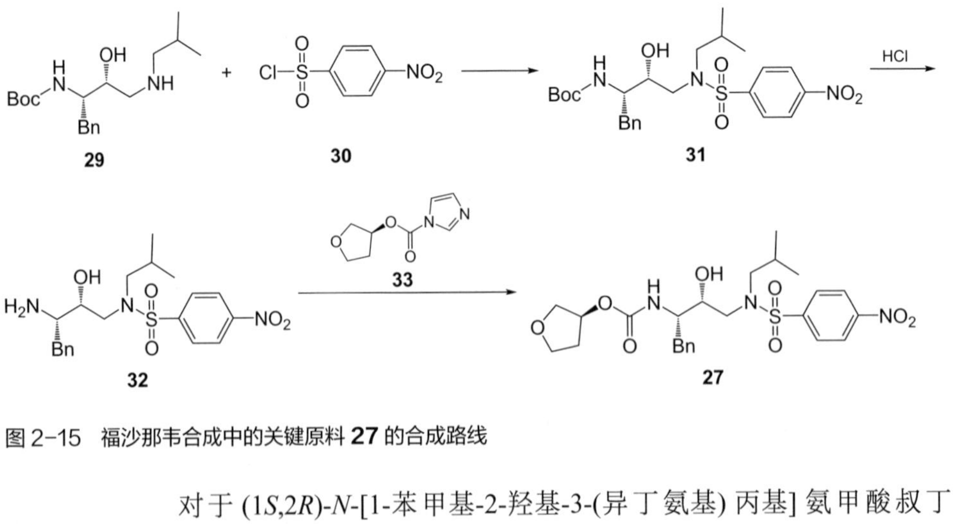

图 2-15　福沙那韦合成中的关键原料 **27** 的合成路线

对于 (1S,2R)-N-[1-苯甲基-2-羟基-3-(异丁氨基) 丙基] 氨甲酸叔丁酯

29，1987 年，Luly 课题组报道了其合成方法(图 2-16)。以 L-苯丙氨酸 **34** 为原料，将氨基进行保护后再与碘甲烷反应生成甲酯产物 **36**。甲酯产物 **36** 在 DIBAL-H 的还原下生成 Boc 保护的苯丙氨醛 **37**，再经 Wittig 反应生成烯丙基胺 **38**。烯丙基胺 **38** 经间氯过氧苯甲酸(*m*-CPBA)环氧化得到环氧产物 **39**。异丁胺对手性环氧产物 **39** 开环，得到目标产物 (1*S*,2*R*)-*N*-[1-苯甲基-2-羟基-3-(异丁氨基)丙基] 氨甲酸叔丁酯 **29**[50]。

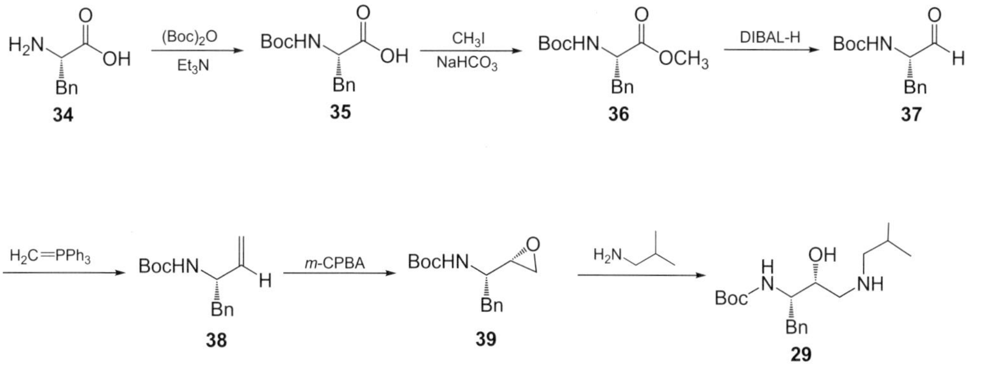

图 2-16　福沙那韦合成中的中间体 **29** 的合成路线

2.2.5　替诺福韦酯

　　替诺福韦(tenofovir)是一种腺苷的无环核苷酸类似物，与其他药物联合用于人类免疫缺陷病毒(HIV)的治疗，还可作为乙型肝炎病毒(HBV)感染的单一药物。作为无环核苷酸类似物，替诺福韦本身口服吸收差。因此，开发时将其修饰成前药替诺福韦酯(tenofovir disoproxil)，临床上正式使用的是其富马酸盐的形式，即富马酸替诺福韦酯(tenofovir disoproxil fumarate, TDF, 商品名为 Viread)，后者在肠道吸收良好，并在细胞内迅速水解成替诺福韦，然后磷酸化为替诺福韦二磷酸活性形式。替诺福韦是世界卫生组织(WHO)艾滋病治疗指南推荐的艾滋病抗病毒一线药物，在我国被列为国家免费艾滋病抗病毒治疗一线药物。富马酸替诺福韦酯(TDF)于 2001 年 10 月 26 日获得美国 FDA 的批准用于治疗 HIV，且与恩曲他滨的固定剂量联合用药于 2004 年 2 月 8 日获得批准。另外，TDF 在 2013 年 10 月获得国家药品监督管理局批准，用于治疗成人和 12 岁以上儿童的慢性乙型肝炎[51]。

替诺福韦酯

替诺福韦(TFV)，又称为 PMPA，是 5′-单磷酸腺苷的无环核苷酸类似物，对 HIV 和疱疹病毒的逆转录酶具有有效的选择性抑制作用。它在腺苷酸激酶的作用下在细胞内被磷酸化为替诺福韦二磷酸活性形式。TFV 在耐核苷的艾滋病病毒感染中很有效，使其成为艾滋病治疗中的一线药物[52]。尽管具有功效，但其不良的生物利用度仍限制了替诺福韦作为临床药物的发展。试验表明，口服 TFV 在小猎犬中的生物利用度为18%，在猴子中仅为 5.3%。而后的研究工作集中于通过改变 TFV 配方来提高生物利用度，并且仍保持抗病毒活性。通过研究，加入了两种碳酸甲酯以形成富马酸替诺福韦酯(TDF)前药形式，结果证明 TDF 具有等效的抗病毒活性，试验表明，比格犬的生物利用度提高到 30.1%，人类的生物利用度提高到 25%[53]。

富马酸替诺福韦酯是 HIV 逆转录酶(和 HBV 聚合酶)的竞争性抑制剂，可被并入新生的 DNA 链中从而导致链终止。临床应用通常包括与其他逆转录酶或蛋白酶抑制剂联合使用，用于 HIV 感染的治疗和预防。同时也被批准作为单一药物用于慢性乙型肝炎，并以其耐药率低、安全性好的特点，成为目前慢性乙型肝炎一线治疗药物。

富马酸替诺福韦酯是第一种 HIV 逆转录核苷酸抑制剂，也是目前唯一一种核苷酸类逆转录抑制剂，已在世界范围内被广泛使用，是最常用的抗逆转录病毒(ARV)药物，具有高抗病毒活性和良好的代谢特性。它是脱氧腺苷三磷酸的结构类似物，阻止 HIV 依赖 RNA 的 DNA 聚合酶合成 DNA，并且是宿主细胞 α DNA 聚合酶和 β DNA 聚合酶以及线粒体 γ

DNA聚合酶的弱抑制剂[54]。TDF自2001年10月获得美国FDA批准以来，目前已在全球范围内被广泛使用，许多国家已将其列入推荐的用于治疗HIV感染的一线药物清单当中。TDF与其他抗逆转录病毒药物联合使用形成新的联合抗逆转录病毒治疗，每天一次，一次一片，从而提高治疗依从性[55]。自2006年以来，它已成为美国使用最广泛的抗逆转录病毒药物，所有接受过艾滋病病毒/艾滋病治疗的患者中，有一半以上在使用含替诺福韦的治疗方案。此外，在众多核苷和核苷酸类药物中，TDF以其强效、低耐药性的特点而凸显出其功效，并对于经初治及多种核苷和核苷酸类药物治疗失败的慢性乙型肝炎(CHB)患者均有效，具有逆转肝纤维化的作用，适用于肝硬化患者，使其在临床乙肝病毒感染治疗中被广泛应用[56]。

富马酸替诺福韦酯(TDF)和恩曲他滨(FTC)被广泛用作治疗艾滋病的抗逆转录病毒联合疗法的一部分。以富马酸替诺福韦酯(TDF)为基础的接触前预防是一种新的艾滋病病毒预防策略，可用于性感染艾滋病病毒风险增加的个体。富马酸替诺福韦酯(TDF)单独使用或与恩曲他滨(FTC)组合使用时，如果将其作为艾滋病接触前预防措施，则可降低具有HIV感染风险的个体感染HIV的风险。另外，富马酸替诺福韦酯虽然通常在HIV感染者中是安全且耐受性良好的，但它也存在增加某些毒性的风险，包括肾功能不全和骨矿物质密度降低。此外，使用抗逆转录病毒药物治疗HIV以及进行潜在的预防治疗也存在选择出具有抗逆转录病毒耐药性的HIV的风险。因此，将TDF和FTC-TDF用作接触前预防措施对其药物安全性具有重大挑战。但在任何生物医学预防干预措施中，对健康人耐受不良反应的标准都高于治疗干预措施。因此在接触前预防方面，鉴于艾滋病病毒风险的流行病学，大多数被优先考虑实施接触前预防的个体可能更年轻、更健康，并且很少使用并用药物[57]。

替诺福韦酯化学名为 (R)-9-(2-膦酸甲氧基丙基) 腺嘌呤二 (异丙氧羰基氧甲基) 酯，CAS 号为 201341-05-1，分子式为 $C_{19}H_{30}N_5O_{10}P$，分子量为 519.44。替诺福韦酯由美国 Gilead 公司研制，于 2001 年经美国 FDA 批准上市，用于治疗艾滋病，商品名为 Viread，是一种手性非环核苷类抗病毒药物；2008 年，美国 FDA 批准其用于治疗慢性乙型肝炎[58,59]。

1998 年，美国 Gilead 公司首次报道了替诺福韦酯的合成（图 2-17）。以 (S)-环氧丙醇 **40** 为手性起始原料，经催化还原得 (R)-1,2-二羟基丙烷 **41**，再与碳酸二乙酯缩合生成 (R)-碳酸丙二酯 **42**，之后与腺嘌呤反应得到 (R)-9-(2-羟丙基) 腺嘌呤 **43**。该非环核苷 **43** 再发生磷甲基化反应得到膦酸酯 **44**，后经酯基的脱烷基化反应得到替诺福韦，再与氯甲基异丙基碳酸酯反应可得替诺福韦酯[60]。

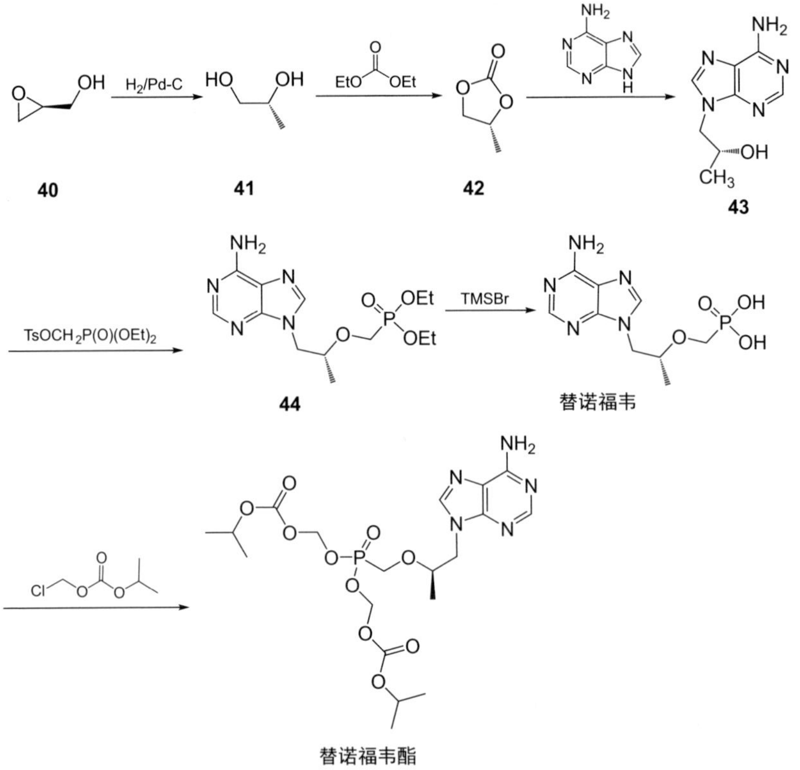

图 2-17　替诺福韦酯的合成路线

关于替诺福韦的合成，1996 年，美国哈佛大学的 Jacobsen 教授等发展了一种高效合成替诺福韦的方法（图 2-18）。以消旋的环氧丙烷 **45** 为起始原料，与三甲基硅基叠氮在手性催化剂 (salen)CrN₃ **46** 的催化下发生不对称开环，生成手性产物 **47**。经脱硅基和还原叠氮得到手性氨基醇 **48**，其与 5-氨基-4,6-二氯嘧啶 **49** 缩合得到化合物 **50**，再与原甲酸三乙酯环合

得到非环核苷 **51**，最后经氨化、磷甲基化和酯基的脱烷基化反应得到替诺福韦[61]。

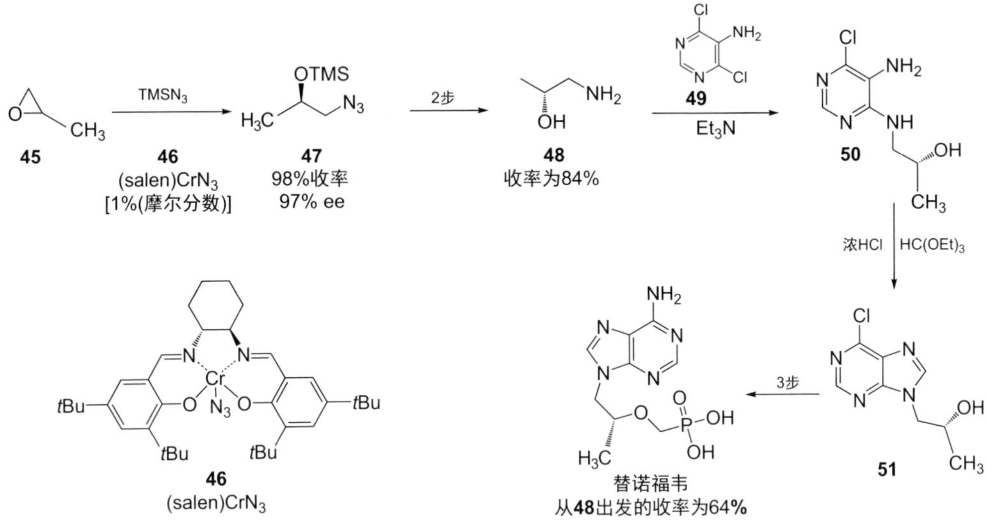

图 2-18　替诺福韦的合成路线 1

2014 年，河南师范大学郭海明课题组发展了一种新的不对称催化的方法合成替诺福韦(图 2-19)。以腺嘌呤为原料，与溴丙酮 **52** 发生烷基化反应生成 1-腺嘌呤-2-丙酮 **53**，经手性钌-二苯基脯氨醇 **54** 络合物催化的不对称转移氢化反应，以 93% 的对映选择性得到手性非环核苷 **43**，后经磷甲基化反应和酯基的脱烷基化反应得到替诺福韦[62]。

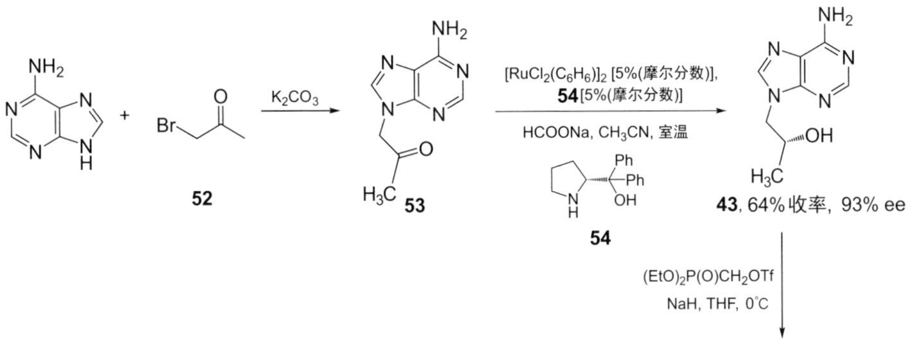

图 2-19

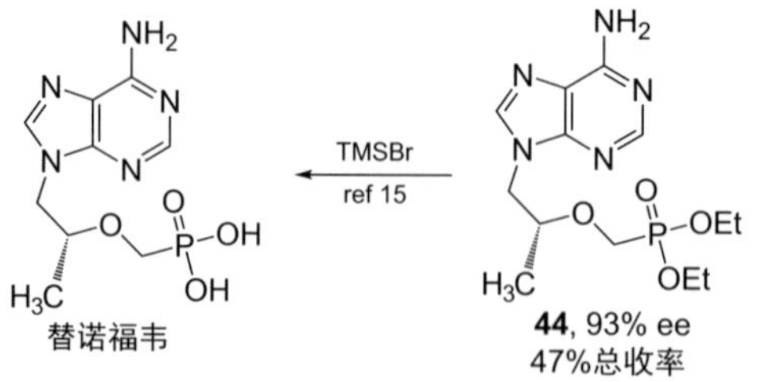

图 2-19 替诺福韦的合成路线 2

2.2.6 替诺福韦艾拉酚胺

替诺福韦艾拉酚胺(tenofovir alafenamide fumarate, TAF, 商品名为 Vemlidy)是吉利德(Gilead)公司开发的一种新型的替诺福韦前药, 其抗病毒活性比 TDF 更高。TAF 以富马酸盐的形式应用于治疗 HIV 感染和慢性乙型肝炎。口服给药后, TAF 可高效地在体内转化为替诺福韦, 即 5'-单磷酸腺苷的无环核苷的类似物, 从而发挥抗病毒作用。

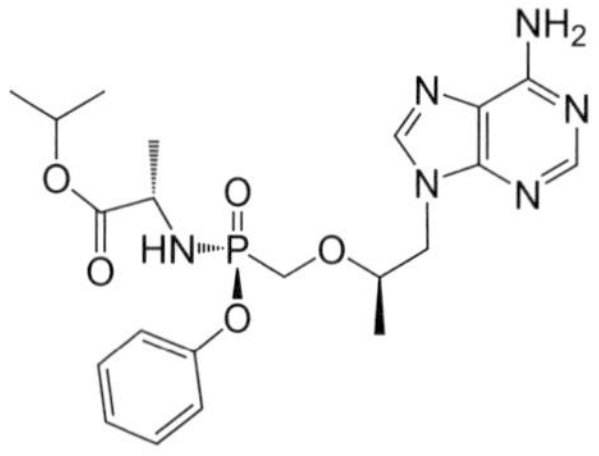

替诺福韦艾拉酚胺

替诺福韦艾拉酚胺含有酚和丙氨酸异丙酯结构, 替诺福韦艾拉酚胺在外周血单核细胞和淋巴组织中的渗透率高, 因此与替诺福韦相比, 该药的血浆稳定性更好, 在进入 HBV 感染的细胞后能保持高程度的完整性, 替诺福韦艾拉酚胺进入肝细胞后, 在羧酸酯酶 1(CES1)等酶的水解下转变为替诺福韦, 发挥抗 HBV 作用, CES1 一般在感染 HBV 的肝细胞内表达, 因此替诺福韦艾拉酚胺在治疗乙肝时表现出一定的靶向性。动物试验数据表明, 替诺福韦艾拉酚胺在肝脏的分布达 65%, 是替诺福韦的 120 倍; 体外试验数据显示, 25 mg 替诺福韦艾拉酚胺的抗病毒作用与 300 mg 替诺福韦相当。这些药动和药效上的优点使得替诺福韦艾拉酚胺的临床使用剂量远低于替诺福韦，因此对肾和骨骼的毒性小，安全性更好。目前 FDA 已批准替诺福韦艾拉酚胺用于 HIV 治疗，且用于治疗 CHB 的研究处于Ⅲ期临床试验。替诺福韦结构中含有磷酸基团，在生理 pH 条件下通常带负电荷，因此其极性太强，不易通过生物膜，导致该药口服生物利用度差、组织分布系数低并具有一定的肾毒性[63]。

替诺福韦艾拉酚胺是替诺福韦的新型口服前药，与前药替诺福韦酯在全身循环中快速代谢为替诺福韦相比，前药 TAF 被设计为在细胞内部经历选择性转化为替诺福韦二乙酸盐，从而降低替诺福韦的血浆水平，这可以理解为该药物的耐受性与富马酸替诺福韦酯相比有所增强，且对骨矿物质密度和肾脏的不良影响较小[64]。替诺福韦艾拉酚胺尽管已被批准用于肾小球滤过率低至 30 mL/min 的患者，但该数据仍然有一定的局限性。尽管应该用替诺福韦艾拉酚胺来替代富马酸替诺福韦二吡呋酯，但前者不宜与利福霉素一起使用，且尚不建议在妊娠期使用，因此需要进一步研究才能考虑将其作为预治疗方案的一部分[65]。TAF 被淋巴组织中高度表达的组织蛋白酶 A 转化为细胞内的替诺福韦。然后，TFV 在细胞内被磷酸化为外周血单核细胞中的活性部分 TFV-DP。口服 TAF 可使药物在 0.25 h 后迅速出现在血浆中，并在给药后 2.5 ～ 8 h 内迅速降至可检测水平以下[64]。

在全球范围内，慢性乙型肝炎病毒(HBV)感染是一个重要的医疗保健问题。慢性乙型肝炎病毒(HBV)感染是肝硬化、肝失代偿和肝细胞癌(HCC)的主要原因之一。替诺福韦艾拉酚胺(TAF)被批准用于治疗慢性乙型肝炎病毒(HBV)感染。TAF 已被证明是一种低剂量、高细胞内浓度的乙肝病毒复制的有效抑制剂。肾脏安全性的分析显示，接受 TAF 治疗的患者的肾小球滤过率估计值降低程度明显低于接受 TDF 治疗的患者[66]。目前肾功能不全的患者使用替诺福韦艾拉酚胺的数据较少。TAF 对慢性 HBV 感染者具有强效、低耐药的抗病毒作用，希望更多慢性 HBV 感染者从 TAF 抗病毒治疗中获益。

替诺福韦艾拉酚胺(TAF)是一种新型核苷酸类 HIV 逆转录酶抑制剂(NRTI)，作为完整抗逆转录病毒治疗药物的一种，用于治疗感染 HIV-1 的成人和青少年[67]。替诺福韦艾拉酚胺是具有 RNA 依赖性的 DNA 多聚酶抑制剂，TAF 在细胞内转换成替诺福韦，目前主要用于治疗艾滋病。因其临床给药剂量远低于 TDF，大大减弱了长期服用所带来的不良反应，所以其具有长期甚至终身抗 HIV 的前景[68]。在体外，TAF 表现出对实验室和临床分离株 HIV-1 的抗病毒活性，替诺福韦艾拉酚胺以更低的剂量表现出比 TDF 更有效的抗病毒疗效[69]。HIV-1 感染者通常对埃替格韦/可比司他/恩曲他滨/替诺福韦艾拉酚胺耐受良好，替诺福韦艾拉酚胺治疗 HIV 患者时最常见的副作用是恶心、腹泻和头痛，约有 10% 的患者被发现了这些症状。总之，替诺福韦艾拉酚胺是治疗 HIV-1 感染的一种有效且耐受性良好的单片方案，但对脂质有不良影响[70]。

替诺福韦艾拉酚胺的化学名为 9-[(R)-2-[[(S)-[[(S)-1-(异丙氧基羰基)乙基]氨基]苯氧基氧膦基]甲氧基]丙基] 腺嘌呤，CAS 号为 379270-37-8，分子式为 $C_{21}H_{29}N_6O_5P$，分子量为 476.47。替诺福韦艾拉酚胺由美国 Gilead 公司研制，于 2016 年经美国 FDA 批准上市，用于治疗乙肝及 HIV，是一种手性非环核苷氨基膦酸酯前药[71,72]。

2001 年，美国 Gilead 公司首次报道了替诺福韦艾拉酚胺的合成（图 2-20）。以替诺福韦为手性原料，与苯酚反应生成 (R)-9-(2-膦酸单苯酯基甲氧基丙基)-腺嘌呤 55。膦酸酯 55 经氯化亚砜活化，与 L-丙氨酸异丙酯反应可得磷手性非对映异构体混合物 56，经模拟移动床色谱法，能够以每天大于 1kg 的能力分离得到替诺福韦艾拉酚胺，其磷手性中心构型经单晶衍射得以确定为 S 构型[73]。

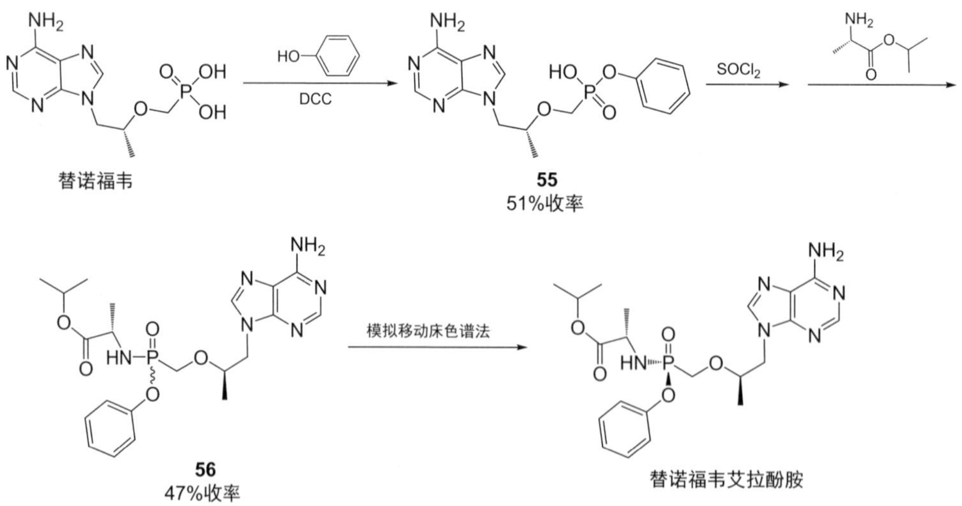

图 2-20　替诺福韦艾拉酚胺的合成路线

2.2.7 索非布韦

索非布韦(又译为索氟布韦,英文名为 sofosbuvir,商品名为 Sovaldi)是吉利德公司开发的用于治疗慢性丙肝的新药,是一种核苷酸前药类似物,其在体内可被代谢为活性形式。该药物是首个无须联合干扰素就能安全有效治疗丙肝的药物,于 2013 年 12 月 6 日经美国食品药品监督管理局(FDA)批准在美国上市,2014 年 1 月 16 日经欧洲药品管理局(EMA)批准在欧盟各国上市。美国肝病研究协会(AASLD)和美国传染病协会(IDSA)在 2016 年发表的联合建议中,建议将索非布韦作为一线治疗药物,与其他抗病毒药物联合用于六种丙型肝炎基因型的治疗。

索非布韦

索非布韦是 2′-脱氧-2′-氟-2′-C-单磷酸甲基尿苷的核苷酸前体,是首个 NS5B RNA 聚合酶抑制剂,靶向作用于 NS5B 特异性聚合酶高度保守性活化位点,它在组织细胞内转化为具有活性的三磷酸尿苷(GS-461203)。GS-461203 是一种 HCV 非结构蛋白,是 NS5B 核糖核酸(RNA)聚合酶的特异性抑制剂,它可模拟 NS5B 聚合酶的天然底物并通过依赖 NS5B RNA 的 RNA 聚合酶(RdRp)整合入延长的 RNA 中,使 RNA 链延长终止,有效抑制 HCV 复制子 RNA 的复制。GS-461203 能抑制 HCV 基因型重组 NS5B 聚合酶的活性,但不会抑制 DNA 聚合酶、RNA 聚合酶及染色体 RNA 聚合酶的活性[74]。经临床验证,索非布韦无须联合干扰素,只需每天单次口服。药物之间的相互作用较少,出现不良反应的情况少[75]。索非布韦上市仅 1 年多,销售额即超过百亿美元,成为史上最快达到年销售百亿美元的药品,市场价值无限广阔。

丙型肝炎病毒(hepatitis C virus,HCV)的感染与肝硬化、肝衰竭、肝细胞癌等终末期肝病密切相关。在 ASTRAL Ⅲ 期试验中,对于初次治疗和治疗经验丰富的慢性 HCV 基因型 1 ~ 6 感染的患者,每天口服一次索非布韦，在治疗后 12 周（SVR12）提供很高的持续病毒学应答率。慢性 HCV 基因型 1～6 感染和失代偿性肝硬化的患者一般对索非布韦的耐受性好，不良事件发生率低。每天服用一次索非布韦（HCV NS5B 聚合酶抑制剂）和维帕他韦（velpatasvir, HCV NS5A 抑制剂）的单片治疗对 HCV 1～6 型慢性感染者高度有效，包括代偿性、失代偿性肝硬化或 HIV-1 合并感染的患者[76]。服用索非布韦常见的不良反应有疲劳、头痛、恶心和腹泻[77]。

近年来丙型肝炎病毒（HCV）感染的治疗发生了巨大的变化，使用索非布韦和维帕他韦治疗所有 HCV 基因型肝硬化患者和失代偿性肝硬化患者的治愈率在 95%～100% 之间，且不良反应最小[78]。每日一次的全基因型方案，最近已被批准用于治疗成人慢性 HCV 基因型 1～6 感染。通常耐受性良好的丙型肝炎病毒（HCV）感染是慢性肝病的主要原因之一。HCV 治疗的主要目标是病毒学治愈或持续病毒学应答（SVR），这通常与降低全因死亡风险和肝相关并发症（如终末期肝病和肝细胞癌）相关。近年来，与基于干扰素和利巴韦林的方案相比，几种结合不同口服直接抗病毒药物（DAA）的 HCV 治疗方案已显著提高了有效性和耐受性。然而，治疗的选择和持续时间通常取决于许多患者的个人特征，包括 HCV 基因型、治疗经验、肝硬化的存在和潜在的药物相互作用[79]。

索非布韦是 HCV NS5B RNA 依赖的 RNA 聚合酶抑制剂，而维帕他韦是 HCV NS5A 蛋白酶抑制剂；NS5B 和 NS5A 都是 HCV 复制所必需的。索非布韦的药理特性已得到很好的证实。作为核苷酸前药，索非布韦在细胞内转化为其活性尿苷三磷酸类似物，后者通过 NS5B 聚合酶并入 HCV RNA，导致链终止。在体外，GS-461203 抑制重组 NS5B 基因型 1b、2a、3a 和 4a 聚合酶的活性（50% 抑制浓度为 360～3300 nmol/L）；然而，GS-461203 并不抑制人类 DNA 聚合酶、RNA 聚合酶或线粒体 RNA 聚合酶的活性[80]。

索非布韦是美国批准的第一个每日一次的口服药物，用于治疗肝硬化和非肝硬化患者的 1～6 基因型 HCV。这种药物对于未接受过治疗和治疗经验丰富的患者以及合并感染艾滋病病毒的患者都非常有效。总体而言，索非布韦的耐受性良好，应尽量坚持每天一次的给药方案。肾小球滤过率低于 30 mL/(min · 1.73 m²) 的患者应避免使用索非布韦和维帕他韦治疗组合，同时一定要注意可能与该药物相互作用的伴生药物的使用。总的来说，索非布韦 / 维帕他韦的组合是 HCV 感染者的另一种极好的治疗选择。根据所有 HCV 基因型的有效性、每日一次给药、可接受的耐受性以及与其他方案相比更具竞争性的成本，应将索非布韦 / 维帕他韦视为一线选择，可减少包含或覆盖多种基因型产品的配方和满足卫生计划的需要[81]。

索非布韦的化学名为 (S)-2-((S)-(((2R,3R,4R,5R)-5-(2,4-二氧-3,4-二氢嘧啶-1-(2H))-3-羟基-4-氟-4-甲基-2-四氢呋喃)-甲氧基)-磷酰化苯氧基) 氨基丙酸异丙酯，CAS 号为 1190307-88-0，分子式为 $C_{22}H_{29}FN_3O_9P$，分子量为 529.16。索非布韦由美国 Gilead 公司研制，于 2013 年经美国 FDA 批准上市，商品名为 Sovaldi，用于治疗慢性丙型肝炎，是一种手性核苷氨基磷酸酯前药[82-84]。

2010 年，美国 Pharmasset 公司首次报道了索非布韦的合成(图 2-21)。以 (2′R)-2′-脱氧-2′-氟-2′-甲基尿苷 57 为起始原料，与从 L-丙氨酸异丙酯和二氯化磷酸苯酯新鲜制备的氨基磷酸酯 58 反应，生成产物 59，其磷手性中心为 1:1 的非对映体混合物。经高效液相色谱手性柱拆分，可得光学纯的索非布韦(也叫 PSI-7977)，其磷手性中心构型经单晶衍射得以确定为 S 构型[85]。

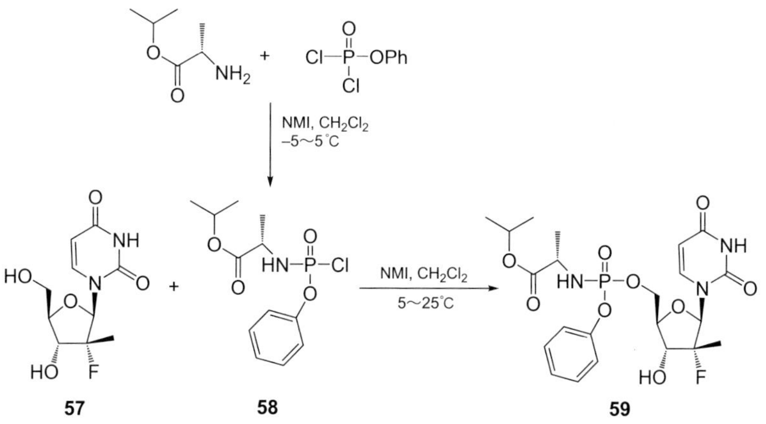

图 2-21

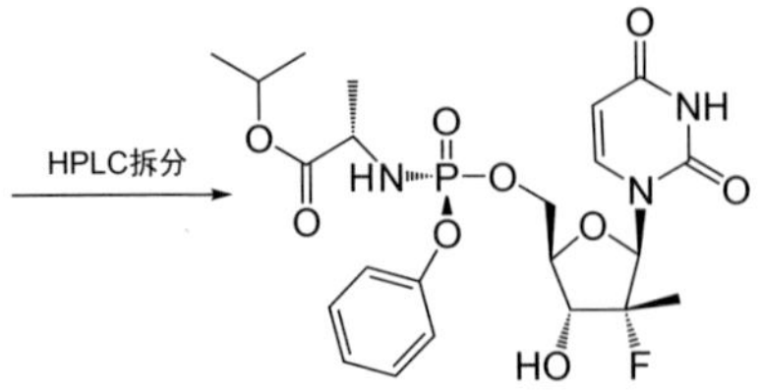

索非布韦
(PSI-7977)

图 2-21　索非布韦的合成路线 1

对于索非布韦合成中的关键中间体：(2′R)-2′-脱氧-2′-氟-2′-甲基尿苷
57，美国 Pharmasset 公司于 2005 年首次报道了其合成方法（图 2-22）。以
胞苷 **60** 为起始原料，先将 C4 位上的氨基用苯甲酰基保护，再使用 1,3-
二氯-1,1,3,3-四异丙基二硅氧烷（TIDPSCl$_2$）对 2′ 和 5′ 位的羟基进行保护，
生成 **61**。将 2′ 位的羟基氧化为羰基，得到产物 **62**。产物 **62** 经甲基锂加
成得到产物 **63**，再经 TBAF 脱硅基及苯甲酰基保护得到产物 **65**。产物
65 中 2′ 位的羟基经二乙胺基三氟化硫（DAST）进攻，得到 2′ 位为氟取代
且构型相反的产物 **66**，经脱保护可得目标产物 (2′R)-2′-脱氧-2′-氟-2′-甲基
尿苷 **57**[86]。

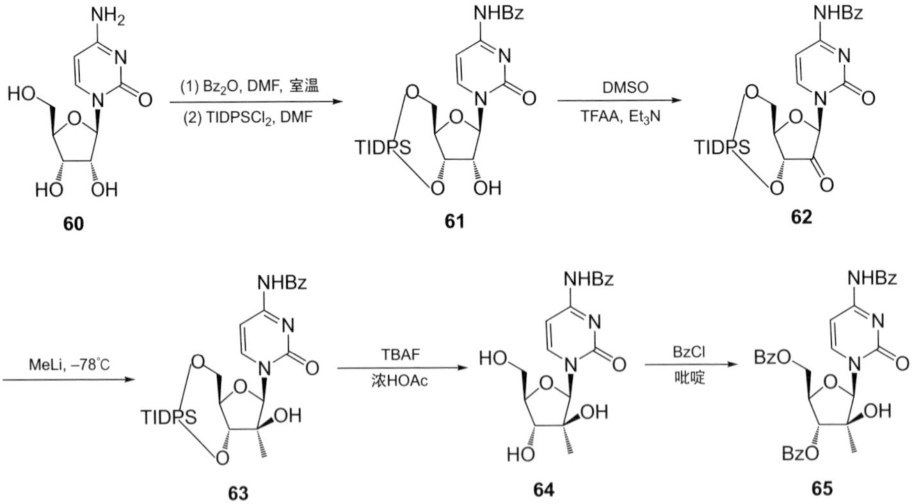

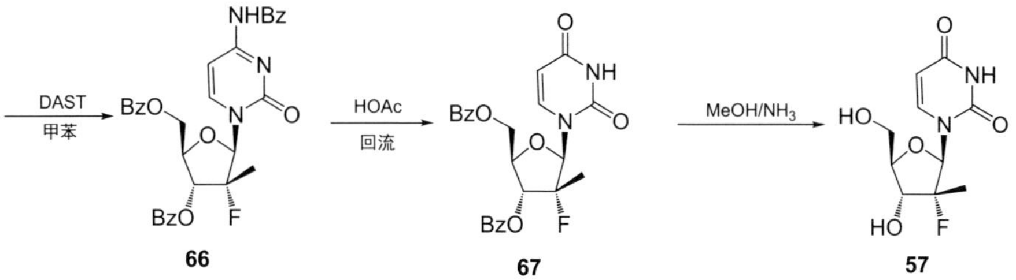

图2-22 (2′R)-2′-脱氧-2′-氟-2′-甲基尿苷的合成路线

对于索非布韦合成中的关键中间体: (2′R)-2′-脱氧-2′-氟-2′-甲基胞苷 **66**，美国 Pharmasset 公司于 2009 年发展了一种新的合成路线(图2-23)。以 (R)-甘油醛缩丙酮 **68** 为起始原料，经 Wittig 反应得到烯酯 **69**。烯酯 **69** 在高锰酸钾的氧化下发生双羟化反应得到手性二醇 **70**，再与二氯亚砜反应生成环状亚硫酸化合物，进一步在 2,2,6,6-四甲基哌啶氮氧化物 (TEMPO)的催化作用下氧化生成环状硫酸酯 **71**。硫酸酯 **71** 不经纯化处理在四乙基氨氟化物(TEAF)的作用下生成氟代产物 **72**，进一步在浓盐酸条件下水解成产物 **73**。产物 **73** 脱除亚丙酮基保护，经分子内酯化成环得到产物 **74**。内酯产物 **74** 中的羟基经苯甲酰基保护得到产物 **75**，再经还原、乙酰化得到产物 **77**。产物 **77** 与硅醚保护的胞嘧啶形成糖苷键，可得目标产物 (2′R)-2′-脱氧-2′-氟-2′-甲基胞苷 **66**[87]。

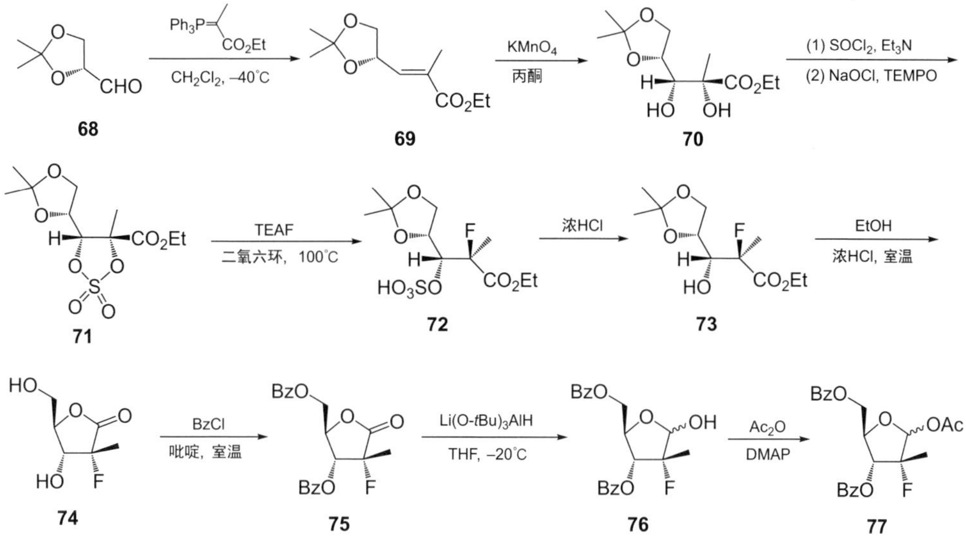

图2-23

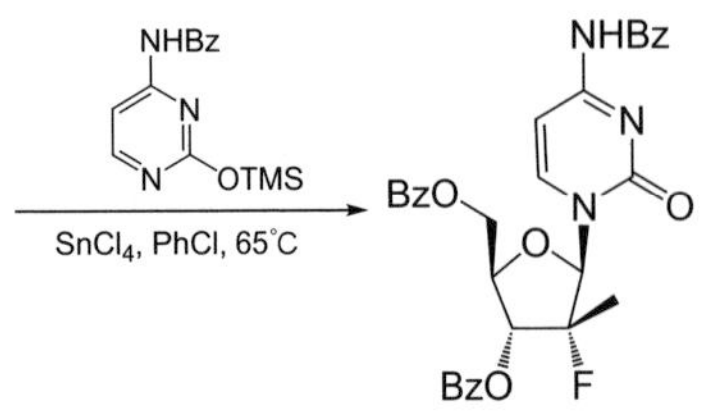

66

图 2-23 (2′*R*)-2′-脱氧-2′-氟-2′-甲基胞苷的合成路线

2011 年，美国 Pharmasset 公司发展了一种新的合成光学纯索非布韦的方法(图 2-24)。以 (2′*R*)-2′-脱氧-2′-氟-2′-甲基尿苷 **57** 为原料，在叔丁基格氏试剂作用下去质子化后与一种手性的氨基磷酸酯试剂: *N*-[(*S*)-(2,3,4,5,6-五氟苯氧基) 苯氧基磷酰基]-L-丙氨酸异丙酯 **78** 反应，能够以 68% 的收率和 99.7% 的对映选择性得到索非布韦[88]。

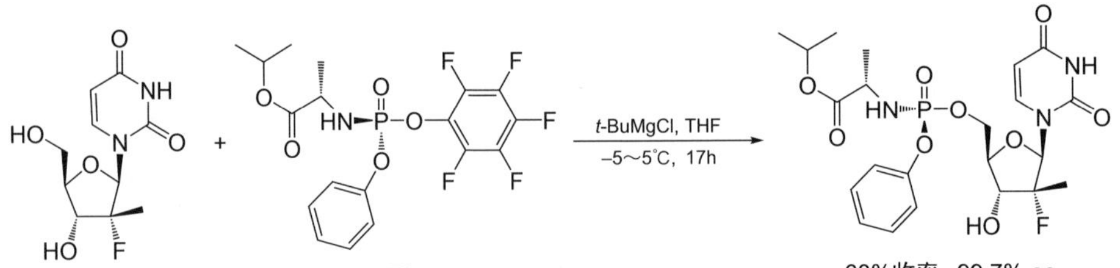

57 **78**

68%收率，99.7% ee

索非布韦

图 2-24 索非布韦的合成路线 2

2017 年，手性磷酰胺酯前药的不对称合成技术取得了重大突破，*Science* 上刊登了 Merck 制药公司采用多官能团催化剂进行立体选择性组建手性磷酰胺酯前药的新方法。该方法使用手性双齿双环咪唑亲核催化剂，通过 (2′*R*)-2′-脱氧-2′-氟-2′-甲基尿苷 **57** 与磷酰氯 **79** 发生不对称磷氧键生成反应，一步形成手性磷氧键，以极高的手性控制得到了手性磷酰胺酯前药(图 2-25)[89]。

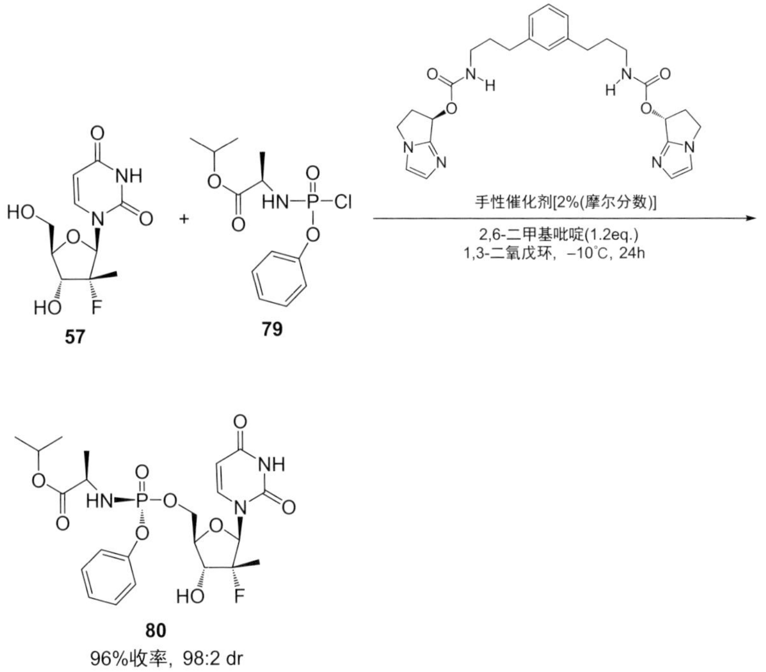

图 2-25　不对称合成手性氨基磷酸酯

参考文献

[1] Magee W C, Evans D H. The antiviral activity and mechanism of action of (S)-[3-hydroxy-2-(phosphonomethoxy) propyl](HPMP) nucleosides[J]. Antivir Res, 2012, 96(2): 169-180.

[2] Aduma P, Connelly M C, Srinivas R V, et al. Metabolic diversity and antiviral activities of acyclic nucleoside phosphonates[J]. Mol Pharmacol, 1995, 47(4): 816-822.

[3] Cihlar T, Chen M S. Identification of enzymes catalyzing two-step phosphorylation of cidofovir and the effect of cytomegalovirus infection on their activities in host cells[J]. Mol Pharmacol, 1996, 50(6): 1502-1510.

[4] De Clercq E. Broad-spectrum anti-DNA virus and anti-retrovirus activity of phosphonylmethoxyalkylpurines and pyrimidines[J]. Biochem Pharmacol, 1991, 42(5): 963-972.

[5] 翟岳玲. 西多福韦凝胶剂的处方、制备工艺及质量研究 [D]. 北京: 中国人民解放军军事医学科学院, 2015.

[6] Andrei G, Topalis D, De Schutter T, et al. Insights into the mechanism of action of cidofovir and other acyclic nucleoside phosphonates against polyoma- and papillomaviruses and non-viral induced neoplasia[J]. Antivir Res, 2015, 114: 21-46.

[7] Verhees F, Legemaate D, Demers I, et al. The antiviral agent cidofovir induces DNA damage and mitotic catastrophe in HPV-positive and-negative head and neck squamous cell carcinomas in vitro[J]. Cancers, 2019, 11(7): 919-933.

[8] McKenna C E, Kashemirov B A, Eriksson U, et al. Cidofovir peptide conjugates as prodrugs[J]. J Organomet Chem, 2005, 690(10): 2673-2678.

[9] Carifi M, Napolitano D, Morandi M, et al. Recurrent respiratory papillomatosis: current and future perspectives[J]. Ther Clin Risk Mana, 2015, 11: 731-738.

[10] Reusser N M, Downing C, Guidry J, et al. HPV carcinomas in immunocompromised patients[J]. J Clin Med, 2015, 4(2): 260-281.

[11] Bonatti H, Aigner F, de Clercq E, et al. Stefan schneeberger local administration of cidofovir for human papilloma virus associated skin lesions in transplant recipients[J]. Transpl Int, 2007, 20(3): 238-246.

[12] 易红, 李卓荣. 抗病毒药物西多福韦的合成研究 [J]. 中国抗生素杂志, 2006, 31(7): 412-413.

[13] Bronson J J, Ghazzouli I, Hitchcock M J M, et al. Synthesis and antiviral activity of the nucleotide analogue (S)-1-[3-hydroxy-2-(phosphonylmethoxy)propyl]cystosine[J]. J Med Chem, 1989, 32: 1457-1463.

[14] Webb II R R, Wos J A, Bronson J J, et al. Synthesis of (S)-N^1-(3-hydroxy-2-phosphonylmethoxy) propylcytosine, (S)-HPMPC[J]. Tetrahedron Lett, 1988, 29: 5475-5478.

[15] Bronson J J, Ferrara L M, Howell H G, et al. A new synthesis of the potent and selective anti-herpesvirus agent (S)-1-[3-hydroxy-2-(phosphonylmethoxy)propyl]cytosine[J]. Nucleosides and Nucleotides, 1990, 9: 745-769.

[16] 沈广志, 赵玉佳, 邹桂华, 等. 西多福韦合成路线 [J]. 医学综述, 2012, 18(1): 142-143.

[17] Brodfuehrer P R, Howell H G, Sapino Jr C, et al. A practical synthesis of (S)-HPMPC[J]. Tetrahedron Lett, 1994, 35: 3243-3246.

[18] 赵玉佳, 沈广志, 赵英福, 等. 抗病毒药 Cidofovir 合成工艺优化 [J]. 牡丹江医学院学报, 2012, 33(4): 44-45.

[19] Qin T, Li J P, Xie M S, et al. Synthesis of chiral acyclic nucleosides by sharpless asymmetric dihydroxylation: access to cidofovir and buciclovir[J]. J Org Chem, 2018, 83: 15512-15523.

[20] 陶兴隆. 膦甲酸钠对硫酸头孢噻利在大鼠体内药动学的影响 [D]. 石家庄: 河北医科大学, 2015.

[21] 朱新宝, 储政, 叶红梅, 等. 膦甲酸钠的制备及应用初探 [J]. 化学工业与工程技术, 1997, 18(4): 10-12.

[22] 徐伟刚. 膦甲酸钠的合成研究 [J]. 天津化工, 2004, 18(6): 38-39.

[23] Helgstrand A J E, Johansson K N, Misiorny A, et al. US4386081[P]. 1983-05-31.

[24] Quintanilla A, Eliseo S A, Alfonso A.ES556513[P]. 1987-12-01.

[25] Fung S K, Lok A S F. Drug insight: nucleoside and nucleotide analog inhibitors for hepatitis B[J]. Nat

Rev Gastro Hepat, 2004, 1(2): 90-97.

[26] Segovia M C, Chacra W, Gordon S C. Adefovir dipivoxil in chronic hepatitis B: history and current uses[J]. Expert Opin Pharmaco, 2012, 13(2): 245-254.

[27] Annaert P, Kinget R, Naesens L, et al. Transport, uptake, and metabolism of the bis (pivaloyloxymethyl)-ester prodrug of 9-(2-phosphonylmethoxyethyl) adenine in an in vitro cell culture system of the intestinal mucosa (Caco-2)[J]. Pharm Res, 1997, 14(4): 492-496.

[28] Heijtink R A, De Wilde G A, Kruining J, et al. Inhibitory effect of 9-(2-phosphonylmethoxyethyl) adenine (PMEA) on human and duck hepatitis B virus infection[J]. Antivir Res, 1993, 21(2): 141-153.

[29] Danta M, Dusheiko G. Adefovir dipivoxil: review of a novel acyclic nucleoside analogue[J]. Int J Clin Pract, 2004, 58(9): 877-886.

[30] Cundy K C. Clinical pharmacokinetics of the antiviral nucleotide analogues cidofovir and adefovir[J]. Clin Pharmacokinet, 1999, 36(2): 127-143.

[31] 万响林 . 阿德福韦酯合成新工艺的研究 [D]. 广州：华南理工大学，2015.

[32] Mellors J W. Adefovir for the treatment of HIV infection: if not now, when? [J]. J Amer Med Asso, 1999, 282(24): 2355-2356.

[33] Danta M, Dusheiko G. Adefovir dipivoxil: review of a novel acyclic nucleoside analogue[J]. Int J Clin Pract, 2004, 58(9): 877-886.

[34] Papatheodoridis G V, Dimou E, Papadimitropoulos V. Nucleoside analogues for chronic hepatitis B: antiviral efficacy and viral resistance[J] Am J Gastroenterol, 2002, 97(7): 1618-1628.

[35] Zoulim F, Trepo C, Poynard T, et al. Adefovir dipivoxil (ADV) for the treatment of patients with chronic Hepatitis B (CHB) failing lamivudine (LAM) therapy[J]. J Hepatol, 2003, 38: 184.

[36] 唐传久 . 阿德福韦双酯的合成与研究 [J]. 安徽化工，2004，130（4）：16-18.

[37] 蒋晔，徐智儒，张丽芳，等 . 阿德福韦酯的合成 [J]. 中国医药工业杂志，2007，38（1）：4-6.

[38] 曹文英，孙津鸽，李志军 . 阿德福韦酯的合成工业研究 [J]. 广东化工，2017，44（5）：76-77.

[39] Holý A, Rosenberg I. Synthesis of 9-(2-phosphonylmethoxyethyl)adenine and related compounds[J]. Collect Czech Chemcommun, 1987, 52: 2801-2809.

[40] Holý A, Rosenberg I, Dvoïáková H. Synthesis of N-(2-phosphonylmethoxyethyl) derivatives of heterocyclic bases[J]. Collect Czech Chem Commun, 1989, 54: 2190-2210.

[41] Starrett Jr J E, Tortolani D R, Hitchcock M J M, et al. Synthesis and in vitro evaluation of a phosphonate prodrug: bis(pivaloyloxymethyl) 9-(2-phosphonylmethoxyethyl)adenine[J]. Antivir Res, 1992, 19: 267-273.

[42] Yu R H, Schultze L M, Rohloff J C, et al. Process optimization in the synthesis of 9-[2-(diethylphosphonomethoxy)ethyl]adenine: replacement of sodium hydride with sodium tert-butoxide as the base for oxygen alkylation[J]. Org Process Res Dev, 1999, 3: 53-55.

[43] 郑马庆 . HIV 蛋白酶抑制剂 Fosamprenavir[J]. 药学进展，2003，27（2）：123-124.

[44] Falcoz C, Jenkins J M, Bye C, et al. Pharmacokinetics of GW433908, a prodrug of amprenavir, in healthy male volunteers[J]. J Clin Pharmacol, 2002, 42(8): 887-898.

[45] De Clercq E. Anti-HIV drugs: 25 compounds approved within 25 years after the discovery of HIV[J]. Int J Antimicrob Ag, 2009, 33(4): 307-320.

[46] Becker S, Thornton L. Fosamprenavir: advancing HIV protease inhibitor treatment options[J]. Expert Opin Pharmaco, 2004, 5(9): 1995-2005.

[47] 姚庆旦 . 福沙那伟钙的合成 [D]. 杭州：浙江大学，2010.

[48] Tung R D, Hale M R, Baker C T, et al. WO 9933815[P]. 1999-07-08.

[49] Tung R D, Murcko M A, Bhisetti G R. EP 0659181[P]. 1996-05-17.

[50] Luly J R, Dellaria J F, Plattner J J, et al. A synthesis of protected aminoalkyl epoxides from α-amino acids[J]. J Org Chem, 1987, 52: 1487-1492.

[51] Park E S, Lee A R, Kim D H, et al. Identification of a quadruple mutation that confers tenofovir resistance in chronic hepatitis B patients[J]. J Hepatol, 2019, 70(6): 1093-1102.

[52] Miller M D, Margot N A, Hertogs K, et al. Antiviral activity of tenofovir (PMPA) against nucleoside-resistant clinical HIV samples[J]. Nucleos Nucleot Nucl, 2001, 20(4-7): 1025-1028.

[53] Murphy R A, Valentovic M A. Factors contributing to the antiviral effectiveness of tenofovir[J]. J Pharmacol Exp Ther, 2017, 363(2): 156-163.

[54] Birkus G, Hitchcock M J M, Cihlar T. Assessment of mitochondrial toxicity in human cells treated with tenofovir: comparison with other nucleoside reverse transcriptase inhibitors[J]. Antimicrob Agents Ch, 2002, 46(3): 716-723.

[55] Tourret J, Deray G, Isnard-Bagnis C. Tenofovir effect on the kidneys of HIV-infected patients: a double-edged swordx? [J]. J Am Soc Nephrol, 2013, 24(10): 1519-1527.

[56] 张悦, 吕洋, 李旭, 等. 替诺福韦治疗慢性乙型肝炎的最新进展 [J]. 临床肝胆病杂志, 2015, 31 (4): 599-602.

[57] Mugwanya K K, Baeten J M. Safety of oral tenofovir disoproxil fumarate-based pre-exposure prophylaxis for HIV prevention[J]. Expert Opin Drug Saf, 2016, 15(2): 265-273.

[58] 陈莉, 叶虹, 吴莹, 等. 替诺福韦酯合成路线图解 [J]. 中国药物化学杂志, 2012, 22(3): 246-248.

[59] 蔡志强, 侯玲, 李素君, 等. 富马酸替诺福韦酯有关物质的合成 [J]. 中国医药工业杂志, 2014, 45(9): 818-821.

[60] Arimilli M N, Cundy K C, Dougherty J P, et al. WO9804569A1 [P]. 1998-02-05.

[61] Larrow J F, Schaus S E, Jacobsen E N. Kinetic resolution of terminal epoxides via highly regioselective and enantioselective ring opening with TMSN₃. An efficient, catalytic route to 1,2-amino alcohols[J]. J Am Chem Soc, 1996, 118: 7420-7421.

[62] Zhang Q, Ma B W, Wang Q Q, et al. The synthesis of tenofovir and its analogues via asymmetric transfer hydrogenation[J]. Org Lett, 2014, 16: 2014-2017.

[63] 李宵宁. 喹诺酮／替诺福韦衍生物的合成与抗病毒作用研究以及硝基呋喃酰胺类化合物的合成与 抗耐药结核作用研究 [D]. 北京: 北京协和医学院, 2017.

[64] Lee W A, He G X, Eisenberg E, et al. Selective intracellular activation of a novel prodrug of the human immunodeficiency virus reverse transcriptase inhibitor tenofovir leads to preferential distribution and accumulation in lymphatic tissue[J]. Antimicrob Agents Chemo, 2005, 49(5): 1898-1906.

[65] Corado K C, Daar E S. Emtricitabine+ tenofovir alafenamide for the treatment of HIV[J]. Expert Opin Pharmaco, 2017, 18(4): 427-432.

[66] Ogawa E, Furusyo N, Nguyen M H. Tenofovir alafenamide in the treatment of chronic hepatitis B: design, development, and place in therapy [J]. Drug Des Devel Ther, 2017, 11: 3197-3204.

[67] Gibson A K, Shah B M, Nambiar P H, et al. Tenofovir alafenamide: a review of its use in the treatment of HIV-1 infection [J]. Ann Pharmacother, 2016, 50(11): 942-952.

[68] Markowitz M, Zolopa A, Squires K, et al. Phase Ⅰ/Ⅱ study of the pharmacokinetics, safety and antiretroviral activity of tenofovir alafenamide, a new prodrug of the HIV reverse transcriptase inhibitor tenofovir, in HIV-infected adults [J]. J Antimicrob Chemoth, 2014, 69(5): 1362-1369.

[69] Ruane P J, De Jesus E, Berger D, et al. Antiviral activity, safety, and pharmacokinetics/pharmacodynamics of tenofovir alafenamide as 10-day monotherapy in HIV-1–positive adults [J]. J Acq Imm Def, 2013, 63(4): 449-455.

[70] Greig S L, Deeks E D. Elvitegravir/cobicistat/emtricitabine/tenofovir alafenamide: a review in HIV-1 infection [J]. Drugs, 2016, 76(9): 957-968.

[71] 金磊, 金爱民, 刘平. 替诺福韦艾拉酚胺合成路线图解 [J]. 中国抗生素杂志, 2016, 41(12): 923-926.

[72] 薛金辉, 刘景, 柯永新. 替诺福韦艾拉酚胺的合成 [J]. 浙江化工, 2018, 49(4): 16-19.

[73] Chapman H, Kernan M, Prisbe E, et al. Practical synthesis, separation, and stereochemical assignment of the PMPA pro-drug GS-7340 [J]. Nucleosides, Nucleotides Nucleic and Acids, 2001, 20: 621-628.

[74] 屈慧新, 王玉泽, 王彩霞, 等. 新型抗丙型肝炎病毒药索非布韦的研究进展 [J]. 沈阳药科大学学 报, 2016, 33(4): 334-338.

[75] Dusheiko G, Burney T. Hepatitis C treatment: interferon free or interferon freer? [J] The Lancet, 2013, 381(9883): 2063-2065.

[76] Greig S L. Sofosbuvir/velpatasvir: a review in chronic hepatitis C [J]. Drugs, 2016, 76(16): 1567-1578.

[77] Heo Y A, Deeks E D. Sofosbuvir/velpatasvir/voxilaprevir: a review in chronic hepatitis C [J]. Drugs, 2018, 78(5): 577-587.

[78] Miller M M. Sofosbuvir-velpatasvir: a single-tablet treatment for hepatitis C infection of all genotypes [J]. Am J Health-Syst Ph, 2017, 74(14): 1045-1052.

[79] Asselah T, Boyer N, Saadoun D, et al. Direct-acting antivirals for the treatment of hepatitis C virus infection: optimizing current IFN-free treatment and future perspectives [J]. Liver Int, 2016, 36: 47-57.

[80] Gilead Sciences Inc. Epclusa (sofosbuvir and velpatasvir) tablets, for oral use: US prescribing information. [EB/OL]. (2016-09-23)[2021-08-16]. http://www.fda.gov.

[81] Chahine E B, Sucher A J, Hemstreet B A. Sofosbuvir/velpatasvir: the first pangenotypic direct-acting antiviral combination for hepatitis C [J]. Ann Pharmacother, 2017, 51(1): 44-53.

[82] 蔡巍，陈斌，田宁. FDA 批准抗丙型肝炎新药索非布韦(sofosbuvir)上市 [J]. 药物评价研究，2014，37(3)：285-288.

[83] 杨龙，展鹏，刘新泳. 索非布韦合成路线图解 [J]. 中国药物化学杂志，2015，25(2)：153-155.

[84] 王治国，王磊，王志刚. 索非布韦中间体的合成 [J]. 化学试剂，2016，38(3)：287-290.

[85] Sofia M J, Bao D, Chang W, et al. Discovery of a β-D-2'-deoxy-2'-α-fluoro-2'-β-C-methyluridine nucleotide prodrug (PSI-7977) for the treatment of hepatitis C virus [J]. J Med Chem, 2010, 53: 7202-7218.

[86] Clark J L, Hollecker L, Mason J C, et al. Design, synthesis, and antiviral activity of 2'-deoxy-2'-fluoro-2'-C-methylcytidine, a potent inhibitor of hepatitis C virus replication [J]. J Med Chem, 2005, 48: 5504-5508.

[87] Wang P, Chun B K, Rachakonda S, et al. An efficient and diastereoselective synthesis of PSI-6130: a clinically efficacious inhibitor of HCV NS5B polymerase [J]. J Org Chem, 2009, 74: 6819-6824.

[88] Ross B S, Ganapati Reddy P, Zhang H R, et al. Synthesis of diastereomerically pure nucleotide phosphoramidates [J]. J Org Chem, 2011, 76: 8311-8319.

[89] DiRocco D A, Ji Y, Sherer E C, et al. A multifunctional catalyst that stereoselectively assembles prodrugs [J]. Science, 2017, 356: 426-430.

3

抗肿瘤类含磷药物

Synthesis and Application of Phosphorus-Containing Drugs

3.1

抗肿瘤类含磷药物的结构

　　含磷抗肿瘤药物有环磷酰胺、氨磷汀、异环磷酰胺、黄素单核苷酸、噻替哌、福沙吡坦、米替福新、布吉他滨、米法莫肽、福奈妥匹坦、磷酸雌二醇氮芥(图 3-1)等。

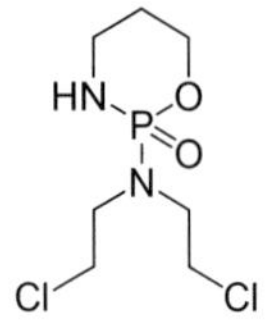

环磷酰胺

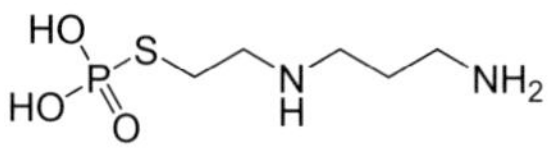

氨磷汀

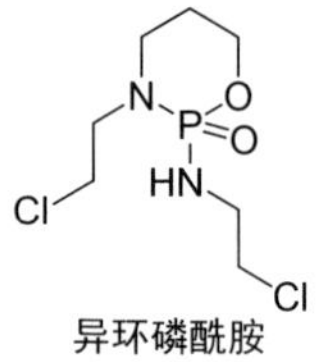

异环磷酰胺

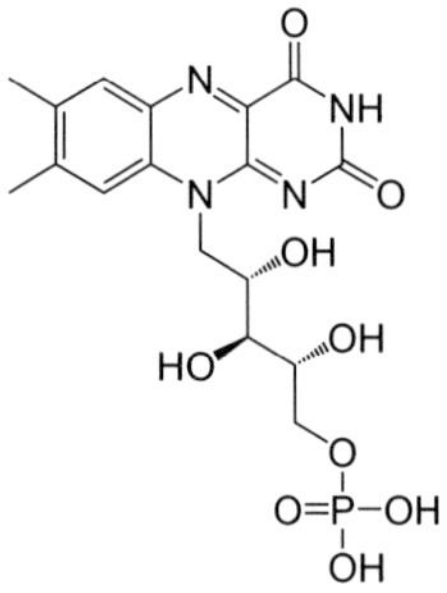

黄素单核苷酸

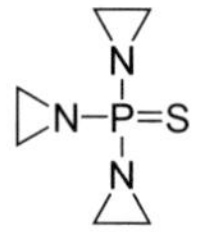

噻替哌

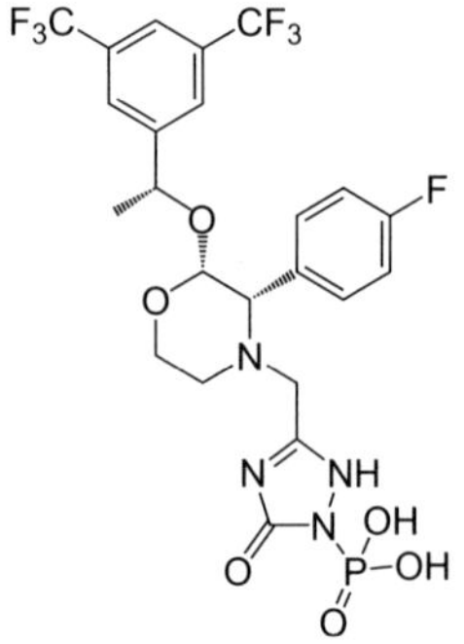

福沙吡坦

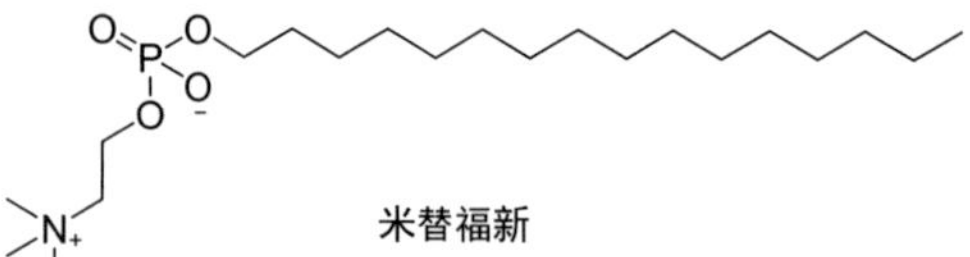

米替福新

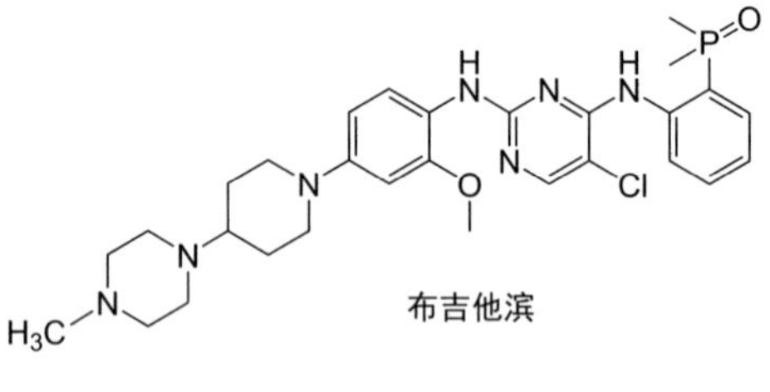

布吉他滨

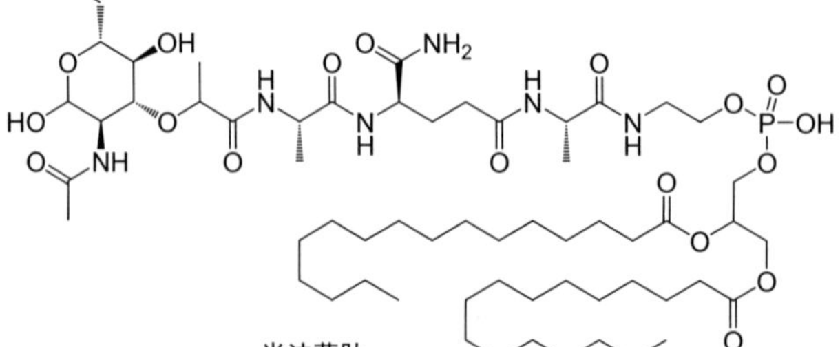

米法莫肽

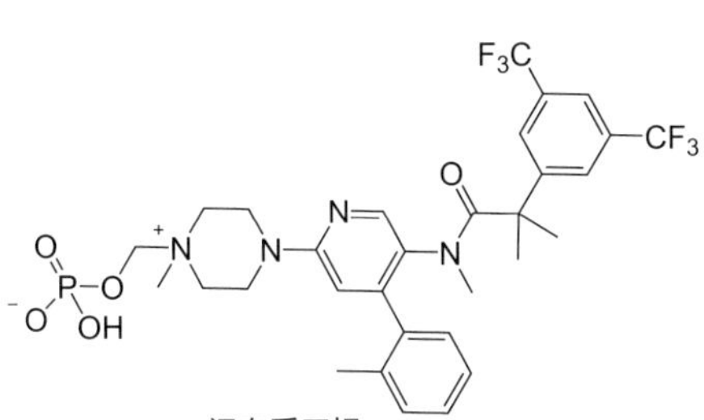

福奈妥匹坦

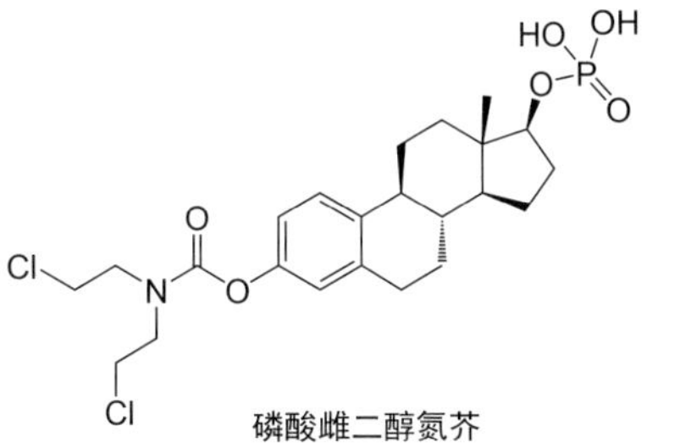

磷酸雌二醇氮芥

图 3-1 抗肿瘤类含磷药物的分子结构

3.2
抗肿瘤类含磷药物的药理活性及合成方法

3.2.1 环磷酰胺

环磷酰胺(cyclophosphamide, CTX)属于烷化剂类抗肿瘤药物，其在体内被肝脏或肿瘤内的磷酰胺酶或磷酸酶水解为活化的磷酰胺氮芥而发挥药效。环磷酰胺是广谱抗肿瘤药，对白血病和实体瘤均有疗效。

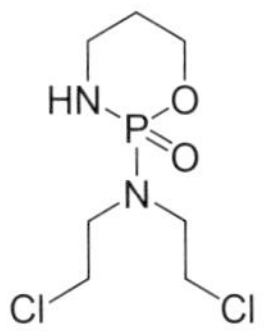

环磷酰胺

环磷酰胺是一种人工合成烷化剂，为氮芥、磷酰胺的结合物，属于抗肿瘤药物，其抗肿瘤活性较强，可对 S 期和 G2 末期细胞发挥作用，减少体内 B 淋巴细胞和 T 淋巴细胞，在多种自身免疫性疾病的治疗中均能取得较好的临床效果。

环磷酰胺是最古老的抗癌药物之一。它最早于 1958 年被发现，并于

1959 年被引入癌症治疗 [1]。它也是血液系统恶性肿瘤(包括淋巴瘤和白血病)以及各种上皮肿瘤(包括乳腺癌、卵巢癌和小细胞肺癌)的主要治疗手段。在德国,该药物被批准用于治疗急性淋巴细胞白血病(ALL)、慢性淋巴细胞白血病(CLL)、霍奇金和非霍奇金淋巴瘤、浆细胞瘤、乳腺癌、卵巢癌、小细胞肺癌、尤文氏肉瘤、骨肉瘤和横纹肌肉瘤以及成神经细胞瘤。该药物在骨髓移植之前用于血液系统恶性肿瘤 [急性髓细胞白血病(AML)、骨髓增生异常综合征(MDS)] 和再生障碍性贫血的多种调理方案中。除癌症化学疗法外,其他批准的适应证还包括威胁自身免疫和免疫介导的疾病(如狼疮性肾炎、韦格纳肉芽肿和多发性硬化症)。环磷酰胺的主要副作用有白细胞和血小板减少、贫血、心脏和膀胱毒性。为了避免出血性膀胱炎,必须在使用环磷酰胺之前先使用 MESNA (2- 巯乙基磺酸钠),以中和尿液中毒性代谢物丙烯醛。另外,肾毒性、心脏毒性和肝毒性也会发生 [2]。

由于环磷酰胺已经在临床上使用了 40 多年,因此在使用这种药物治疗癌症以及作为免疫抑制剂治疗自身免疫和免疫介导的疾病方面有很多经验。除抗有丝分裂和抗复制作用外,环磷酰胺还具有免疫抑制和免疫调节特性 [3]。

环磷酰胺具有强效免疫抑制作用,主要作用机制是对免疫干细胞 S 期的 DNA 起到阻止作用;与此同时对 B 淋巴细胞和 T 淋巴细胞的增殖与分化起到抑制作用,从而降低相关抗体、免疫球蛋白水平;环磷酰胺的不足是其抗炎效果略差于其他药物。环磷酰胺是一种细胞毒类药物,可抑制免疫细胞增殖、减少 DNA 合成、抑制机体免疫反应;有研究报道,联合环磷酰胺治疗原发性肾病综合征(PNS)可减少糖皮质激素的用量,且环磷酰胺致白细胞减少的副作用可抵抗糖皮质激素致白细胞增多的副作用,两种药物联合应用有明显的增效减毒作用。糖皮质激素联合环磷酰胺可明显改善 PNS 患者肾功能及血脂代谢紊乱状态,临床上一般用于"激素依赖型"或"激素抵抗型"或激素有反指征的 PNS,病理类型为中度以上系膜增生性肾小球肾炎、膜增生性肾小球肾炎、膜性肾病、局灶性节段性肾小球硬化,效果优于单独糖皮质激素治疗,同时并未增加不良反应的发生 [4]。

环磷酰胺的 CAS 号为 50-18-0,化学名为 *N,N*-双(*β*-氯乙基)-*N'*-(3-羟

丙基磷酰二胺内酯)，分子式为 $C_7H_{15}Cl_2N_2O_2P$，分子量为 261.08。白色颗粒结晶，无臭，味微苦；溶于水，微溶于醇、苯、1,4-二氧六环、四氯化碳，几乎不溶于乙醚和丙酮；熔点为 48 ～ 51℃。

1958 年，Arnold 和 Bourseaux 首次报道了环磷酰胺的合成方法[5]。首先，双 (β-氯乙基) 胺盐酸盐与过量的三氯氧磷在碱性条件下加热回流，发生缩合反应生成双 (β-氯乙基) 亚磷酰胺二氯化物，然后再与 3-氨基丙醇发生环化反应得到环磷酰胺(图 3-2)。

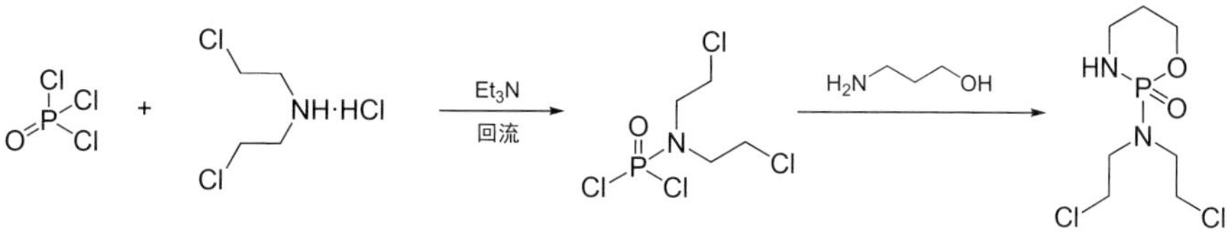

图 3-2　环磷酰胺的合成路线 1

1969 年，Lääke 等报道了一种环磷酰胺的合成工艺[6]，首先三氯氧磷和 3-氨基丙醇在碱性条件下反应生成 2-氯-2-氧代-[1.3.2] 氧氮磷杂环己烷[7]，再将中间产物重结晶纯化，最后与双 (β- 氯乙基) 胺盐酸盐反应生成环磷酰胺(图 3-3)。

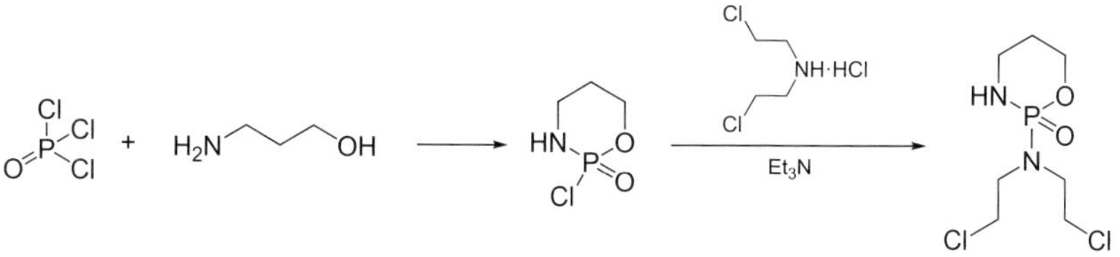

图 3-3　环磷酰胺的合成路线 2

由于三氯氧磷与 3-氨基丙醇的反应对水较敏感，以上两种方法都需要使用无水溶剂，且以上两种方法收率都较低，副反应较多。Asta 药物股份公司报道了制备环磷酰胺的合成工艺[8,9]，该方法是在有惰性溶剂或稀释剂存在、反应前加入分子筛等添加剂的条件下进行的，采用两步单罐反应，不需分离中间产物(图 3-4)，从而提高了反应总产率，减少了化学废物的产生，使环境污染较少。2014 年，Sunny 公司对反应工艺进行了优化，在专利中公开了一种无溶剂条件下合成环磷酰胺的工艺路线[10]。

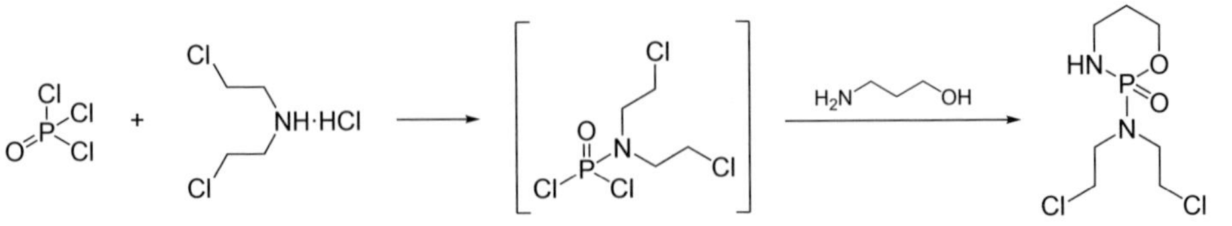

图 3-4 环磷酰胺的合成路线 3

2018 年，山东铂源药业有限公司公开了一种环磷酰胺的合成方法，其特征是先合成 2-氯-2-氧代-[1.3.2] 氧氮磷杂环己烷，然后再与氨气和二氯乙烷 (DCE) 在高压反应条件下生成环磷酰胺[11] (图 3-5)。该发明的缺点在于第一步反应温度过高，两步都用到了大量三乙胺。2019 年，连云港贵科药业有限公司对环磷酰胺的合成工艺进行了改进，通过在二氯乙烷、多聚磷酸和醋酐混合溶液中缓慢加入三氯氧磷和 3-氨基丙醇来制备 2-氯-2-氧代-[1.3.2] 氧氮磷杂环己烷，通入氨气保持 4 个大气压加热得到环磷酰胺[12]。该类发明方法操作方便，步骤简单，环磷酰胺收率高，副产物少，利于工业化生产。

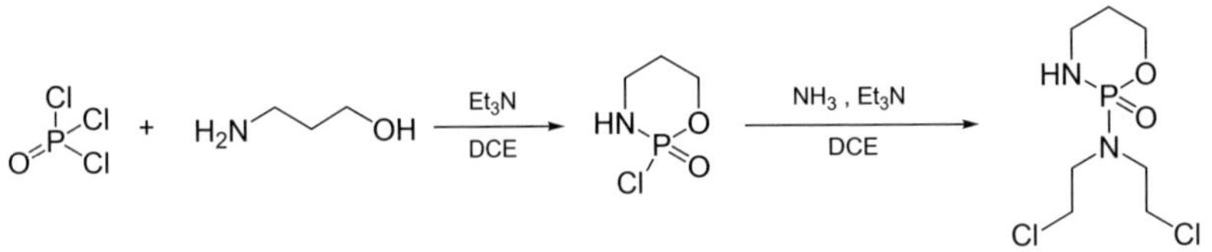

图 3-5 环磷酰胺的合成路线 4

3.2.2 氨磷汀

氨磷汀 (amifostine) 为正常细胞保护剂，可用于癌症的辅助治疗，它由 Clinigen Group 以商品名 Ethyol 销售。氨磷汀可用于降低接受头颈癌放射治疗的患者的口腔干燥症的发生率。它也是一种有机硫代磷酸酯前药，其在体内可被碱性磷酸酶水解成活性细胞保护性硫醇代谢物 WR-1065。氨磷汀选择性保护非恶性组织是由于其较高的碱性磷酸酶活性、较高的 pH 和正常组织的血管渗透。它是一种细胞保护性佐剂，可用于涉及 DNA 结合化学治疗剂的癌症化学疗法和放射疗法。氨磷汀的治疗可降低由 DNA 结合化学治疗剂 [包括烷化剂，如环磷酰胺和含铂剂(如顺铂)] 诱导的中性粒细胞减少引起的发热和感染的发生率。它还用于降低与含铂剂相关的累积肾毒性。

氨磷汀

氨磷汀是被批准上市的第一个细胞保护剂，用于减轻放化疗因药物及辐射引起的毒副作用。放疗时所产生的自由基损伤细胞的重要成分，尤其是 DNA 出现单、双链断裂，与染色体蛋白交叉联结，而氨磷汀代谢产物硫醇可以清除体内由放化疗产生的自由基，抑制辐射及放化疗对组织和细胞分化的损伤[13]。1959 年，美国陆军研究所对核战争时军人防核辐射用药进行研究，从 4000 多个化合物中筛选出氨磷汀，显示其具有良好的核辐射防护作用和使用安全性；1995 年批准其上市，氨磷汀成为第一个广谱细胞保护剂，用于卵巢癌顺铂化疗肾毒性保护；1996 年批准其用于非小细胞肺癌顺铂化疗肾毒性保护；1999 年批准其用于头颈癌放疗时引起口腔干燥症的保护；2001 年，美罗药业股份有限公司国内首家上市生产氨磷汀，适应证包括肺癌、卵巢癌、乳腺癌、鼻咽癌、骨肿瘤、消化道肿瘤、血液系统肿瘤等。氨磷汀作为泛细胞保护剂，可有效减轻病人因放化疗引起的毒性反应，对人体正常组织没有影响。此外，大量的研究也表明，在放疗和化疗中氨磷汀对骨髓具有保护作用，对防护放射性黏膜炎、皮肤炎有明显作用，可以防护放射性肝损伤，也可防护放射性肺损伤。氨磷汀临床使用时，可能出现的副反应包括头晕、恶心、呕吐、乏力等。用药期间可能会出现血压轻度下降，一般数分钟内缓解，有少数的患者因血压降低明显而需停药；个别患者出现轻度嗜睡、打喷嚏、面部温热等[13]。氨磷汀是一种有前途的、经过充分研究的、有效的放射防护剂(在放射线照射之前给药)，并且用最佳剂量的氨磷汀治疗可能没有任何副作用。低剂量(50 mg / kg)给药相较于更高剂量(200 mg / kg)给药的校正效果更好，简言之，有必要对简化药物剂量、给药途径和治疗方案进行研究，以减少不良副作用，从而扩大其临床应用[14]。

氨磷汀（amifostine，WR-2721），CAS 号为 20537-88-6，化学名为 2-(3-氨丙基氨基)乙基硫代二氢磷酸酯，商品名为阿米福汀（Ethyol，Ethiofos），分子式为 $C_5H_{15}N_2O_3PS$，分子量为 214.22。本品为白色结晶粉末或冻干块状物，有特臭。

目前氨磷汀的合成方法中关键一步基本上是通过 N-(2-溴乙基)-1,3-丙二胺二氢溴酸盐 **1** 与硫代磷酸钠反应，再通过精制得目标产物氨磷汀（图 3-6）[15]，可以用水作反应溶剂，或加 N,N-二甲基甲酰胺（DMF）、二甲基亚砜（DMSO）作助溶剂，缩短反应时间，提高粗品纯度。目前文献中报道的该步反应的工艺条件按照所用溶剂不同可分为 3 类，即纯水作溶剂[16]、水-DMF 作溶剂[17]、水-DMSO 作溶剂[18,19]。采用水-DMSO 作为溶剂的制备方法较采用纯水或水-DMF 作为溶剂的制备方法在反应效果上有了较大的改善，同时对降低 DMF 残留可能对皮肤的刺激性也具有一定的作用。但是，由于 DMSO 本身也存在一定的毒性，因此，该类溶剂方法制备得到的成品氨磷汀中仍然可能存在对人体的潜在刺激性。

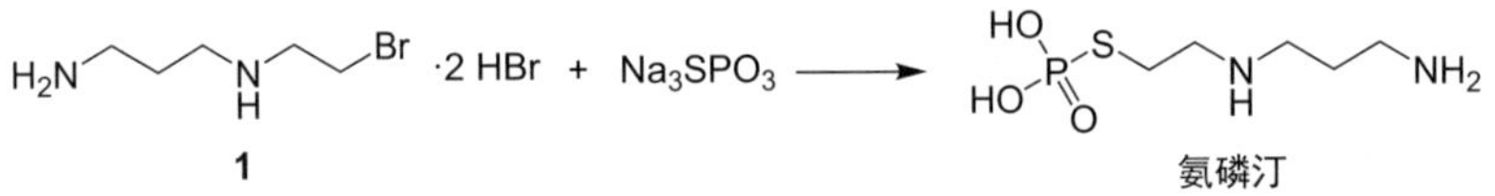

图 3-6　氨磷汀的合成路线 1

1969 年 Piper 等报道了氨磷汀的多种合成方法，一种方法是以 1,3-丙二胺和环氧乙烷进行缩合反应生成 N-(2-羟乙基)-1,3-丙二胺 **2**，随后与 40% 氢溴酸反应生成溴酸盐 **1**[图 3-7 (a)]，最后与硫代磷酸钠在 DMF 作用下发生缩合反应最终制得氨磷汀[15]。该方法为较早的有关氨磷汀合成方法，且为目前较为常用的合成方法，所用原料价格低廉，以后的合成路线与该方法大同小异。另一种方法是以 N-(2-氰基乙基)氮杂环丙烷 **3** 为起始原料，用氢化铝锂还原得到 N-(3-胺丙基)氮杂环丙烷 **4**，最后与氢溴酸反应生成溴酸盐 **1**[图 3-7(b)]。1975 年 Piper 等在专利中描述了 N-(2-羟乙基)-1,3-丙二胺 **2** 与 40% 的氢溴酸反应以 80% 的转化率得到了 N-(2-溴乙基)-1,3-丙二胺二氢溴酸盐 **1**，随后与硫代磷酸钠反应制备出了氨磷汀一水合物和二水合物[17]。

图 3-7　氨磷汀中间体的合成路线 1

1950 年 Surrey 等报道了一种合成氨磷汀重要中间体 *N*-(2-羟乙基)-1,3-丙二胺 **2** 的方法 [20]，以 2-羟基乙胺为原料，与丙烯腈缩合生成 3-(2-羟乙基) 氨基丙腈 **5**，再用雷尼镍 (Raney Ni) 为催化剂氢化氰基得到 *N*-(2-羟乙基)-1,3-丙二胺 **2**(图 3-8)。

图 3-8　氨磷汀中间体的合成路线 2

1991 年 Sawada 等报道了一种 *N*-(2-溴乙基)-1,3-丙二胺的合成方法 [21]，以杂氮环丁烷和乙醇胺为起始原料，进行缩合反应得到 *N*-(2-羟乙基)-1,3-丙二胺 **2**，再和 40% 氢溴酸反应得到 *N*-(2-溴乙基)-1,3-丙二胺二氢溴酸盐 **1**(图 3-9)。

图 3-9　氨磷汀中间体的合成路线 3

1993 年，Laval 等报道了以乙醇胺为原料，经两步氯化，然后与碳酸氢钠作用得 2-噁唑烷酮 **6**，再与 *N*-(3-溴丙基) 邻苯二甲酰亚胺 **7** 缩合，经两步溴化得到关键中间体 **1**，然后与硫代磷酸钠成盐，精制得氨磷汀一水合物(图 3-10)[22]。此合成法反应步骤多，总收率低，成本较高，不适宜工业生产。

2012 年，开封明仁药业有限公司在专利中公开了一种氨磷汀的制备方法 [23]。该制备方法以 *N*-(2-羟乙基)-1,3-丙二胺 **2** 为原料，滴加浓盐酸

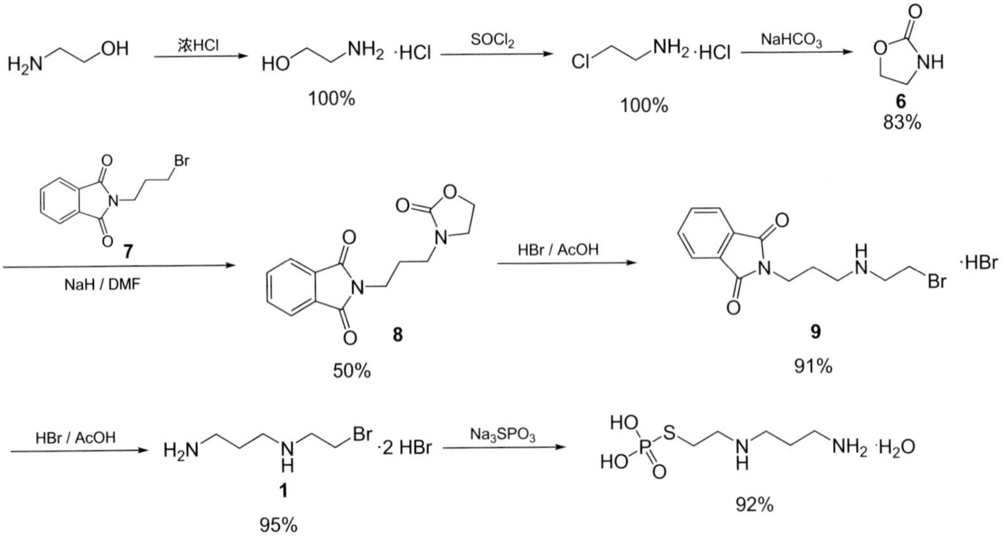

图 3-10　氨磷汀的合成路线 2

进行反应从而生成其铵盐 **10**，然后将所得铵盐进行氯化反应得到 2-(3-氨丙基氨基) 乙基氯二盐酸盐 **11**，最后与硫代磷酸钠、碘化钾反应生成氨磷汀(图 3-11)。该发明技术方案收率较高、反应时间较短，并且成本低，适于工业化规模生产。

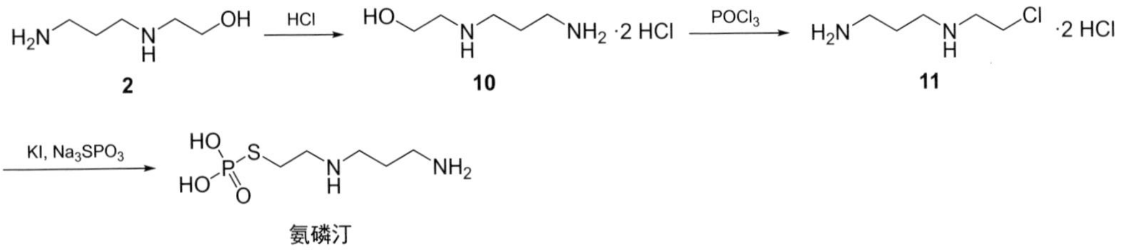

图 3-11　氨磷汀的合成路线 3

2012 年，南京臣功制药股份有限公司在专利中公开了一种氨磷汀的制备方法[24]。首先，邻苯二甲酰亚胺与 1,3-二溴丙烷在非质子溶剂中反应生成 N-(3-溴丙基) 邻苯二甲酰亚胺 **7**，再与 2-噁唑烷酮 **6** 反应生成化合物 **8**，随后与溴化氢发生溴代反应生成化合物 **9**，再与硫代磷酸钠反应得到化合物 **12**，最后与水合肼发生肼解反应得到氨磷汀(图 3-12)。该路线在合成氨磷汀的过程中用到的 2-噁唑烷酮 **6** 为实验室订制产品，价格昂贵，而且最后一步所用的水合肼高毒、致癌、遇明火高热可燃，工业化依旧困难。

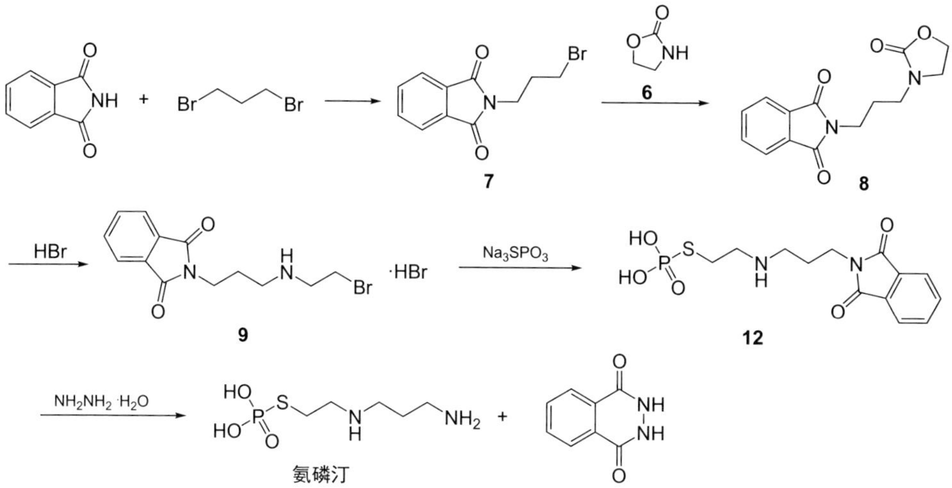

图 3-12　氨磷汀的合成路线 4

2013 年，沈阳药科大学韩静等报道了一种氨磷汀的合成方法[25]，首先用丙烯酰胺与乙醇胺发生加成反应生成 3-(2-羟乙基) 氨基丙酰胺 **13**，然后用硼氢化钠(NaBH₄)还原羰基得到 *N*-(2-羟乙基)-1,3-丙二胺 **2**，随后与浓盐酸反应成盐得化合物 **10**，所得的盐与氯化亚砜进行氯代反应生成化合物 **11**，最后氯代产物与十二水硫代磷酸钠进行分子对接得到氨磷汀（图 3-13）。

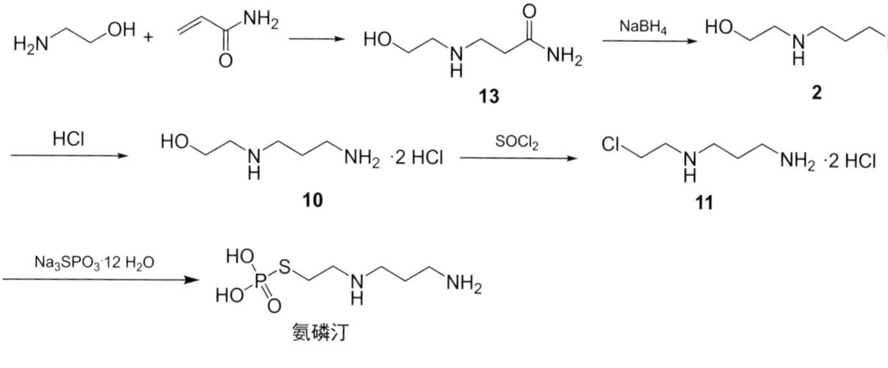

图 3-13　氨磷汀的合成路线 5

3.2.3 异环磷酰胺

异环磷酰胺(ifosfamide)作为抗肿瘤药可用于治疗多种癌症。异环磷酰胺以 Ifex 等品牌销售，可治疗睾丸癌、软组织肉瘤、骨肉瘤、膀胱癌、小细胞肺癌、宫颈癌和卵巢癌。异环磷酰胺于 1987 年在美国被批准用于医疗用途，它存在于世界卫生组织的基本药物清单中，是卫生系统所需的最有效和最安全的药物。其作用机理类似于其他烷化剂，即与 DNA 链发生不可逆的交联，干扰 DNA 的合成。

异环磷酰胺

异环磷酰胺的商品名为和乐生，是环磷酰胺的同分异构体。异环磷酰胺于 20 世纪 60 年代中期首先由德国 Asta 公司研制合成，但直至 20 世纪 80 年代有了泌尿系统保护剂美司钠(mesna)之后才进入临床，目前在各国已广泛运用。其化学名为 3-(2-氯乙基)-2-[(2-氯乙基)氨基] 四氢-2H-1,3,2-噁嗪磷-2-氧化物。异环磷酰胺属于广谱抗肿瘤药物，对多种肿瘤有抑制作用。其作用机制是与 DNA 发生交叉联结，抑制 DNA 的合成，也可干扰 RNA 的功能，属细胞周期非特异性药物。异环磷酰胺是一种需经肝内药酶羟化开环才显活性的抗癌药物，这一差异使其溶解度增加、代谢活性增强。异环磷酰胺是一种潜伏化药物，在药效学及药代学方面与环磷酰胺有明显不同。环磷酰胺的抗癌作用有浓度依赖性，在一定浓度下维持的时间决定了它的抗癌效应；异环磷酰胺的抗癌作用有累积性，而毒性却因分次给药而降低。据此，分次给药的方案已成功地应用于临床，提高了抗癌疗效和患者耐受性。异环磷酰胺在肝脏中的水解较环磷酰胺慢，部分异环磷酰胺在活化前经过脱氯乙基作用而形成氯乙醛和去氯乙基异环磷酰胺。异环磷酰胺是一种新型的抗肿瘤药物，作为环磷酰胺的同分异构体，它具有治疗指数高而毒性低的特点。异环磷酰胺是近年来用于治疗恶性肿瘤的主要化疗药物之一，异环磷酰胺对骨肉瘤具有显著的治疗效果，基于异环磷酰胺的化疗，可将骨肉瘤患者的死亡风险降低 17%，且化学疗法在未发生转移性疾病的患者中的疗效比在发生转移性疾病的患者中的疗效更好[26]。异环磷酰胺具有良好的全身或局部的安全性和耐受性。其口服吸收良好，生物利用度接近100%[27]。

异环磷酰胺的合成方法主要有以下几种：一种是 1981 年 Jarman 等报道的以氮杂环丙烷为起始原料，首先与 3-氯丙醇缩合得 N-(3-羟丙基)氮杂环丙烷 **14**，然后与三氯氧磷反应得到 2-氯四氢 -2H-3-(2-氯乙基)-1,3,2-氧氮磷杂环己烷-2-氧化物 **15**，最后与 2-氯乙胺盐酸盐缩合得异环磷酰胺，总收率为 29%（图 3-14）[28]。该方法的缺点是原料毒性较大，中间产物对水敏感、不易长期保存[29]。

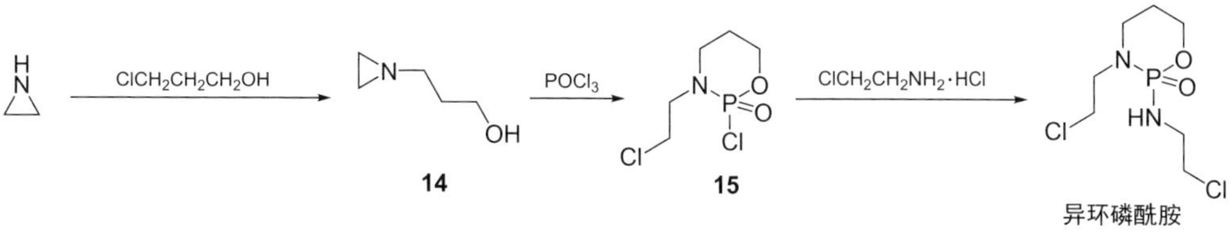

图 3-14　异环磷酰胺的合成路线 1

2000 年，德国 Asta 公司在专利中公开了一种异环磷酰胺的合成工艺路线，采用 N-(2-氯乙基)-3-羟丙基胺盐酸盐 **16**、三氯氧磷、2-氯乙胺盐酸盐和三乙胺一锅法制备异环磷酰胺，总收率为 73%（图 3-15）[30]。该过程操作简单，但原料 N-(2-氯乙基)-3-羟丙基胺盐酸盐 **16** 需另行制备。

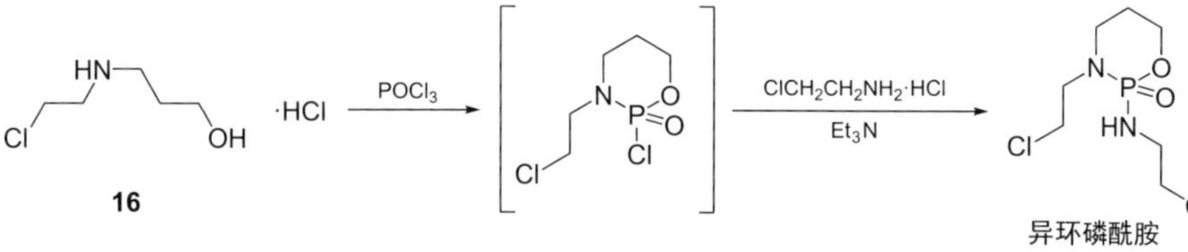

图 3-15　异环磷酰胺的合成路线 2

2009 年路海滨等报道了一种异环磷酰胺的合成方法，首先采用 3- 氨基丙醇和三氯氧磷环合得到磷酰氯 **17**，再与 2-氯乙胺盐酸盐反应得到磷酰胺 **18**，进一步与氯乙酰氯进行酰化得到中间体 **19**，所得中间体 **19** 最后经过还原反应得到异环磷酰胺，总收率为 30%（图 3-16）[31]。该合成路线不需使用毒性较大的试剂，有利于安全保护，同时反应过程操作简单，无需特殊设备，整个工艺流程不存在严重的三废问题，易于工业化生产[32]。

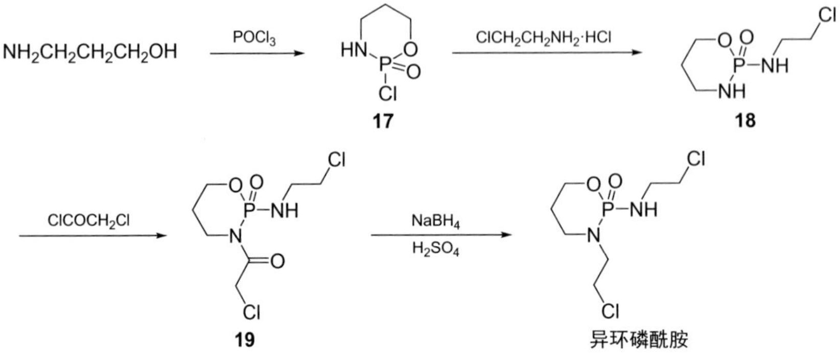

图 3-16 异环磷酰胺的合成路线 3

3.2.4 黄素单核苷酸

黄素单核苷酸(flavin mononucleotide，FMN)能抑制肿瘤细胞，它是许多氧化酶(包括 NADH 脱氢酶)的辅酶。

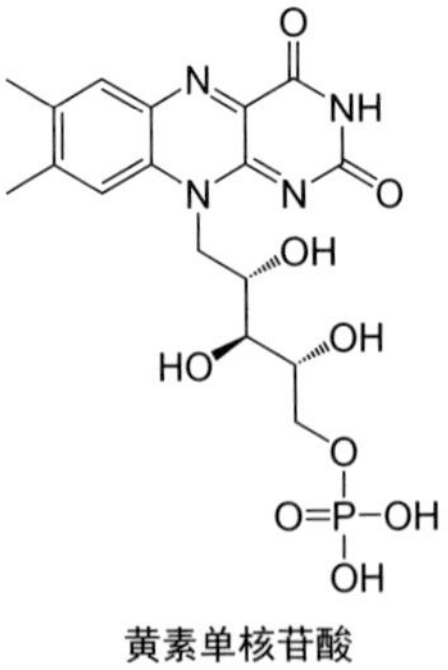

黄素单核苷酸

黄素单核苷酸一般通过核黄素(riboflavin)和三磷酸腺苷(ATP)反应合成(图 3-17)，其由核黄素侧键的核糖经醇磷酸化后产生，核黄素即维生素 B_2，是一种酵素辅酶，功能广泛。黄素单核苷酸是酶复合体 I (complex I)中黄素蛋白辅基的活性形式，含有维生素 B_2，负责将还原型烟酰胺腺嘌呤二核苷酸(NADH)的电子通过铁硫蛋白传递给辅酶 Q。

依据线粒体营养素假说，complex Ⅰ 氧化损伤过程中，补充 complex Ⅰ 的专一性辅基 FMN，可能有助于提高酶活性。

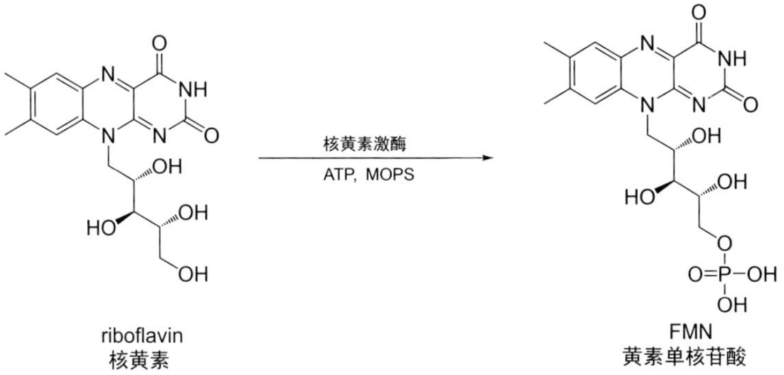

图 3-17　黄素单核苷酸生物体内合成路线

黄素单核苷酸对蓝光敏感，光照后可从黄素单核苷酸中得到多种化合物，因此以黄素单核苷酸的光化学性质探讨黄素单核苷酸和活性氧对肝细胞生长还原率的影响很有必要。黄素单核苷酸反应可使肝癌细胞减少 35% ～ 60%，应用于光动力疗法的黄素单核苷酸光化学技术是一种简单、低毒、安全的光动力治疗技术[33]。

在生物体内核黄素主要以 FMN 及黄素腺嘌呤二核苷酸 (FAD) 两种辅酶的形式参与生物体的氧化还原过程，FMN 和 FAD 为体内辅酶 (coenzyme) 和辅因子 (cofactor)，它们与细胞呼吸、脂肪酸氧化、氨基酸及糖类分解有密不可分的关系。黄素蛋白催化涉及电子转移过程的各种反应。黄素蛋白的多功能性在于黄素可以以不同的氧化还原状态存在[34]。

依赖 FMN 的双组分单加氧酶系统可以催化多种反应。这些双组分体系由 FMN 还原酶和单加氧酶组成，催化各种底物的氧化。还原酶的作用是向单加氧酶提供还原的黄素，而单加氧酶利用还原的黄素激活分子氧。与具有紧密结合或共价结合辅基的黄素蛋白不同，这些酶催化两个分离酶的还原和氧化半反应。这些酶的一个有趣的特性是它们能将还原的黄素从还原酶转移到单加氧酶。文献报道过的第一个鉴定出的共价黄素蛋白是哺乳动物琥珀酸脱氢酶的组成部分。目前已经有超过 20 种共价黄素酶被发现，每一种都有 5 种 FAD 或 FMN 与蛋白质的连接方式[35]。

通常，FMN 还原酶对氧化黄素的亲和力更高，而单加氧酶对还原黄素的亲和力更高。每种成分对黄素的特定氧化还原形式的亲和力确保了黄素一旦还原就被转移并被单加氧酶快速结合。已被鉴定的许多 FMN 依赖性单加氧酶都能够利用由 FMN 还原酶与其他系统特异性连接的还原黄素，从而支持黄素转移的扩散机制。另外，FMN 还原酶可能包含共同的结构基序，在蛋白质与单加氧酶的相互作用中发挥作用[36]。

黄素单核苷酸又称核黄素-5′-磷酸，CAS 号为 146-17-8，分子式为 $C_{17}H_{21}N_4O_9P$，分子量为 456.35。

目前，黄素单核苷酸与核黄素磷酸酯钠的化学合成方法可分为两种，一种是核黄素与三氯氧磷在有机溶剂中反应生成核黄素-4,5-环磷酰氯 **20**，然后水解磷酰物及过量的三氯氧磷得到黄素单核苷酸(图 3-18)。1992 年美国专利公开了一种核黄素-5′-磷酸酯的制备方法[37]，将核黄素加入含有 γ-丁内酯、三氯氧磷的混合液体中反应生成核黄素环磷酸酯，然后将反应液倒入过量的水中，在高温下分解过量的三氯氧磷，产生盐酸，高温下水解核黄素环磷酸酯，得到核黄素-5′-磷酸酯，然后在较高温度下加碱使其变成钠盐，得到粗产品。该制备方法中由于三氯氧磷活性太高，与核黄素 4′、5′ 位羟基成环的同时还与 3′、5′ 位及 3′、4′ 位成环，其反应选择性极差而生成其他副产物较多，最后所得产品纯度不够高，不能达到国内外各种药典对核黄素磷酸酯钠的质量要求。1952 年美国专利公开的黄素单核苷酸的合成方法与其类似[38]，不足之处在于需要用到过量的三氯氧磷，对环境造成较大污染，而且伴随生成大量副产物，目标产物纯度更低。

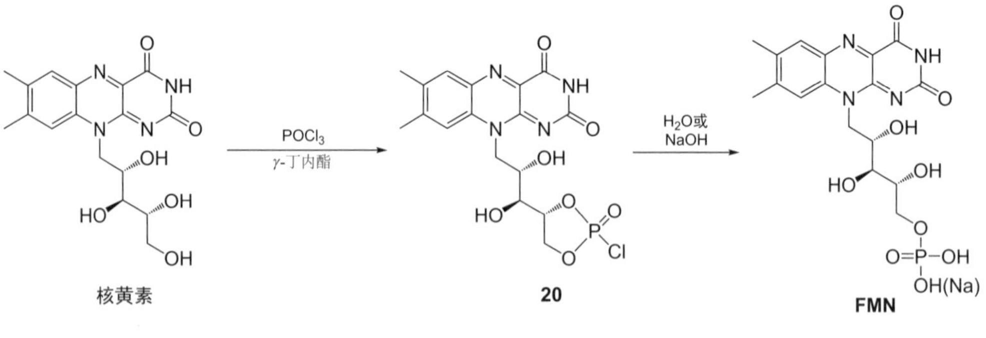

图 3-18　黄素单核苷酸的合成路线 1

黄素单核苷酸的另一种合成方法是：使用核黄素与部分水解的三氯氧磷在有机溶剂中反应生成核黄素环磷酸酯 **21**，然后水解过量的三氯氧磷，再用过量的氢氧化钠中和，经过滤得到核黄素磷酸酯钠 **22**（图 3-19）。该方法的不足之处在于需要使用大量吡啶作催化剂，反应后处理步骤烦琐，所得产物纯度不够 [39,40]。

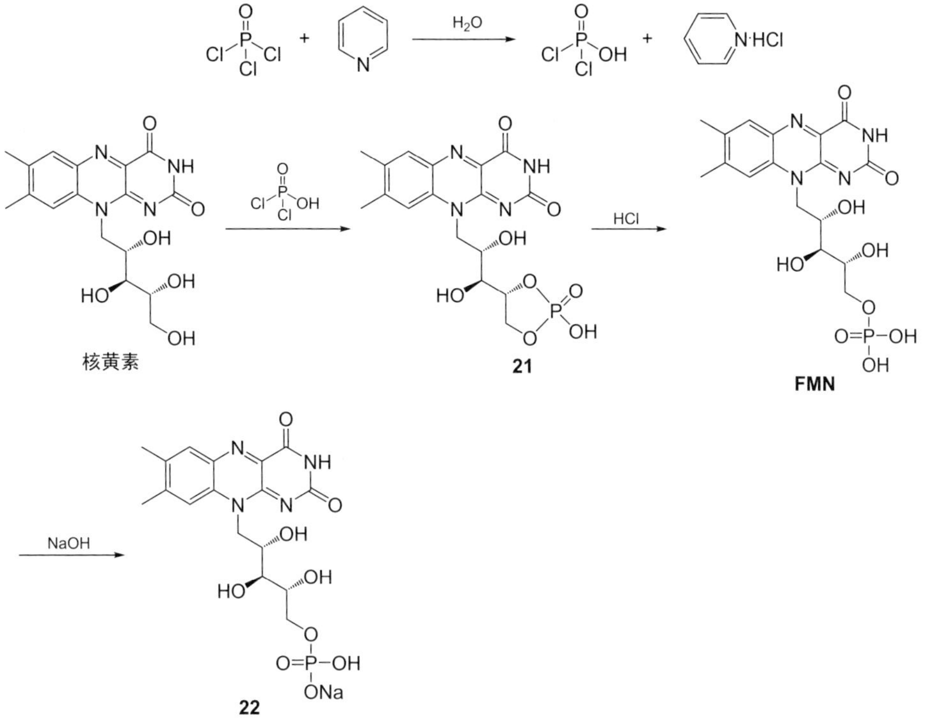

图 3-19 黄素单核苷酸的合成路线 2

核黄素又称维生素 B_2，是带有核糖醇侧链的异咯嗪衍生物，也可以认为是核糖醇与 6,7-二甲基异咯嗪缩合而成。核黄素是人体代谢中许多酶的组成部分，可由植物、酵母菌、真菌和其他微生物合成，但动物本身不能合成。体内缺乏核黄素，主要表现为表皮组织的病变，如口角炎、唇炎、舌炎、角膜炎、男性阴囊炎等。由于核黄素水溶性差，其在医药上的使用范围受到一定的限制，将其制成具有水溶性的磷酸盐可扩大其使用范围，用于医药、食品添加剂、饲料、兽药等行业。核黄素主要有三种生产方法：一是生物发酵法，该法又分为传统的酵母菌发酵法和新型的基因工程菌发酵法；二是化学合成法，以 D-葡萄糖为原料，经化学反应合成；三是化学半合成法，以 D-葡萄糖为原料，经发酵生成 D-核糖，再以 D-核糖为原料进行化学合成 [41]。

酵母菌发酵法生产核黄素已有约 60 年的历史，可代谢产生核黄素的微生物很多，但真正应用于核黄素生产的菌种却很有限。目前工业生产中主要以棉病囊菌(*Ashbya gossypii*)、枯草芽孢杆菌(*Bacillus subtiltis*)和阿舒假囊酵母(*Eremothecium ashbyii*)等作为核黄素生产菌种。发酵法生产核黄素，因具有生产工艺经济有效、易于自动化控制、产品无毒和纯度高等优点，被广泛用于核黄素的工业生产。酵母菌发酵法的发酵周期较长，发酵单位较低，其生产效率也低于半合成法。

基因工程菌发酵法是运用 DNA 重组技术构建出能够过量合成核黄素的基因工程菌，取代原先使用的酵母菌。采用基因工程菌发酵法生产核黄素，基因工程菌的发酵周期短，发酵单位高，既有酵母菌发酵法产品质量好的特点，又有化学半合成法生产效率高的优势，代表了核黄素生产技术的发展方向。世界上主要的核黄素生产公司目前都在转向采用基因工程菌发酵法生产核黄素。瑞士的 Roche 公司采用以枯草芽孢杆菌为受体菌的基因工程菌，并已用于核黄素的工业化生产；德国的 BASF 公司开发了以酵母菌为受体菌的基因工程菌，用来生产核黄素；日本除了使用枯草芽孢杆菌为受体菌的基因工程菌外，还开发了以产氨棒杆菌(*Corynebactia aminogensis*)为受体菌的产核黄素基因工程菌。

从化学合成角度剖析，核黄素结构可分为核糖、二甲苯胺、巴比妥酸三部分。化学合成法一般以葡萄糖为起始原料，经过氧化、转化、内酯化，还原成核糖 **23**，与二甲苯胺缩合经氢化成核糖胺 **24**，再与重氮盐耦合得到化合物 **25**，最后与巴比妥酸环合得到核黄素 [42](图 3-20)。

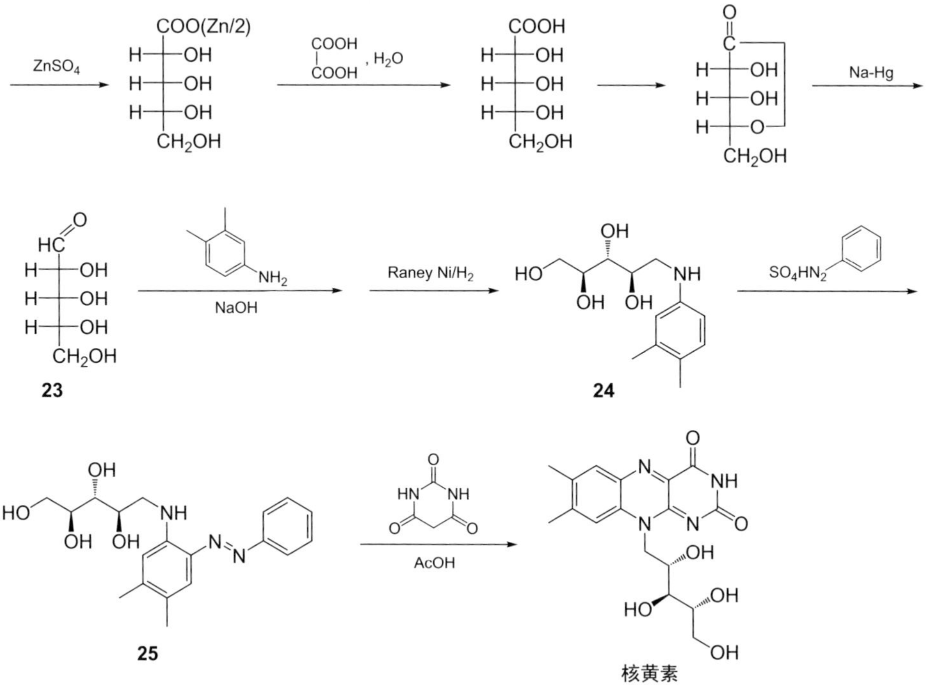

图 3-20　核黄素的化学合成路线 1

　　目前，纯粹的化学合成方法已很少应用于核黄素的合成。该工艺的缺点不仅是核黄素的总收率较低，而且还在异构化作用中形成大量副产物，使得分离提纯难以进行。同时，在汞齐的还原作用中采用大量的汞往往会造成产物和环境的严重污染。也有很多课题组对化学合成方法进行了改进，例如采用二甲苯胺和核糖为起始原料、氰基硼氢化钠为还原剂得到核糖胺 **24**，再与原位生成的重氮化合物耦合得到化合物 **25**，随后与巴比妥酸环合得到核黄素，最后在核黄素激酶的作用下得到 FMN[43]（图 3-21）。虽然核黄素化学合成的工艺经过多次改进，但随着基因工程菌核黄素发酵工艺的引入和核黄素前体 D-核糖发酵产率的不断提高，化学合成法因步骤烦琐、分离提纯困难以及成本较高，目前已完全被取代。

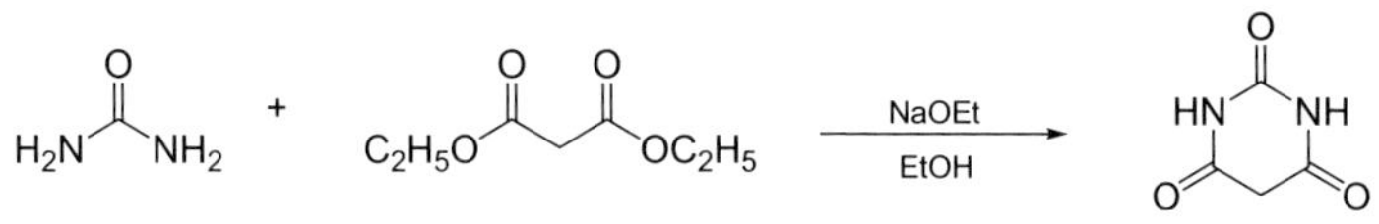

图 3-21

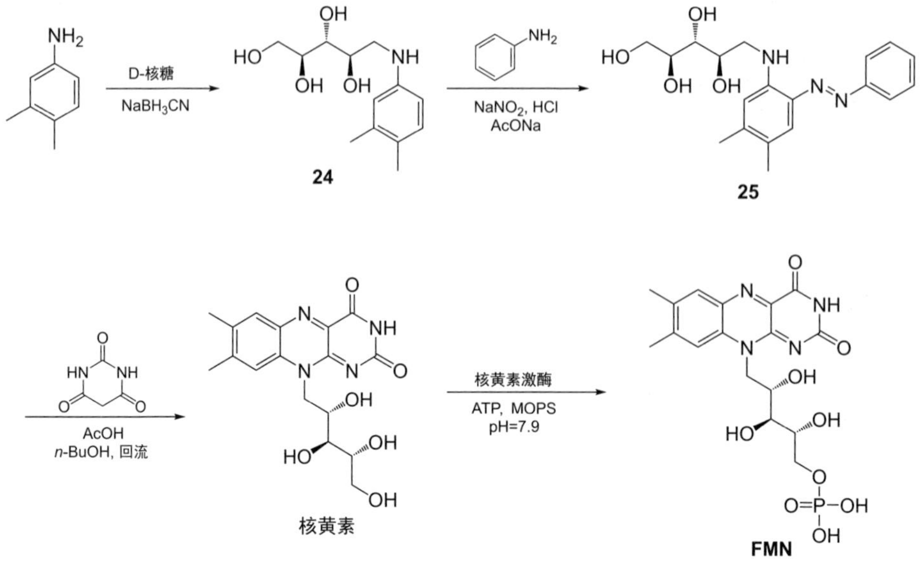

图 3-21　核黄素的化学合成路线 2

　　在核黄素半合成路线的工业生产中，BASF 公司在环合一步采用酸催化剂及有机溶剂，总收率为 28%。日本一家企业采用生物合成法制备核糖，以 1,2-二甲基-4,5-二硝基苯为起始原料，经部分还原、核糖缩合、还原、四氧嘧啶环合等合成步骤生产核黄素。Yoneda 改进法不经过耦合而直接用核糖胺与 6-氯尿嘧啶缩合生成核糖氨基尿嘧啶，再经过硝化或亚硝化制备 5-氧-核黄素，还原得核黄素。

　　采用微生物发酵法生产 D-核糖，以 D-核糖为原料通过合成法生产核黄素，称为核黄素半合成生产法。该法的关键在于 D-核糖发酵水平的高低。在获得 D-核糖后，经氢化等各步反应获得核黄素的过程与化学合成法是一样的。与全化学合成法相比，化学半合成法工艺简单、成本较低，长期以来是核黄素工业生产的主要方法之一。

3.2.5　噻替哌

　　噻替哌(thiotepa)作为多功能烷化剂广泛应用于肿瘤治疗，可用于治疗乳腺癌、卵巢癌、膀胱癌和其他实体肿瘤，也可以有效地治疗霍奇金氏病和淋巴瘤，是目前临床上使用的亚乙基亚胺类药物中疗效最好的广谱抗肿瘤药物之一。噻替哌还可用作骨髓移植的调理剂。术后应用噻替哌滴眼剂可以抑制翼状胬肉切除术后的胬肉组织增生，降低翼状胬肉的复发率。

噻替哌

噻替哌的结构中含有 1 个磷原子和 3 个氮丙啶，它的结构与氮芥非常相似，主要代谢物是 N,N',N''-三亚乙基硫代磷酰胺（TEPA）。噻替哌的作用机制是通过干扰 DNA 复制和 RNA 转录，从而破坏核酸功能。试验研究表明，噻替哌可以作为一种前药，携带高活性的代谢物 TEPA 进入细胞。由于噻替哌在生理 pH 值下的水生物系统中是稳定的，所以它能迅速进入细胞，然后释放 TEPA，从而阻断 DNA 的复制[44]。噻替哌主要通过两种途径使 DNA 烷基化。一种途径是 DNA 鸟嘌呤的 N7 亲核进攻噻替哌的 N 原子，氮丙啶转变为质子化阳离子态；另一种途径是噻替哌通过水解反应释放氮丙啶，氮丙啶与鸟嘌呤的 N7 结合而进入细胞，改变 DNA 的结构及功能，影响癌细胞的分裂，从而对增殖细胞的各个时期产生影响。噻替哌通过扩散快速进入细胞，在肝脏中由细胞色素 P450 氧化脱硫得到代谢产物替哌，噻替哌能通过水解反应释放氮丙啶。噻替哌的无菌粉末或由其配制的溶液避光储存在 2 ～ 8℃的温度下。噻替哌可以通过多种途径给药：口服、静脉注射、肌内注射、皮下注射、腔内注射和鞘内注射。口服通过胃肠道会导致吸收不完全。静脉注射量可使用等渗浓度，并且可以静脉推注或进一步稀释并周期注射。当腔内给药时，噻替哌可能需要进一步稀释，以便可以注入更大的剂量。噻替哌在给药治疗癌症时，会同时伴有副作用，包括骨髓抑制、白细胞减少症、血小板减少症，也报道过服用噻替哌会造成贫血，最低点发生在第 15 ～ 20 天之间。其他可能的副作用有局部刺激、恶心、呕吐、头晕和头痛，皮疹和过敏反应很少发生[45]。

噻替哌的化学名为 1,1',1''-硫次膦基三氮丙啶，CAS 号为 52-24-4，

分子式为 $C_6H_{12}N_3SP$，分子量为 189.22。噻替哌是由美国 Cyanamid 公司研发的烷化剂，用于卵巢癌、乳腺癌、膀胱癌等疾病的治疗[46]。经 Adienne SA 的临床研究，2017 年美国 FDA 批准该化合物用于骨髓抑制的联合用药。

1954 年，美国专利公开了噻替哌的制备方法，该方法将三氯硫磷和苯的溶液慢慢滴加到亚乙基亚胺、三乙胺和无水苯的搅拌溶液中，控制反应温度在 5℃以下，加完之后继续升温到室温，搅拌 2～3 h，过滤，用无水苯洗涤滤饼，最后将滤液合并，减压除去苯，残液用石油醚重结晶，得到成品噻替哌(图 3-22)。该方法需要使用致癌性的苯作溶剂，产物收率低，且不易纯化[47]。

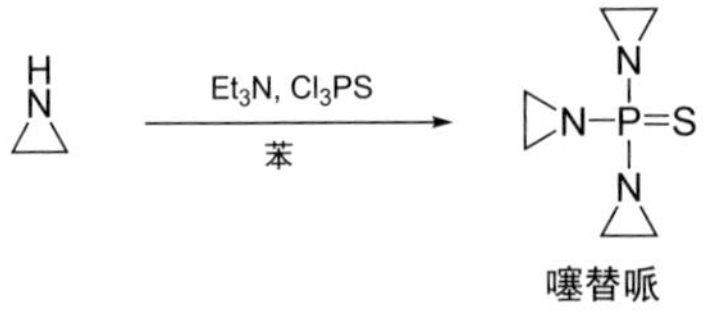

图 3-22　噻替哌的合成路线

2018 年，吴光彦在专利中公开了一种噻替哌的制备方法，该制备方法与上述路线一致，不同的是反应溶剂为四氢呋喃和环己烷的混合液，缚酸剂为碳酸钾和三乙胺。该专利提供的方法产生的三废少，同时操作简单，收率高，适合于工业化生产[48]。

3.2.6　福沙吡坦

福沙吡坦(fosaprepitant)是一种静脉注射的止吐药，是 FDA 于 2008 年批准上市的防治急性和延迟性恶心和呕吐的药物。2008 年 6 月 FDA 批准福沙吡坦二甲葡胺(fosaprepitant dimeglumine)在美国上市，用于治疗化疗诱导的恶心和呕吐及术后的恶心和呕吐，商品名为 Emend，与阿瑞吡坦的商品名相同。同时，福沙吡坦二甲葡胺也在瑞典、捷克、葡萄牙和英国上市，商品名为 Ivemend。

福沙吡坦

福沙吡坦作为神经激肽-1(NK-1)受体阻断剂，能有效地防治癌症化疗所致的恶心呕吐，增加患者的化疗耐受性。另外，福沙吡坦联合其他止吐药静脉注射，可以防治中等剂量致吐和大剂量致吐的抗肿瘤药化学治疗初始和反复用药引起的急性和延迟性恶心和呕吐。化疗引起的恶心和呕吐(CINV)是一种在癌症治疗中的常见不良反应。CINV会影响患者的生活质量，并可能导致患者不遵守相关化疗或减少用药剂量。福沙吡坦是水溶性的阿瑞吡坦的磷酰基前药，当静脉注射时，给药后30 min内转化为阿瑞吡坦，并通过普遍存在的磷酸酶起作用。福沙吡坦在给药后能很快转换为活性形式(阿瑞吡坦)，它有望提供相同的阿瑞吡坦暴露量以及相似的止吐效果。临床研究表明，福沙吡坦可以作为阿瑞吡坦口服胶囊的静脉注射替代品。在一项针对健康受试者的研究中，福沙吡坦的耐受性很好，达到150 mg(1 mg/mL)。另外，福沙吡坦115 mg的给药量与阿瑞吡坦125 mg的给药量的生物等效性一致，说明福沙吡坦可以通过静脉给药替代口服阿瑞吡坦[49]。国外研究表明，福沙吡坦与昂丹司琼和地塞米松联合使用可以改善CINV治疗的效果。对于癌症术后DCF化疗的患者，与单独使用昂丹司琼和地塞米松组相比，福沙吡坦联合昂丹司琼和地塞米松使用对治疗急性和延迟性的呕吐完全控制率分别增加了16.7%和26.7%($P < 0.05$)，急性和延迟性的恶心控制率也分别显著增加了6.7%和10.0%($P < 0.05$)。因此福沙吡坦联合昂丹司琼和地塞米松使用对治疗急性和延迟性CINV的效果更加显著。福沙吡坦与昂丹司琼、地塞米松联合使用有良好的耐受性，且因福沙吡坦在体内代谢成的阿瑞吡坦是细胞色素P450 3A4酶的底物抑制剂和中度抑制剂，所以当其与皮质类固醇激素联用时，后者剂量应减半。福沙吡坦与昂丹司琼和地塞米

松联用对患者恶心症状的改善有一定的作用，安全性高，耐受性好，值得在临床上加以推广和应用[50]。

福沙吡坦又名福沙匹坦，化学名为 [3-[[(2R,3S)-2-[(1R)-1-[3,5-二(三氟甲基) 苯基] 乙氧基]-3-(4-氟苯基)-4-吗啉基] 甲基]-2,5-二氢-5- 氧代-1H-1,2,4-三唑-1-基] 膦酸，CAS 号为 172673-20-0，分子式为 $C_{23}H_{22}F_7N_4O_6P$，分子量为 614.41。

福沙吡坦二甲葡胺的制备方法一般有两种，一种方法是以阿瑞吡坦作为原料，在双(三甲基硅基)氨基钠或其他碱存在的条件下与焦磷酸四苄酯(TBPP)反应，生成阿瑞吡坦磷酰二苄酯 26，在 Pd/C 催化剂作用下氢化脱除苄基，并与 N-甲基-D-葡糖胺生成福沙吡坦二甲葡胺（图 3-23）[51,52]。

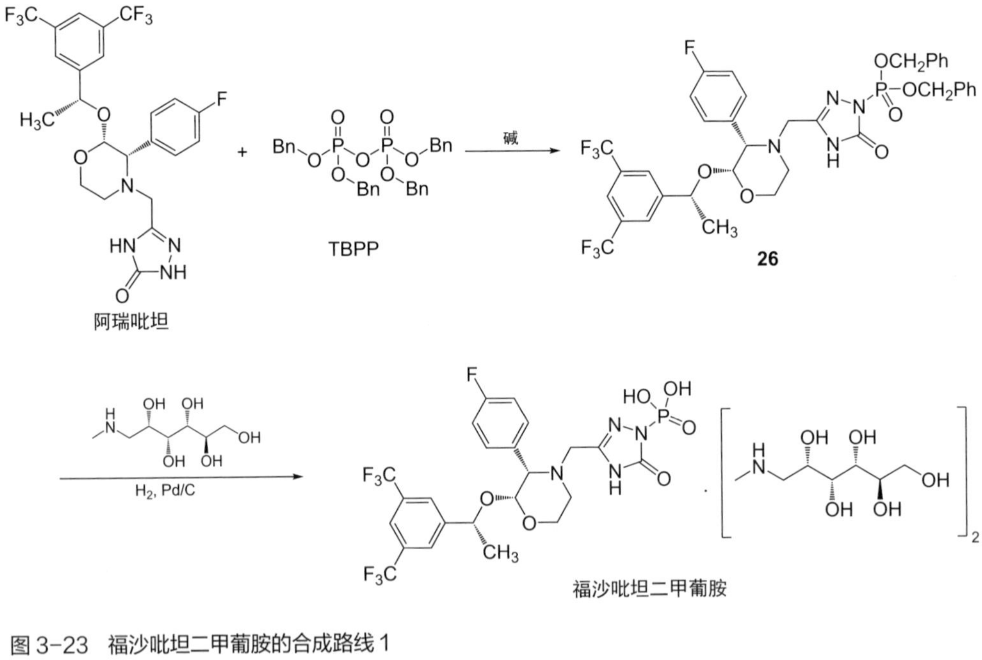

图 3-23 福沙吡坦二甲葡胺的合成路线 1

另一种方法是先将阿瑞吡坦磷酰二苄酯 26 在甲醇热溶液中转化为更为稳定的阿瑞吡坦磷酰单苄酯 27，然后也是通过 Pd/C 催化加氢，同时与二甲葡胺成盐得到目标产物，不同的是所需加氢时间较长（图 3-24）[53,54]。

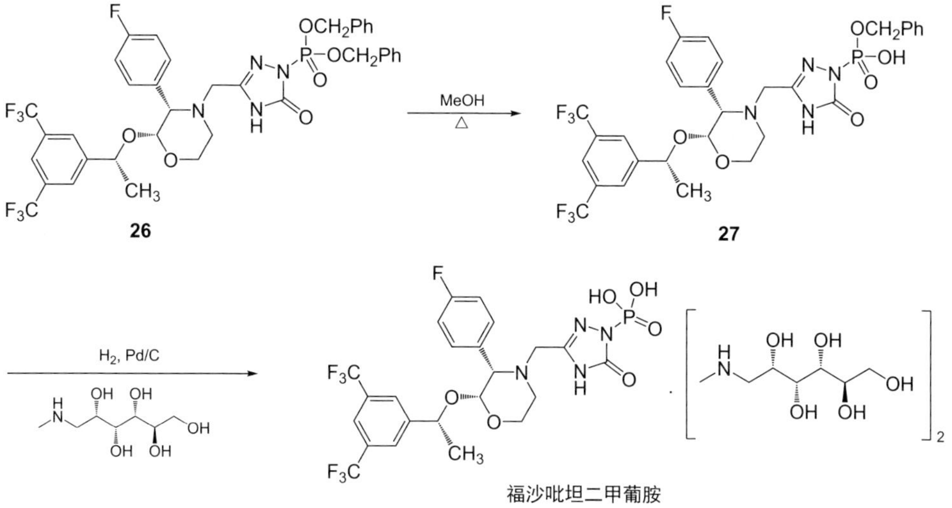

图 3-24 福沙吡坦二甲葡胺的合成路线 2

阿瑞吡坦（aprepitant）的 CAS 号为 170729-80-3，化学名为 5-[[(2R,3S)-2-[(1R)-1-[3,5-二(三氟甲基)苯基]乙氧基]-3-(4-氟苯基)-4-吗啉基]甲基]-1,2-二氢-3H-1,2,4-三唑-3-酮，分子式为 $C_{23}H_{21}F_7N_4O_3$，分子量为 534.43，是由美国 Merck 公司研发的神经激肽-1 受体拮抗剂，2003 年获美国 FDA 批准上市。从结构上看，阿瑞吡坦有 3 个手性中心，其中两个位于吗啉环上，另外一个位于三氟乙苯上。阿瑞吡坦有 3 个手性中心，存在 8 种立体异构体，因此制备光学活性的阿瑞吡坦至关重要[55]。

2002 年 Zhao 等报道了不对称合成阿瑞吡坦的方法，以 (R)-α-甲基苄胺为原料，与草酰氯乙酯在碱性条件下发生缩合反应、水解反应得到相应的酸 28，在硼氢化钠/硫酸作用下还原得到相应的醇 29。化合物 29 与 1-(4-氟苯基)-2,2-二羟基乙酮在酸性条件下环合得到吗啉-2-酮盐酸盐 30，再用二异丁基氢化铝（DIBALH）还原得到吗啉-2-醇 31，再与三氯乙腈反应得到亚胺 32，随后在三氟化硼乙醚作用下与 1-[3,5-二(三氟甲基)苯基]乙醇缩合得到醚 33，脱除苄基得到缩醛中间体 34，在 N-氯代丁二酰亚胺（NCS）和 1,8-二氮杂二环 [5.4.0] 十一碳-7-烯（DBU）作用下反应得到亚胺中间体 36，立体选择性还原得到 3-位构型翻转中间体 37，最后再与 5-氯甲基-2,4-二氢-1,2,4-三唑-3-酮缩合得到阿瑞吡坦[56]（图 3-25）。该合成路线手性诱导方法设计巧妙，但是三氯乙腈活化物中间体 32 不稳定，反应条件苛刻，操作要求严格无水。

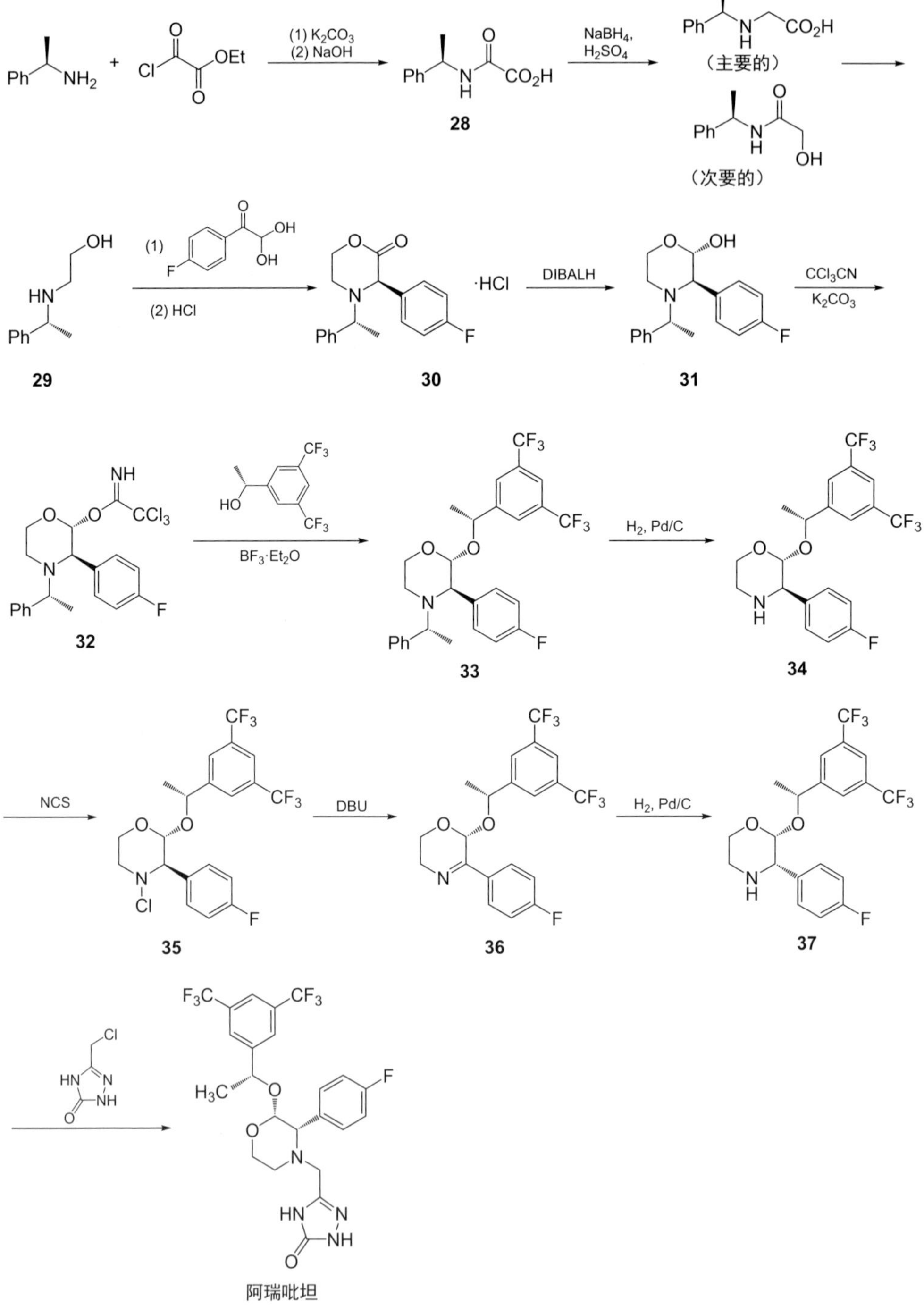

图 3-25　阿瑞吡坦的合成路线 1

2003 年 Brands 等报道了一种结晶诱导非对映选择性转化的方法合成阿瑞吡坦，以 N-苄基乙醇胺为起始原料，与乙醛酸一水合物直接缩合得到 4-苄基-2-羟基吗啉-3-酮**38**，随后与三氟乙酸酐反应得到相应的酯类化合物 **39**，在三氟化硼乙醚催化下与 (R)-1-[3,5-二(三氟甲基) 苯基] 乙醇缩合得到一对非对映异构体混合物 **40**，在 3,7-二甲基-3-辛醇钾的存在下通过结晶诱导转化为单一光学活性异构体 **41**。化合物 **41** 与 4-氟苯基溴化镁发生加成和消除反应，氢化还原高选择性得到 2,3-位顺式的中间体 **43**，最后再与 5-氯甲基-2,4-二氢-1,2,4-三唑-3-酮缩合得到阿瑞吡坦。该方法合成步骤较少，最终以 55% 的总收率得到目标产物（图 3-26）[57]。2006 年 Brands 小组又对阿瑞吡坦的合成工艺进行了研究[58]。

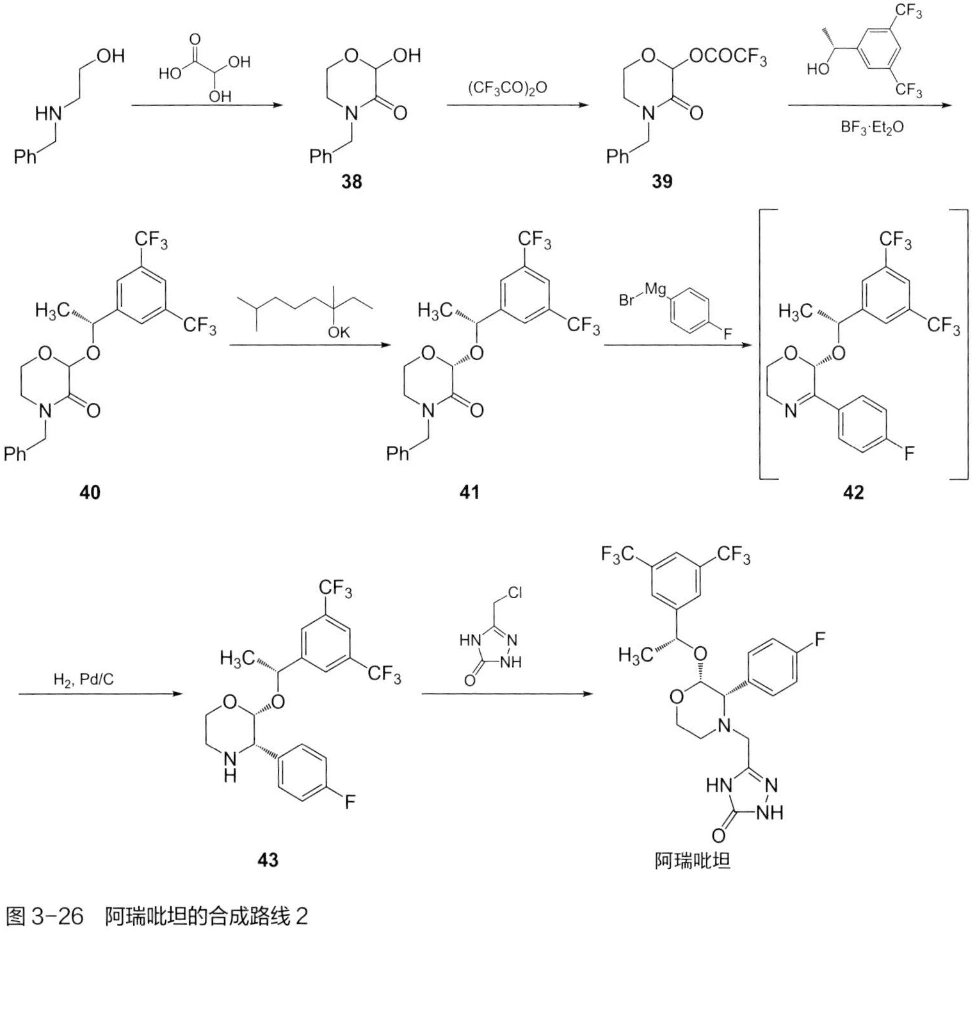

图 3-26　阿瑞吡坦的合成路线 2

2007 年 Elati 等报道了阿瑞吡坦的合成方法，以对氟苯甲醛为起始原料，与 N-苄基乙醇胺和氰化钠在亚硫酸氢钠作用下发生 Strecker 反应得到化合物 **44**，化合物 **44** 在碱性条件下水解得到化合物 **45**，随后在乙酸作用下环合得到化合物 **46**。化合物 **46** 经过二氢双 (2-甲氧乙氧基) 铝酸钠（Red-Al）还原得到反式产物 **47**。化合物 **47** 和消旋的 1-溴-1-[3,5-二(三氟甲基) 苯基] 乙烷发生偶联反应得到两对非对映异构体 **48**，随后脱除苄基保护基，在异丙醇中重结晶得到一对非对映异构体 **50**，再用 L-(−)-樟脑-10-磺酸拆分，结晶分离得单一化合物 **34**。化合物 **34** 在 NCS 和 DBU 作用下反应得到亚胺中间体 **36**，立体选择性还原得到 3-位构型翻转中间体 **37**，化合物 **37** 与 2-(1-氨基-2-氯亚乙基) 肼基甲酸甲酯发生亲核取代反应，再进一步环合得到阿瑞吡坦（图 3-27）[59]。该方法合成路线冗长，总收率为 15%，难以实现工业化应用。

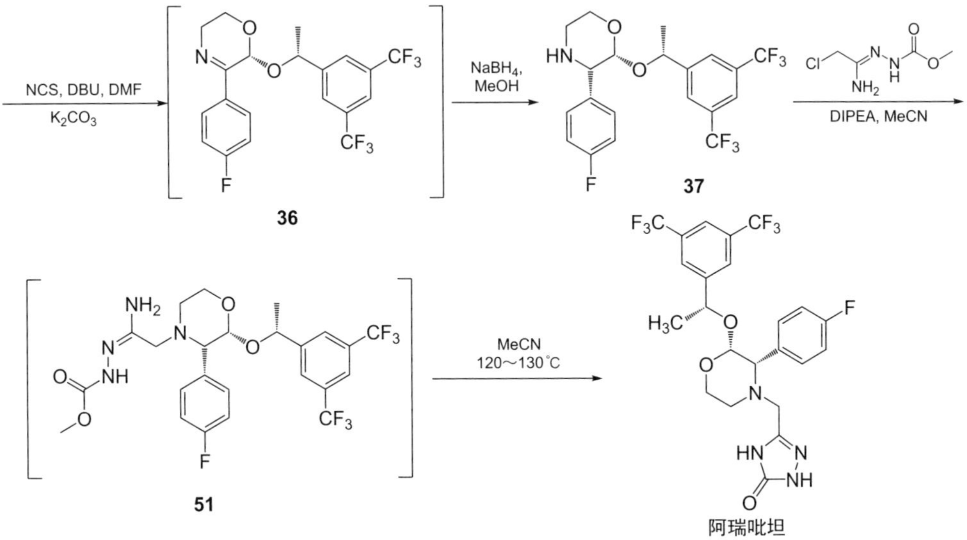

图 3-27　阿瑞吡坦的合成路线 3

2002 年 Pye 等报道了以 3,5-二(三氟甲基) 苯乙烯为原料，通过 Sharpless 不对称双羟化得到手性二醇 **52**，经甲磺酰氯活化再与氨基乙醇反应得到化合物 **53**。化合物 **53** 与乙二醛、4-氟苯硼酸反应生成化合物 **54**，通过诱导结晶得到光学纯的化合物 **55**，化合物 **55** 在磷酸作用下发生顺反异构生成化合物 **56**，化合物 **56** 在氯化氢作用下诱导结晶得到盐酸盐 **57**，在三叔丁基膦 / 偶氮二异丙酯(DIAD)作用下得到化合物 **58**，随后与碘化苄发生季铵化反应生成 **59**，在碱性条件下发生 Hofmann 消除反应得到中间体 **60**。随后再用铑-氧化铝常压催化氢化，再用 Pd/C 常压催化氢化得到阿瑞吡坦(图 3-28)[60]。该合成路线反应步骤较多，经两步结晶诱导不对称转化，总收率较低(15%)，难以实现工业化生产。

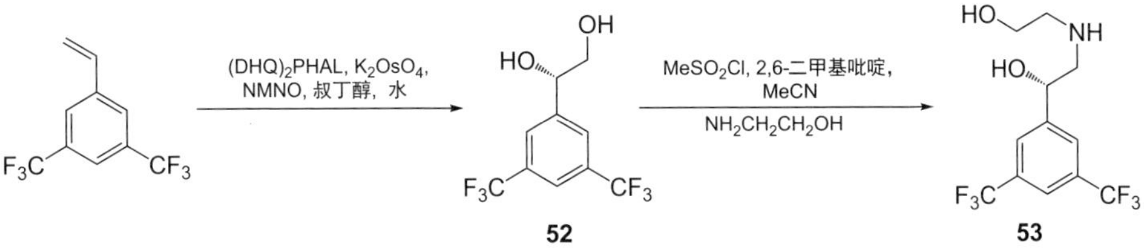

图 3-28

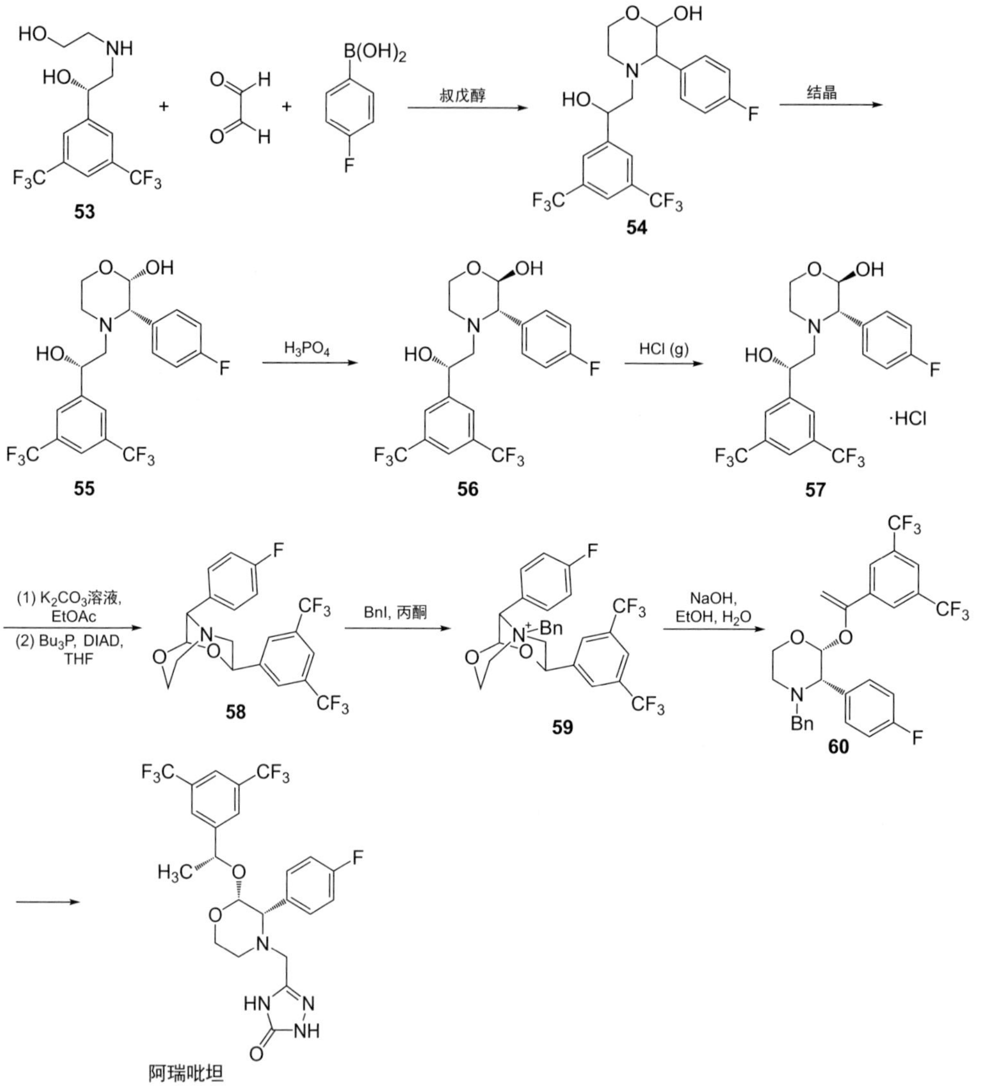

图 3-28 阿瑞吡坦的合成路线 4

3.2.7 米替福新

米替福新(miltefosine)的化学名是十六烷磷酸胆碱，属于烷基磷酸胆碱类药物。米替福新是由 Paladin 公司开发的一种抗肿瘤药物，2014 年经 FDA 批准在美国上市，商品名为 Impavido。该药为胶囊剂，用于治疗 12

岁以上患者的内脏利什曼病、皮肤利什曼病和黏膜利什曼病[61]。其具有细胞膜靶向性，在动物试验和临床应用中均显示出显著的选择性抗肿瘤和抗原虫活性。米替福新作为抗肿瘤药物主要用于乳腺癌表皮转移的局部治疗，在抗原虫感染中主要用于皮肤和内脏利什曼病的治疗。

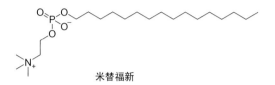

米替福新

米替福新这类烷基磷酸胆碱化合物在结构上与烷基溶血磷脂类化合物有关。从功能角度看，米替福新被认为是 Akt 的抑制剂 [也称为蛋白激酶 B(PKB)]。米替福新的药代动力学主要特征是其在体内的停留时间长，在治疗过程中持续积累药物，消除半衰期长[62]。米替福新作为一种化疗药物，当应用于局部抗肿瘤治疗时，主要用于乳腺癌表皮转移的治疗。乳腺癌表皮复发较难治疗，外科手术、放射疗法和全身用药都有限制。米替福新作为一种细胞抑制剂为乳腺癌表皮转移治疗提供了一种新的选择。除了治疗乳腺癌表皮转移外，米替福新在治疗利什曼原虫感染中得到了越来越多的应用，它是第一个治疗利什曼病的可口服的药物，对内脏和皮肤利什曼病均有可信疗效，对印度内脏利什曼病和哥伦比亚皮肤利什曼病的治愈率均 >95%。米替福新在儿童患者与成人患者的应用中具有同样的有效性和可耐受性。米替福新在印度儿童内脏利什曼病的治疗中，使用成人剂量可以达到 94% 的疗效，副作用为轻到中度的恶心、呕吐和暂时天冬氨酸转氨酶升高。在内脏利什曼病的治疗中，口服米替福新与常用的葡萄糖酸锑钠、喷他脒、两性霉素 B 脂质体注射药物相比，具有疗效好、毒性低、可口服给药、患者耐受性好等显著优点。米替福新抗肿瘤细胞的机制主要包括调节细胞膜的通透性和流动性、影响细胞信号传递途径的酶、改变膜磷脂的组成、诱导细胞凋亡等。米替福新抗原生寄生虫的作用机制主要包括对烷基 - 磷脂代谢的干扰、磷脂的生物合成和对细胞膜的作用及诱导类细胞凋亡作用[63]。米替福新与其他药物联合应用，也可以取得良好的治疗效果：本身没有抗利什曼病作用的胡黄连活素与低于有效剂量的米替福新联合用于患利什曼仓鼠的治疗时，治疗后 7 天的寄生虫增殖抑制率 (percent inhibition of parasite multiplication) 从 45% 提高到了 86%，治疗后 28 天的寄生虫增殖抑制率从 32% 提高到了 64%。两者合用与有效剂量的米替福新单独使用的效果相同，降低了米替福新的用量及与之有关的抗药性和副作用[64]。米替福新在局部应用时会有皮肤干燥、鳞屑形成和皮肤紧缩感等副作用。口服米替福新常见的毒副作用为胃肠道症状，如呕吐、腹泻。这些副作用虽然较常见，但都是轻、中度的毒性，无论对于成人还是儿童患者通常都是可以耐受和逆转的[65]。

米替福新的 CAS 号为 58066-85-6，化学名为 2-[十六烷氧基(羟基)磷酰氧基]-*N,N,N*-三甲基乙铵内盐或十六烷磷酸胆碱，英文名为 2-[hexadecyloxy(hydroxy)phosphoryloxy]-*N,N,N*-trimethyl ethanaminium hydroxide inner salt 或 hexadecylphosphocholine，分子式为 $C_{21}H_{46}NO_4P$，分子量为 407.57。

1982 年 Hansen 等报道了以 2-溴乙醇与三氯氧磷反应生成 2-溴乙基二氯磷酸酯 **61**，再与十六烷醇反应生成十六烷基-2-溴乙基磷酸酯 **62**，最后与三甲胺发生甲基化反应生成米替福新(图 3-29)[66]。

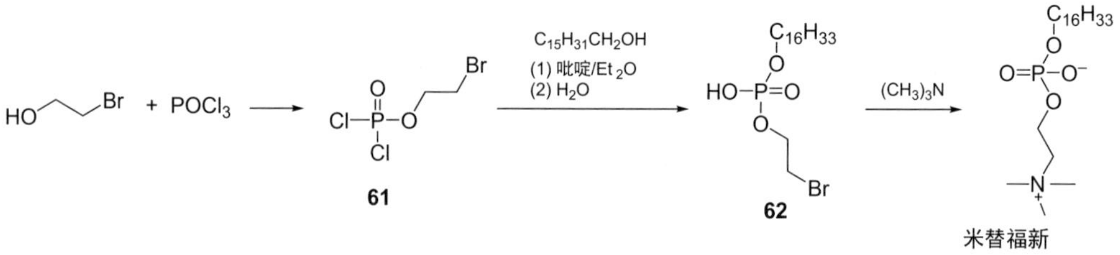

图 3-29　米替福新的合成路线 1

1988 年 Eibl 和 Woolley 报道了米替福新的通用合成方法，首先烷基醇与三氯氧磷反应生成二氯十六烷基磷酸酯 **63**，此酯不经分离提纯直接与 2-溴乙醇、甲醇经酯化反应得十六烷基-2-溴乙基甲基磷酸酯 **64**，再经三甲胺甲基化生成米替福新(图 3-30)[67,68]。

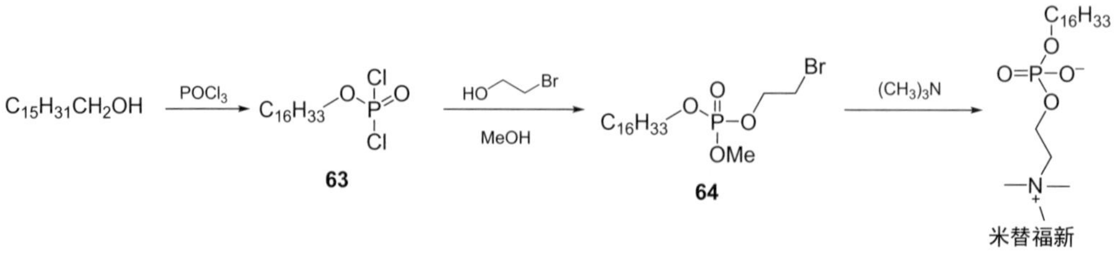

图 3-30　米替福新的合成路线 2

2001 年 Hendrickson 等报道了 2-溴乙醇与氯磷酸二甲酯反应生成 2-溴乙基膦酸二甲酯 **65**，再在碘单质作用下与十六烷醇反应生成十六烷基-2-溴乙基甲基磷酸酯 **64**，最后与三甲胺反应生成米替福新，产物经柱色谱分离纯化，两步总收率为 60%（按十六烷醇计）（图 3-31）[69]。

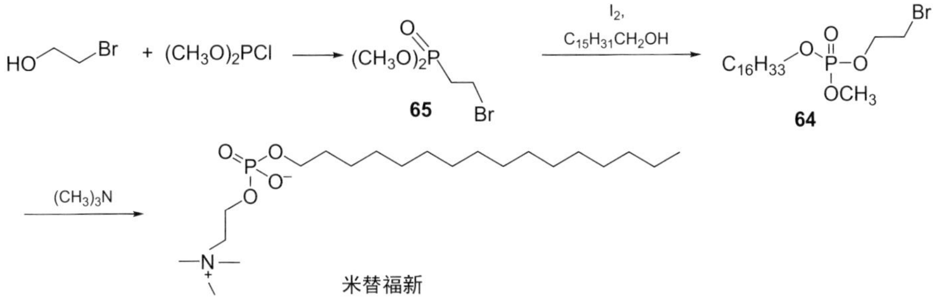

图 3-31 米替福新的合成路线 3

2009 年 North 等报道了米替福新的合成方法，十六烷醇与三氯氧磷反应生成二氯十六烷基磷酸酯 **63**，然后再与 2-溴乙醇反应得到中间体 **66**，再水解得到十六烷基 -2- 溴乙基磷酸酯 **67**，最后经三甲胺甲基化生成米替福新（图 3-32）[70]。

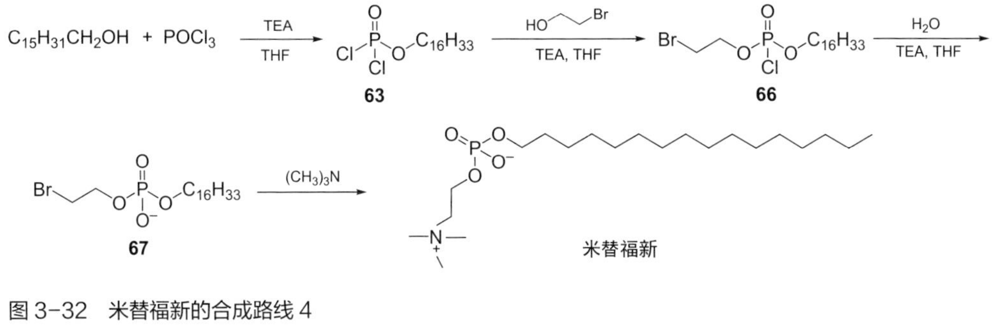

图 3-32 米替福新的合成路线 4

3.2.8 布吉他滨

布吉他滨（brigatinib）由武田制药有限公司的子公司 Ariad Pharmaceuticals 开发，并于 2017 年 4 月 28 日获得 FDA 批准用于治疗克唑替尼难治性间变性淋巴瘤激酶（ALK）阳性的局部晚期或转移性非小细胞肺癌

(NSCLC)，是间变性淋巴瘤激酶和表皮生长因子受体(EGFR)的可逆双重抑制剂。布吉他滨在 EML4-ALK 异种移植小鼠模型中呈现剂量依赖性抑制肿瘤生长，并能延长动物的生存期。布吉他滨联合抗 EGFR 抗体使用或可突破第三代奥希替尼(osimertinib)靶向药耐药。

布吉他滨

布吉他滨含有一个构建在双苯胺嘧啶环上的二甲基氧化膦基团，它是酪氨酸激酶抑制剂(TKI)，主要对抗间变性淋巴瘤激酶。在分析克唑替尼耐药性的过程中，发现约 30% 的患者存在 ALK 依赖性机制，包括 ALK 扩增和 ALK 基因突变[71]。在几项临床试验中，对克唑替尼治疗产生抗药性的患者，使用布吉他滨具有明显的改善。研究发现，布吉他滨的最佳剂量是每天一次、每次 180 mg，相较于每天一次、每次 90 mg 的剂量，表现出更显著的治疗效果。布吉他滨作为第二代的 ALK 抑制剂，在耐药性方面也具有很大的潜能[72]。当前的研究数据表明，布吉他滨是最有效的治疗 ALK 阳性转移性 NSCLC 患者的药物。对于 ALK 阳性转移性 NSCLC 患者，使用布吉他滨治疗是一种可行的方法。像大多数化疗药物一样，布吉他滨可能引起多种不良反应。临床常见的其他不良反应包括恶心、腹泻、疲劳、头痛、咳嗽和呕吐。试验过程中，观察到病人出现了一些严重的副作用而中断用药，还观察到治疗后 30 天内发生的若干严重不良反应导致的死亡。对此研究发现，肺栓塞、肺炎、呼吸困难、缺氧和呼吸衰竭是主要的死亡原因，这些患者大多具有这些病的既往病史。其他与患者死亡无关的严重副作用包括心动过缓、高血糖、高血压、视觉障碍和胰腺毒性[73]。此外，布吉他滨对胰岛素样生长因子-1 受体(IGF-1R)和胰岛素受体激酶均有抑制活性，在用药期间，特别是在治疗的第一周内，有可能出现间质性肺病和肺炎。而且也不建议对轻度肝损伤及轻度或中度肾脏损伤患者调整剂量。

布吉他滨又称布格替尼，商品名为 Alunbrig，CAS 号为 1197953-54-

0，化学名为5-氯-*N*2-[4-[(4-甲基哌嗪-1-基)哌啶-1-基]-2-甲氧基苯基]-*N*4-[2-(二甲基亚膦酰胺)苯基]-2,4-嘧啶二胺，分子式为 $C_{29}H_{39}ClN_7O_2P$，分子量为 584.10。

2009 年，Ariad 制药公司在专利中首次报道了布吉他滨的结构及合成方法，首先 2-碘苯胺与二甲基氧化膦在醋酸钯/Xantphos 催化下，以磷酸钾为碱，偶联得到(2-氨基苯基)二甲基氧化膦 **68**，化合物 **68** 与 2,4,5-三氯嘧啶在碱性条件下发生取代反应得到中间体 **69**。5-氟-2-硝基苯甲醚与 1-甲基-4-(哌啶-4-基)哌嗪在碱性条件下发生取代反应得到化合物 **70**，随后在 Pd/C 加氢气条件下硝基还原为氨基，得到中间体 **71**，中间体 **69** 和中间体 **71** 在乙二醇二甲醚溶剂中加热以 66% 的收率得到目标产物布吉他滨(图 3-33)[74]。

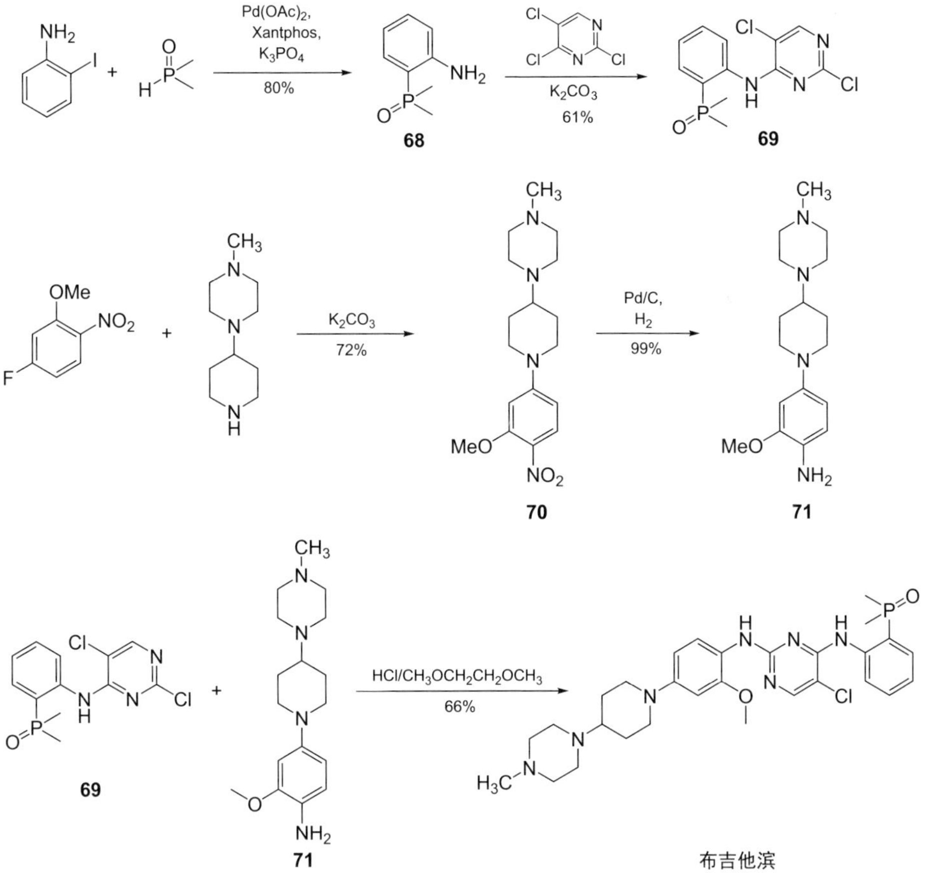

图 3-33　布吉他滨的合成路线 1

2017 年，周海平等报道了一种布吉他滨中间体 **69** 的均相"一锅法"制备方法，该方法将 2-碘苯胺、二甲基氧化膦和 2,4,5-三氯嘧啶三种原料一锅投料进行反应，中间体不需要分离纯化，缩短步骤并简化操作，收率为 67%[75,76]。

2018 年，安庆奇创药业有限公司在专利中公开了一种合成布吉他滨中间体 **69** 的新方法，(2-氨基苯基)二甲基氧化膦与(氯甲酰基)乙酸乙酯在催化剂(氯化铝)、缚酸剂(三乙胺)作用下发生酰化缩合反应得到中间态 **72**，之后加酸进行水解反应得到 2-氯-*N*-[2-(二甲基氧膦酰基)苯基]-3-氧代丙酰胺 **73**，丙酰胺 **73** 与尿素发生缩合反应得到 [2-[(5-氯-2-羟基嘧啶-4-基)氨基] 苯基] 二甲基氧化膦 **74**，最后与亲核试剂氯化亚砜发生氯代反应得到布格替尼中间体 **69**。中间体 **69** 与中间体 **71** 在酸性条件下加热生成布吉他滨(图 3-34)[77]。

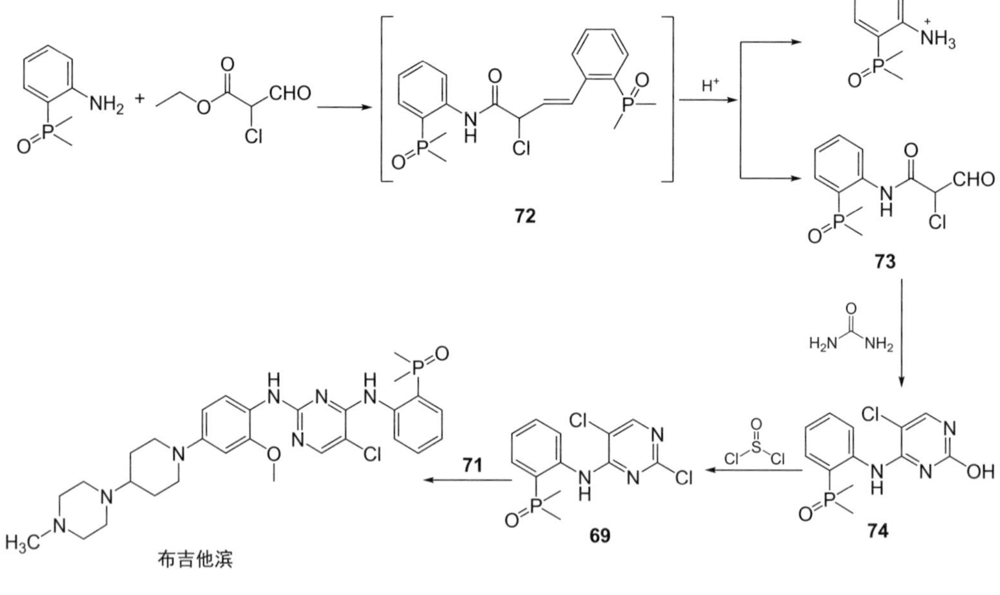

图 3-34 布吉他滨的合成路线 2

3.2.9 米法莫肽

米法莫肽(mifamurtide)是一种免疫调节剂，通过激活巨噬细胞和单核细胞从而具有抗肿瘤活性，该药于 2009 年 3 月在欧洲获得批准，是欧盟近 20 年来批准的第一个新骨肉瘤治疗药物，商品名为 Mepact。它是一种抗骨肉瘤的药物，骨肉瘤是一种骨癌，其主要发生在儿童和青少年身上，致死率约为 33.3%。该药与术后多药化疗联合使用，可以杀死剩余的癌细胞，提高患者的整体生存率。米法莫肽是胞壁酰二肽（MDP）的全合成衍生物，MDP 来自分枝杆菌属物种的细胞壁，是其中最小的天然的免疫刺激成分。米法莫肽具有与天然 MDP 相似的免疫刺激作用，在血浆中的半衰期较长。

米法莫肽

米法莫肽能经刺激巨噬细胞，特别是肝、脾和肺中的巨噬细胞去发现并杀灭肿瘤细胞，骨肉瘤易于向肺转移。在对肿瘤组织已经手术切除且无转移现象的骨肉瘤患者的治疗过程中，化疗药物和米法莫肽分别起着杀灭和清除残余肿瘤细胞的作用，所以最终表现出预防肿瘤复发并由此延长患者长期存活率的显著临床益处。米法莫肽通过静脉滴注的方式配合化疗共同治疗骨肉瘤，其活性成分是全合成亲脂性的 MDP 衍生物（革兰氏阳性和革兰氏阴性细菌细胞壁增强免疫活性的最小结构单位）。与 MDP 相比，米法莫肽在体外有更强的激活单核细胞/巨噬细胞的作用以及在体内有更长的血浆半衰期。此外，米法莫肽使用脂质体技术将胞壁酰三肽-脑磷脂（MTP-PE）靶向输送至肝脏、脾脏等组织中的单核细胞和巨噬细胞以及肺部。临床研究表明，脂质体包裹的 MTP-PE 比单独的 MTP-PE 具有更高的安全性[78]。尽管米法莫肽在抗肿瘤活动中激活单核细胞和巨噬细胞的确切机制是未知的，但它可能涉及诱导单核细胞和巨噬细胞直接攻击肿瘤细胞，并释放促炎细胞因子和其他炎症因子，可以直接或间接地通过召集和激活其他细胞杀灭肿瘤细胞[79]。在美国，米法莫肽目前是一种具有罕见药物状态的治疗骨肉瘤的研究药物，其耐受性很好[80]。米法莫肽治疗的最常见副反应包括贫血、食欲缺乏、头痛、头晕、心动过速、高血压、低血压、呼吸困难、呼吸急促、咳嗽、呕吐、腹泻、便秘、腹痛、恶心、多汗、肌痛、关节痛、背痛、四肢疼痛、发热、寒战、疲劳、低体温、疼痛、不适、虚弱和胸痛[81]。

米法莫肽又称米伐木肽，CAS 号为 83461-56-7，化学名为 N-乙酰胞壁酰-丙氨酰-异谷氨酰胺-丙氨酰-sn-甘油-3-磷酸乙醇胺，英文名为 N-acetylmuramyl-alanyl-isoglutaminyl-alanyl-sn-glycero-3-phosphoethanolamine，分子式为 $C_{59}H_{109}N_6O_{19}P$，分子量为 1237.52。

目前，米法莫肽普遍依靠全液相合成，但是采用全液相合成的缺点有合成中需要对中间体进行提纯、步骤烦琐、耗时较长，而且全液相合成的总收率小于30%。2013 年，姚志军等在专利中公开了一种基于固相合成的方法来制备米法莫肽，首先让固相载体(即氨基树脂)与 Fmoc-D-Glu(OPG)-OH 上的羧基偶联，而后按先后顺序将 Fmoc-L-Ala-OH、保护 N-乙酰胞壁酸(PNAM)、H-L-Ala-OPG、脑磷脂(PE)进行酰化反应逐个偶联，随后裂解除去氨基树脂(将氨基树脂上的氨基保留在米法莫肽上)，形成米法莫肽，明显减少了合成步骤，而且收率提高至 70% 以上(图 3-35)[82]。

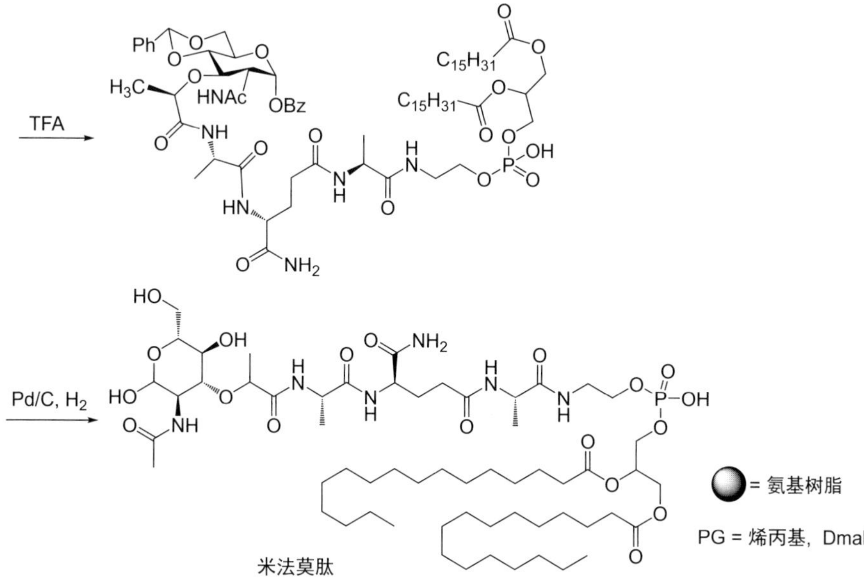

图 3-35 米法莫肽的合成路线

2013 年，Li 等报道了合成同位素标记的米法莫肽钠盐的方法，以市售的氘代 L-丙氨酸作为起始原料，与氯甲酸苄酯反应得到酰胺中间体 **75**，再与化合物 **76** 发生缩合反应得到化合物 **77**，随后再脱去苄氧羰基保护基得到中间体 **78**，化合物 **78** 与化合物 **79** 在缩合剂和碱性条件下发生缩合反应得到米法莫肽钠盐 **80**（图 3-36）[83]。

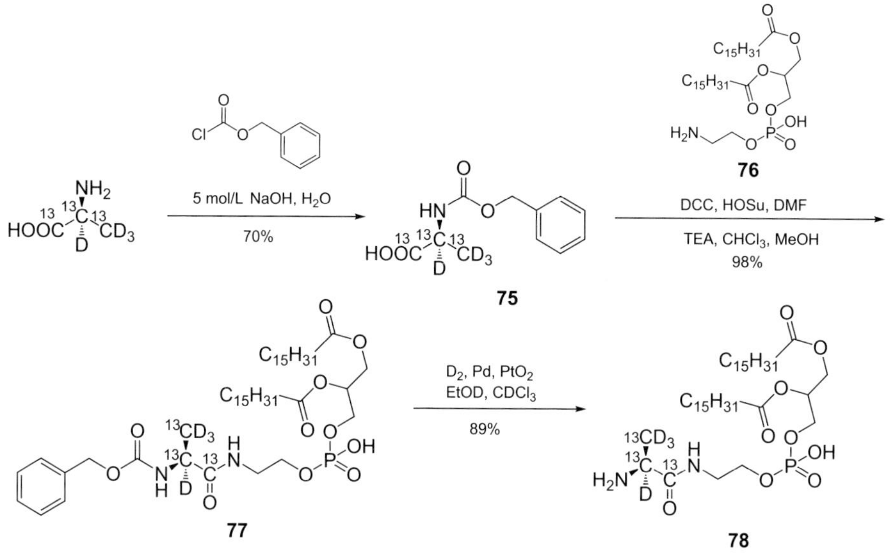

图 3-36

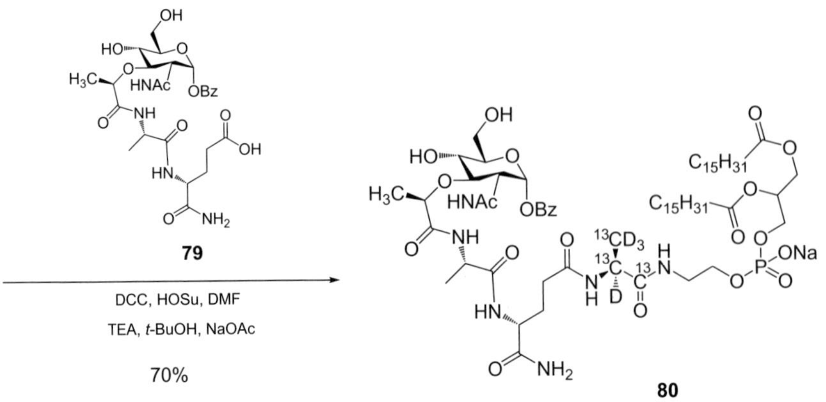

图 3-36 ^{13}C 标记的米法莫肽钠盐的合成路线

3.2.10　福奈妥匹坦

　　福奈妥匹坦(fosnetupitant)可用于治疗癌症化疗相关的急性和延迟性恶心和呕吐，它是奈妥吡坦(netupitant)的前药形式。2018 年 4 月，美国 FDA 和瑞士 Helsinn Healthcare SA 公司批准了 Akynzeo®(NEPA，一种由 235 mg 福奈妥匹坦和 0.25 mg 帕洛诺司琼混合的止吐药物)的静脉配方，作为一种替代治疗方案，用于预防化疗引起的恶心和呕吐。奈妥吡坦是福奈妥匹坦的活性部分，是具有止吐活性的选择性神经激肽 -1(NK-1)受体拮抗剂。

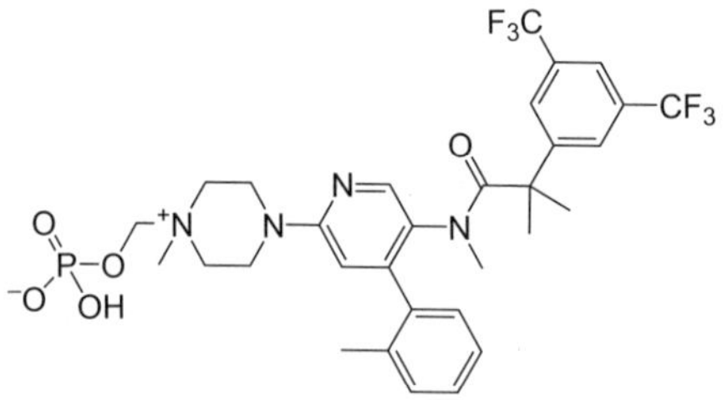

福奈妥匹坦

　　福奈妥匹坦的氯化物单盐酸盐是奈妥吡坦的磷酸化前药，具有高选择性和对 NK-1 受体的亲和性。奈妥吡坦以 NEPA 的形式销售(日本除外的全球范围内固定口服组合剂量为 300 mg 的奈妥吡坦和 0.5 mg 的帕洛诺司琼)。福奈妥匹坦的最佳剂量为 235 mg(相当于 260 mg 福奈妥匹坦的氯化物单盐酸盐），与奈妥吡坦 300 mg 剂量下的生物等效性类似 [84]。尽管福奈妥匹坦比奈妥吡坦的溶解性好，但仍需使用表面活性剂（例如油酸酯）使其能在生成、储存过程中以固体的形式存在于水中。奈妥吡坦是一种 NK-1 受体高选择性拮抗剂，帕洛诺司琼则是一种 5-HT$_3$ 受体选择性拮抗剂。二者组合制得的复方胶囊制剂，可联合用于抑制化疗引起的急性或延迟性恶心和呕吐 [85]。为满足患者的用药需求，提供更便利的给药方式，将奈妥吡坦改为水溶性的磷酸酯化前药福奈妥匹坦，再与帕洛诺司琼组合开发成了静脉注射制剂 Akynzeo，但药物成分改为奈妥吡坦的磷酸酯型季铵盐衍生物福奈妥匹坦（235 mg）和盐酸帕洛诺司琼（palonosetron hydrochloride）（0.25 mg），剂型也换成了静脉注射制剂。此前的口服剂型达到 C_{max} 需 4～5 h，而注射制剂仅需 30 min，且在保证安全性的前提条件下，生物利用度更高。Akynzeo 的主要不良反应有头痛、乏力、消化不良、疲劳、便秘和红斑等 [86]。在日本进行的一项健康成年人使用福奈妥匹坦的安全性研究中，注射部位反应（ISRs）发生率≤ 1.0%。由以上数据得出，福奈妥匹坦静脉给药是安全的，不太可能引起 ISRs。对于接受顺铂治疗的患者，福奈妥匹坦联合帕洛诺司琼 0.75 mg 剂量和地塞米松使用优于帕洛诺司琼 0.75 mg 剂量和地塞米松单独使用的效果。福奈妥匹坦治疗方案的临床疗效尚不清楚，因为这项研究没有包含活性药物对照组 [84]。

福奈妥匹坦的中文化学名为 4-(5-(2-(3,5-二（三氟甲基）苯基)-N,2-二甲基丙酰氨基)-4-（邻甲苯基）吡啶-2-基)-1-甲基-1-（（磷酰基氧基）甲基）哌嗪-1-鎓，英文名为 4-(5-(2-(3,5-bis(trifluoromethyl)phenyl)-N,2-dimethylpropanamido)-4-(o-tolyl)pyridin-2-yl)-1- methyl-1-((phosphonooxy)methyl)piperazin-1-ium，福奈妥匹坦的 CAS 号为 1703748-89-3，该化合物具有酸性 / 游离碱形式的结构。福奈妥匹坦的氯化物单盐酸盐的分子式：$C_{31}H_{36}F_6N_4O_5P \cdot Cl \cdot HCl$，分子量为 761.53，CAS 号为 1643757-72-5。福奈妥匹坦的氯化物单盐酸盐的化学名称为 2-[3,5-二（三氟甲基）苯基]-N-甲基-N-[6-（4-甲基-4-O-亚甲基磷酸哌嗪鎓-1-基)-4-邻甲苯基-吡啶-3-基]-异丁酰胺氯化物盐酸盐，英文化学名称为 2-(3,5-bis-trifluoromethylphenyl)-N-methyl -N-[6-(4-methyl-4-O-methylene-phosphatepiperazinium-1-yl)-4-otolyl-pyridin-3-yl]-isobutyramidechloridehydrochloride。2018 年 4 月，瑞士 Helsinn Healthcare SA 公司研制的复方制剂 Akynzeo 获美国 FDA 批准上

市，药物成分为福奈妥匹坦(235 mg)和盐酸帕洛诺司琼(0.25 mg)，是用于治疗化疗诱发的恶心和呕吐的一种神经激肽-1 受体拮抗剂。

福奈妥匹坦的氯化物单盐酸盐　　　　　盐酸帕洛诺司琼

2013 年，Helsinn Healthcare SA 公司在专利中首次公开了福奈妥匹坦的合成路线：以 6-氯烟酸为起始原料，经取代、氯代与氨解反应得到中间体 **81**；再经取代、霍夫曼重排与还原反应生成化合物 **85**；最后与酰氯经缩合，再与提前制备的二叔丁基氯甲基磷酸酯发生取代反应得到中间体 **87**，在酸性条件下发生脱叔丁基、成盐反应得到福奈妥匹坦的氯化物单盐酸盐 **88**(图 3-37)[87]。

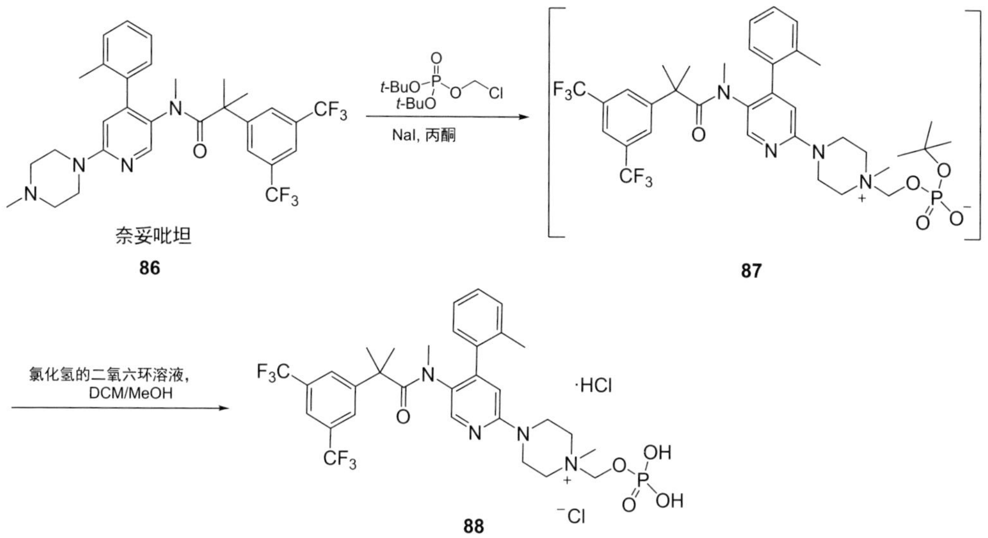

图 3-37　福奈妥匹坦的合成路线

3.2.11　磷酸雌二醇氮芥

磷酸雌二醇氮芥(estramustine phosphate, EMP)于 20 世纪 70 年代初被引入医学治疗，在美国、加拿大、英国以及其他地方均有使用，是一种用于治疗晚期前列腺癌的药物，在体内的主要代谢产物雌二醇和雌酮氮芥对前列腺具有特殊的亲和力，对前列腺上皮细胞具有直接细胞毒作用，能抑制前列腺癌细胞的增殖，导致前列腺癌细胞死亡。磷酸雌二醇氮芥的血浆半衰期为 10 ～ 12 d。

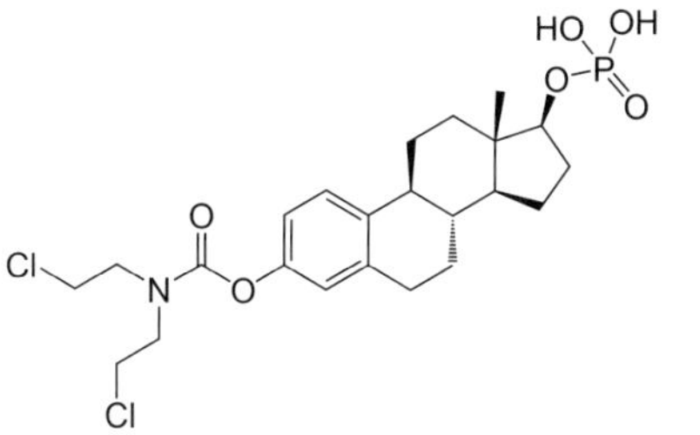

磷酸雌二醇氮芥

磷酸雌二醇氮芥在肿瘤组织中的摄取和渗入可能与雌激素结合蛋白(EMBP)的存在有关，它的细胞毒性机制很复杂，而且仅部分起作用。

在细胞的有丝分裂机制的研究中，磷酸雌二醇氮芥主要被认为是一种对有丝分裂具有阻滞作用的药物，但是它还有其他影响，例如感应细胞凋亡、对 DNA 合成的干扰、与核基质的相互作用、细胞膜的改变和氧自由基的诱导等。此外，一些报道表明磷酸雌二醇氮芥可能在前列腺癌和神经胶质瘤中作为一种新的放射增敏剂[88]。关于磷酸雌二醇氮芥的抗增殖作用及作用方式的研究，目前主要在前列腺癌细胞中进行。此外，关于神经胶质瘤细胞的研究已经发表，其作用机理与抗微管蛋白有关。磷酸雌二醇氮芥通过与微管相关蛋白(MAPs)或微管蛋白结合导致细胞 G_2/M 期的细胞分裂停滞。神经胶质瘤细胞形态的改变和单核细胞吞噬阶段的抑制是与其他微管蛋白相关的过程。磷酸雌二醇氮芥的抗肿瘤作用很复杂，到目前为止仅了解部分作用机制。磷酸雌二醇氮芥对其他细胞的 DNA 水平的作用是与核蛋白结合干扰 DNA 的复制[89]。磷酸雌二醇氮芥的副作用，如胃肠道反应、水钠潴留、骨髓抑制、神经毒性、心血管副作用、肝功能损害、性功能障碍等限制了该药的广泛应用。EMP 具有激素和细胞毒性双重药理作用。细胞毒性作用是由 EMP 的代谢产物雌莫司汀(estramustine)及其异构体依托莫司(estromustine)产生的，它们可以选择性地被前列腺癌细胞吸收并解聚构成细胞骨架的微管及微丝，并与微管相关蛋白结合，抑制 P 糖蛋白的作用，从而抑制肿瘤细胞分裂。另外，磷酸雌二醇氮芥水解后产生雌二醇和雌酮，抑制垂体-性腺轴，导致血浆睾酮水平的降低直至去势水平。研究发现，EMP 可与钙离子结合而形成非溶性的磷酸钙盐从而严重损害 EMP 的吸收，因此高钙饮食可影响药物吸收及作用[90]。

磷酸雌二醇氮芥的 CAS 号为 4891-15-0，英文名为 [(8R,9S,13S,14S,17S)-13-methyl-17-phosphonooxy-6,7,8,9,11,12,14,15,16,17-decahydrocyclopenta[a]phenanthren-3-yl] N,N-bis(2-chloroethyl)carbamate，中文名为雌莫司汀磷酸，商品名为 Emcyt 和 Estracyt，分子式为 $C_{23}H_{32}Cl_2NO_6P$，分子量为 520.384。磷酸雌二醇氮芥是一种双重雌激素和化疗药物，用于治疗男性前列腺癌。该药物在体内迅速去磷酸化为雌莫司汀(EaM)及其 C-17 氧化类似物依托莫司(EoM)。雌莫司汀是雌莫司汀磷酸盐的主要活性细胞抑制形式，雌二醇(estradiol)是雌莫司汀磷酸盐的主要活性雌激素形式。磷酸雌二醇氮芥在体内的代谢途径见图 3-38。EMP 最初是为治疗乳腺癌而开发的。开发 EMP 的想法受到放射性标记的雌激素摄入和积累到乳腺癌组织中的启发，然而，EMP 在乳腺癌女性患者中的初步临床发现令人失望。随后，发现放射性标记的 EMP 被摄入并累积到大鼠前列腺中，这一发现最终导致 EMP 被重新用于治疗前列腺癌。EMP 在 20 世纪 70 年代早期被引入治疗前列腺癌的医学用途，并于 1981 年在美国被批准用于该适应证。EMP 最初是通过静脉注射引入的。随后，引入口服制剂，静脉注射制剂几乎被放弃。

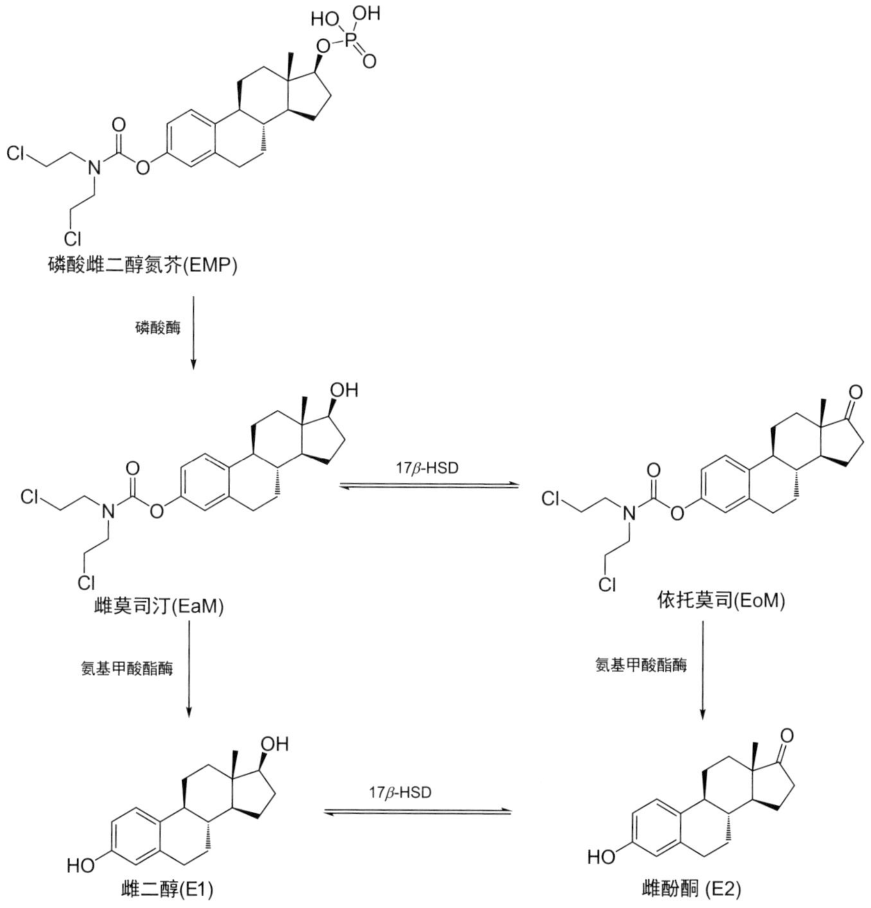

图 3-38　磷酸雌二醇氮芥在体内的代谢路径

磷酸雌二醇氮芥的合成方法为：雌二醇与 *N,N*-二(2-氯乙基) 氨基甲酰氯在碱性条件下发生反应得到雌莫司汀，随后与三氯氧磷反应再水解得到磷酸雌二醇氮芥(图 3-39)。1994 年，日本专利公开了雌二醇氮芥磷酸二钠的合成方法，磷酸雌二醇氮芥与氢氧化钠反应可直接得到雌二醇氮芥磷酸二钠[91]。

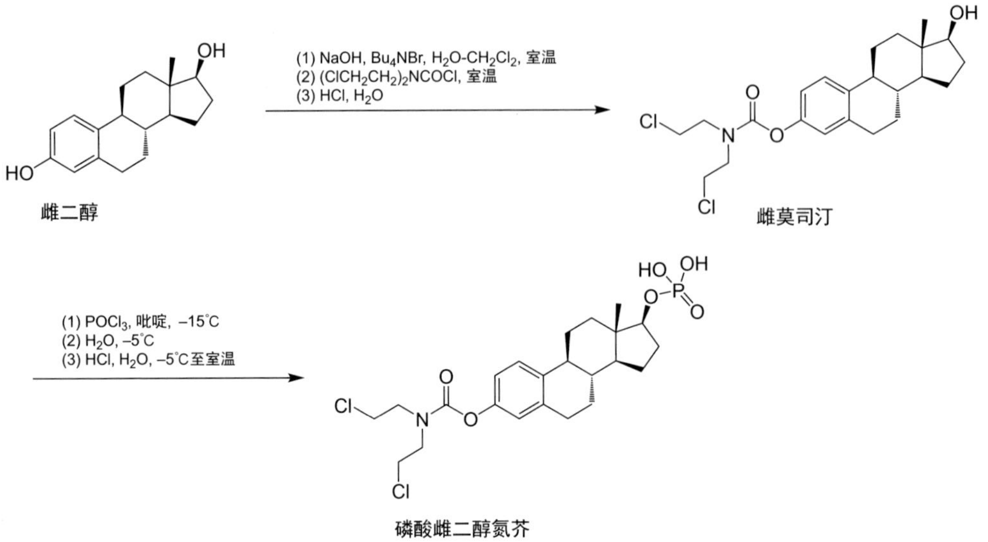

图 3-39　磷酸雌二醇氮芥的合成路线

参考文献

[1] Brock N, Wilmanns H. Effect of a cyclic nitrogen mustard-phosphamidester on experimentally induced tumors in rats; chemotherapeutic effect and pharmacological properties of B 518 ASTA[J]. Deut Med Wochenschr, 1958, 83(12): 453-458.

[2] Santos G W, Sensenbrenner L L, Burke P J, et al. The use of cyclophosphamide for clinical marrow transplantation [J]. Transpl P, 1972, 4(4): 559-564.

[3] Ahlmann M, Hempel G. The effect of cyclophosphamide on the immune system: implications for clinical cancer therapy [J]. Cancer Chemoth Pharm, 2016, 78(4): 661-671.

[4] 朱莉，邵维斌，夏春英，等. 环磷酰胺联合糖皮质激素对原发性肾病综合征患者肾功能和血脂的影响 [J]. 贵州医科大学学报，2018，43（11）：1336-1339.

[5] Arnold H, Bourseaux F. Synthese und Abbau cytostatisch wirksamer cyclischer N-Phosphamidester des Bis-(β-chloräthyl)-amins [J]. Angew Chem, 1958, 70 (17-18): 539-544.

[6] Hirsch W. A new method for the production of cyclophosphamide: GB 1235022[P]. 1971-06-09.

[7] Iwamoto R H, Acton E M, Goodman L, et al. Potential anticancer agents. LXIV.1 alkylating agents related to phenylalanine mustard. V. A cyclic phosphorodiamidate related to cytoxan [J]. J Org Chem, 1961, 26 (11): 4743-4745.

[8] Arnold H, Brock N, Bourseaux F. Novel cyclic phosphoric acid ester amides, and the production thereof: US 3018302[P]. 1962-01-23.

[9] Niemeyer U, Niegel H, Kutscher B, et al. Process for the preparation of oxazaphosphorine-2-amines: US 6187941[P]. 2001-02-13.

[10] Tien J-H, Chiang P-S. Solvent-free process for the preparation of cyclophosphamide: US 20140066654[P]. 2014-03-06.

[11] 赵孝杰，苏曼. 一种环磷酰胺的合成方法：CN 107936061[P]. 2018-04-20.

[12] 刘志，卓长城，李响，等．一种环磷酰胺的合成方法：CN 109535201[P]. 2019-03-29.

[13] 宋晓飞．氨磷汀制备新工艺及质量控制的研究 [D]. 大连：大连理工大学，2014.

[14] Singh V K, Seed T M. The efficacy and safety of amifostine for the acute radiation syndrome [J]. Expert Opin Drug Saf, 2019, 18 (11): 1077-1090.

[15] Piper J R, Stringfellow C R Jr, Elliott R D, et al. S-2-(ω-Aminoalkylamino)ethyl dihydrogen phosphorothioates and related compounds as potential antiradiation agents [J]. J Med Chem, 1969, 12 (2): 236-243.

[16] 李家明，李丰．抗辐射药氨磷汀合成工艺的研究 [J]. 安徽化工，2000, 26 (2): 17-18.

[17] Piper J, Johnston T. S-ω-(ω-aminoalkylamino)alkyl dihydrogen phosphorothioates: US 3892824[P]. 1975-07-01.

[18] 童曾寿，杜寅孝．胺烷基硫代磷酸化合物的合成 [J]. 药学学报，1981, 16 (4): 302-305.

[19] 孟庆伟，苗蔚荣，宫斌，等．三水合 3-氨基丙基胺乙基硫代磷酸高纯稳定晶体及其制备方法：CN 101412732[P]. 2009-04-22.

[20] Surrey A R, Hammer H F. The preparation of 7-chloro-4-(4-(N-ethyl-N-β-hydroxyethylamino)-1-methylbutylamino)-quinoline and related compounds [J]. J Am Chem Soc, 1950, 72 (4): 1814-1815.

[21] Sawada S, Okajima S, Aiyama R, et al. Synthesis and antitumor activity of 20(S)-camptothecin derivatives: Carbamate-linked, water-soluble derivaties of 7-ethyl-10-hydroxycamptothecin [J]. Chem Pharm Bull, 1991, 39 (6): 1446-1454.

[22] Laval J D, Roman V, Laduranty J, et al. Radioprotective effect of low doses of 2-(1-naphthylmethyl)-2-imidazoline alone or associated with phosphorothioates [J]. Eur J Med Chem, 1993, 28 (9): 709-713.

[23] 张宝国，王艳侨．氨磷汀的制备方法：CN 102399238[P]. 2012-04-04.

[24] 郭昭．氨磷汀的制备方法：CN 102659836[P]. 2012-09-12.

[25] 韩静，杨益飞，刘庆春．硫代磷酸类细胞保护剂氨磷汀的合成方法：CN 103396439[P]. 2013-11-20.

[26] Fan X L, Cai G P, Zhu L L, et al. Efficacy and safety of ifosfamide-based chemotherapy for osteosarcoma: a meta-analysis [J]. Drug Des Devel Ther, 2015, 9: 5925-5932.

[27] 祁昕欣．异环磷酰胺的合成 [D]. 长春：吉林大学，2007.

[28] van Maanen J M S, Griggs L J, Jarman M. Synthesis of ^{14}C-labelled isophosphamide [J]. J Label Compd Radiopharm, 1981, 18 (3): 385-390.

[29] 汤磊，周训蓉，王建塔，等．异环磷酰胺的合成 [J]. 中国医药工业杂志，2006, 37 (8): 513-514.

[30] 尼米耶尔 U, 尼格尔 H, 库彻尔 B, 等．制备氧氮杂膦-2-胺的方法：CN 1268950[P]. 2000-10-04.

[31] 路海滨，米浩宇，祁昕欣，等．异环磷酰胺的合成 [J]. 中国医药工业杂志 2009, 40 (7): 483-485.

[32] 苏军，李早龙，苏云淡，等．异环磷酰胺的合成方法：CN 101058589[P]. 2007-10-24.

[33] Kumari M V, Yoneda T, Hiramatsu M. Scavenging activity of "beta catechin" on reactive oxygen species generated by photosensitization of riboflavin [J]. Biochem Mol Biol Int, 1996, 38(6): 1163-1170.

[34] 简宏霖．核黄素光学研究 [J]. 生技学报，2012(2): 36-37.

[35] Ellis H R. The FMN-dependent two-component monooxygenase systems [J]. Arch Biochem Biophys, 2010, 497(1-2): 1-12.

[36] Lei B, Tu S C. Mechanism of reduced flavin transfer from vibrio harveyi NADPH-FMN oxidoreductase to luciferase [J]. Biochemistry, 1998, 37(41): 14623-14629.

[37] Grimmer J, Kiefer H. Preparation of riboflavin 5'-phosphate (FMN) and its sodium salt in a lactone: US 5095115[P]. 1992-03-10.

[38] Flexser L, Montclair U, Farkas W, et al. Riboflavin monophosphoric acid ester salts and method of preparation: US 2610177[P]. 1952-09-09.

[39] Kuhn R, Rudy H. Process of preparing phosphoric acid esters of hydroxyalkyl isoalloxazines: 2111491[P]. 1938-03-15.

[40] 巨修炼，等．核黄素磷酸酯钠的工业化制备方法：CN 102206233[P]. 2011-10-05.

[41] Bacher A, Illarionov B, Eisenreich W, et al. In flavins and flavoproteins: methods and protocols, methods in molecular biology: Vol. 1146 [M]. New York: Springer Science Business Media, 2014.

[42] Tishler M, Pfister K III, Babson R D, et al. The reaction between o-aminoazo compounds and

barbituric acid. A new synthesis of riboflavin [J]. J Am Chem Soc, 1947, 69 (6): 1487-1492.

[43] Neti S S, Poulter C D. Site-selective synthesis of ^{15}N-and ^{13}C-enriched flavin mononucleotide coenzyme isotopologues [J]. J Org Chem, 2016, 81 (12): 5087-5092.

[44] Teicher B A, Holden S A, Eder J P, et al. Preclinical studies relating to the use of thiotepa in the high-dose setting alone and in combination [J]. Semin Oncol, 1990, 17(1 Suppl 3): 18-32.

[45] Betcher D L, Burnham N. Thiotepa [J]. J Pediatr Oncol Nurs, 1991, 8(2): 95-97.

[46] Jones H C, Swinney J. Thiotepa in the treatment of tumours of the bladder[J]. Lancet, 1961, 278 (7203): 615-618.

[47] Kuh E, Seeger D. Thiophosphoric acid derivatives and method of preparing the same: US 2670347[P]. 1954-2-23.

[48] 吴光彦. 塞替派的制备方法: CN 108484669[P]. 2018-09-04.

[49] Navari R M. Fosaprepitant (MK-0517): a neurokinin-1 receptor antagonist for the prevention of chemotherapy-induced nausea and vomiting [J]. Expert Opin Inv Drug, 2007, 16(12): 1977-1985.

[50] 曹峰, 侯杰, 刘敏. 福沙吡坦防治术后胃癌化疗所致恶心呕吐的临床疗效观察 [J]. 安徽医药, 2015, 19(1): 162-163.

[51] Hale J J, Mills S G, MacCoss M, et al. Phosphorylated morpholine acetal human neurokinin-1 receptor antagonists as water-soluble prodrugs [J]. J Med Chem, 2000, 43 (6): 1234-1241.

[52] Ganeshbhatt N, Rasiklaltrivedi N, Khedekar M, et al. Fosaprepitant dimeglumine intermediate, neutral fosaprepitant, and amorphous fosaprepitant dimeglumine and processes for their preparations: WO 2010018595[P]. 2010-02-18.

[53] 麦纳马拉 L M, 马蒂 L, 罗森 J D. 制备 {3-[2(R)-[(1R)-1-[3,5-二 (三氟甲基) 苯基] 乙氧基]-3(S)-(4-氟苯基) 吗啉-4-基甲基]-5-氧代-4,5-二氢-[1,2,4]-三唑-1-基} 磷酸的方法: CN 101056672[P]. 2007-10-17.

[54] 杨玉雷, 潘红娟, 朱雪焱, 等. 制备福沙匹坦的方法: CN 102850398[P]. 2013-01-02.

[55] 丁军, 吴忠玉, 孙敬勇, 等. 阿瑞吡坦合成工艺研究进展 [J]. 食品与药品, 2015, 17 (1): 68-71.

[56] Zhao M M, McNamara J M, Ho G-J, et al. Practical asymmetric synthesis of aprepitant, a potent human NK-1 receptor antagonist, via a stereoselective Lewis acid-catalyzed trans acetalization reaction [J]. J Org Chem, 2002, 67 (19): 6743-6747.

[57] Brands K M J, Payack J F, Rosen J D, et al. Efficient synthesis of NK1 receptor antagonist aprepitant using a crystallization-induced diastereoselective transformation [J]. J Am Chem Soc, 2003, 125 (8): 2129-2135.

[58] Brands K M J, Krska S W, Rosner T, et al. Understanding the origin of unusual stepwise hydrogenation kinetics in the synthesis of the 3-(4-fluorophenyl) morpholine moiety of NK1 receptor antagonist aprepitant [J]. Org Process Res Dev, 2006, 10(1): 109-117.

[59] Elati C R, Kolla N, Gangula S, et al. A convergent approach to the synthesis of aprepitant: a potent human NK-1 receptor antagonist [J]. Tetrahedron Lett, 2007, 48 (45): 8001-8004.

[60] Pye P J, Rossen K, Weissman S A, et al. Crystallization-induced diastereoselection: asymmetric synthesis of substance P inhibitors [J]. Chem Eur J, 2002, 8 (6): 1372-1376.

[61] 徐从军. 米替福新 (miltefosine). 中国药物化学杂志, 2014, 24 (5): 417.

[62] Dorlo T P C, Balasegaram M, Beijnen J H, et al. Miltefosine: a review of its pharmacology and therapeutic efficacy in the treatment of leishmaniasis [J]. J Antimicrob Chemoth, 2012, 67(11): 2576-2597.

[63] Bhattacharya S K, Jha T K, Sundar S, et al. Efficacy and tolerability of miltefosine for childhood visceral leishmaniasis in India [J]. Clin Infect Dis, 2004, 38(2): 217-221.

[64] Gupta S, Sharma S C, Srivastava V M L. Efficacy of picroliv in combination with miltefosine, an orally effective antileishmanial drug against experimental visceral leishmaniasis [J]. Acta Trop, 2005, 94(1): 41-47.

[65] 王海刚, 翟光喜. 米替福新的研究进展 [J]. 中南药学, 2006, 4(6): 454-456.

[66] Hansen W J, Murari R, Wedmid Y, et al. An improved procedure for the synthesis of choline phospholipids via 2-bromoethyl dichlorophosphate [J]. Lipids, 1982, 17 (6): 453-459.

含磷药物合成及应用

[67] Woolley P, Eibl H. Synthesis of enantiomerically pure phospholipids including phosphatidylserine and phosphatidylglycerol [J]. Chem Phys Lipids, 1988, 47 (1): 55-62.

[68] Eibl H, Woolley P. A general synthetic method for enantiomerically pure ester and ether lysophospholipids [J]. Chem Phys Lipids 1988, 47 (1): 63-68.

[69] Hendrickson E K, Hendrickson H S. Efficient synthesis of the cholinephosphate phospholipid headgroup [J]. Chem Phys Lipids, 2001, 109 (2): 203-207.

[70] North E J, Osborne D A, Bridson P K, et al. Autotaxin structure–activity relationships revealed through lysophosphatidylcholine analogs [J]. Bio Med Chem, 2009, 17 (9): 3433-3442.

[71] Gettinger S N, Bazhenova L A, Langer C J, et al. Activity and safety of brigatinib in ALK-rearranged non-small cell lung cancer and other malignancies: a single-arm, open-label, phase 1/2 trial [J]. Lancet Oncol, 2016, 17(12): 1683-1696.

[72] Wu J, Savooji J, Liu D. Second and third generation ALK inhibitors for non-small cell lung cancer [J]. J Hematol Oncol, 2016, 9(1): 19-25.

[73] Umbela S, Ghacha S, Matuknauth R, et al. Brigatinib: new-generation ALK inhibitor for nonsmall cell lung cancer [J]. Curr Prob Cancer, 2019,43(6):100477.

[74] Wang Y, Huang W-S, Liu S, et al. Phosphorous derivatives as kinase inhibitors: WO 2009143389[P]. 2009-11-26.

[75] 周海平，邱岳进，包小波，等．一种 Brigatinib 关键中间体的均相"一锅法"制备方法：CN 107522742[P]. 2017-12-29.

[76] 周海平，倪迎港，秦海芳，等．抗肿瘤药布格替尼的合成 [J]. 合成化学，2018, 26 (9): 707-710.

[77] 吴学平，丁同俊．一种合成布格替尼中间体的方法：CN 108129513[P]. 2018-06-08.

[78] Anderson P. Liposomal muramyl tripeptide phosphatidyl ethanolamine: ifosfamide-containing chemotherapy in osteosarcoma [J]. Future Oncol, 2006, 2(3): 333-343.

[79] Nardin A, Lefebvre M L, Labroquere K, et al. Liposomal muramyl tripeptide phosphatidylethanolamine: targeting and activating macrophages for adjuvant treatment of osteosarcoma [J]. Curr Cancer Drug Tar, 2006, 6(2): 123-133.

[80] Frampton J E. Mifamurtide [J]. Pediatr Drugs, 2010, 12(3): 141-153.

[81] 马培奇．2009 年上半年全球首次批准新药 [J]. 上海食品药品监管情报研究，2009(5):27-33.

[82] 姚志军，潘俊锋，马亚平，等．一种合成米伐木肽的制备方法：CN 103408635[P]. 2013-11-27.

[83] Li Y, Plesescu M, Prakash S R. Synthesis of isotopically labeled versions of L-MTP-PE (mifamurtide) and MDP [J]. J Label Compd Radiopharm, 2013, 56 (9-10): 475-479.

[84] Sugawara S, Inui N, Kanehara M, et al. Multicenter, placebo-controlled, double-blind, randomized study of fosnetupitant in combination with palonosetron for the prevention of chemotherapy-induced nausea and vomiting in patients receiving highly emetogenic chemotherapy [J]. Cancer, 2019, 125(22): 4076-4083.

[85] Schwartzberg L, Roeland E, Andric Z, et al. Phase III safety study of intravenous NEPA: a novel fixed antiemetic combination of fosnetupitant and palonosetron in patients receiving highly emetogenic chemotherapy [J]. Ann Oncol, 2018, 29(7): 1535-1540.

[86] 殷泽法，刘洋．Fosnetupitant/Palonosetron(Akynzeo)[J]. 中国药物化学杂志，2018, 28(6)：513.

[87] Fadini L, Manini P, Pietra C, et al. Substituted 4-phenyl-pyridines for the treatment of NK-1 receptor related diseases: WO 2013082102[P]. 2013-06-06.

[88] Bergenheim A T, Zackrisson B, Elfverson J, et al. Radiosensitizing effect of estramustine in malignant glioma in vitro and in vivo [J]. J Neuro-Oncol, 1995, 23(3): 191-200.

[89] Piepmeier J M, Keefe D L, Weinstein M A, et al. Estramustine and estrone analogs rapidly and reversibly inhibit deoxyribonucleic acid synthesis and alter morphology in cultured human glioblastoma cells [J]. Neurosurgery, 1993, 32(3): 422-431.

[90] 魏武，葛京平，马宏青，等．低剂量磷酸雌二醇氮芥在前列腺癌治疗中的应用 [J]. 临床肿瘤学杂志，2007, 12（6）: 432-434.

[91] Nishimura M, Sekya M, Aoki J, et al. Preparation of estramustine phosphate disodium salt: JP 06107678[P]. 1994-04-19.

4

维生素类含磷药物

Synthesis and Application of Phosphorus-Containing Drugs

4.1
维生素类含磷药物的结构

磷酸酯的结构广泛存在于维生素及其衍生物等治疗维生素缺乏相关疾病的药物当中。这类药物主要有氰钴胺、羟钴胺素、腺苷钴胺、甲钴胺、5′-磷酸吡哆醛、辅羧酶、黄素腺嘌呤二核苷酸、二磷酸甲萘氢醌、磷钠甲萘醌、苯磷硫胺(图 4-1 和图 4-2)。

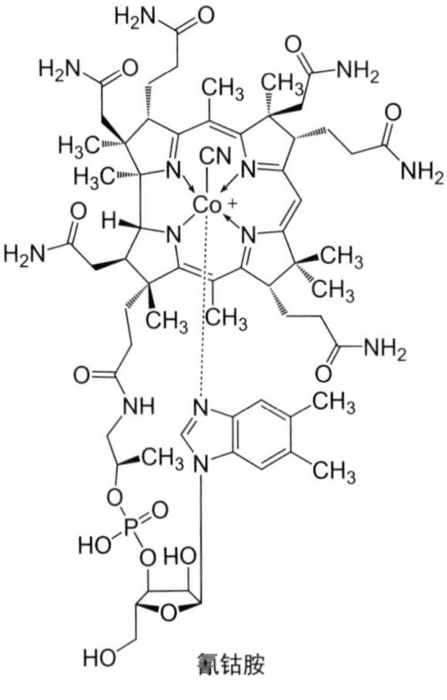

氰钴胺

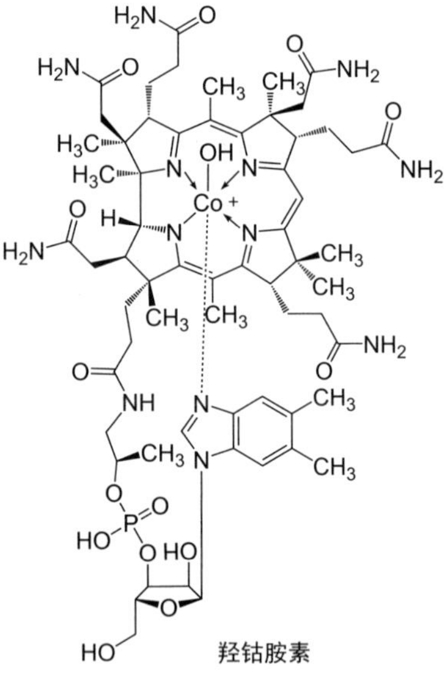

羟钴胺素

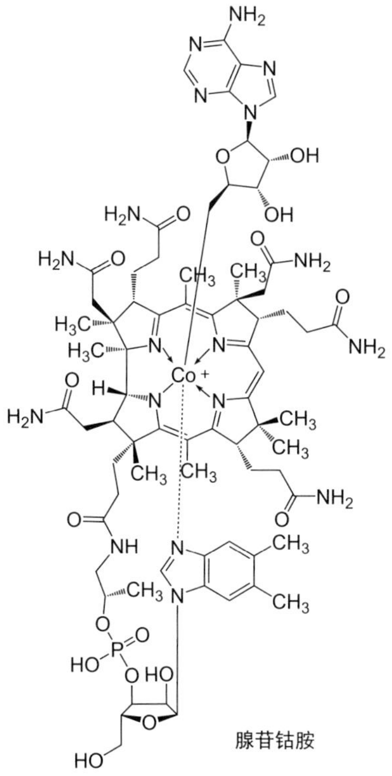

腺苷钴胺

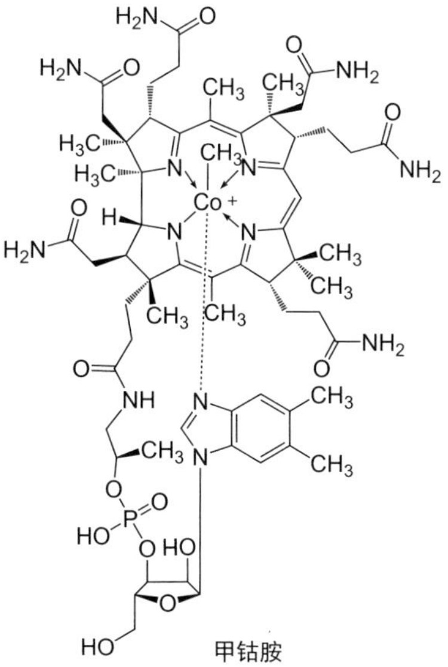

甲钴胺

图 4-1　维生素类含磷药物的分子结构（Ⅰ）

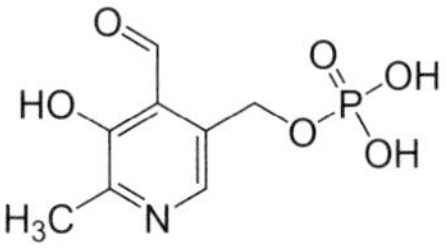

5′-磷酸吡哆醛

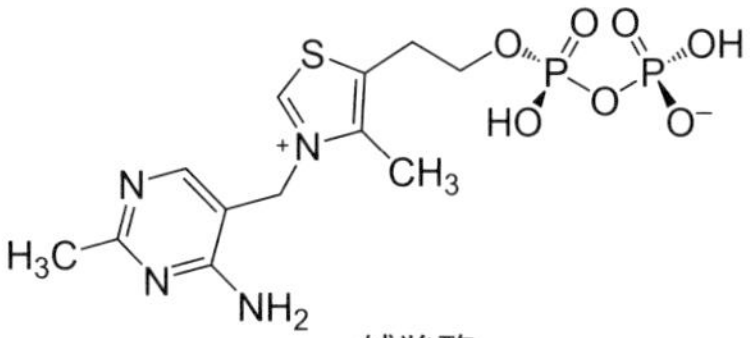

辅羧酶

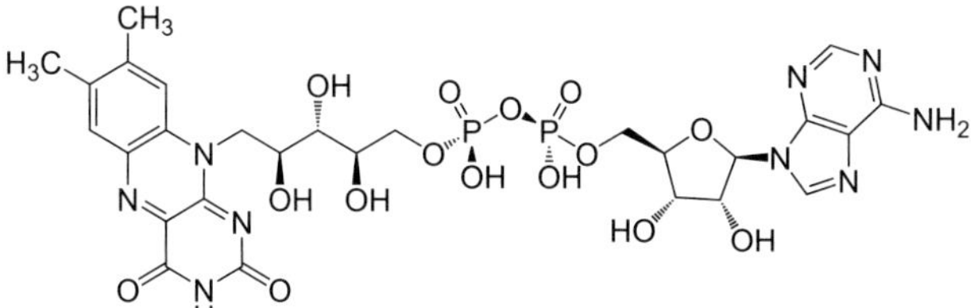

黄素腺嘌呤二核苷酸

图 4-2

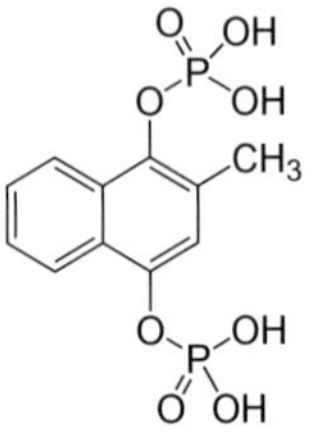

二磷酸甲萘氢醌 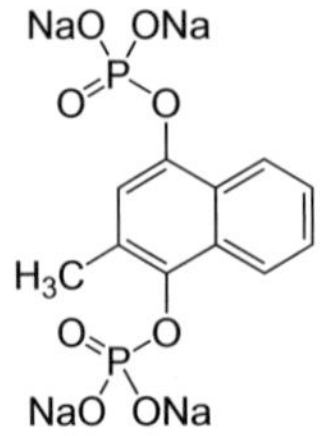   磷钠甲萘醌 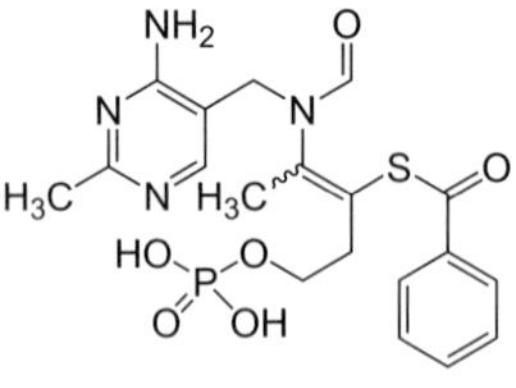   苯磷硫胺

图 4-2　维生素类含磷药物的分子结构（Ⅱ）

4.2
维生素类含磷药物的药理活性及合成方法

4.2.1　氰钴胺

氰钴胺(cyanocobalamin，即维生素 B_{12}) 含有一个核苷单磷酸酯的结构，它可用于治疗维生素 B_{12} 缺乏引起的一系列症状，包括恶性贫血、牙龈出血、头痛等，也可以作为食品营养剂、强化剂等。

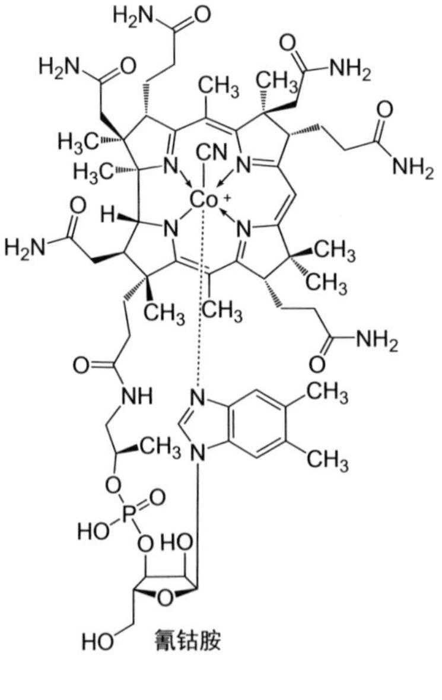

氰钴胺

维生素 B_{12} 作为辅酶以腺苷钴胺和甲钴胺形式参与微生物多种重要代谢活动，因此维生素 B_{12} 被视为一种重要的资源，在许多微生物之间流通、交换，实现对微生物生长与代谢活动的调控。维生素 B_{12} 又称钴胺素，是一类含金属元素钴的咕啉类化合物的总称。维生素 B_{12} 是唯一含金属元素的维生素，也是 B 族维生素中最晚发现的一种，因其含有钴元素，晶体多呈现红色，故而又称其为红色维生素。

维生素 B_{12} 于 20 世纪 40 年代被分离出来[1]，并用 X 射线衍射法确定了其晶体结构。维生素 B_{12} 的核心是含 3 价钴的中心咕啉环，咕啉环是由 4 个还原的吡咯连成的大环，咕啉环轴向配基不同，则会形成不同的钴胺素，其中腺苷钴胺和甲钴胺是两种在生物体内参与各种代谢的重要辅酶。维生素 B_{12} 是人体必需的维生素，作为一种重要的营养因子，缺乏维生素 B_{12} 会导致恶性贫血。大多数需要维生素 B_{12} 的真核浮游植物和藻类，自身不能合成维生素 B_{12}，因此它们与能制造维生素 B_{12} 的海洋微生物形成共生模式，用光合作用获得的有机碳换取维生素 B_{12}[2]。

自然界中维生素 B_{12} 只能由微生物(主要是细菌和放线菌)合成，其生物合成途径非常复杂，合成过程需要多种酶的参与，不同的微生物体内所需要的酶也有所差异，涉及很多相关的基因[3]。1972 年实现了维生素 B_{12} 的全化学合成。

维生素 B_{12} 由中心咕啉环、中心环轴向上配基部分和含有核苷酸环的轴向下配基部分组成，通常所说的维生素 B_{12} 是指氰钴胺，氰钴胺是钴胺素中最稳定的一种化学形式，没有直接的生理活性。其中，腺苷钴胺和甲钴胺是生物体内重要的辅酶，与生物体内的代谢过程紧密相关，参与体内 10 多个独特的生化反应，对细胞的生长和复制具有重要作用，如甲钴胺是同型半胱氨酸形成甲硫氨酸所必需的辅酶。除此之外，维生素 B_{12} 浓度低时，叶酸就会以甲基四氢叶酸的形式受到限制，导致其他重要的细胞内叶酸功能性缺乏，从而影响整个机体代谢。

维生素 B_{12} 在许多真核和原核生物中具有促进 DNA 和蛋白质的合成、促进甲基转移、参与分子内和分子间碳骨架的重排反应等作用，所以对微生物的生长很重要。对于人体来说，缺乏参与重要代谢的辅酶甲钴胺和腺苷钴胺，会导致恶性贫血、神经疾病等，临床上甲钴胺和腺苷钴胺可用于治疗恶性贫血、抑郁症、老年痴呆症等疾病[4]。

人体不能自身合成维生素 B_{12}，因此需要从食物中摄取，成人每日推荐的摄取量是 $2 \sim 5$ g。维生素 B_{12} 主要存在于动物性食品和发酵食品中，例如猪肝、牛肉、虾、豆豉、酱油等都是我们日常生活中维生素 B_{12} 的主要来源。食品中的维生素 B_{12} 无法直接被人体吸收，需要与蛋白质结合，进入人体消化道内，在胃酸、胃蛋白酶及胰蛋白酶的作用下，维生素 B_{12} 被释放，胃壁细胞分泌 R 蛋白，R 蛋白与维生素 B_{12} 结合，小肠上段胃黏膜细胞分泌一种糖蛋白内因子(IF)，维生素 B_{12} 与 R 蛋白解离，结合糖蛋白内因子，形成维生素 B_{12}-IF 复合物。经历几个过程后，维生素 B_{12} 进入线粒体后转化为活性形式腺苷钴胺和甲钴胺，再通过这两种形式参与各种代谢反应。

维生素 B_{12} 中心咕啉环上的 Co 元素与其 β 配基上的 C 元素形成金属-碳键，此键相对比较弱，很容易被分解，且多数发生均裂形成两个自由基，为产生不同维生素 B_{12} 类似物提供了化学催化基础[5]。

维生素 B_{12} 的稳定性主要受光、热、溶液 pH、还原剂和氧化剂的影响。甲钴胺和腺苷钴胺对光线敏感，室温下其水溶液易转化为对光线敏感度较低的羟钴胺，在氰化物存在的情况下，则反应生成稳定的氰钴胺。氰钴胺的中性水溶液较稳定，但是在光照条件下加热和在 pH 较高和较低的溶液中则会发生分解。

维生素 B_{12} 的 CAS 号为 68-19-9，分子式为 $C_{63}H_{88}CoN_{14}O_{14}P$，分子量为 1355.37，本品为深红色结晶或者结晶粉末。1972 年，Woodward 完成了维生素 B_{12} 的全化学合成，主要采用一种拼接式合成方案，即先合成维生素 B_{12} 的各个局部，然后再把它们对接起来。这种方法后来成了合成所有有机大分子普遍采用的方法，但由于合成工艺复杂、成本高而未能推上生产。目前维生素 B_{12} 的工业生产法主要是生物发酵法。

4.2.2　羟钴胺素

羟钴胺素(hydroxocobalamin，又称维生素 $B_{12}a$)，是一种可注射形式的维生素 B_{12}，除可用于治疗维生素 B_{12} 缺乏症外，还可以用于氰化物中毒、Leber 视神经萎缩和中毒性弱视的治疗。它于 1949 年首次被分离出来，被列入了世界卫生组织基本药物标准清单，也是卫生系统所需的最有效和最安全的药物。

羟钴胺素

羟钴胺素是氰钴胺素的衍生物之一，是维生素 B_{12} 的天然形式，是维生素 B_{12} 家族的重要成员。羟钴胺素在体内可转化为维生素 B_{12} 的辅酶形式，参与两类细胞反应：(1)线粒体甲基丙二酰辅酶 A 甲基酸变位酶将甲基丙二酸(MMA)转化成琥珀酸根，该反应与脂质和碳水化合物的代谢相关；(2)构成蛋氨酸合成酶，这是合成蛋氨酸的控速步骤[6]。

钴胺素分子由包含一个钴原子的中心咕啉环、环上连接的苯并咪唑核苷酸和一个可变基团(R)三部分组成[7]。R 的形式决定了钴胺素的种类，最常见的有四种：氰钴胺素、甲钴胺素、腺苷钴胺素和羟钴胺素。其中氰钴胺素和羟钴胺素是钴胺素在人体中运输的主要分子形式，但是构成辅酶(与细胞复制和分裂相关)的活性形式是甲钴胺素和腺苷钴胺素。作为药物的羟钴胺素是以其醋酸盐的形式销售的，羟钴胺素醋酸盐是一种无味、暗红色棒状或针状斜方晶体。其注射剂为澄清透明、呈暗红色的溶液。

羟钴胺素通常生产成无菌注射液，用于治疗维生素 B_{12} 缺乏症和氰化物中毒[8,9]。由于人体可以将羟钴胺素转化成能够直接利用的钴胺素形式，且羟钴胺素有长效作用，较少次数的肌内注射就能使血清中的钴胺素水平达到正常水平，常用来治疗维生素 B_{12} 缺乏症，是氰钴胺素的更新替代产品 [10]。羟钴胺素注射剂由《马丁代尔药物大典》和世界卫生组织基本药物标准清单列为维生素 B_{12} 缺乏症的选用药。

钴胺素一般采用生物合成 [11]，但钴胺素类物质结构极其复杂，合成步骤也非常烦琐 [12]。从工业废液和生物活性污泥中提取的钴胺素含量少、质量较差，提取成本较高 [13]。Batterby 和 Scott 历时多年阐明了钴胺素的好氧合成路径，该合成路径较为复杂 [14]。目前钴胺素产品主要的生产方法是单菌种发酵和混合菌种发酵。费氏丙酸杆菌和脱氮假单胞菌是常用的工业用钴胺素生产菌，两种都可用于单菌种发酵。另外，费氏丙酸杆菌还可以与巨大芽孢杆菌混合发酵生产钴胺素。研究表明，通气可以明显提高这两种菌的混合发酵产量 [15]。费氏丙酸杆菌与真养产碱杆菌混合发酵，发现后者在生长时可以分解费氏丙酸杆菌产生的代谢产物，大大降低代谢产物对费氏丙酸杆菌生长的抑制，从而使钴胺素的产量提高 [16]。

4.2.3 腺苷钴胺

腺苷钴胺(cobamamide)是氰钴型维生素 B_{12} 的同类物，即氰钴型维生素 B_{12} 的 CN 基被腺嘌呤核苷取代，成为 5′-脱氧腺苷钴胺。腺苷钴胺是体内维生素 B_{12} 的两种活性辅酶形式之一，是细胞生长繁殖和维持神经系统髓鞘完整所必需的物质。腺苷钴胺主要用于巨幼红细胞性贫血、营养不良性贫血、妊娠期贫血，亦用于神经性疾患如多发性神经炎、神经根炎、三叉神经痛、坐骨神经痛、神经麻痹、营养性神经疾患以及放射线和药物引起的白细胞减少症。

腺苷钴胺化学名称为 5, 6-二甲基苯并咪唑基-5′-脱氧腺嘌呤核苷基钴胺，为暗红色结晶或粉末。腺苷钴胺参与体内甲基转换及叶酸代谢，促进甲基叶酸还原为四氢叶酸；腺苷钴胺将 L-甲基丙二酰辅酶 A 变位酶变成琥珀酰辅酶 A，从而参与三羧酸循环，对神经髓鞘中脂蛋白的形成非常重要，可使巯基酶处于活性状态，从而参与广泛的蛋白质及脂肪代谢。腺苷钴胺能促进红细胞的发育与成熟，为完整形成神经鞘脊髓纤维和保持消化系统上皮细胞功能所必需的因素 [17]。

腺苷钴胺

腺苷钴胺在 1958 年由美国科学家贝克等发现，我国的腺苷钴胺于 20世纪 70 年代研制开发。腺苷钴胺无须转化，可以直接被人体利用吸收，与细胞组织有较强的亲和力，可在体内存留较久。除用于上述疾病的治疗外，腺苷钴胺也可与其他药物联合使用，治疗带状疱疹、膝关节骨关节病及糖尿病周围神经病变等疾病。腺苷钴胺在肝病、癌症、慢性萎缩性胃炎、生殖系统疾病等领域的应用也有了新的进展[18]。腺苷钴胺的化学性质不稳定，对光敏感，对酸、碱、热和氧亦不稳定，易分解产生腺苷、羟钴胺素等杂质，这些杂质的结构与腺苷钴胺类似，同属于钴胺素类化合物。钴胺素类化合物易于形成类质同晶物，因此杂质很难除去[19]。研究表明，可通过重结晶的方法去除杂质。《中国药典》2015 年版（二部）规定腺苷钴胺的试验均在避光条件下进行。

目前腺苷钴胺主要采用生物发酵法制备，以生产金霉素或链霉素的发酵液为原料，经水解、氰化钠氰化、酸化并精制而成。

4.2.4 甲钴胺

甲钴胺(mecobalamin)能促进正红血母细胞的成熟、分裂，增加红细胞的产生，改善贫血状态，用于治疗缺乏维生素 B_{12} 引起的巨幼红细胞性贫血。甲钴胺常用于修复损伤的神经组织、改善神经传导速度，但单独应用的疗效并不十分满意，故临床上多采用联合应用。木丹颗粒联合甲钴胺可治疗糖尿病周围神经病变(DPN)，其机理为甲钴胺修复受损神经，综合干预 DPN 的病理基础，故而获得较好的效果。

甲钴胺

甲钴胺又称甲基维生素 B_{12}，为抗周围神经病药物，能够直接参与体内代谢，与腺苷钴胺都被称为辅酶型维生素 B_{12}。甲钴胺通过甲基化作用维持体内细胞形态及功能的稳定，临床上多应用本品治疗由糖尿病引起的神经障碍、多发性神经炎等周围神经和植物神经疾病，尤其对糖尿病的并发症如麻木、疼痛及麻病有很明显的效果。甲钴胺还可以促进核酸和蛋白质的合成，并促进轴索内轴流和轴索再生及髓鞘形成，因此对神经轴突传递的延迟和神经传递物质的减少有很好的恢复作用。

甲钴胺最早是从链霉素的发酵液中分离出来的，也曾经自污泥中分离出维生素 B_{12}。在 20 世纪 70 年代实现了维生素 B_{12} 的全化学合成，但是合成工艺复杂，生产成本高；80 年代，氰钴胺发酵水平大幅提高，为甲钴胺的生产发展提供了优质的原料。甲钴胺的制备与生产是以氰钴胺为原料,以硼氢化钠为还原剂,氰钴胺脱去氰基生成维生素 B_{12} 的还原态,其中氰基以甲氨(CH_3NH_2)的形式脱去。还原态的维生素 B_{12} 用甲基化试剂碘甲烷或三甲基碘化亚砜进行甲基化反应,生成甲钴胺,提纯洗涤后,使用丙酮-水溶液进行解吸,解吸液用滤膜进行过滤,然后向滤液中加入丙酮进行结晶,从而得到甲钴胺原料。甲钴胺为深红色晶体或结晶性粉末,无臭无味,在空气中易吸潮,见光易分解,因此生产及检测过程均需避光操作。当前甲钴胺的生产方法主要是化学合成法,目前国际上甲钴胺的主要生产工艺专利有以下几种。日本专利(45038059):将氰钴胺当作是原料,硼氢化钠当作是还原剂,随后用碘甲烷进行甲基化,从而制备甲钴胺。德国专利(2058892):将氰钴胺当作是原料,硼氢化钠当作是还原剂,随后用对甲苯磺酸甲酯进行甲基化,从而制备甲钴胺。德国专利(2149150):通过甲基六氟硅酸铵或者甲基碘化汞对羟钴胺进行甲基化,从而制备甲钴胺。德国专利(2255203):在钴盐存在的情况下,通过草酸单甲酯或者锌粉对氰钴胺进行甲基化,从而制备甲钴胺。欧洲专利:在钴盐或者铁盐存在的情况下,通过硼氢化钠对氰钴胺或者羟钴胺进行还原,随后再用三甲基溴化亚砜或者三甲基碘化亚砜进行甲基化,从而制备甲钴胺。欧洲专利(WO2006100059):将氰钴胺当作是原料,硼氢化钠当作是还原剂,随后用碳酸二甲酯进行甲基化,从而制备甲钴胺。

甲钴胺易被神经细胞的亚微结构(细胞核、线粒体等)摄取,参与体内代谢过程,治疗糖尿病引起的周围神经病变,缓解神经痛,促进神经细胞内蛋白质、核酸和神经髓鞘磷脂的合成,帮助神经再生。甲钴胺能够帮助轴浆转运,促进轴突再生,使脑内乙酰胆碱含量恢复正常化,促进突触传递。治疗过程中,甲钴胺临床不良反应的发生率也比较低,一些人服用之后,偶然会出现恶心呕吐、食欲不振、腹泻等反应,还有一些人偶然会出现皮疹,但是症状多比较轻微,患者都能够耐受,检查中患者的血常规还有肝肾功能没有出现显著性差异。甲钴胺在国内外临床都得到了广泛应用,我国已将甲钴胺列入《国家基本药物目录》[20]。

4.2.5 5′-磷酸吡哆醛

5′-磷酸吡哆醛(pyridoxal 5′-phosphate, PLP)是维生素 B_6 的活性形式，在多种酶促反应中扮演辅酶的角色。

5′-磷酸吡哆醛

5′-磷酸吡哆醛参与氨基酸的多种代谢反应，并且是治疗多种疾病的药物，比如：可治疗妊娠糖尿病、色氨酸代谢缺陷性儿童哮喘、帕金森综合征、癫痫等，更为重要的是 5′ 磷酸吡哆醛还具有抗癌作用。5′ 磷酸吡哆醛除了参与转氨反应之外，还参与人体内糖和内脂的代谢，能够调控人体内的基因表达。

5′-磷酸吡哆醛的动态平衡对维持生物体内的正常生理功能具有重要意义。细胞中高浓度的 5′-磷酸吡哆醛可能会引起运动和感觉神经病变。缺乏 5′-磷酸吡哆醛会引起无意识、癫痫发作、失眠、头痛、烦躁不安、激动、震颤和出现幻觉等症状；受遗传突变的影响，生物体中的 PL 激酶和 PNP 氧化酶基因突变会引发更严重的病症，例如新生儿癫痫性脑病，患有该病的新生儿在出生几个小时后就会出现难以处理的常规性惊厥症状，就算有幸治愈的儿童也会表现出反应迟钝、智力低下的症状。参与 5′-磷酸吡哆醛调控的因素可能包括 5′-磷酸吡哆醛磷酸酶将过多的 5′-磷酸吡哆醛水解成 PL 激酶、吡哆醛激酶和吡哆醇氧化酶，以及辅酶与蛋白质的合成程度和传输机制。在生物体内 5′-磷酸吡哆醛浓度的调控主要依赖于磷酸酶的作用。

哺乳动物自身不能合成维生素 B_6，它们需要从食物中获取。目前，自然界中存在两种 5′-磷酸吡哆醛合成途径。一种是 DXP 依赖途径，以 1-脱氧-D-木酮糖-5-磷酸(DXP)和 4-羟基磷酸-L-苏氨酸(4PHT)为底物，由 pdx A 酶和 pdx J 酶催化合成磷酸吡哆醇(PNP)，再通过 pdx H 氧化酶的作用将 PNP 氧化成活性辅酶 5′-磷酸吡哆醛。另一种是 DXP 非依赖途径，谷氨酰胺在 PDX2 的催化作用下生成 NH_3，随后再和 5-磷酸核糖(或 5-磷酸核酮糖)与 3-磷酸甘油醛(或磷酸二羟丙酮)在 PDX1 的催化下合成 5′-磷酸吡哆醛。

目前,对哺乳动物和微生物体内的磷酸酶有较为详细的研究,并从人脑和小鼠中克隆和鉴定了特异性的 5′-磷酸吡哆醛磷酸酶以及从根瘤菌中纯化出了特异性的 PNP 磷酸酶。但是对植物体内 5′-磷酸吡哆醛磷酸酶的认识还比较浅,有待进一步研究。

5′-磷酸吡哆醛一水合物的 CAS 号为 41468-25-1,分子式为 $C_8H_{12}NO_7P$,分子量为 265.16。自从发现 5′ 磷酸吡哆醛是转氨酶和脱羧酶的辅酶之后,5′ 磷酸吡哆醛引起了许多学者的重视。目前关于 5′-磷酸吡哆醛的合成方法已有很多报道。

早在 1952 年,Meister 提出了通过吡哆胺盐酸盐转化为游离胺,用无水磷酸加热,在阳离子交换树脂柱上进行吸附纯化,经氧化得到 5′- 磷酸吡哆醛,但该方法工艺苛刻且产率较低[21];1980 年,方丁与张富荣[22]利用盐酸羟胺对吡哆醛醛基进行保护,后经三氯氧磷磷酸化,再经还原、钙化等一系列烦琐工艺合成 5′-磷酸吡哆醛,最后产率仅为 45%。1983 年,王淑美将吡哆醛制备成吡哆醛的镍螯合物,经五氧化二磷和磷酸混合磷酸化,水解,通过柱色谱分离纯化等过程,生成 5′-磷酸吡哆醛,产率可达 60%[23],具体合成路线见图 4-3。

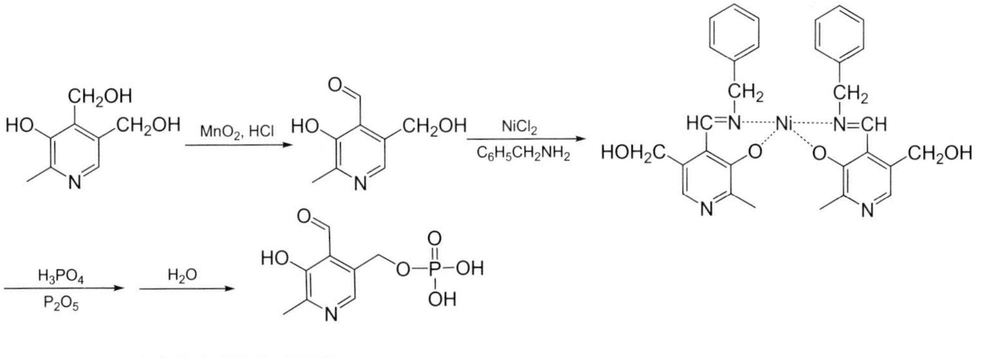

图 4-3　5′- 磷酸吡哆醛的合成路线 1

2008 年,卞红平等[24]报道了将吡哆醛在 *N*, *N*′-二乙基-1,3-丙二胺作用下制备成吡哆醛缩合物,然后通过五氧化二磷和磷酸进行磷酸化得到 5′-磷酸吡哆醛,产率提高到 74%,具体合成路线见图 4-4。

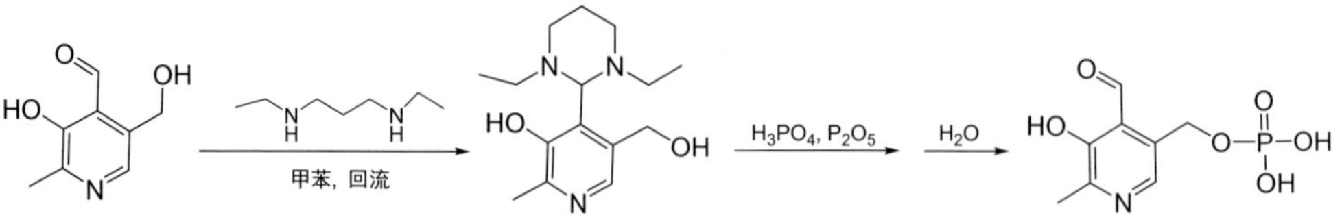

图 4-4 5′-磷酸吡哆醛的合成路线 2

2017 年，李腾等[25] 报道了一种 5′-磷酸吡哆醛的合成方法，通过吡哆醇盐酸盐在活性二氧化锰作用下发生氧化反应制得吡哆醛盐酸盐，该盐酸盐与 *N,N*-二甲基乙二胺发生缩合反应制得亚胺，该亚胺在多聚磷酸作用下发生磷酸化反应得到 5′-磷酸吡哆醛粗品，再经过纯化、结晶得到纯化产物，产率为 75%，具体合成路线见图 4-5。

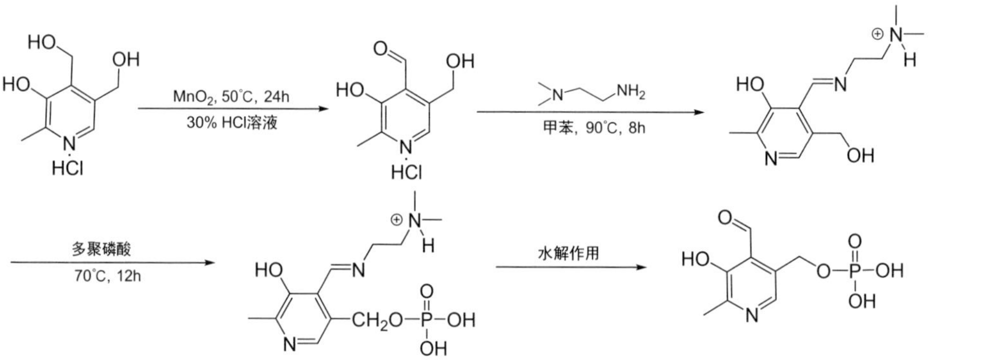

图 4-5 5′-磷酸吡哆醛的合成路线 3

以上合成 5′-磷酸吡哆醛的方法步骤烦琐，总收率不理想，现如今，5′-磷酸吡哆醛合成工艺老旧，产率低下，特别是磷酸化反应收率偏低，导致 5′-磷酸吡哆醛的售价偏高，因此企业生产 5′-磷酸吡哆醛的利润提升空间较大，在当前 5′-磷酸吡哆醛的合成工艺中，多利用施泰格瓦尔德制药有限公司的生产工艺，见图 4-6。

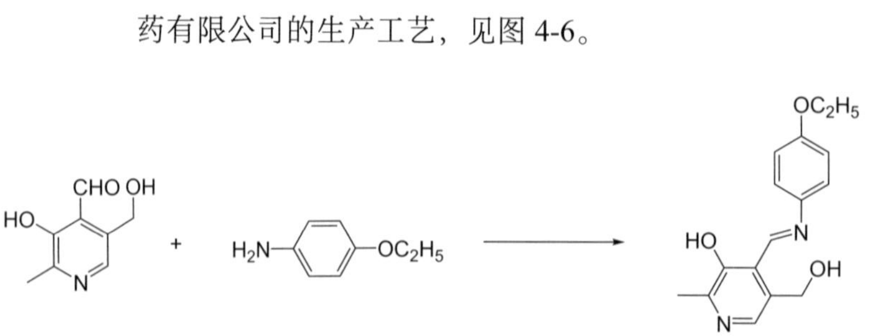

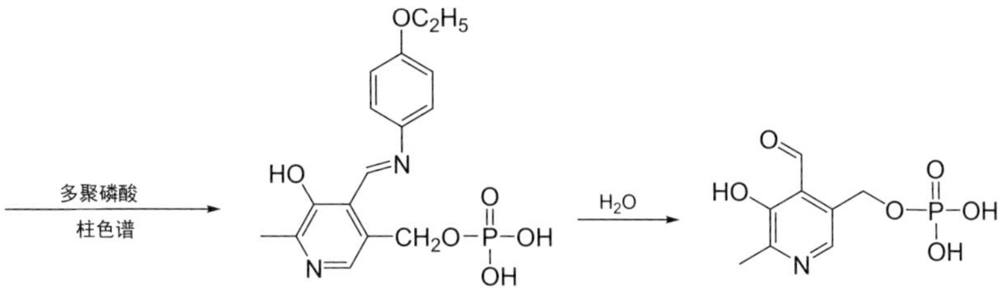

图 4-6　5′-磷酸吡哆醛的工艺合成路线

4.2.6　辅羧酶

辅羧酶(cocarboxylase)是维生素 B_1 的辅酶形式，参与催化许多有机酸的脱羧反应，存在于许多动物组织中，可对细胞色素 C 的活性起到促进作用[26]。它是丙酮酸脱氢酶复合物和酮戊二酸脱氢酶复合物中所需的中间体。

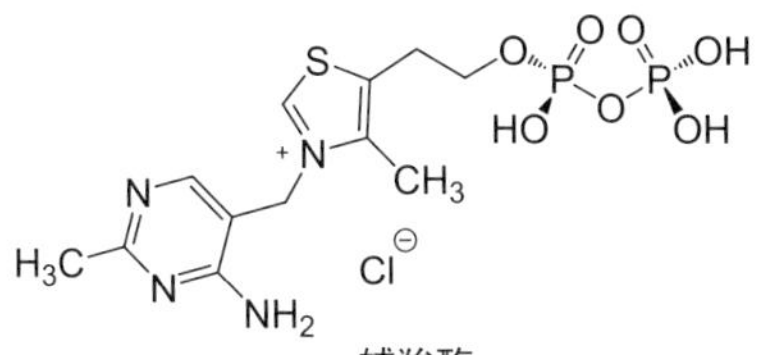

辅羧酶

首先由 Lohmann 和 Schuster(1.C.)以纯的结晶形式从啤酒酵母中制备羧化酶，并将其识别为动物的焦磷酸酯。在组织(肝脏、肾脏等)中发现了辅羧酶。根据 Lohmann 和 Schuster 的说法，生物有效性至少与动物的有效性相当。

辅羧酶又称焦磷酸硫胺素(thiamine pyrophosphate)，化学名为 3-[(4-氨基-2-甲基-5-嘧啶基)甲基]-5-[2-[[羟基-(磷酸基氧代)磷酰]氧]乙基]-4-甲基噻唑氯化物，分子式为 $C_{12}H_{19}ClN_4O_7P_2S$，分子量为 460.77。一般通过对硫胺素进行磷酸化来合成焦磷酸硫胺素[27]，见图 4-7。硫胺素又称维生素 B_1，作为合成焦磷酸硫胺素的重要前体，其合成方法有很多[28]。

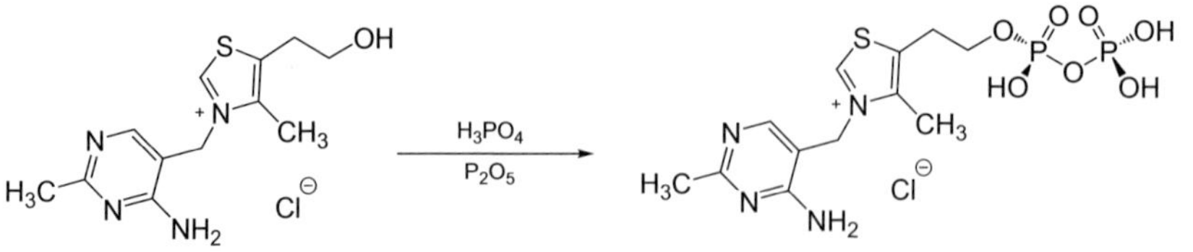

图 4-7　硫胺素的磷酸化反应

1936 年，Joseph 等 [29] 首次合成了维生素 B$_1$，合成路线见图 4-8。该法以 3-乙氧基丙酸乙酯为原料，在其 α 位发生甲酰化、钠代反应形成烯醇钠盐，再与盐酸乙脒反应得到嘧啶化合物，经羟基卤代、氨化得到氨化取代的嘧啶化合物，然后经氢溴酸溴代后，与 4-甲基-5-噻唑乙醇发生季铵化反应形成季铵盐，最后与 AgCl 置换得到维生素 B$_1$。该路线步骤短，原子经济好，但是甲酰基、钠代、环化步骤以及季铵化过程收率较低，因此该方法难以实现工业化生产。

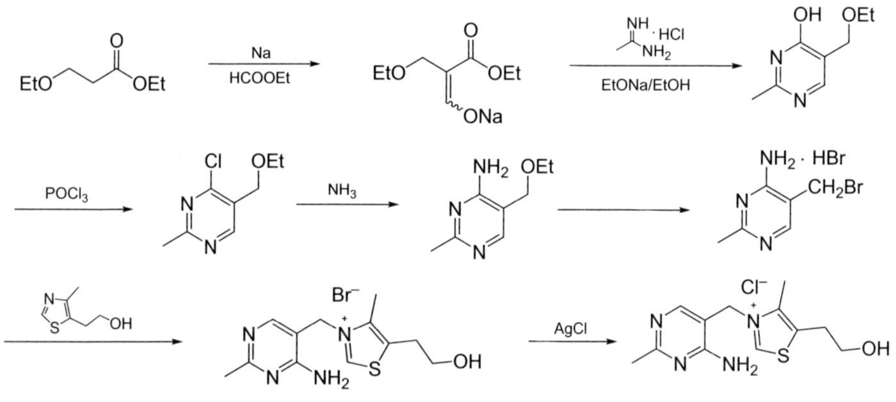

图 4-8　硫胺素的汇聚式合成路线

目前工业化路线通常从一个已构建好的嘧啶环 [2-甲基-4-氨基-5-(氨基甲基)嘧啶] 出发，逐步构建噻唑环部分。

（1）嘧啶环的合成

直线式路线根据起始原料不同分为丙烯腈路线和丙二腈路线，丙二腈路线较为简洁，但成本较高。丙烯腈路线成本低，但路线相对较长，目前报道的以丙烯腈为原料合成嘧啶环的方法有很多 [30]。以下对丙烯腈路线进行详细介绍。

目前，国内工业化路线[31]是以丙烯腈为原料，使其胺化产物形成烯醇盐，再经邻氯苯胺保护、环合、碱性条件下水解后得到2-甲基-4-氨基-5-(氨基甲基)嘧啶，总收率可达64.1%，如图4-9所示。该路线工艺条件温和，但是在环合步骤，盐酸乙脒需要用碱进行预处理，得到了不稳定的乙脒和废盐，增加了额外的处理成本，同时使用了具有致癌性的邻氯苯胺，毒性较大。

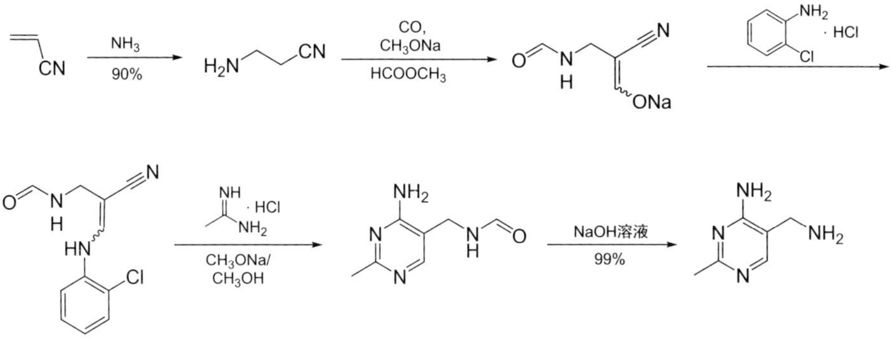

图4-9　以丙烯腈为起始原料构筑嘧啶环

2013年，Ulla等[32]在使用有机碱作为缚酸剂效果不佳的情况下，首次将路易斯酸催化剂用于催化环合反应，优选使用廉价的氯化锌作催化剂，反应收率高，如图4-10所示。该法后处理中通过添加NaOH溶液调pH的方法，过滤Zn(OH)₂沉淀，实现路易斯酸与产物分离，同时金属残留少，该路线收率可达75%，免去了保护基的使用，提高了反应的原子经济性，工业化前景好。

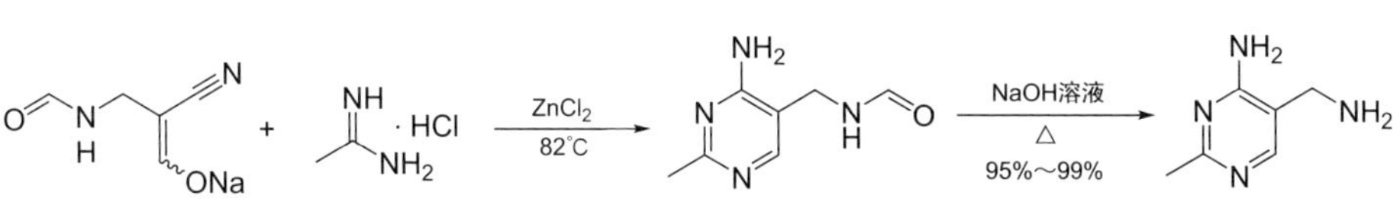

图4-10　氯化锌催化的环合反应构筑嘧啶环

（2）噻唑环的合成

在嘧啶环基础上逐步构建噻唑环，主要有以下方法。Taizo等[33]以2-甲基-4-氨基-5-(氨基甲基)嘧啶为原料，与3-氯-5-乙酰氧基-2-戊酮以及二硫化碳环合得到前体化合物，再经水解以及双氧水氧化得到硫胺素，三步反应收率为 49.3%，合成路线如图 4-11 所示。此后该研究小组在此基础上又做了改进，采用 3-氯-5-羟基-2-戊酮直接与2-甲基-4-氨基-5-(氨基甲基)嘧啶反应，简化了合成路线，收率可达 60.6%。

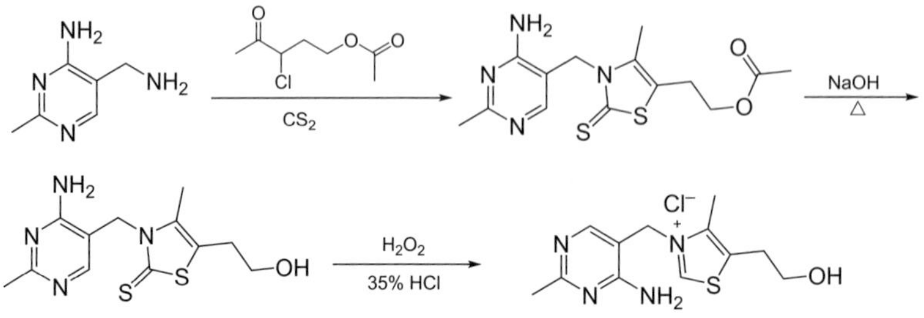

图 4-11　由嘧啶环构筑硫胺素

Roche 公司[34] 开发了合成硫胺素的新路线，使用催化量的对甲苯磺酸，通过形成中间体并环化后，再与 3-巯基-5-乙酰氧基-2-戊酮缩合形成硫胺素，三步反应总收率可达 67.2%，见图 4-12，该路线更为简洁，为目标分子的构建提供了新思路。

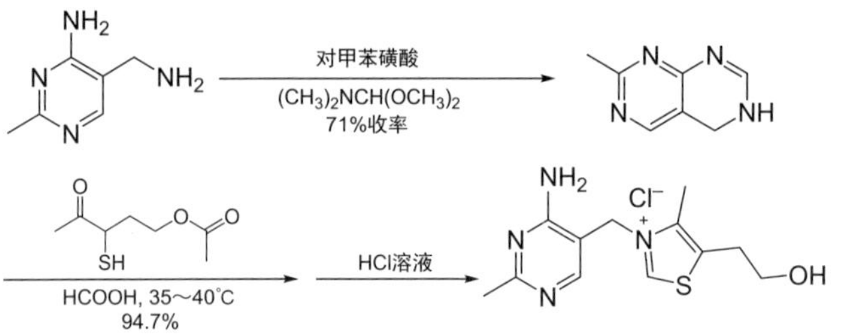

图 4-12　Roche 公司开发的硫胺素的合成路线

4.2.7　黄素腺嘌呤二核苷酸

黄素腺嘌呤二核苷酸(flavin adenine dinucleotide, FAD)是核黄素和二磷酸腺苷的缩合产物，它是各种需氧脱氢酶(如 D-氨基酸氧化酶和 L-氨基酸氧化酶)的辅酶。FAD 在催化氧化还原反应中对酶具有激活作用。其商品名为 Adeflavin，可用于维生素 B_2 缺乏引起的眼部疾病(如角膜炎和睑缘炎)的治疗。

黄素腺嘌呤二核苷酸

黄素腺嘌呤二核苷酸二钠盐作为黄素酶中的辅酶，参与细胞内氧化还原及线粒体中的电子传递，与糖类、脂肪、蛋白质等的体内代谢广泛相关，起着极其重要的生理作用。

黄素腺嘌呤二核苷酸二钠盐作为医药品，已于 1994 年被日本药局方收载。黄素腺嘌呤二核苷酸二钠盐具有降血压作用，能显著降低兔子血压；还抑制兔子血糖上升，对兔子、狗静脉注射该药物时，对正常血糖值没有影响，但可显著抑制因皮下注射肾上腺素而引起的血糖值的增高。Sugiyama 等发现该药物对于由氯丙嗪引起的心血管方面的疾病是有效的。

黄素腺嘌呤二核苷酸二钠盐的药代动力学研究表明，静脉注射黄素腺嘌呤二核苷酸二钠盐后，代谢方式与身体内在性的黄素腺嘌呤二核苷酸相同，血药浓度缓慢降低，而口服时，则由小肠吸收。给 9 个正常受试者以该药物静脉注射，测定血液中总维生素 B_2 的浓度，通过了解其推移经过，发现血液中维生素 B_2 的浓度随时间的推移而降低(以该药物静脉注射后的血液总维生素 B_2 浓度及红细胞谷胱甘肽还原酶活性计)，因此维生素 B_2 在体内代谢速度较快，为了维持其一定的血药浓度，临床上推荐采用静脉点滴给药。

黄素腺嘌呤二核苷酸二钠盐主要用于维生素 B_2 缺乏症的预防及治疗，由于维生素 B_2 的摄取需要增大，而从食物处的摄取不能完全满足需要时的补充(如消耗性疾病、妊娠妇女、哺乳妇女、强烈体力劳动者等情况)，以及下述疾病中被推断为维生素 B_2 缺乏或代谢障碍有关的场合。如临床诊断为口角炎、口唇炎、口腔炎、舌炎、肛周及阴部糜烂、急慢性湿疹、糙皮病、痤疮、日光性皮炎、结膜炎、弥漫性角膜炎、角膜周围充血、角膜新生血管时，发病原因疑为与维生素 B_2 欠缺或代谢障碍有关时应用黄素腺嘌呤二核苷酸二钠盐。每天 5 ~ 45 mg, 分 1 ~ 3 次服用，或每天 1～4 mg，分 1～2 次皮下、肌内或静脉注射。在眼科领域，当判定为因维生素 B_2 缺乏而引起的角膜炎和眼睑炎时，黄素腺嘌呤二核苷酸二钠盐对于激活结膜、角膜、眼色素层及视网膜的代谢具有很好的效果。可用 0.05% 或 0.1% 的眼药水每天 3～6 次，每次 1～2 滴点眼，或采用 0.1% 的眼用软膏每天 1～4 次少量注入眼睑内治疗。而对于角膜疾病以及所引起的视力障碍，采用球后注射或颈动脉注射具有很好的效果。另外，有研究表明，黄素腺嘌呤二核苷酸二钠盐对视网膜疾病中心性视网膜炎、中心静脉血栓以及由此继发的黄斑痕、网膜癖痕特别有效；在视网膜色素变性等视网膜疾病中，采用黄素腺嘌呤二核苷酸二钠盐局部给药，也取得了良好的治疗效果，对角膜移植片的保持以及眼睛疲劳等症状也是有效的。同时，黄素腺嘌呤二核苷酸二钠盐还可以用于疑与维生素 B_2 缺乏或代谢障碍有关的口腔炎等口腔黏膜疾病的治疗、痤疮等皮肤疾病和弥漫性角膜炎的治疗以及肝病的治疗。以 338 例代偿性肝硬化住院病人为对象，分成 FAD·肝脏提取物复合剂组、FAD 组及安慰剂组，将各 2 mL 药物分别注入葡萄糖注射液中，连日静脉点滴，共持续 8 周，从病人的自觉症状、临床所见、肝功能的指标变化对三组病人进行评估。复合剂组患者的血清胆红素、谷草转氨酶（AST 或 GOT）、谷丙转氨酶（ALT 或 GPT）、胆碱酯酶（CH-E）、白蛋白、γ 球蛋白、锌浑浊度（ZTT）等指标均见明显的改善，而 FAD 单独治疗组也可见白蛋白和胆碱酯酶有所改善。给予患者 1 周以上抗生素治疗后发现，红细胞谷胱甘肽还原酶（EGR）活性有所下降。而在予以抗生素治疗的同时，给予这类患者 FAD 治疗，1 周（20～40 mg/d，静脉点滴）后发现转录因子（EGR）的活性可恢复至正常值。日本药师研究中心试验表明：黄素腺嘌呤二核苷酸二钠盐的一次用药的毒性试验 LD_{50} 为小鼠经口给药：大于 7000 mg/kg；静脉注射给药：589 mg/kg。

黄素腺嘌呤二核苷酸是核黄素在人体内最为有效的活性形式，参与细胞内氧化还原及线粒体中的电子传递，是体内不可缺少的物质。目前只有日本将其作为药品予以收载，其剂型也多样化；但是在美国和欧洲，其主要用于食品、化妆品等的添加剂，未作为药品使用，因此 FAD 在人体上的药理、药代、毒理临床研究等有待进一步完善。

黄素腺嘌呤二核苷酸二钠盐原来均采用紫外-可见吸光光度法进行分

析。但根据黄素单核苷酸钠、黄素单核苷酸铵盐及黄素腺嘌呤二核苷酸二钠盐的紫外扫描谱图可以看出，这几种物质的最大吸收峰基本相同，彼此有干扰。目前较为科学合理的分析方法是日本药局方(14版)的方法，先测定总核黄素，再通过 HPLC 方法来计算出 FAD 的含量。但该方法手续烦琐，也不能同时测定 FAD 中残余的原料和杂质。黄素腺嘌呤二核苷酸二钠盐在国内尚未生产和销售，但其原料黄素单核苷酸钠在《中华人民共和国药典》(2005 年版)中有收载，其分析方法是紫外 - 可见分光光度法(在 444nm 处测定)[35]。

黄素腺嘌呤二核苷酸二钠(flavin adenine dinucleotide disodium salt)的化学名为 1-(6-氨基-9-氢-嘌呤)-二氧-β-D-呋喃核糖-5-(2R,3S,4S)-5-(3,4-二氢-7,8-二甲基)2,4-二氧苯并蝶啶-10(2 氢)-2,3,4-三羟基戊二磷酸钠盐，CAS 号为 84366-81-4，分子式为 $C_{27}H_{31}N_9Na_2O_{15}P_2$，分子量为 829.51。黄素腺嘌呤二核苷酸二钠为黄色至淡黄褐色粉末，有特别的气味，味略苦；遇光、遇碱或加热可分解为核黄素；有吸湿性，易溶于水，能溶于吡啶和苯酚，不溶于乙醇。

1938 年，Warburg 等成功分离出了黄素腺嘌呤二核苷酸二钠单体。1952 年，Christie 等化学合成了黄素腺嘌呤二核苷酸二钠，同时成功确定了该化合物的化学结构。

目前黄素腺嘌呤二核苷酸二钠盐有化学合成法[35] 和生物合成法两大类制备方法。化学合成法的最后一步均是合成磷苷键，方法的不同在于活化的方式不同，其发展方向均是找到一种专属性的活化方式(例如缩合催化剂等)，从而提高收率。在化学合成法中，FAD 主要由黄素单核苷酸钠与 5′-腺苷磷酸钠缩合反应而成。但考虑反应原料在有机溶剂中的溶解度、反应活性等因素而进行了各种结构的修饰，具体可行的反应路线如下。

1959 年，小林博介等报道了黄素单核苷酸钠与 5′-腺苷磷酸钠在对二甲苯碳化二亚胺作用下发生脱水缩合反应可得到黄素腺嘌呤二核苷酸二钠，收率约为 25.6%，如图 4-13 所示。

1971 年，柏濑一等将 N,N'-亚硫酰双(2-甲基咪唑)作用于 5′-腺苷磷酸，然后与核黄素-5-磷酸三辛基铵盐发生脱水缩合反应，从而制备黄素腺嘌呤二核苷酸二钠，收率大约为 35%，如图 4-14 所示。

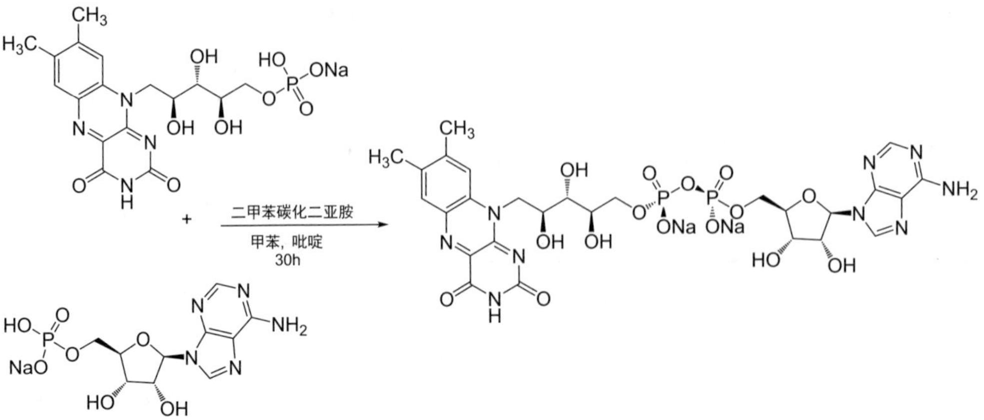

图4-13 FAD 的化学合成路线1

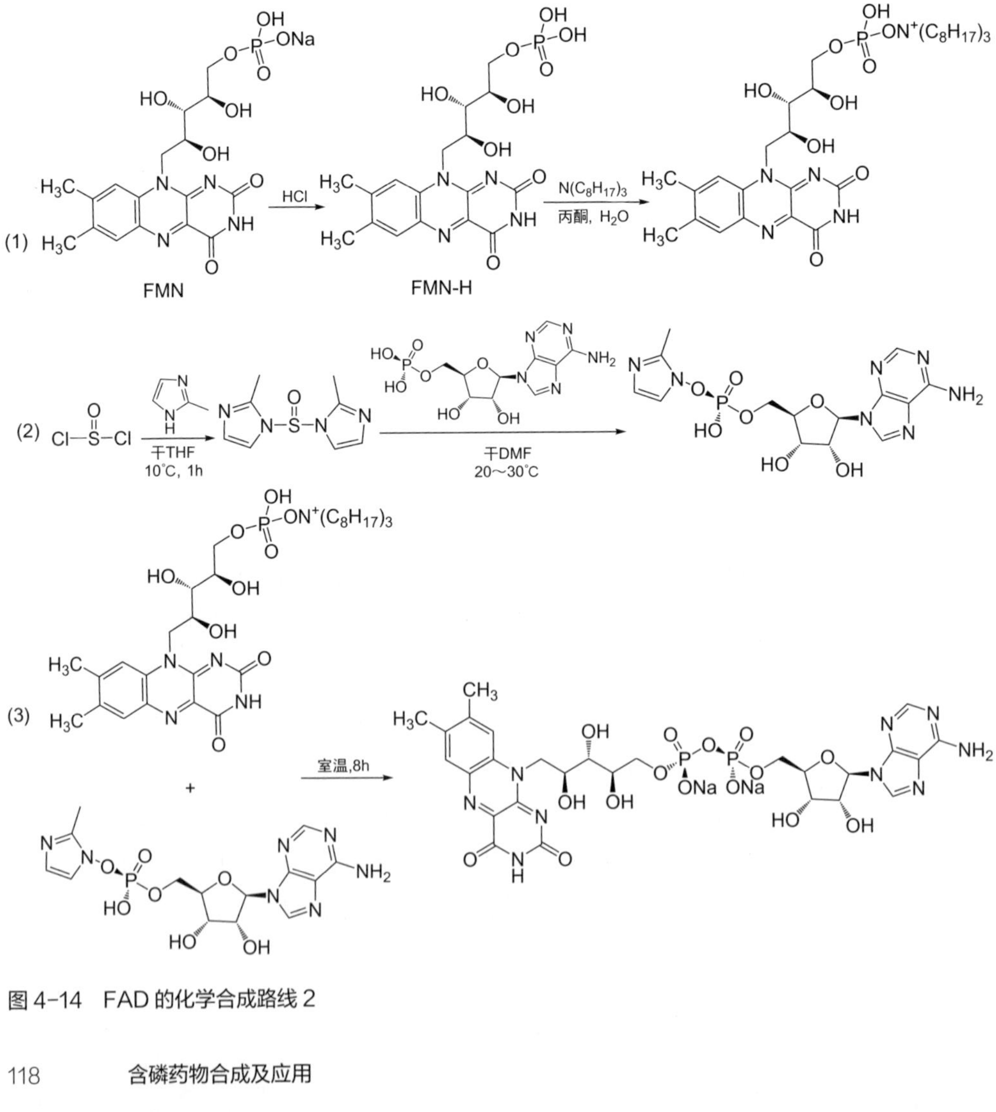

图4-14 FAD 的化学合成路线2

1973 年，文献报道制备出了核黄素-5-磷酸三辛基铵盐和腺苷-5-磷酸酯-α-吡啶基酯的脒盐，二者直接反应，可得到黄素腺嘌呤二核苷酸二钠，收率为 45%，如图 4-15 所示。

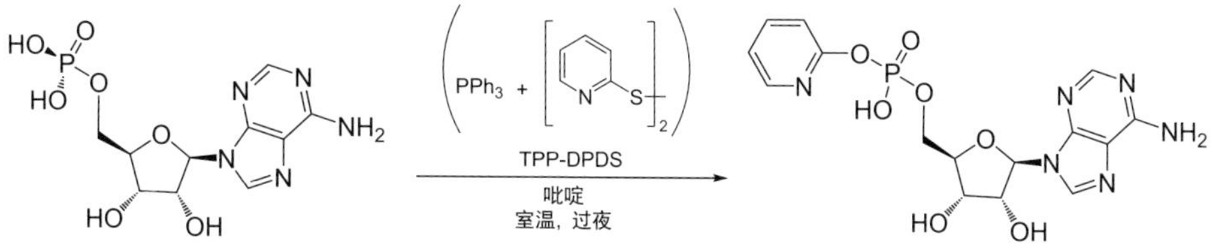

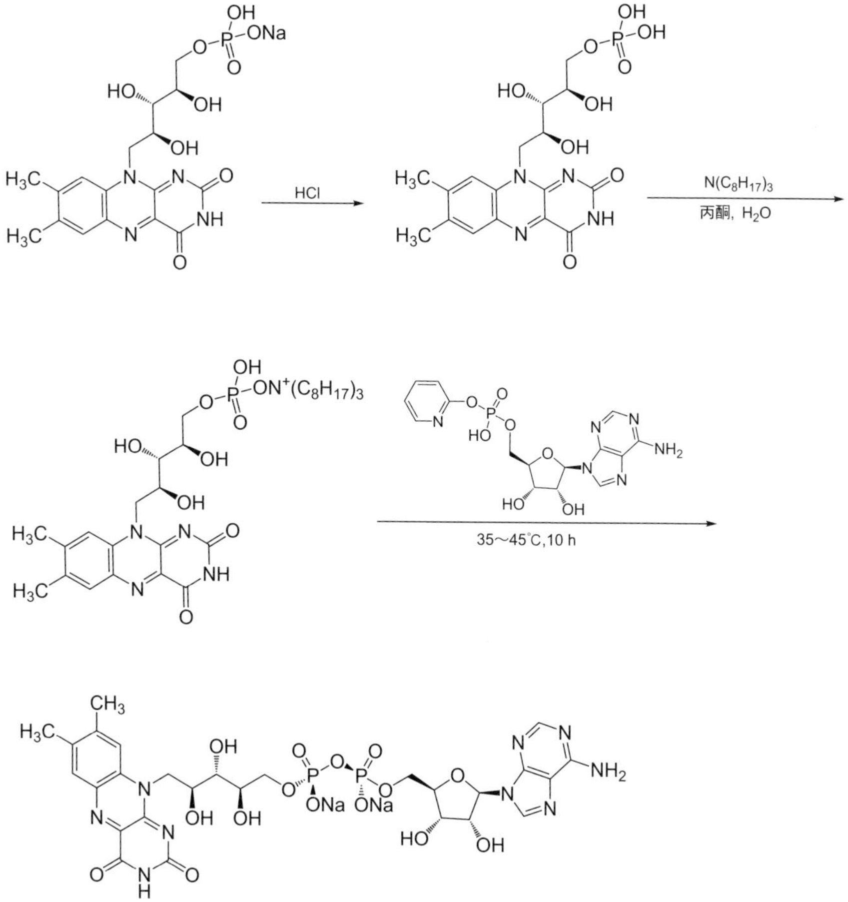

图 4-15　FAD 的化学合成路线 3

4.2.8　二磷酸甲萘氢醌

二磷酸甲萘氢醌(menadiol diphosphate)为维生素 K_4 的人工合成品，是活性最高的人工合成维生素 K 类药物，可促使肝脏合成凝血酶原等凝血因子，达到止血的目的。临床上用于多种原因所致出血的止血，也用作光敏剂治疗肿瘤。此外，该药对内脏平滑肌痉挛引起的绞痛也有明显抑制作用。

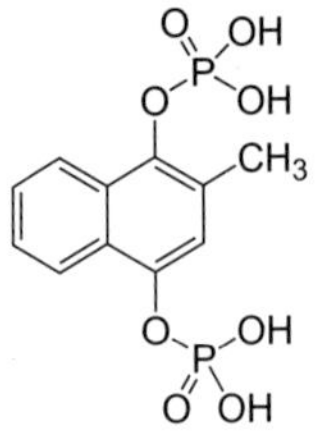

二磷酸甲萘氢醌

4.2.9　磷钠甲萘醌

磷钠甲萘醌又名氢化甲萘醌二磷酸钠，是一种具有高度水溶性的维生素 K 类似物。适用于香豆素或茚满二酮衍生物引起的抗凝血诱导的凝血酶原缺乏，新生儿出血性疾病的预防和治疗，抗菌治疗引起的低凝血酶原血症，继发于限制吸收或合成维生素 K 的因素的低凝血酶原血症，其他药物诱导的低凝血酶原血症。

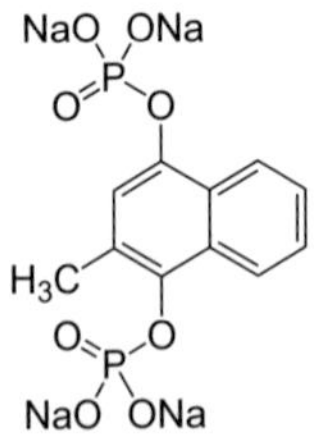

磷钠甲萘醌

甲萘氢醌二磷酸酯钠(menadiol sodium diphosphate)的化学名为 2-甲基-1,4-萘氢醌双(二氢磷酸酯)四钠盐六水合物，CAS 号为 6700-42-1，分

子式为 $C_{11}H_8Na_4O_8P_2 \cdot 6H_2O$，分子量为 530.18。由罗氏(Roche)制药公司首先创制，并首先在美国上市，商品名为新卡维他(Synkayvite)，其后，厄普恩(Vpiohn)制药公司以商品名安那芳(Analogue)在美国上市。由于市场需求量扩大，礼来(Lilly)制药公司亦生产该药，商品名为卡哌冬(Kappadione)。现本品在英国、意大利、日本等多个国家上市。在我国该品种现已进入临床试验阶段，将能很快应用于临床。甲萘氢醌二磷酸酯钠是人工合成维生素 K 类药物中活性最高的人工合成品，可促使肝脏合成凝血酶原等凝血因子，达到止血的目的。此外对内脏平滑肌痉挛引起的绞痛有明显抑制作用[36]。目前国内尚未有厂家上市该产品。

目前关于甲萘氢醌二磷酸酯钠的制备，一般以甲萘醌为原料，经还原制得甲萘氢醌，然后与 $POCl_3$ 进行磷酯化，最后经水解、成盐、重结晶制得甲萘氢醌二磷酸酯钠。

1997 年，丁玲玲[37]以甲萘醌为原料，采用锌粉为还原剂制得甲萘氢醌，再在吡啶中与 $POCl_3$ 反应进行磷酯化，然后经水解、成盐、甲醇-水-吡啶重结晶制得 2-甲基-1,4-萘氢醌双(二氢磷酸酯)四钠盐二水合物。该法采用锌粉作为还原剂，后处理比较复杂，锌泥会对环境造成污染，而且得到的是二水化合物，其吸水性比六水化合物强，在空气中容易潮解。

2000 年，李玉艳等[38]以甲萘醌为原料，采用连二亚硫酸钠为还原剂，直接与碳酸钠成盐，虽然在工艺上有所改进，但是易将未还原的原料带入产物中，使产品精制的难度增大，如图 4-16 所示。

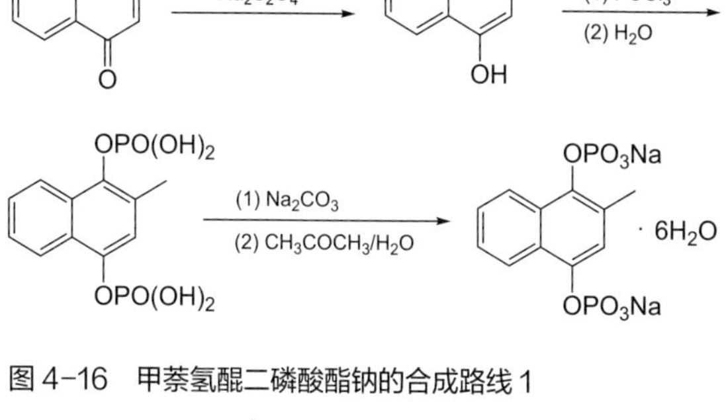

图 4-16 甲萘氢醌二磷酸酯钠的合成路线 1

2010 年，李群力等[39] 以甲萘醌为原料、二水合氯化亚锡为还原剂，经过还原、钙化、成钠盐、重结晶得到甲萘氢醌二磷酸酯钠，收率可高达 72%。其中钙化步骤生成的钙盐可有效地防止未反应的原料进入最终产物中，降低了产品精制的难度。具体路线如图 4-17 所示。

图 4-17　甲萘氢醌二磷酸酯钠的合成路线 2

2016 年，Wang 等[40] 报道了 4-氰基吡啶催化联硼酸频那醇酯 [$B_2(pin)_2$] 还原甲萘醌，然后水解，可高效制得甲萘氢醌，收率高达 93%，该法过程简单高效，如图 4-18 所示。

图 4-18　甲萘氢醌的合成路线 1

2006 年，牛跃辉[41] 报道了甲萘氢醌的另一种高效的合成方法：以甲萘醌为原料，通过 H_2/Pd-C 还原也可制得甲萘氢醌。具体路线如图 4-19 所示。

图 4-19　甲萘氢醌的合成路线 2

另外，甲萘醌作为合成甲萘氢醌二磷酸酯钠的重要前体，开发高效、简洁的甲萘醌合成方法具有重要的研究意义。2010 年，Selvaraj 等[42]报道了 2-甲基-1-萘酚经过双氧水还原可制得甲萘醌，具体路线如图 4-20 所示。2012 年，该小组[43] 报道了 2-甲基-1-萘酚在双氧水和五氧化二铌的共同作用下，在室温下反应，可制得甲萘醌，具体路线如图 4-21 所示。

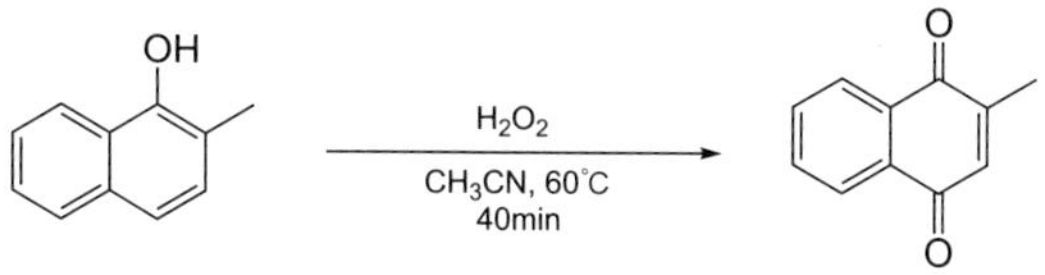

图 4-20　甲萘醌的制备方法 1

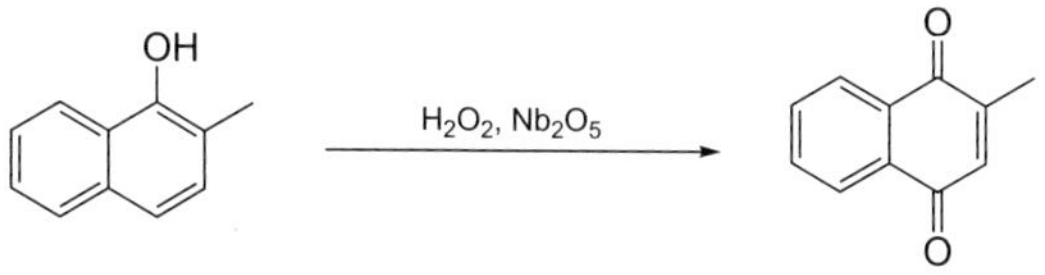

图 4-21　甲萘醌的制备方法 2

4.2.10　苯磷硫胺

苯磷硫胺(benfotiamine)是脂溶性维生素 B_1 衍生物，结构上与维生素 B_1 的不同之处在于有一个开放性的噻唑环，在体内通过闭环作用形成有生理活性的维生素 B_1。苯磷硫胺改善了水溶性维生素 B_1 生物利用度低的缺点，提高了血液和组织中硫胺素的浓度，从而提高了疗效，可给肌肉、脑、肝脏和肾脏提供更多维生素 B_1。苯磷硫胺主要用于维生素 B_1 缺乏症的预防和治疗，可作为膳食补充剂，还可用于糖尿病的治疗。

苯磷硫胺

苯磷硫胺属于硫胺素的一种脂溶性衍生物，而硫胺素作为辅酶参与糖代谢的主要过程，能同时阻断引起糖尿病严重并发症的三条主要生化通路，预防实验性糖尿病性视网膜病变的发生，防止及治疗一些糖尿病的相关并发症，如糖尿病肾病、糖尿病眼病、糖尿病神经病、心血管病及血管内皮功能障碍等。它在人体内转化成维生素 B_1，维持心脏、神经系统和消化系统的正常运作，并且参与人体内的能量代谢，特别是糖代谢。当它缺乏时，需要利用糖类氧化分解供能的神经系统就会受到损害。神经组织中丙酮酸、乳酸堆积，引起周围神经炎，体内胆碱酯酶活性增强，使得神经递质乙酰胆碱水解加快，导致神经传导障碍、胃肠蠕动减慢、消化液分泌减少、食欲下降、体重下降和大便秘结等症状的发生，更严重的则会导致多发神经炎性精神病，出现眼肌麻痹、眼球震颤等。

　　苯磷硫胺口服进入身体后，在胃肠道内发生脱磷酸化作用，形成一个亲脂性分子，更易于扩散进入细胞膜，所以比水溶性维生素 B_1 更易吸收，这样的亲脂性性质使它在肠内和相关靶器官中吸收得更多、更持久，被吸收进入细胞后，脱磷酸化的苯磷硫胺继续被细胞内的巯基化合物或脱苯甲酰基酶催化还原，关闭噻唑环，释放活性维生素 B_1 进入各细胞和循环系统中。而维生素 B_1 在体内又可以转变成焦磷酸硫胺素（又称辅羧酶），参与糖在体内的代谢。焦磷酸硫胺素作为丙酮酸脱氢酶和酮戊二酸脱氧酶的辅因子，在酮酸脱羧反应中起重要作用。其分子的重要特点是在其噻唑环上氮原子与硫原子之间的碳原子与通常的 CH 基团相比，表现出了更强的酸性，能够离子化生成负碳离子，更容易接受 α-酮酸或酮糖的羰基，而带正电的氮原子作为一个电子库，可稳定负碳离子以及 α-酮酸的脱附作用，所以，其与糖代谢有十分密切的关系，对于糖的分解功能过程有着很重要的作用。

　　苯磷硫胺的化学名为 S-苯甲酰硫胺-O-单磷酸酯（S-benzoylthiamine O-monophosphate，简称 BTMP），CAS 号为 22457-89-2，分子式为 $C_{19}H_{23}N_4O_6PS$，分子量为 466.448，为白色结晶性粉末。苯磷硫胺是脂溶性维生素 B_1 衍生物，主要用于维持人体正常糖代谢及神经系统、消化系统机能和防治 VB_1 缺乏症，还能有效地预防和医治糖尿病的副作用和并发症。

苯磷硫胺与水溶性维生素 B_1 结构上的不同之处在于具有一个打开的噻唑环。由苯磷硫胺的结构可以看出，它是在 VB_1 的结构上将羟乙基通过酯化变成 VB_1 磷酸单酯(TMP)，然后再将 VB_1 结构中的噻唑环打开，在巯基上引入苯甲酰基团，继而转化成为苯磷硫胺[44]，具体路线见图 4-22。

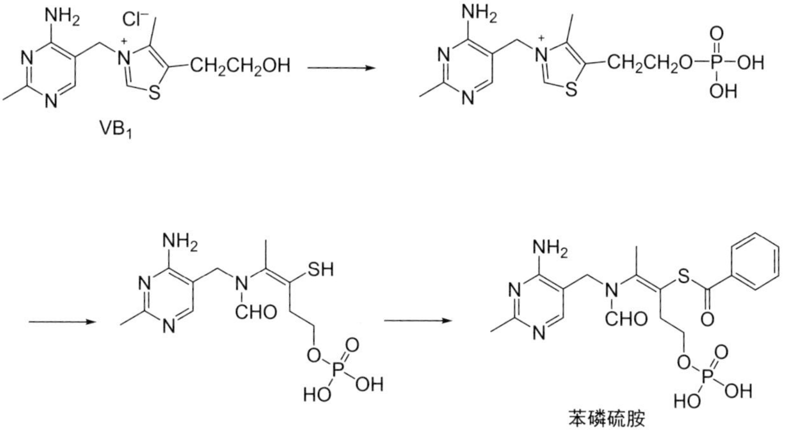

图 4-22　苯磷硫胺的合成路线 1

现有文献[45,46] 报道的苯磷硫胺的化学合成基本采用 VB_1 磷酸单酯在碱性条件下开环，进而与苯甲酰硫代硫酸钠或二苯甲酰二硫反应，或者在吡啶存在条件下与苯甲酰氯反应生成苯磷硫胺，合成路线见图 4-23。但是采用苯甲酰硫代硫酸钠或二苯甲酰二硫作为酰化反应试剂时，需要先将苯甲酰氯转化成硫代盐或者二硫化物，增加了反应步骤，且苯甲酰氯的消耗量增大；采用苯甲酰氯作为酰化试剂直接反应时，文献采用在吡啶体系中进行反应，反应结束后吡啶需要回收处理。

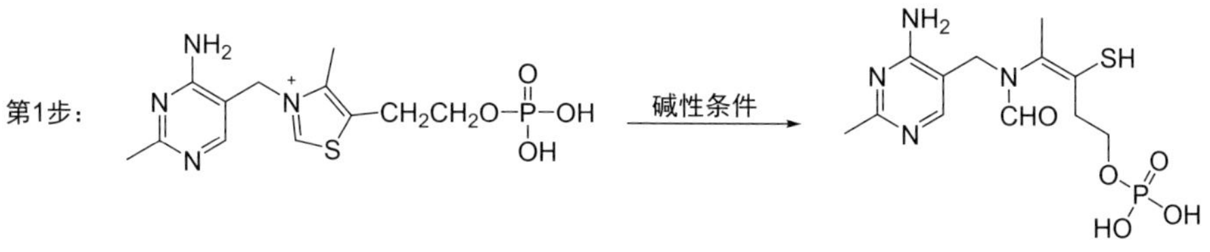

图 4-23

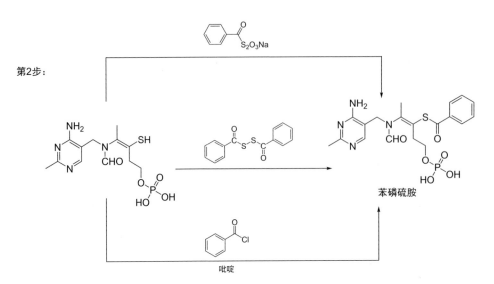

第2步：

图 4-23　苯磷硫胺的合成路线 2

　　2016 年，徐勇[46]在已有的方法的基础上进行了改进和创新，合成路线如图 4-24 所示。以 VB₁ 为起始原料，选用磷酸除水后加入五氧化二磷反应生成聚磷酸参与酯化，免去了现有工艺的高温反应，磷酸酯直接水解，加入碱金属盐中和除去过量磷酸，在冷冻醇作用下析出磷酸单酯，然后用碱性水溶液中和，直接滴加苯甲酰氯反应，该工艺操作简单易行，降低了能耗及原料成本。

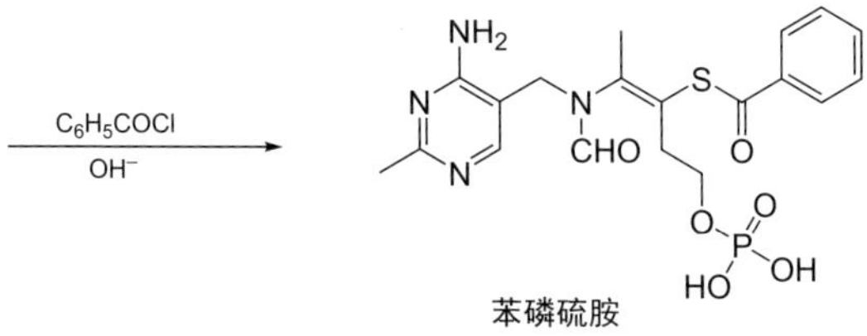

图 4-24　苯磷硫胺的合成路线 3

参考文献

[1] Smith E L. Presence of cobalt in the anti-pemicious anaemia factor [J]. Nature, 1948, 162(4108): 144-145.

[2] Eggersdorfer M, Laudert D, Letinois U, et al. One hundred years of vittamins-asucess story of the natural sciences [J]. Angew Chem Ed Engl, 2012, 51(52): 12960-12990.

[3] Roth J R, Lawrence J G, Bobik T A. Cobalamin (coenzyme B_{12}): synthesis and biological significance [J]. Annu Rev Microbiol, 1996, 50(1): 137-181.

[4] Scalabrino G. The multi-faceted basis of vitamin B_{12} (cobalamin) neurotrophismin adult central nervous system: lessons learned from its deficiency [J]. Prog Neurobiol, 2009, 88(3): 203-220.

[5] Finke R G. Coenzyme B_{12}-based chemical precedent for Co-C bond homolysis and other key celementary steps// Kräutler B, Arigoni D, Golding B T. Vitamin B_{12} and B_{12}-proteins [M]. Weinheim: Wiley, 1996: 383-402.

[6] Weir D G, Scott J M. Cobalamins: physiology, dietary sources and requirements [J]. Encyclopedia of Human Nutrition, 1999, 1: 394-401.

[7] Hodgkin D C, Kamper J, Robertson J H, et al. Structure of vitamin B_{12}[J]. Nature, 1955, 176(4477): 325-328.

[8] Slot W B, Merkus F W, van Deventer S J, et al. Normalization of plasma vitamin B_{12} concentration by intranasal hydroxocobalamin in vitamin B_{12}-deficient patients [J]. Gastroenterology, 1997, 113(2): 430-433.

[9] Sauer S W, Keim M E. Hydroxocobalamin: improved public health readiness for cyanide disasters [J]. Ann Emerg Med, 2001, 37(6): 635-641.

[10] Hall C A, Begleg J A, Green-colligan P D. The availability of therapeutic hydroxocobalamin to cells [J]. Blood, 1984, 63(2): 335-341.

[11] 张玉明，王雷，王云山，等．维生素 B_{12} 的生物合成研究 [J]. 食品与发酵工业，2005，31（9）：70-73.

[12] 马蕙，王丽丽，张春晓，等．维生素 B_{12} 的生物合成、发酵生产与应用 [J]. 生物工程学报，2008，24（6）：927-932.

[13] 罗祎，郝常明．维生素 B_{12} 的研究及其进展 [J]. 中国食品添加剂，2002(3): 15-18.

[14] Blanche F, Cameron B, Crouzet J, et al. Vitamin B_{12}: how the problem of its biosynthesis was solved [J]. Angew Chem Inl Ed Engl, 1995, 34(4): 383-411.

[15] Janiciki J, Pedziwilk F. The biosynthesis of vitamins of the B_{12} group in mixed cultures of bacteria [J]. Acta Microbiol Pol, 1966, 15(4): 343-347.

[16] Miyano K, Ye K, Shimizu K. Improvement of vitamin B_{12} fermentation by reducing the inhibitory metabolites by cell recycle system and a mixed culture [J]. Biochem Eng J, 2000, 6(3): 207-214.

[17] Kelly G. The coenzyme forms of vitamin B_{12}: toward an understanding of their therapeutic potential [J]. Alt Med Rev, 1997, 2(5): 459-471.

[18] 王志良，冷健，崔红燕．腺苷钴胺的临床应用进展 [J]. 中国药事，2006，20（2）：122-125.

[19] Gruber G K. Vitamin B_{12} and B_{12}-Proteins[M]. Weinheim: Wiley, 1998.

[20] 李菊．甲钴胺原料药工艺改进研究 [D]. 济南：山东大学，2016.

[21] Peterson E A, Sober H A, Meister A. Crystalline pyridoxamine phosphate[J]. J Am Chem Soc, 1952, 74(2): 570-571.

[22] 方丁，张富荣．5′-磷酸吡哆醛钙盐的合成 [J]. 生物化学与生物物理进展，1980，20（3）：74-78.

[23] 王淑美．合成 5′-磷酸吡哆醛的简便方法 [J]. 华东理工大学学报，1983 (3): 92-95.

[24] 卞红平，周后元．一类磷酸吡哆醛中间体及其制备方法和应用，以及由其制备磷酸吡哆醛的方法: CN 200810034362.7[P]. 2012-11-07.

[25] 李腾，王凯，何连顺，等．一种磷酸吡哆醛的合成方法: CN 201710850639.2[P]. 2018-02-02.

[26] 张自霞．复方细胞色素 C 生物活性的探讨 [J]. 生化药物杂志，1991(3): 60-61.

[27] Cao Z, Hu J, Liu F, et al. Method for preparing cocarboxylase tetrahydrate: CN 101787048[P]. 2010-

10-28.

[28] 白云强，钟松鹤，施湘君. 维生素 B_1 合成研究进展 [J]. 浙江化工，2015，46(6)：13-16.

[29] Joseph K C, Robert R W, Jacob F. Synthesis of vitamin B_1[J]. J Am Chem Soc, 1936, 58: 1504-1505.

[30] 李幸. 维生素 B_1 中间体合成路线的优化 [J]. 生物化工，2018，4(1)：43-44.

[31] Bonrath W, Fischesser J, Giraudi L, et al. Process for the manufacture of a precursor of vitamin B_1: WO 079504 [P]. 2006-08-03.

[32] Ulla I, Jan S, Ralph H. Lewis acid-catalyzed synthesis of 4-aminopyrimidines: a scalable industrial process[J]. Org Process Res Dev, 2013, 17: 427-431.

[33] Taizo M, Takeo I. On the mechanism of vitamin B_1 Activities. II: the oxidation of vitamin B_1 [J]. Yakugaku Zasshi, 1950, 70: 28-32.

[34] Contant P, Forzy L, Hengartner U. A new convergent synthesis of thiaminehydrochloridel[J]. Helv Chim Acta, 1990, 73: 1300-1305.

[35] 刘永红. 黄素腺嘌呤二核苷酸二钠盐和氯硝柳胺的合成与分析 [D]. 重庆：重庆大学，2006.

[36] 李丽. 甲萘氢醌二磷酸酯钠的应用特点 [J]. 中国医药报道，2007，4(27)：152.

[37] 丁玲玲. 维生素 K_4 的合成 [J]. 精细化工，1997，14(4)：11-13.

[38] 李玉艳，尤启冬. 二磷酸甲萘氢醌钠的合成工艺研究 [J]. 中国医药工业杂志，2000，31(12)：529-531.

[39] 李群力，蒋晓萌，麻佳蕾，等. 甲萘氢醌二磷酸酯钠的制备 [J]. 中国新药杂志，2010，19(1)：76-78.

[40] Wang G Q, Zhang H L, Zhao J Y, et al. Homolytic cleavage of B-B bond by the cooperative catalysis of two Lewis bases: computational design and experimental verification [J]. Angew Chem Int Ed, 2016, 55(20): 5985-5989.

[41] 牛跃辉，陈志荣，尹红. 2-溴-3-甲基-1,4-二甲氧基萘的合成新方法研究 [J]. 化学世界，2006，47: 162-164.

[42] Selvaraj M, Kandaswamy M, Park D W, et al. Highly selective synthesis of vitamin K_3 over mesostructured titanium catalysts [J]. Catal Today, 2010, 158(3-4): 377-384.

[43] Selvaraj M, Park D W, Kim I, et al. Selective synthesis of vitamin K_3 over mesoporous NbSBA-15 catalysts synthesized by an efficient hydrothermal method [J]. Dalton Transactions, 2012, 41(32): 9633-9638.

[44] 吴明润. 噻唑烷二酮类和苯磷硫胺的合成研究 [D]. 南京：南京理工大学，2013.

[45] 董杜平，陈红燕. 苯磷硫胺的合成与精制 [J]. 化工时刊，2016，30(7)：21-23.

[46] 徐勇. 苯磷硫胺的新工艺研究 [M]. 武汉：湖北大学，2016.

5

营养补充剂类含磷药物

Synthesis and Application of Phosphorus−Containing Drugs

5.1
营养补充剂类含磷药物的结构

一些含磷药物可作为营养补充剂，这类药物主要包括单磷酸腺苷、磷脂酰丝氨酸、还原型烟酰胺腺嘌呤二核苷酸、甘油磷酸钠、焦磷酸铁柠檬酸盐(图 5-1)。

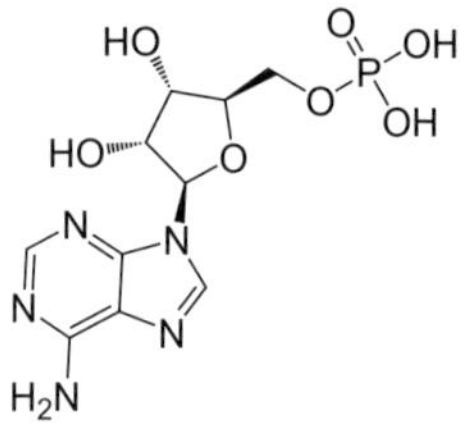

单磷酸腺苷

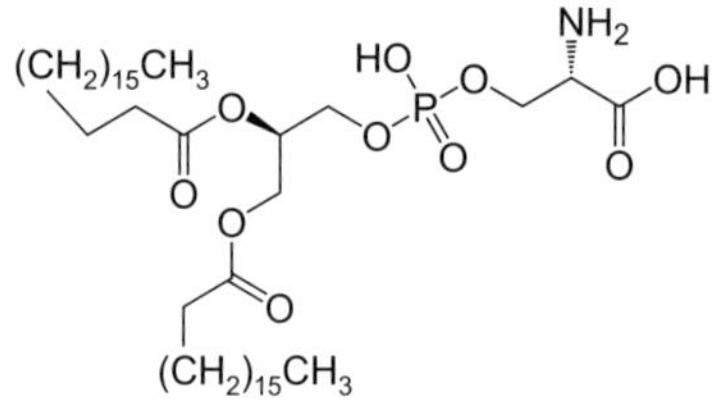

磷脂酰丝氨酸

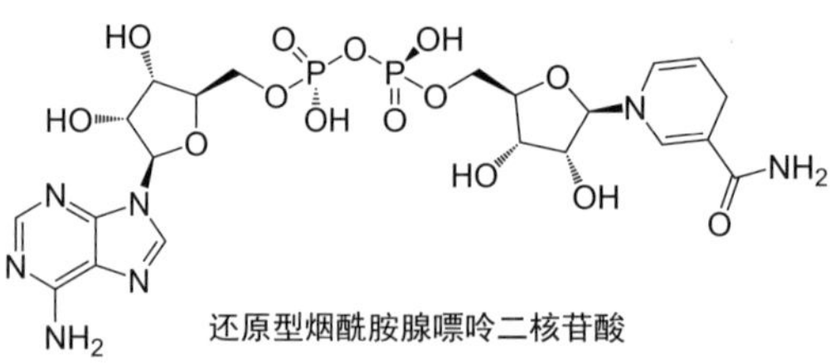

还原型烟酰胺腺嘌呤二核苷酸

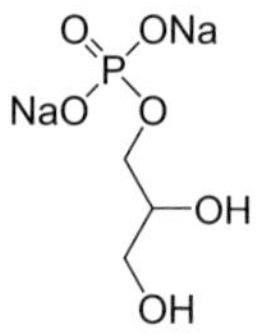

甘油磷酸钠

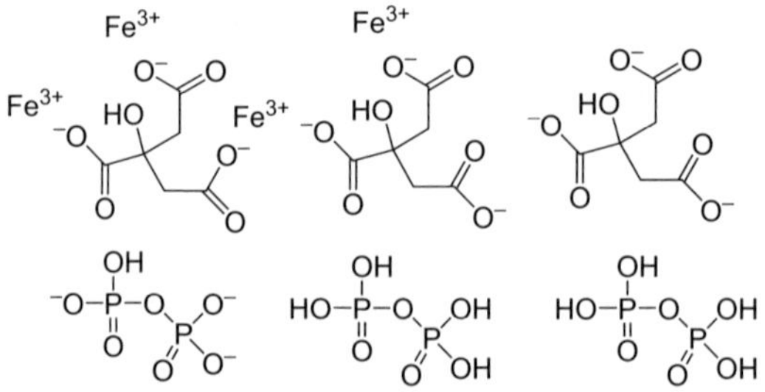

焦磷酸铁柠檬酸盐

图 5-1　营养补充剂类含磷药物的分子结构

5.2
营养补充剂类含磷药物的药理活性及合成方法

5.2.1 单磷酸腺苷

单磷酸腺苷(adenosine monophosphate, AMP)是 RNA 的重要组成单元。AMP 可以用作膳食补充剂增强免疫活性，也用于治疗饮食不足或不平衡，还可以用作替代甜味剂以帮助维持低卡路里饮食。

单磷酸腺苷

单磷酸腺苷又名一磷酸腺苷、5′-腺嘌呤核苷酸或腺苷酸，是一种在核糖核酸(RNA)中发现的核苷酸。它是一种磷酸与核苷腺苷形成的酯，并由磷酸盐官能团、戊糖核酸糖及碱基腺嘌呤所组成。一磷酸腺苷是由 ATP 两次水解得到的。在分解代谢的过程中，AMP 可以转化成为尿酸排出体外[1]。

AMP 亦可有一种环状结构，称为环-单磷酸腺苷(或称为 cAMP)。在某些细胞由腺苷环化酶催化 ATP 成为 cAMP，并一般由肾上腺素或胰高血糖素所调节。cAMP 在细胞内的信息传递方面起着重要的作用。在对人类测试后，AMP 有着压抑苦味的特性，使得食物仿佛甜些。

5′-腺嘌呤核苷酸(adenosine 5′-monophosphate, 5′-AMP)，又称单磷酸腺苷、腺苷-5′-磷酸、一磷酸腺苷、腺苷酸，其分子式为 $C_{10}H_{14}N_5O_7P$，CAS 号为 61-19-8，分子量为 347.22。纯净的 5′-腺嘌呤核苷酸，从外观上看为无色或类白色粉末，有鲜味，溶解于热水，微溶于醇，不溶于醚，熔点为 196 ～ 200 ℃，0 ～ 5 ℃保存[2,3]。因其分子中含有杂环碱基，嘌呤、嘧啶都含有共轭双键，故对紫外线有强烈吸收。腺苷酸是体内的能量传递物质，比腺苷三磷酸稳定，具有显著的周围血管扩张和降压作用。腺苷酸临床用于播散性硬化、卟啉症、瘙痒、肝病、静脉曲张性溃疡并发症。以腺苷酸为主要成分的复合滴眼剂可用于眼疲劳、中心性视网膜炎及角膜翳和疱疹等角膜表层疾患[4]，并可用于制造腺苷三磷酸、环腺苷酸、辅酶A、辅酶Ⅰ、阿糖腺苷等生化药物。Margolskee等对5′-AMP的苦味抑制机理是这样解释的：5′-AMP通过附着在苦味受体细胞上，抑制G偶联蛋白transducin的激活，降低味觉神经传导水平，最终导致苦味知觉大大降低[5]。5′-AMP完全从天然物质中提取，主要来自人乳，并于2003年被美国FDA批准为食品添加剂。5′-AMP应用于一些极苦的药物如抗艾滋病药、抗抑郁药、抗癌药等中，可降低苦味，并提高病人的依从性。

单磷酸腺苷主要是通过三磷酸腺苷(ATP)两次水解得到的（图5-2）。

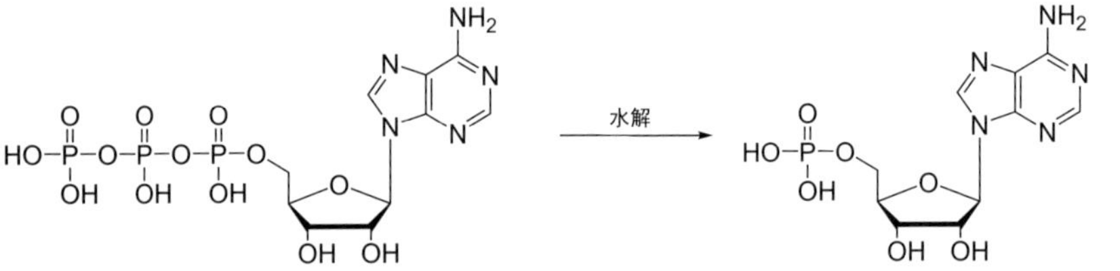

图5-2 单磷酸腺苷的合成路线

5.2.2 磷脂酰丝氨酸

磷脂酰丝氨酸(phosphatidyl serine, PS)是存在于细菌、酵母、植物、哺乳动物细胞中的一种重要的膜磷脂，是细胞膜的活性成分，主要存在于大脑细胞中，有改善神经细胞功能、调节神经脉冲的传导、增进大脑记忆功能的作用，被誉为继胆碱和"脑黄金"DHA之后的一大新兴的"智能营养素"[6,7]。

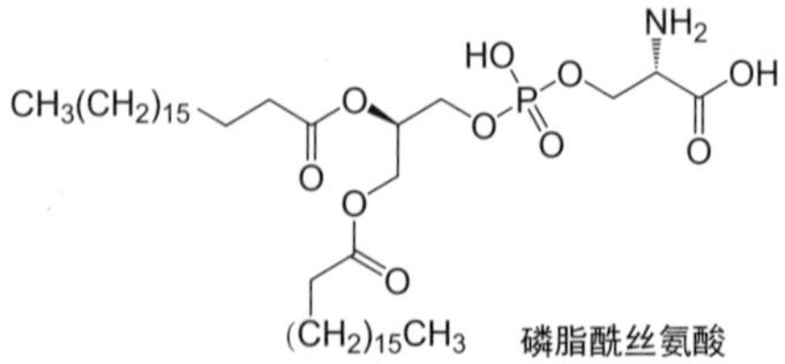

磷脂酰丝氨酸

目前，已报道的磷脂酰丝氨酸的主要生理功能及应用有：改善老年人阿尔茨海默病(alzheimer's disease，AD)、提高认知力、抗抑郁和缓解紧张压力等。

磷脂酰丝氨酸分子具有挥发性低、不耐高温、弱紫外吸收(磷脂酰丝氨酸标品在 198 nm 处有紫外吸收)、易吸水和稳定性差等特点。

磷脂酰丝氨酸(PS)占哺乳类动物脑中全部磷脂的 10% ～ 20%，对许多代谢过程有重要的调节作用。磷脂酰丝氨酸是磷脂家族中唯一能够调控细胞膜关键蛋白功能状态的磷脂。磷脂酰丝氨酸在信号转导方面的作用主要是将蛋白激酶 C(PKC)转移到细胞膜，PKC 和磷脂酰丝氨酸专一性连接，而且所有不依赖 Ca^{2+} 的 PKC 因子，其活力严格依赖 PS；磷脂酰丝氨酸还能控制细胞信号转导过程中其他酶的活力，如甘油二酯激酶、C-PAF-1 蛋白酶、一氧化氮合成酶。近年来，磷脂酰丝氨酸成为世界上被认为对帕金森病及阿尔茨海默病等疾病的预防及治疗有效的天然药物，并具有增强对人脑紧张的抵抗能力，进而提高学习效果，改善脑功能效果。磷脂酰丝氨酸在生理、药理及临床方面的研究被广泛报道，主要有以下几个方面：磷脂酰丝氨酸正常位于原生质细胞膜的内侧，磷脂酰丝氨酸外翻和细胞膜不对称性的丧失，都是细胞凋亡的前期征兆；磷脂酰丝氨酸能提高学习记忆能力；磷脂酰丝氨酸对中枢神经系统的主要功能包括刺激多巴胺的释放、增加神经递质乙酰胆碱的产生、增强脑葡萄糖代谢、降低氢化可的松的水平、增强神经生长因子的活性等；磷脂酰丝氨酸能有效改善阿尔茨海默病的症状；磷脂酰丝氨酸能够调节大脑中控制情绪的神经递质的激素水平，患者抑郁度平均降低 70%，情绪紊乱、行为异常、焦虑和易怒等症状得到显著改善；目前，磷脂酰丝氨酸已经作为一种营养补充剂在国内外广泛应用。另外，据报道，磷脂酰丝氨酸对儿童多动症(AD-HD)也有一定疗效[8]。

磷脂酰丝氨酸的 CAS 号为 51446-62-9，分子式为 $C_{42}H_{82}NO_{10}P$，分子量为 792.07。磷脂酰丝氨酸的制备主要以提取法和酶转化法为主，化学合成法为辅[9]。

提取法主要是从动物的卵磷脂中提取磷脂酰丝氨酸。提取法的优点是操作简单、溶剂来源广泛、处理量大。当对产品中磷脂酰丝氨酸含量要求不高时，可以使用溶剂提取法；如果要得到纯度较高的磷脂酰丝氨酸，需要结合其他方法进行进一步纯化。另外，磷脂酰丝氨酸在植物生物膜和动物脂质中含量较低，导致萃取过程会消耗大量的有机溶剂，加上磷脂酰丝氨酸易吸水，用溶剂萃取法反复萃取分离，收率会下降许多。最重要的是，目前疯牛病经常发生，以牛脑为原料提取磷脂酰丝氨酸的安全问题面临严峻的考验。

　　酶转化法主要是以天然的卵磷脂为基质，加入丝氨酸，在磷脂酶 D 的作用下，生成磷脂酰丝氨酸。但是磷脂酶 D 在微生物中含量低且提取复杂，大大限制了磷脂酶 D 的广泛应用。

　　1951 年，Baer 以双酰化的 *R*-甘油为原料，与二苯基磷酰氯在吡啶作用下反应，再经铂催化下氢化制得相应的硬脂酸衍生的甘油磷脂酸(图 5-3)。经同样的合成路线，可以制备肉豆蔻酸以及棕榈酸衍生的甘油磷脂酸[10]。

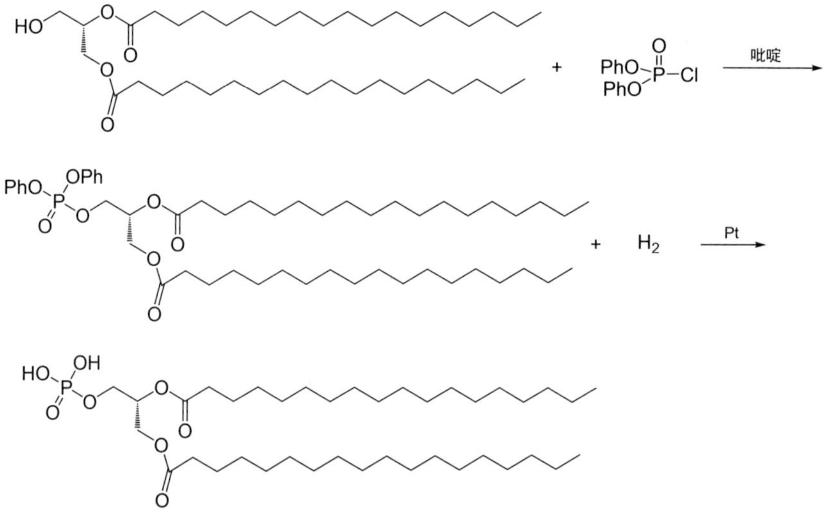

图 5-3　甘油磷脂酸的合成路线 1

　　1958 年，Buchnea 等使用双酰化的 *R*-甘油为原料，与三氯化磷在吡啶作用下反应，再在酸性条件下水解，可制得不饱和酸衍生的甘油磷脂酸(图 5-4)[11]。

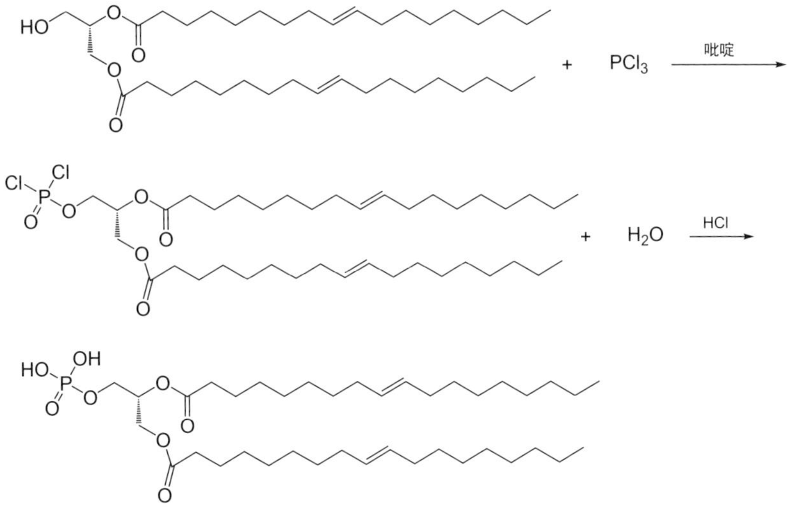

图 5-4　甘油磷脂酸的合成路线 2

1984 年，Ramirez 等使用双酰化的 R-甘油为原料，在二异丙基乙基胺作为碱的条件下，与 1-苯基-1,2-二溴乙基膦酸发生磷酸化反应，以 50% ～ 78% 的收率得到相应的硬脂酸衍生的甘油磷脂酸（图 5-5）。使用同样的合成路线，可制备出包括棕榈酸、肉豆蔻酸和月桂酸衍生的甘油磷脂酸[12]。

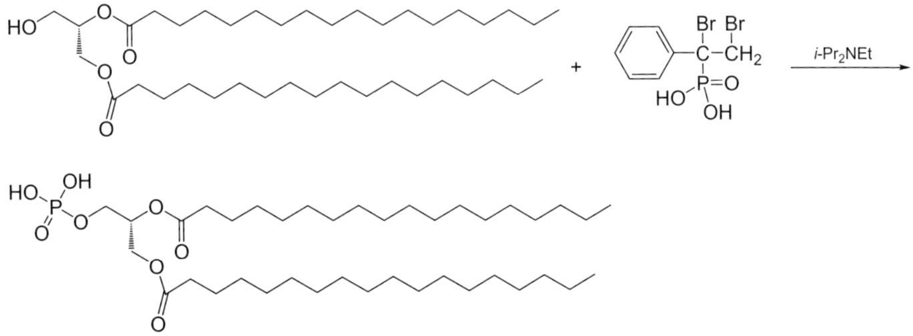

图 5-5　甘油磷脂酸的合成路线 3

1988 年，Bittman 等以对甲苯磺酰基保护的 R- 缩水甘油为手性起始原料，在三氟化硼乙醚的催化下，与硬脂酸酐发生开环反应，得到双酰化产物。随后在碘化钠的存在下，用碘来取代对甲磺酸酯基团，再经与磷酸酯的银盐反应、氢化脱苄以及醇缩合可得甘油磷脂[13]（图 5-6）。

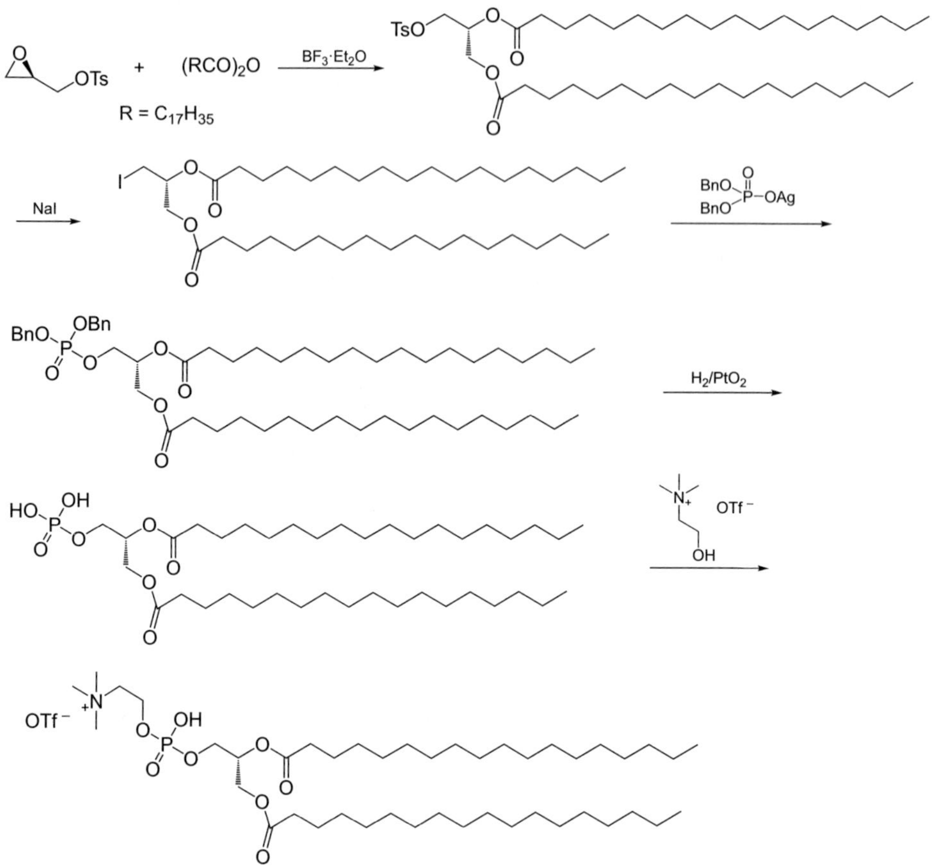

图 5-6　甘油磷脂的合成路线

5.2.3　还原型烟酰胺腺嘌呤二核苷酸

　　还原型烟酰胺腺嘌呤二核苷酸(NADH)是细胞内重要的辅酶，NADH 是 NAD⁺ 的还原形式，NAD⁺ 是 NADH 的氧化形式。它有助于帕金森病、阿尔茨海默病和亨廷顿病的治疗。健康人口服 NADH 补充剂，可提高注意力、记忆力和运动耐力。

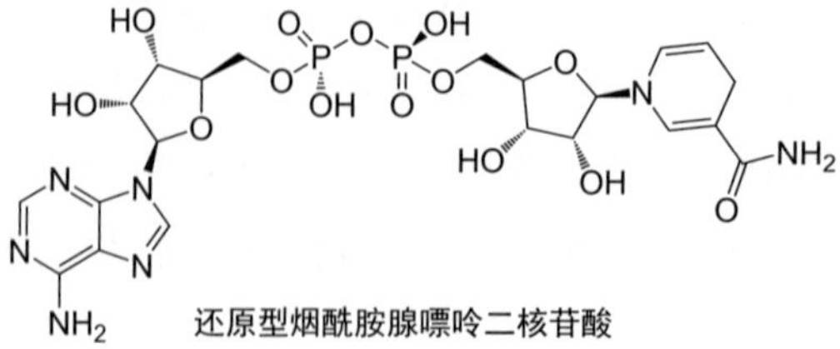

还原型烟酰胺腺嘌呤二核苷酸

还原型烟酰胺腺嘌呤二核苷酸(reduced nicotinamide adenine dinucleotide, NADH)对活化生物体内多酶系统，促进核酸、蛋白质、多糖的合成和代谢，增加物质转运和调控，改善代谢功能有重要作用[14]。另外，NADH是细胞再生、损伤修复和保护的重要物质基础，在细胞生长增殖、信号传递、基因调控、保护线粒体功能、抑制化学毒物的细胞毒作用、修复和逆转细胞损伤中起着很重要的作用，是一种细胞辅酶药物[15]。

还原型烟酰胺腺嘌呤二核苷酸磷酸(NADPH)又称辅酶Ⅱ，是戊糖磷酸途径(PPP)的代谢产物，具有多种生物学功能[16]。它是细胞抗氧化系统的关键组分，是还原型合成的供电子体，也是 NADPH 氧化酶合成的重要底物[17]。NADPH 在脑缺血/再灌注损伤中对神经元有保护作用，其对 ADP 诱导的血小板聚集有一定的抑制作用[18]。此外，TP53 诱导的糖酵解和凋亡调节蛋白(TIGAR)通过产生 NADPH 来调节自噬，从而在低血糖应激期间保护人脑微血管内皮细胞间的紧密连接[19]。这些都提示 NADPH 可能参与心脑血管疾病过程。

NADH 是细胞能量代谢所必需的辅酶，生命现象的各种活动和细胞更新以及整个生命的结构维持和平衡，都需能量才能进行，而 NADH 在生物过程中起电子传递作用，能量反应中的电子，通常都先被传递至 NAD^+，再还原成 NADH，经过传递链传递电子至氧，并释放能量，氧化磷酸化作用利用这些能量制造三磷酸腺苷(ATP)。1 分子 NADH 还原产生 3 分子 ATP。NADH 在维持细胞生长、分化和能量代谢中起重要作用。NADH 不仅是一种重要的生化试剂，同时也能作为一种生化药物发挥细胞保护作用。研究发现，细胞 NADH 荧光水平持续下降可反映细胞代谢衰竭和预示细胞死亡发生。NADH 有很强大的自体荧光，而其氧化状态发射的荧光很弱，NADH 的激发光谱和发射光谱分别为 340 nm 和 460 nm。Rex 等[20]用激光发射荧光检测器测定大脑皮层 NADH 荧光的改变，发现当使用血管扩张剂使脑血管扩张时，NADH 荧光强度增加。当大鼠大脑对毒物刺激产生皮质播散性抑郁表现时，NADH 荧光出现 1 min 短暂下降，随后再出现 5 ～ 10 min 荧光强度增加，说明皮层 NADH 荧光水平与中枢神经元代谢兴奋和抑制有关。Obi-Tabot 等[21]发现在缺氧损伤过程中，早期往往出现 NADH 荧光强度增加，此时损伤是可逆的，NADH 荧光强度随后出现下降，此时损伤是不可逆的。Brambilla 等[22]发现，有机物叔丁基过氧化氢可引起细胞功能一系列损失,而线粒体内的 NADH 能抑制线粒体膜电位下降,对线粒体功能起保护作用。Fernandes 等 [23] 的研究表明,NADH 能保护细胞免受重金属铬酸盐诱导的血红蛋白氧化和过氧化损伤,与 NADH 和铬反应形成相对稳定的铬-NADH 复合物后抑制活性氧分子(ROS)产生有关。

人随着年龄的增长,组织器官日趋老化,从能量供应充足的状态到能量供应不足,组织器官出现功能异常,如帕金森综合征、阿尔茨海默病和疲劳综合征。研究表明,NADH 能增加内源性多巴胺的合成,抑制帕金森综合征黑质变性过程和促进神经细胞存活分化。NADH 已被美国 FDA 批准作为营养补充剂进行临床试验,用于治疗慢性疲劳和免疫功能低下综合征。

由于临床上抗癌药物及放射线对正常骨髓、肾脏、肝脏、心脏、神经系统和黏膜上皮等均有毒性,正常组织细胞亦受到非特异性杀伤,因此极大地限制了抗癌药物和放疗的治疗强度,明显地影响肿瘤患者生存质量甚至威胁生命。如何避免化疗和放疗中正常细胞受损伤,明确修复细胞损伤过程和机制具有重要的临床治疗意义。改善治疗的重要方法包括尽量降低化疗药物和放射线对正常组织的毒性损伤,开发特异性细胞保护药物。辅酶 NADH 调控肝细胞线粒体膜电位、胞浆游离 Ca^{2+}、胞浆 pH 值和 ROS 值水平,抑制凋亡分子 Caspase-3 和 Caspase-8 的激活,阻止细胞色素 C 蛋白从线粒体基质释放到胞浆,保护聚腺苷二磷酸核苷聚合酶(PARP)完整性,并下调 P53 基因和上调 Bcl-2 基因表达,阻断顺铂引起的凋亡损伤,为减轻临床化疗毒副反应提供帮助;NADH 能够抑制阿霉素诱导的 PC12 细胞凋亡,增加内源性生物因子合成和调节细胞周期的改变,恢复 PC12 细胞在 DNA 损伤期上调 Bcl-2 蛋白表达。Torabi 等通过电极化学检测正常组织及肿瘤组织 NADH 和 NAD 浓度差异时发现,肿瘤组织 NADH 水平比正常组织低,而 NAD 水平比正常组织高,这与肿瘤组织细胞膜和血清中 NAD 氧化酶活性增高有关。Slade 等 [24] 发现,NADH 对于鼠成纤维肉瘤和人肝癌细胞起抑制作用,而对直肠癌、乳腺癌及宫颈癌细胞无抑制作用,P53 和 Ki-67 基因在 NADH 处理前后的癌细胞中表达基本一致。各组织间 NADH 含量的差异有助于阐明 NADH 细胞保护的分子效应 [25]。

制备 NADH 的方法主要包括提取法、发酵法、生物酶催化法和化学合成法。其中化学合成法合成成本较高；酵母菌发酵提取法因 NADH 在酵母菌中含量过低，因此工业制备也具有很大的局限性。生物酶催化法因其固有的高效率、绿色环保等优点，在制备 NADH 时，以烟酰胺核糖为起始底物，在烟酰胺核糖激酶的催化下，可制得所需目标产物。

5.2.4　甘油磷酸钠

甘油磷酸钠(sodium glycerophosphate)是几种甘油磷酸盐之一，是静脉磷补充剂，用以满足人体每天对磷的需要，临床上用于治疗和预防人体内磷缺乏。

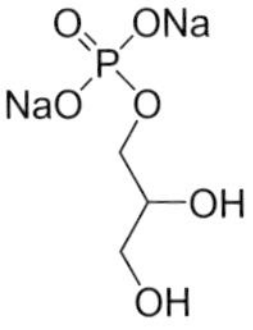

甘油磷酸钠　　　　α-甘油磷酸钠　　　　β-甘油磷酸钠

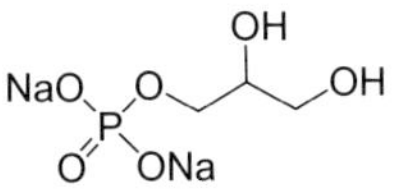

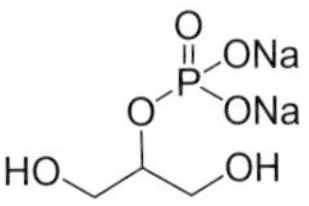

甘油磷酸钠注射液作为一种营养药，主要用于再生障碍性贫血、神经衰弱、脑力衰弱、营养不良及病后恢复期等的辅助治疗。对甘油磷酸钠的分析测定，以往使用的方法有分光光度法和电位滴定法。

常用的甘油磷酸钠为 α-甘油磷酸钠和 β-甘油磷酸钠两者的混合物，其原因是这两种异构体在通过甘油和磷酸二氢钠反应的制备过程中，性质非常接近，难以分离(图 5-7)[26,27]。甘油磷酸钠的分子式为 $C_3H_7Na_2O_6P$，分子量为 216.04。

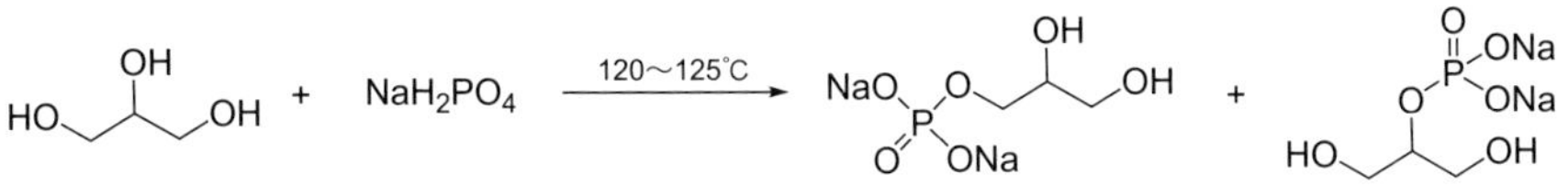

图 5-7　甘油磷酸钠的合成路线

2011 年，郑楠等发展了一种高纯度 α-甘油磷酸的合成方法(图 5-8)。该方法以甘油为原料，先用丙酮保护甘油中两个相邻羟基，制成丙酮缩甘油。再将丙酮缩甘油与五氧化二磷发生酯化反应，最后水解可得 α-甘油磷酸，有效地排除了难以分离的 β-甘油磷酸的干扰[28]。

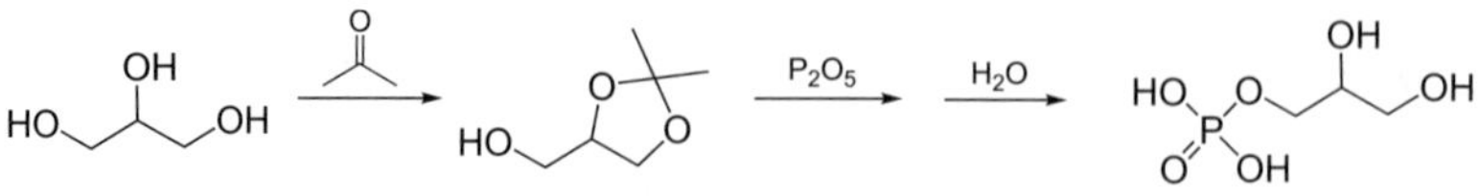

图 5-8　α- 甘油磷酸的合成路线

5.2.5　焦磷酸铁柠檬酸盐

焦磷酸铁柠檬酸盐(ferric pyrophosphate citrate)是可溶性铁替代产品，可用于治疗铁损或缺铁以维持血红蛋白正常水平。游离的铁有很多副作用，三价铁离子与焦磷酸盐和柠檬酸盐络合，可抑制其副作用。

焦磷酸铁柠檬酸盐(Triferic)溶液是一种铁替代药物，用于治疗在接受血液透析的慢性肾脏疾病患者的缺铁。作用机制: Triferic 含有焦磷酸铁柠檬酸形式的铁，并加入血液透析液中，通过转移透析膜给予患者。递送到循环中的铁与转铁蛋白结合再转运至红细胞前体细胞以掺入血红蛋白中。

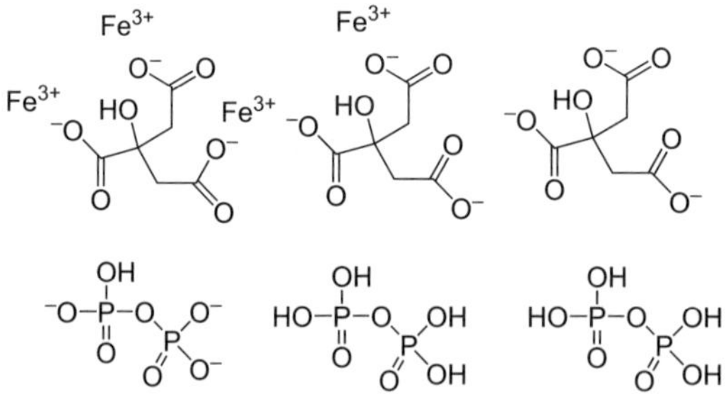

焦磷酸铁柠檬酸盐

参考文献

[1] 罗焕敏. 神经药理学基础 [M]. 广州：暨南大学出版社，2011：126.

[2] 谭佩幸，陶宗晋，祁国荣，等. 现代化学试剂手册(第 3 分册)生化试剂(一)[M]. 北京：化学工业出版社，1990：525-553.

[3] 化学工业出版社组织编写. 中国化工产品大全 [M].2 版(F 卷). 北京：化学工业出版社，1998：531-534.

[4] 吴梧桐. 生物制药工艺学 [M]. 北京：中国医药科技出版社，1993：340.

[5] Margolskee R F, Ming D, US 6540978B1[P]. 2000-07-06.

[6] 杨伟东，马亚宁. 磷脂酰丝氨酸的制备与研究进展 [J]. 内蒙古农业科技，2009(4)：83-84.

[7] 孙明波，刘天薇，王继文，等. 磷脂酰丝氨酸制备的研究进展 [J]. 微生物学杂志，2012,32(3)：80-85.

[8] 吴明润. 噻唑烷二酮类和苯磺硫胺的合成研究 [D]. 南京：南京理工大学，2013.

[9] 于荣华，刘艳玲，乔浩，等. 磷脂酰丝氨酸制备进展 [J]. 广州化工，2012，40(18)：35-37.

[10] Baer E. Synthesis of enantiomeric α-phosphatidic acids [J]. J Biol Chem, 1951, 189: 235-247.

[11] Baer E, Buchnea D. Synthesis of unsaturated α-phosphatidic acids and α-bisphosphatidic acids. Cardiolipin substitutes. Ⅳ [J]. Arch Biochem Biophys, 1958, 78: 294-305.

[12] Ramirez F, Marecek J F. Synthesis of complex phosphomonoesters via monomeric metaphosphate: the phosphatidic acids [J]. Synthesis, 1984, 917-919.

[13] Ali S, Bittman R. Facile diacylation of glycidyl tosylate. Chiral synthesis of symmetric-chain glycerophospholipids [J]. J Org Chem, 1988, 53: 5547-5549.

[14] 杨频. 生物无机化学导论 [M]. 西安：西安交通大学出版社，1991：163.

[15] Birkmayer G D. All about NADH[M]. New York: Avery Publishing, 2000.

[16] Huang Q, Sun M, Li M, et al. Combination of NAD(+) and NADPH offers greater neuroprotection in ischemic stroke models by relieving metabolic stress [J]. Mol Neurobiol, 2018, 55(7): 6063-6075.

[17] Ying W H. NAD$^+$/NADH and NADP$^+$/NADPH in cellular functions and cell death: regulation and biological consequences [J]. Antioxid Redox Signal, 2008, 10(2): 179-206.

[18] Li M, Zhou Z P, Sun M L, et al. Reduced nicotinamide adenine dinucleotide phosphate, a pentose phosphate pathway product, might be a novel drug candidate for ischemic stroke [J]. Stroke, 2016, 47(1): 187-195.

[19] Wang C K, Ahmed M M, Jiang Q, et al. Melatonin ameliorates hypoglycemic stress-induced brain endothelial tight junction injury by inhibiting protein nitration of TP53-induced glycolysis and apoptosis regulator [J]. J Pineal Res, 2017, 63(4): e12440.

[20] Rex A, Pfeifer L, Fink F, et al. Cortical NADH during pharmacological manipulations of the respiratory chain and spreading depression in vivo [J]. J Neurosci Res, 1999, 57(3): 359-370.

[21] Obi-Tabot E T, Hanrahan L M, Cachecho R, et al. Changes in hepatocyte NADH fluorescence during prolonged hypoxia [J]. J Surg Res, 1993, 55(6): 575-580.

[22] Brambilla L, Sestili P, Guidarelli A, et al. Electron transport-mediated wasteful consumption of NADH promotes the lethal response of U937 cells to tert-butylhydroperoxide [J]. J Pharmacol Exp Ther, 1998, 284(3): 1112.

[23] Fernandes M A, Geraldes C F, Oliveira C R, et al. Effects of NADH and H_2O_2 on chromate-induced human erythrocytes hemoglobin oxidation and peroxidation [J]. Ecotox Environ Safe, 2000, 47(1): 39-42.

[24] Slade N, Storga-Tomic D, Birkmayer G D, et al. Effect of extracellular NADH on human tumor cell proliferation [J]. Anticancer Res, 1999, 19(6): 5355-5360.

[25] 徐萌，张积仁，许少珍. 还原型烟酰胺腺嘌呤二核苷酸在细胞保护中的应用及其机制 [J]. 中国生化药物杂志，2001，22(6)：316-318.

[26] 栾绍嵘，曹青. 离子色谱抑制电导法检测 α- 和 β- 甘油磷酸钠 [J]. 分析实验室，2013，32(10)：96-98.

[27] 姚超英. 离子色谱法测定甘油磷酸钠注射液的成分及杂质 [J]. 浙江大学学报(理学版)，2009，36(1)：77-79.

[28] 王晶，朱昱，王红，等. 高纯度 α- 甘油磷酸的合成研究 [J]. 天津化工，2011，25(3)：32-34.

6

双膦酸类含磷药物

Synthesis and Application of Phosphorus-Containing Drugs

6.1
双膦酸类含磷药物的结构

　　双膦酸盐是一类可以防止骨密度降低的药物，用于治疗骨质疏松症和类似疾病。双膦酸盐通过促进破骨细胞发生细胞凋亡或细胞死亡来抑制骨吸收，从而减缓骨质流失。常见的双膦酸类含磷药物有：依替膦酸、氯膦酸、替鲁膦酸、帕米膦酸、唑来膦酸、阿仑膦酸、利塞膦酸、伊班膦酸、英卡膦酸(图 6-1)。

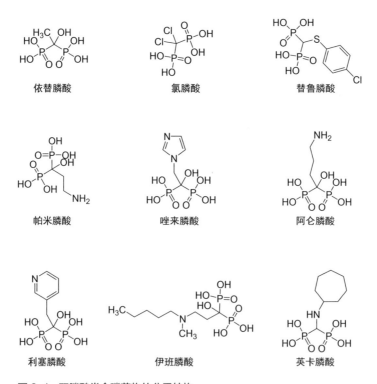

图 6-1　双膦酸类含磷药物的分子结构

6.2
双膦酸类含磷药物的药理活性及合成方法

6.2.1　依替膦酸

依替膦酸盐与氯膦酸盐和替鲁膦酸盐同属于第一代(非含氮)双膦酸盐，它影响钙的代谢，抑制异位钙化并减缓骨吸收和骨转换。依替膦酸(etidronic acid)可通过与细胞能量代谢中的三磷酸腺苷(ATP)竞争来促进破骨细胞凋亡，导致骨破裂的整体减少。在恶性肿瘤相关的高钙血症中，依替膦酸通过抑制肿瘤诱导的骨吸收和减少从再吸收的骨进入血液的钙流来降低血清钙。它还可以通过抑制肿瘤诱导的骨吸收来降低溶骨性骨转移的发病率。

依替膦酸

依替膦酸钠 (sodium etidronate) 的化学名为羟基亚乙基二膦酸二钠，CAS 号为 7414-83-7，分子式为 $C_2H_6Na_2O_7P_2$，分子量为 249.99。依替膦酸钠商品名为根德、邦得膦、Didronel。依替膦酸钠最主要的特点是对骨代谢具有调节作用，临床上采用间歇性、周期性加钙联合给药方式，用于防治原发性和绝经后骨质疏松症，疗效显著。

早在 20 世纪 60 ～ 80 年代德国和美国对依替膦酸钠的研究较多[1]，制备方法较为相似，都是采用冰醋酸与三氯化磷为原料先合成羟乙膦酸，再中和结晶，然后重结晶来实现产品制备，并相继获得了专利，合成路线见图 6-2。该生产方法在 20 世纪 60 ～ 80 年代在德国和美国就已经生产定型，并形成专利。陈卫民、徐继红将国外专利文献引进国内利用[2]。

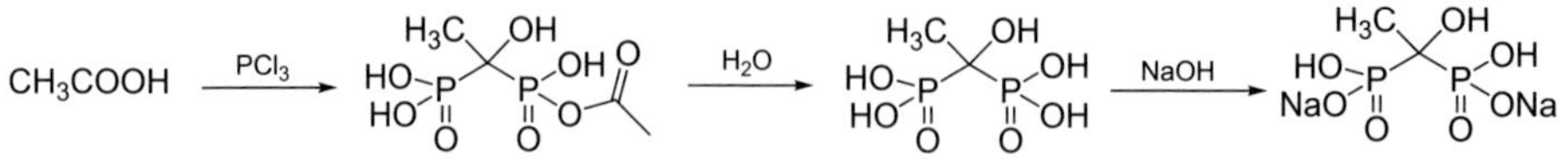

图 6-2　依替膦酸钠的工业合成路线

1979 年，Worms 等[3] 报道了氨基亚乙基二膦酸发生重氮化反应，然后水解为羟基亚乙基二膦酸（依替膦酸），合成路线见图 6-3。该路线步骤简单，但是收率较低。

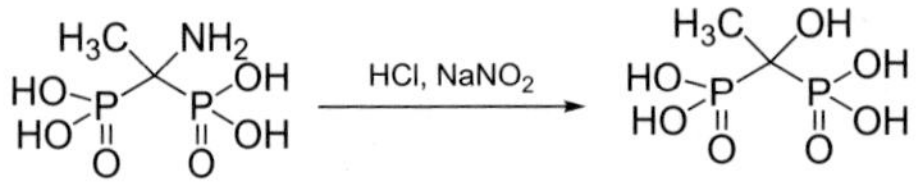

图 6-3　氨基亚乙基二膦酸合成依替膦酸

2004 年，Guenin 等[4] 报道了合成依替膦酸的另一种方法。以乙酰氯为原料，在三 (三甲基硅基) 亚磷酸酯作用下，转化为膦酸硅酯，然后分别在甲醇作用下脱除三甲基硅基，制得依替膦酸，合成路线如图 6-4 所示。同年，该小组对上述方法进行了改进，采用醋酸酐作为原料，合成路线如图 6-5 所示。

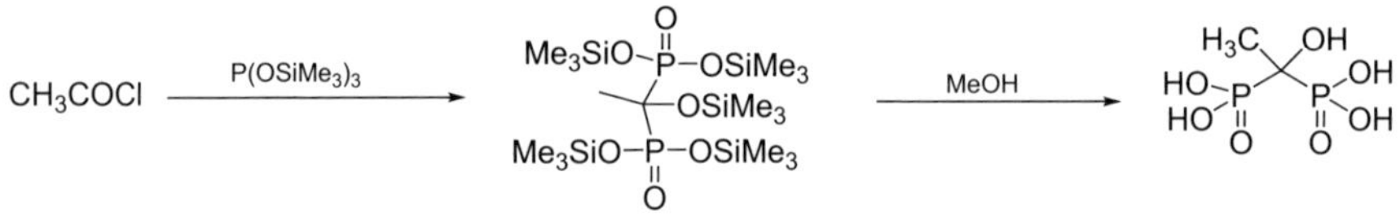

图 6-4　以乙酰氯为原料合成依替膦酸

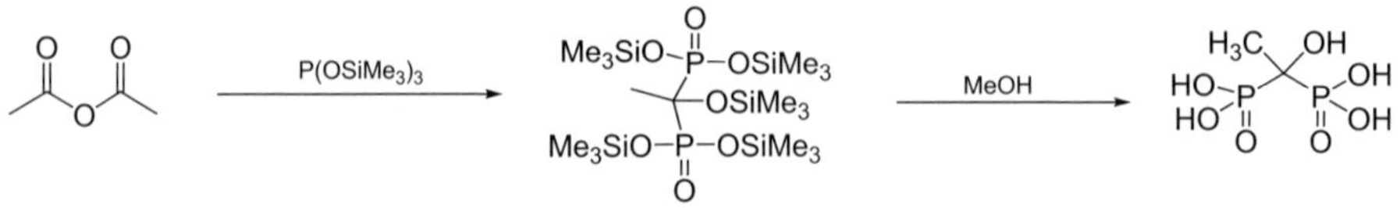

图 6-5　以醋酸酐为原料合成依替膦酸

2014 年，Dziuganowska 等[5] 采用苯并环戊酮作为原料，在 PCl_3/$AcNH_2$/$AcOH$ 作用下发生反应，然后进行水解，得到依替膦酸，合成路线见图 6-6。

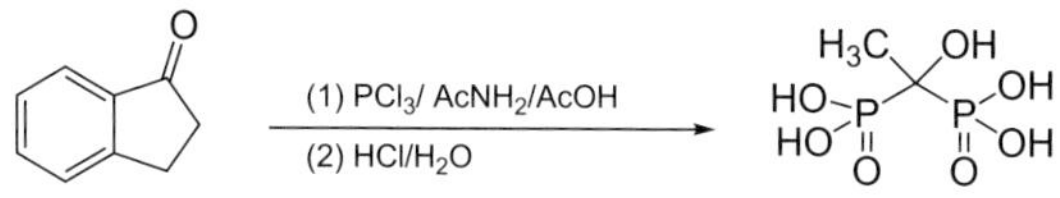

图 6-6 以苯并环戊酮作为原料合成依替膦酸

6.2.2 氯膦酸二钠

氯膦酸盐是与依替膦酸盐和替鲁膦酸盐同属的第一代(非含氮)双膦酸盐，它是一种抗骨质疏松药物，具有强大的抗炎和镇痛作用，被批准用于预防和治疗绝经后妇女和男性的骨质疏松症，以减少椎骨骨折、甲状旁腺功能亢进、恶性肿瘤相关的高钙血症、多发性骨髓瘤和骨折相关疼痛。

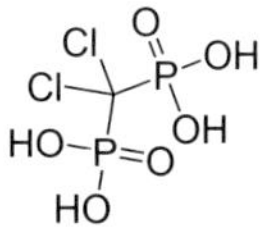

氯膦酸

氯膦酸二钠中含有双膦酸盐特征性 P—C—P 结构，这一结构非常稳定，耐高温，对许多化学物质稳定，体内还没有能将其水解的酶类，以原形方式在体内吸收、贮存和排泄。已吸收的氯膦酸二钠约 20% 吸附于骨，多分布于骨形成活跃部位，吸附于骨上的氯膦酸二钠半衰期较血液中明显延长。肾脏对该药的清除率高，主要以超滤方式清除，口服或静脉使用具有相似的血浆消除半衰期(2.44 h 和 2.31 h)，用药 48 h 时有 80% 的药物已由尿液排出。肾功能障碍时，肾脏对该药排泄减少，需慎用或禁用该药。氯膦酸二钠与金属离子的复合物排泄时会对肾脏造成损害，临床使用中要控制输入速度和浓度。氯膦酸二钠亲脂性低，不能跨细胞转运，口服生物利用度为 2%，吸收部位主要在小肠。P—C—P 结构与骨质中的羟基磷灰石呈高度亲和力，并能与钙、铁等金属的离子结合，形成不可溶性复合物。故口服时不能与食物同服，更不能与牛奶或其他乳制品、含铁食物同服，橙汁、咖啡也会降低其吸收。在分子水平，氯膦酸二钠主要通过与细胞内含 ATP 的化合物结合，影响细胞的能量代谢，导致破骨细胞功能障碍。另外，有研究提示氯膦酸二钠可能还有抑制肿瘤细胞的黏附和扩散、诱导凋亡、减缓肿瘤细胞生长、抑制基质金属蛋白酶（MMP）活性等作用[6]。

氯膦酸二钠（disodium clodronate）的化学名为二氯甲烷二膦酸二钠，CAS 号为 22560-50-5，化学式为 $CH_2Cl_2Na_2O_6P_2$，分子量为 288.86，沸点为 474.7℃，是一种外观为白色结晶的化学品。氯膦酸二钠为第一代双膦酸盐药物，由荷兰 Leiras 药厂开发，1986 年上市，商品名为洛屈、骨膦，是一种新型的治疗转移性骨肿瘤的有效止痛药物，具有强力的破骨细胞活性抑制作用，主要抑制骨质吸收，增加对羟基磷灰石的高亲和力，进而控制骨痛和减少病人对止痛药的需求，同时减少病理性骨折危险，延长晚期患者的生命，具有重要的临床应用价值[7-11]。

氯膦酸二钠一般是由亚磷酸三烷基酯和二溴甲烷为原料反应制备亚甲基二膦酸四异丙酯，然后经氯化、水解、中和等步骤得到的，具体合成路线如图 6-7 所示。

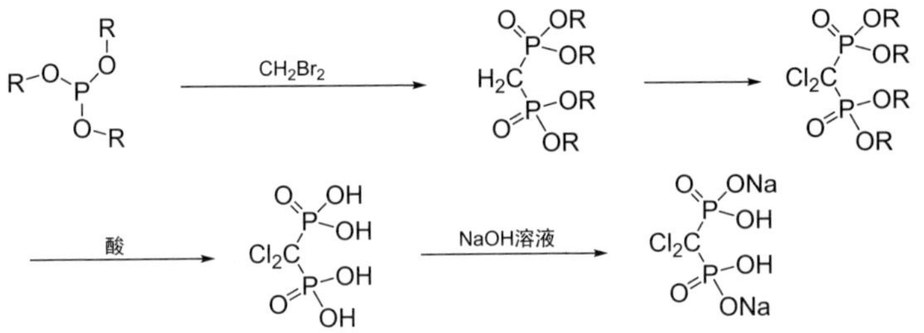

图6-7 氯膦酸二钠的合成路线

2001 年，张世红等[12] 以亚磷酸三异丙酯和二溴甲烷为原料，经过回流缩合得到亚甲基二膦酸四异丙酯，经次氯酸钠溶液氯化得到二氯甲烷二膦酸四异丙酯，然后依次经过高温热解、中和制得氯膦酸二钠。

2008 年，龙仲涛[13] 以亚磷酸三乙酯和二溴甲烷为原料，经亚甲基化得到亚甲基二膦酸四乙酯，在相转移催化剂作用下，经次氯酸钠溶液氯化得到二氯亚甲基二膦酸四乙酯，然后水解、中和，可制得氯膦酸二钠四水合物。

1969 年，Clarence 也报道了氯膦酸二钠的合成，在进行第二步氯化时采用了氯气氯化法，氯气有毒，这样就给操作带来了许多麻烦与危险，劳动保护要求高，而其他反应基本一样。

亚甲基二膦酸酯作为氯膦酸二钠的重要中间体，除了以亚磷酸三异丙酯和二溴甲烷为原料的合成方法之外，文献还报道了其他的合成方法。

1993年，Li等[14]报道了通过亚磷酸二乙酯与甲醛一锅反应直接合成亚甲基二膦酸四乙酯，如图6-8所示。1995年，Bałczewski[15]报道了亚甲基二膦酸四乙酯的另一种合成方法。采用硫取代亚甲基二膦酸四乙酯作为原料，在三丁基氢化锡(Bu₃SnH)和偶氮二异丁腈(AIBN)作用下脱除硫，直接生成亚甲基二膦酸四乙酯，如图6-9所示。1996年，Grison等[16]报道了甲基膦酸二乙酯、二氯磷酸乙酯与甲醇在正丁基锂作用下直接生成亚甲基二膦酸酯，如图6-10所示。

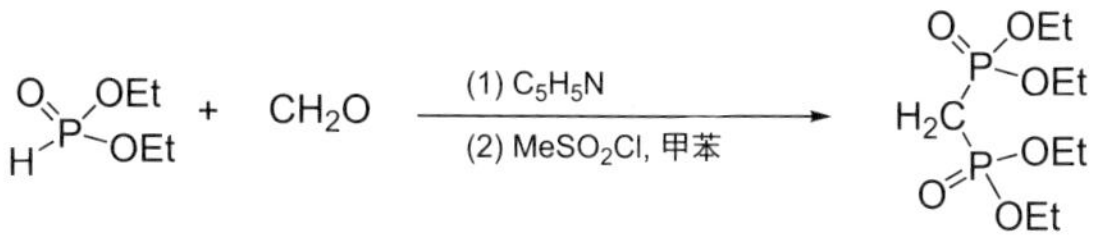

图6-8 亚甲基二膦酸四乙酯的合成路线1

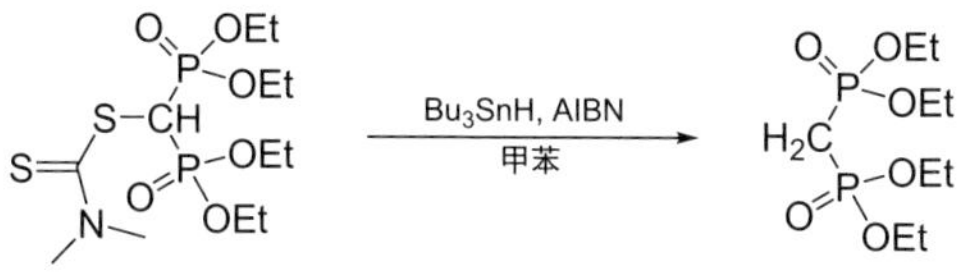

图6-9 亚甲基二膦酸四乙酯的合成路线2

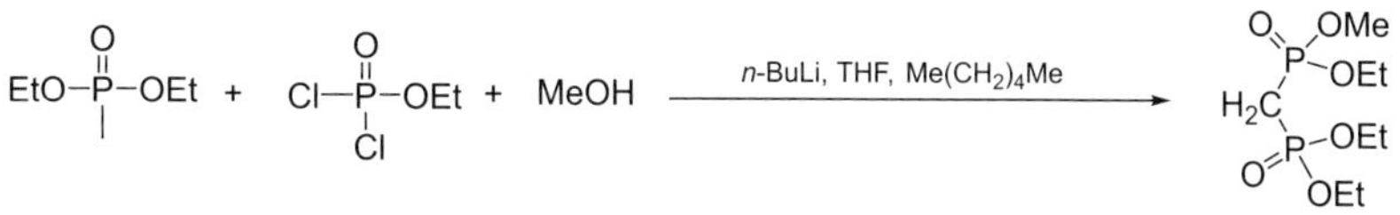

图6-10 亚甲基二膦酸四乙酯的合成路线3

2013年，戚聿新等[17]采用二甲氧基甲烷与亚磷酸二甲酯在硫酸作用下反应生成亚甲基二膦酸，然后在甲醇钠作用下转化为亚甲基二膦酸四甲酯，如图6-11所示。

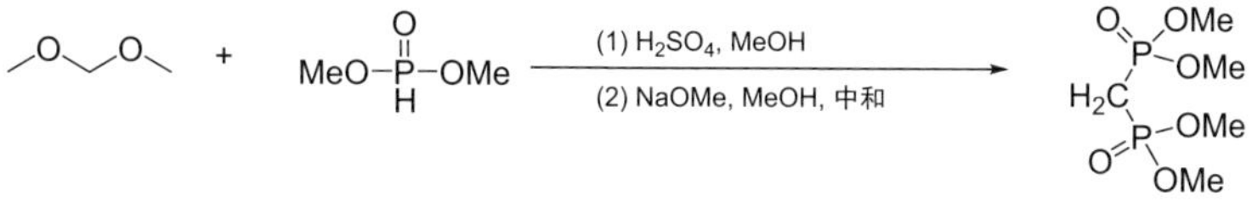

图6-11 亚甲基二膦酸四甲酯的合成路线1

2013 年，Choudhury 等[18] 报道了亚磷酸二乙酯与二硫化碳在氢化钠作用下直接反应得到亚甲基二膦酸四乙酯。该方法步骤简单，但是收率较低，合成路线如图 6-12 所示。

图 6-12　亚甲基二膦酸四乙酯的合成路线 4

2019 年，Chiminazzo 等[19] 报道了亚甲基二膦酸与三甲氧基甲烷通过加热直接反应制得亚甲基二膦酸四甲酯，如图 6-13 所示。同时，该小组还报道了亚磷酸二乙酯在乙醇钠作用下与二氯甲烷反应制得亚甲基二膦酸四乙酯，合成路线如图 6-14 所示。

图 6-13　亚甲基二膦酸四甲酯的合成路线 2

图 6-14　亚甲基二膦酸四乙酯的合成路线 5

6.2.3　替鲁膦酸

替鲁膦酸(tiludronic acid)的特征在于在所有二膦酸盐共有的碱性 P—C—P 结构的碳原子上引入了 4-氯苯巯基基团。在兽医学中，它被用于治疗马中的舟状病和骨质疏松，商品名分别为 Tildren 和 Equidronate。该药物已被批准用于治疗欧洲的舟状病和跗骨远端骨关节炎，并于 2014 年被美国 FDA 批准用于舟状病的治疗。

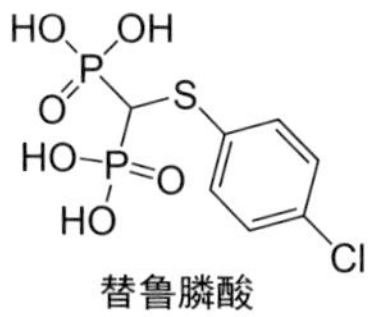

替鲁膦酸

替鲁膦酸钠是替鲁膦酸常见的形式，其化学名为(4-氯苯巯基)亚甲基二膦酸二钠，CAS 号为 149845-07-8，分子式为 $C_7H_7ClNa_2O_6P_2S$，分子量为 362.57，商品名为 Skelid，由法国埃尔福 - 山诺菲公司和日本明治制果制药公司开发，1996 年在瑞士首次上市，并获美国批准在美国上市。替鲁膦酸钠与其他二膦酸盐一样，可抑制破骨细胞的活性、减少骨吸收，是一种治疗佩吉特(Paget)病的药物。与依替膦酸钠不同的是，替鲁膦酸钠在所推荐的应用剂量范围内干扰骨质矿化作用疗效不显著[20]。

替鲁膦酸的工业生产方法：亚甲基二膦酸四甲酯在氢化钠作用下与4-氯苯基二硫化物反应得到替鲁膦酸四甲酯，然后水解即可得到替鲁膦酸。具体合成路线如图 6-15 所示。

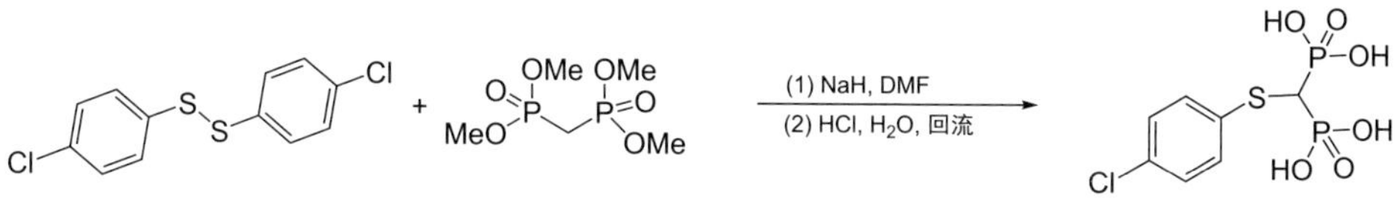

图 6-15　替鲁膦酸的工业生产路线

2008 年，Klosinski 等[21] 报道亚甲基二膦酸四乙酯在 NaOH 作用下与 4-氯苯基二硫化物反应得到替鲁膦酸四乙酯，然后水解即可得到替鲁膦酸，收率可达 72%。具体合成路线如图 6-16 所示。

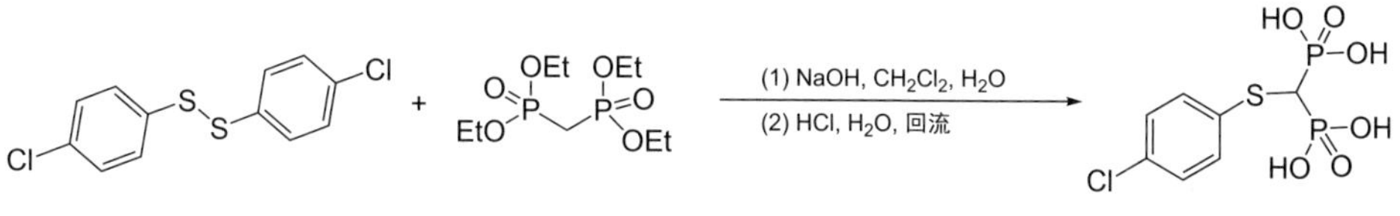

图 6-16　NaOH 促进的替鲁膦酸的合成

2011 年，Rubino 等[22] 报道了替鲁膦酸的合成。对氯苯硫醇首先在 I_2 的作用下生成 4-氯苯基二硫化物，然后在 NaH 作用下，与亚甲基二膦酸四乙酯反应生成替鲁膦酸四乙酯，水解即可得到替鲁膦酸，收率可达

78%。具体合成路线如图 6-17 所示。

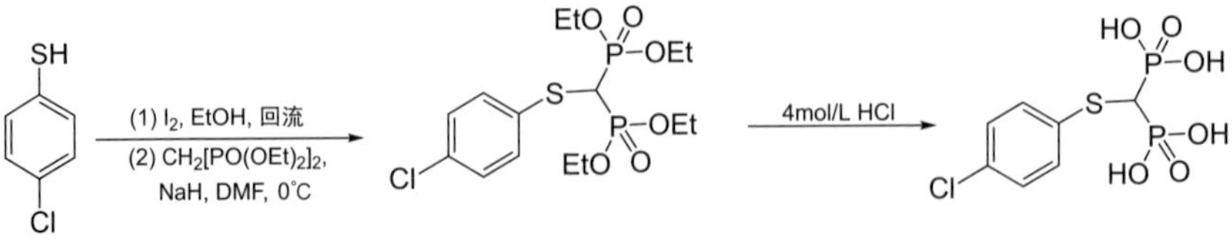

图 6-17　I₂ 促进的替鲁膦酸的合成

　　2018 年，Malwal 等 [23] 报道了亚甲基二膦酸四乙酯在 NaH 作用下与 4-氯苯基二硫化物反应得到替鲁膦酸四乙酯，然后酸化水解为替鲁膦酸。具体合成路线如图 6-18 所示。

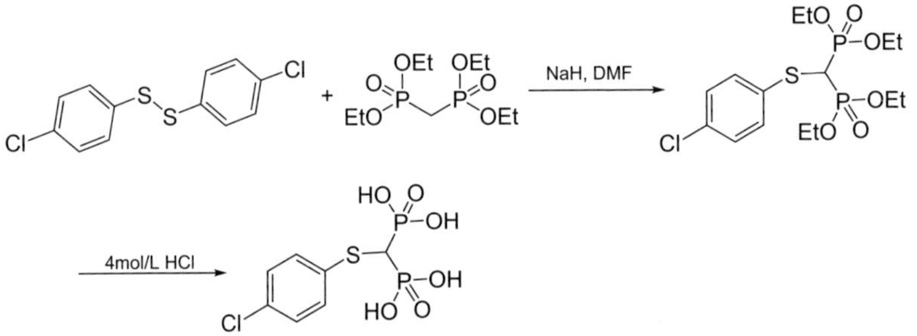

图 6-18　NaH 促进的替鲁膦酸的合成

6.2.4　帕米膦酸

　　帕米膦酸二钠以商品名 Aredia 销售，是帕米膦酸二钠五水合物，属于双膦酸盐类药物。该药物用于治疗与恶性肿瘤相关的中度或重度高钙血症和溶骨性癌转移引起的骨痛。该药物能诱导破骨细胞的凋亡 [24]。

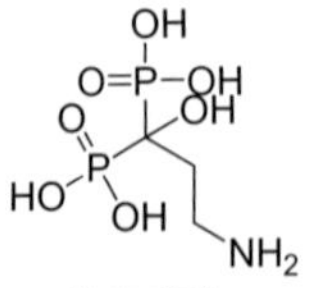

帕米膦酸

帕米膦酸二钠是第二代双膦酸类药物，是破骨细胞性骨溶解抑制剂，其分子中的 P—C—P 结构可取代骨内的 P—O—P 结构，从而能牢固地吸附在骨小梁表面，形成一层保护膜，选择性地阻挡破骨细胞的骨溶解作用，并有抑制破骨细胞发育成熟、抑制其向骨表面移动的作用，其抗骨溶解效力为羟乙双膦酸盐的 100 倍、氯甲双膦酸盐的 10 倍，是目前常用的有修复骨溶解病灶作用的双膦酸盐制剂，具有较广泛的临床适应证 [25]。

帕米膦酸二钠(disodium pamidronate)的化学名为 3-氨基-1-羟基亚丙基-1,1-二膦酸钠，CAS 号为 109552-15-0，分子式为 $C_3H_9NNa_2O_7P_2$，分子量为 279.03。帕米膦酸二钠由德国 Henkel 公司研发，1989 年首次在英国上市，商品名为雅利达、阿可达、博宁、Bonin、Aredia。

帕米膦酸二钠通常是以 β-氨基丙酸为原料与亚磷酸、三氯化磷 (三氯氧磷) 反应制得的 [26-30]，如图 6-19 所示。

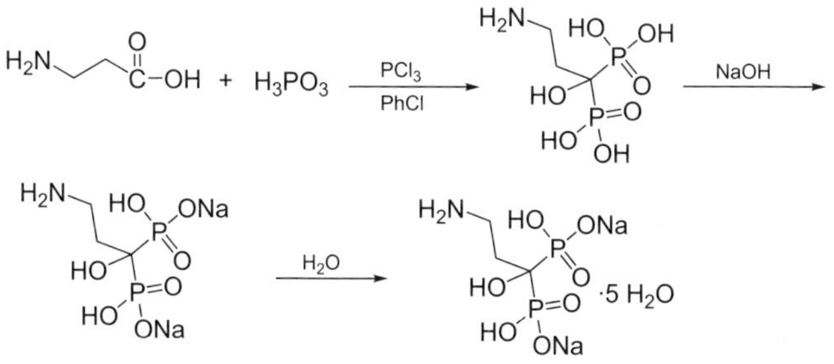

图 6-19　帕米膦酸钠的工业合成路线

2007 年，Guénin 等 [31] 报道了帕米膦酸的另外一种合成路线。N-苄氧羰基-β-氨基丙酸与草酰氯反应生成相应酰氯，然后在三 (三甲基硅基) 亚磷酸酯作用下，转化为膦酸硅酯，再在甲醇作用下脱除三甲基硅基，经还原脱除苄氧羰基保护基，从而制得帕米膦酸，合成路线如图 6-20 所示。

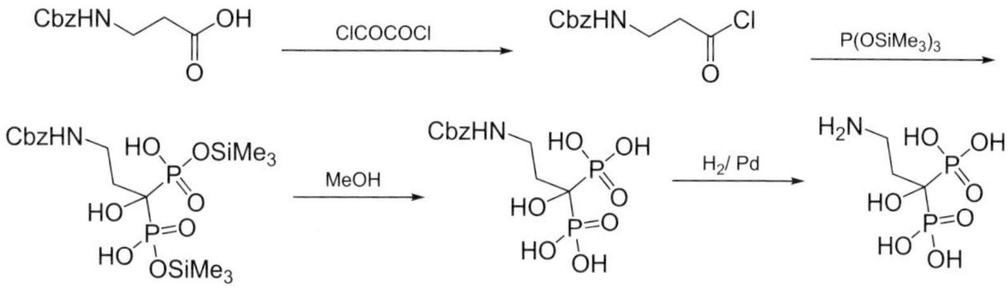

图 6-20　以 N- 苄氧羰基 -β- 氨基丙酸为原料合成帕米膦酸

6.2.5　唑来膦酸

唑来膦酸(zoledronic acid)是由 Novartis 公司开发的，以商品名 Zometa 和 Reclast 销售的一类二膦酸药物，用于治疗变形性骨炎(Paget 病)，预防多发性骨髓瘤和前列腺癌等癌症患者的骨骼骨折。它还可用于治疗恶性肿瘤引起的高钙血症，并可有助于治疗骨转移引起的疼痛。2007 年，FDA 还批准 Reclast 用于治疗绝经后骨质疏松症。

唑来膦酸

唑来膦酸是一种含氮双膦酸盐，作为双膦酸盐家族中最有效的成员，该药可以用于预防骨质疏松症和一些与骨转移相关的癌症的骨骼并发症。除抗转移能力外，唑来膦酸还具有直接的、间接的或免疫相关的抗肿瘤作用，并可以阻断肿瘤细胞黏附，使肿瘤细胞更容易受到化疗药物的细胞毒性作用的影响。其机制包括减少迁移和侵袭，调节免疫反应和抗血管生成作用，抑制肿瘤增殖和诱导细胞凋亡。一般来说，唑来膦酸通过抑制法尼基二磷酸(FPP)合成酶和 GGPP 合成酶而发挥生物学效应。这种抑制导致抑制小 GTP 酶(如 Ras、Rho 和 Rac)的异戊烯化，因为 FPP 和 GGPP 是小 GTP 酶翻译后异戊烯化所需的，用于转导细胞功能(如细胞增殖、迁移和侵袭)的细胞外信号。已有研究报道称唑来膦酸可能预防小鼠体内骨肉瘤的肺转移。唑来膦酸可减少动物模型中骨肉瘤的原发性肿瘤生长，降低肺转移并延长存活时间。唑来膦酸还与 mTOR 抑制协同作用，以减少体外鼠和人骨肉瘤细胞系的增殖，并减少两种不同基因小鼠模型中的骨肉瘤肿瘤生长。唑来膦酸通过下调基质金属蛋白酶抑制肿瘤细胞侵袭，并显著降低在胫骨注入人源性尤文肉瘤细胞的裸鼠模型的自发性肺转移的发生[32]。

唑来膦酸的化学名为 1-羟基-2-(咪唑-1-基)-亚乙基-1,1-二膦酸，CAS 号为 118072-93-8，分子式为 $C_5H_{10}N_2O_7P_2$，分子量为 272.09，由瑞士 Novartis 公司开发，于 2000 年上市，商品名为 Zometa、震达、天晴依泰、因力达。唑来膦酸是近年来上市的一个咪唑杂环类的第三代双膦酸类药物，主要用于治疗肿瘤引起的高钙血症，具有良好的耐受性，比其他双膦酸类药物更高效[33]。

唑来膦酸大多是以咪唑-1-乙酸盐酸盐或咪唑-1-乙酸与磷酸／三氯化磷或者亚磷酸／三氯化磷反应后水解制得的[2]，合成路线见图 6-21。

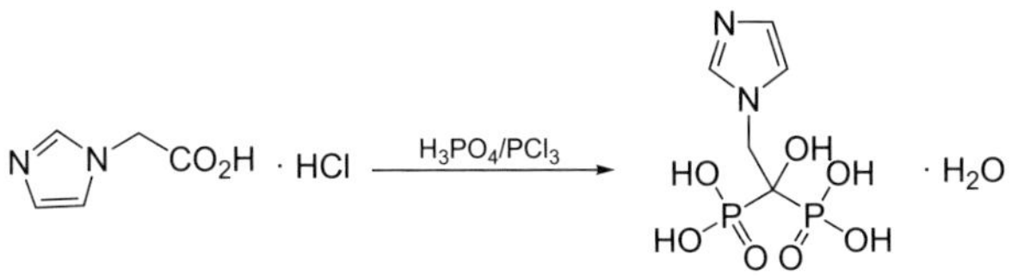

图 6-21　唑来膦酸的传统合成路线

咪唑-1-乙酸盐酸盐是合成唑来膦酸重要的前体，它的合成方法有很多[34]。1932 年，Easson 等[35]以氨基乙缩醛为原料制得咪唑乙酸，再通入氯化氢气体制得咪唑-1-乙酸盐酸盐，合成路线如图 6-22 所示。该方法原料来源困难，需多步反应才能得咪唑乙酸，收率只有 42%。该法生产成本太高，没有工业化生产价值。

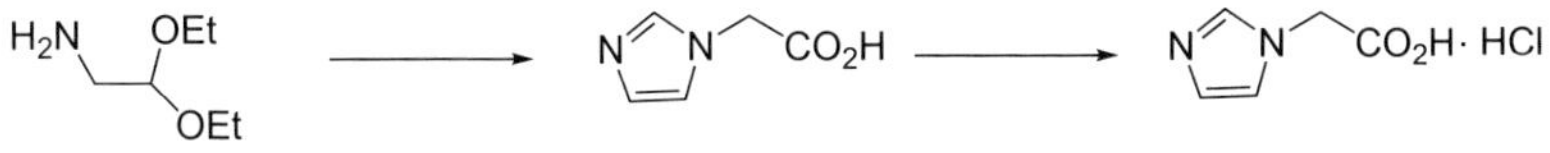

图 6-22　利用氨基乙缩醛合成咪唑 -1- 乙酸盐酸盐

1960 年，Birkofer 等以 1-(三甲基硅烷基) 咪唑为原料合成咪唑-1-乙酸盐酸盐，产率有所提高，但因原料成本较高，难以实现工业化生产，合成路线如图 6-23 所示。

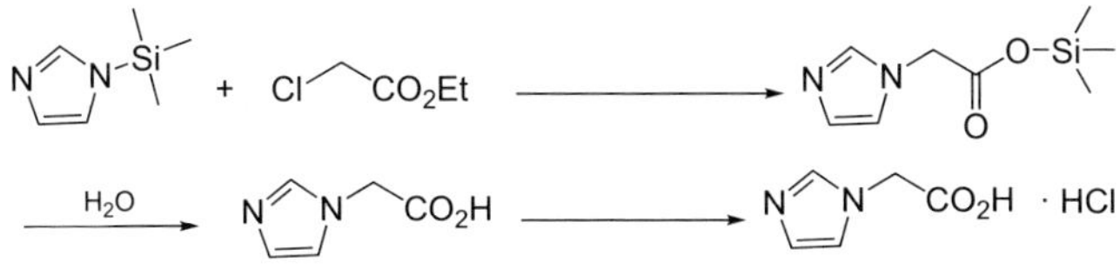

图 6-23　利用1-（三甲基硅烷基）咪唑合成咪唑 -1- 乙酸盐酸盐

2005 年，Kamijo 等以乙酰基咪唑为原料合成咪唑-1-乙酸盐酸盐，合成路线如图 6-24 所示。该方法虽然步骤有所简化，但合成咪唑-1-乙酸盐酸盐的收率很低，仅有 16%，并且乙酰基咪唑价格昂贵，无工业化生产价值。

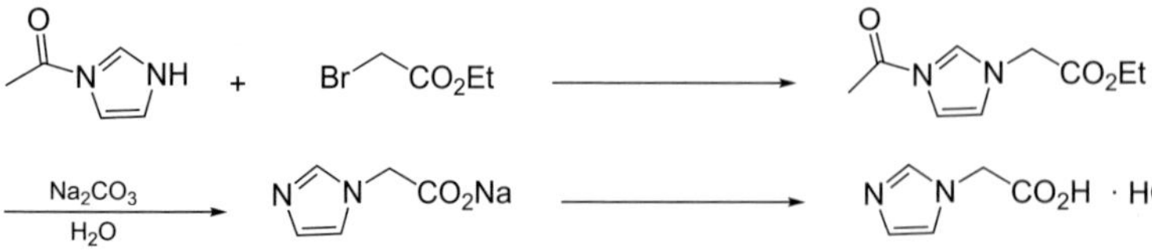

图 6-24　利用乙酰基咪唑合成咪唑 -1- 乙酸盐酸盐

　　2016 年，宗智慧等 [36] 以咪唑和溴乙酸乙酯为原料合成咪唑-1-乙酸，然后与亚磷酸 / 三氯化磷反应后水解制得产物，合成总收率达 60% 以上，产率高，产品纯度好，不需要使用固相转移催化剂，磷酸化反应仅仅使用单一含磷试剂，反应条件简单、温和，易于操作，对环境友好，易于工业化生产，具体路线如图 6-25 所示。

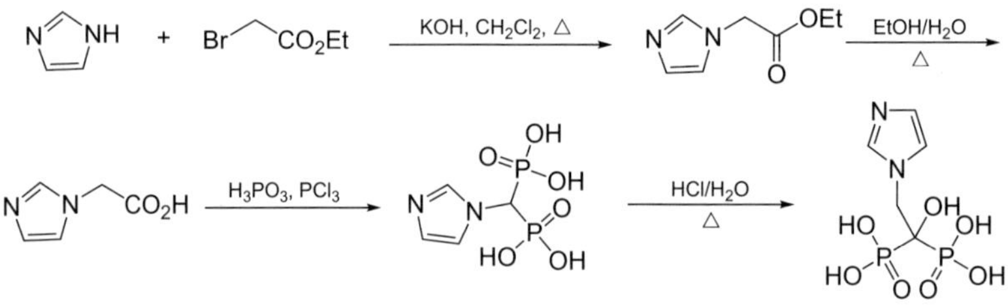

图 6-25　唑来膦酸的合成方法

　　2016 年，Prasad 等 [37] 报道了咪唑与乙烯基乙醚反应制得咪唑-1-乙酸乙酯，酸性水解后得到咪唑-1-乙酸，然后与亚磷酸 / 三氯化磷反应后水解，可得产物，收率高达 73%，如图 6-26 所示。

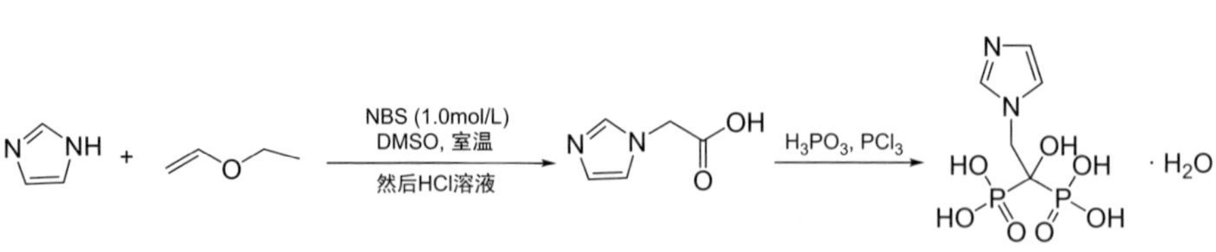

图 6-26　利用乙烯基乙醚合成唑来膦酸

　　2018 年，文献 [38] 报道了乙二醛、氨基乙酰胺、甲醛和醋酸铵反应制得咪唑-1-乙酰胺，然后水解可得到咪唑-1-乙酸，如图 6-27 所示。

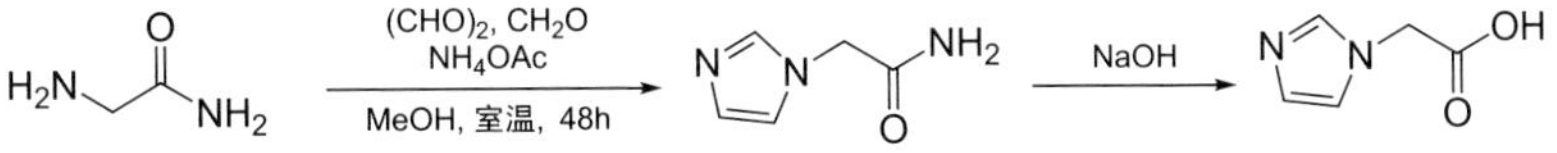

图 6-27　利用氨基乙酰胺合成咪唑 -1- 乙酸

2018 年，Prishchenko 等[39] 由 N-甲酰基咪唑与三(三甲基硅基)亚磷酸酯在三氟甲磺酸三甲基硅酯作用下合成唑来膦酸，该法条件温和，产率较高，见图 6-28。

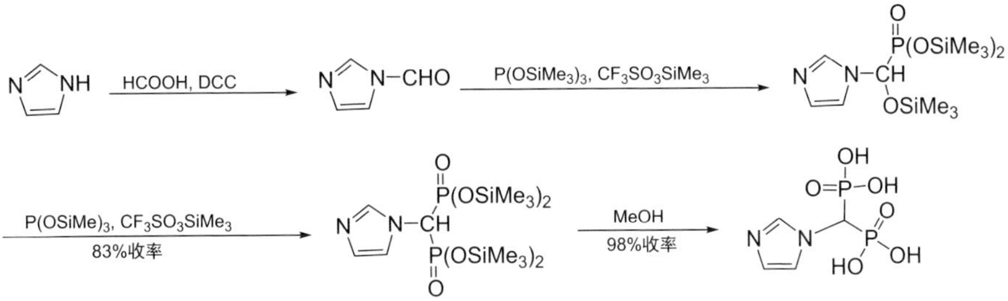

图 6-28　利用 N-甲酰基咪唑合成唑来膦酸

6.2.6　阿仑膦酸

阿仑膦酸(alendronic acid)或阿仑膦酸盐是第二代(含氮)二膦酸药物，用于治疗和预防女性骨质疏松症和男性与女性骨骼 Paget 病。阿仑膦酸盐是美国最广泛使用的双膦酸盐类药物，这类药物由含有不可水解的 P—C—P 键的无机焦磷酸盐类似物组成。以商品名 Fosamax 等销售的阿仑膦酸(INN)或阿仑膦酸钠是用于骨质疏松症、成骨不全症和一些其他骨病的双膦酸盐药物。与其他双膦酸盐类似，阿仑膦酸盐对骨矿物质具有高亲和力，并且在破骨细胞再吸收过程中被吸收。

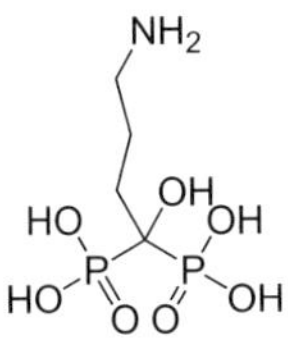

阿仑膦酸

阿仑膦酸钠能选择性地结合于破骨细胞骨内膜附着面下的活性位点上，使破骨细胞不能发挥作用。

阿仑膦酸钠 (sodium alendronate) 的化学名为 4-氨基-1-羟基亚丁基 -1,1-二膦酸一钠盐三水合物，CAS 号为 121268-17-5，分子式为 $C_4H_{12}NO_7P_2Na \cdot 3H_2O$，分子量为 325.12，商品名为固邦、天可、福善美、Fosamax，由意大利 Gentili 公司开发，于 1993 年上市。

阿仑膦酸钠的合成与帕米膦酸钠相似[40-42]。阿仑膦酸钠的起始合成都是以 4-氨基丁酸与亚磷酸、三氯化磷(三氯氧磷)反应，合成路线见图 6-29。

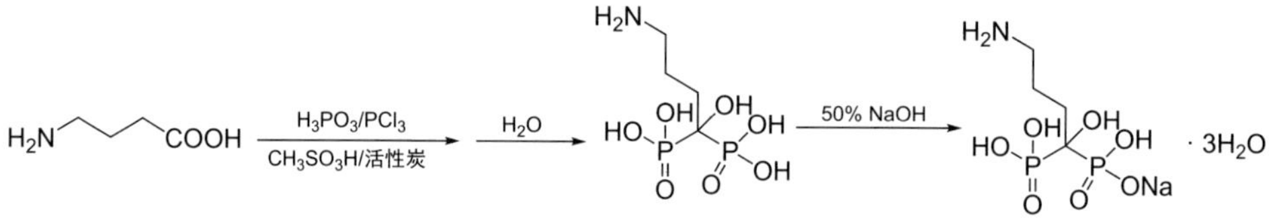

图 6-29　阿仑膦酸钠的合成路线

2007 年，Guénin 等 [43] 报道了阿仑膦酸钠的另一种合成路线。N-邻苯二甲酰基 -β-氨基丁酸与草酰氯生成邻苯二甲酰亚胺取代的丁酰氯，然后在三(三甲基硅基)亚磷酸酯作用下，转化为膦酸硅酯，再在甲醇作用下脱除三甲基硅基，在肼作用下脱除邻苯二甲酰基保护基，从而制得阿仑膦酸，合成路线如图 6-30 所示。

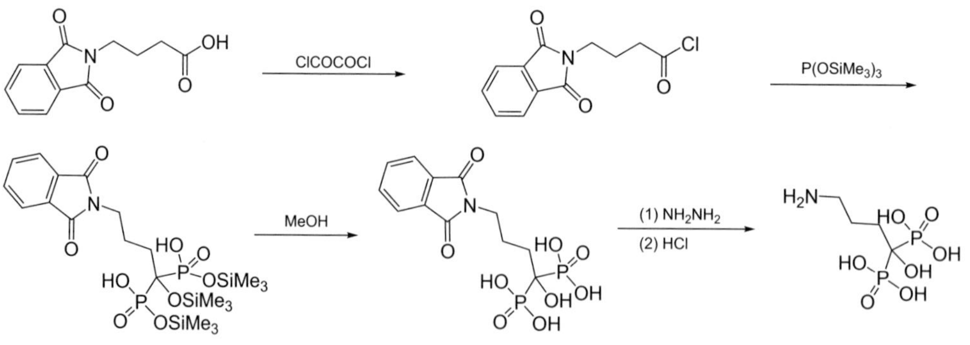

图 6-30　以 N-邻苯二甲酰基-β-氨基丁酸为原料合成阿仑膦酸

2004 年，Xu 等 [44] 报道了以环丁酰胺为原料直接合成阿仑膦酸，合成路线见图 6-31。

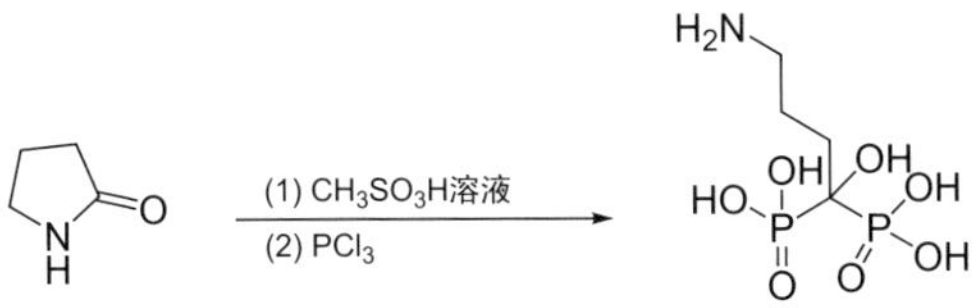

图 6-31 以环丁酰胺为原料合成阿仑膦酸

6.2.7 利塞膦酸

利塞膦酸盐(risedronate)是一种吡啶基双膦酸盐，已获美国 FDA 批准用于治疗变形性骨炎(Paget 病)。该药物可抑制破骨细胞介导的骨吸收并调节骨代谢，适用于治疗和预防绝经后妇女的骨质疏松症。

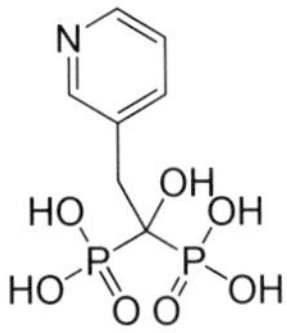

利塞膦酸

利塞膦酸钠能诱导破骨细胞的凋亡，可用于高钙血症及变形性骨炎的治疗。利塞膦酸盐可以促进成骨细胞在脱钙骨支架中的分化成熟，有利于骨基质的形成及其成骨功能的发挥，利塞膦酸盐有促进成骨细胞骨钙素表达的作用，使得有更多的羟基磷灰石晶体与之结合并沉积于骨基质，促进成骨细胞分化，从而有利于形成更多的骨组织。

利塞膦酸钠(sodium risedronate)的化学名为 [1-羟基-2-(3-吡啶基)亚乙基] 二膦酸单钠盐，CAS 号为 115436-72-1，分子式为 $C_7H_{12}NNaO_7P_2$，分子量为 307.11，商品名为 Aetonel，由美国宝洁公司(Procter & Gamble)和德国 HMR(Hoechst Marion Roussel)公司开发，于 1998 年同时在美国和德国上市。利塞膦酸钠通常由 3-吡啶乙酸盐酸盐与亚磷酸反应，然后再成盐制得，合成路线如图 6-32 所示。

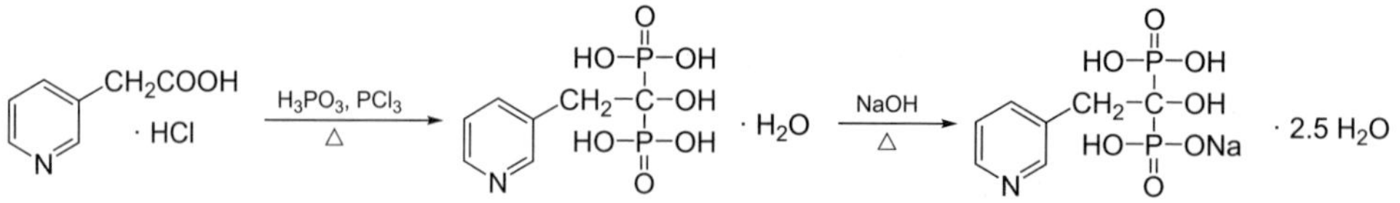

图 6-32 利塞膦酸钠的合成路线

　　3-吡啶乙酸盐酸盐作为合成利塞膦酸钠的重要前体，其合成通常以烟酸为原料，经酯化、Claisen 缩合、Willgerodt-Kindler 反应、水解、酸化等步骤制得，如图 6-33 所示。该法条件温和，但是反应时间较长，处理烦琐。

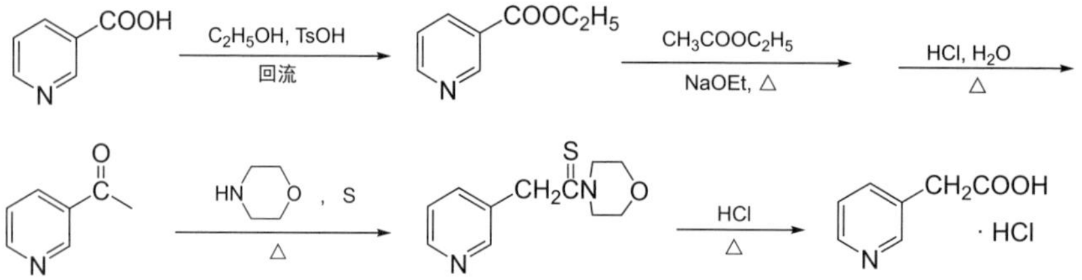

图 6-33 3-吡啶乙酸盐酸盐的合成路线

　　目前为解决合成 3-吡啶乙酸盐酸盐存在的反应时间较长、处理烦琐等问题，人们对其关键中间体 3-乙酰基吡啶的合成方法进行了广泛研究，已有诸多文献报道[45-47]，如图 6-34 所示。但现有这些方法大多存在催化剂昂贵、反应条件苛刻、反应时间长、试剂毒性大、收率低、环境污染严重等问题。

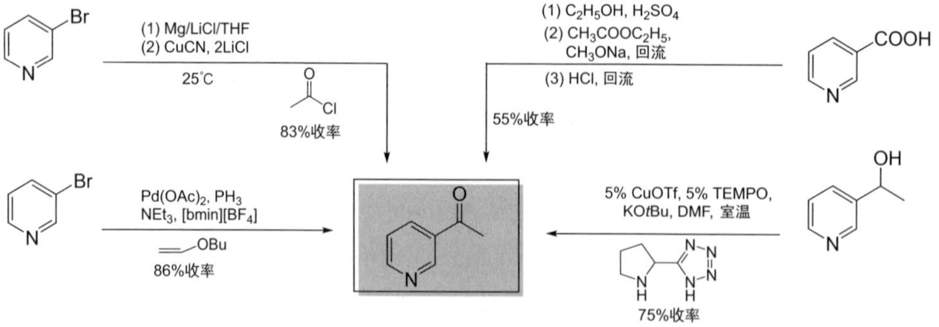

图 6-34 3-乙酰基吡啶的合成路线

近年来，炔烃水合反应在现代大规模化工生产和精细化学品制备中备受关注[48,49]。炔烃水合制备羰基化合物的原子经济性可达 100%，且炔烃原料易得、产物附加值较高是该反应的显著优势，但该反应也存在一些不足，如传统的炔烃水合反应多采用剧毒 Hg 盐和过量的硫酸为催化剂，对环境的污染严重，如图 6-35 所示。

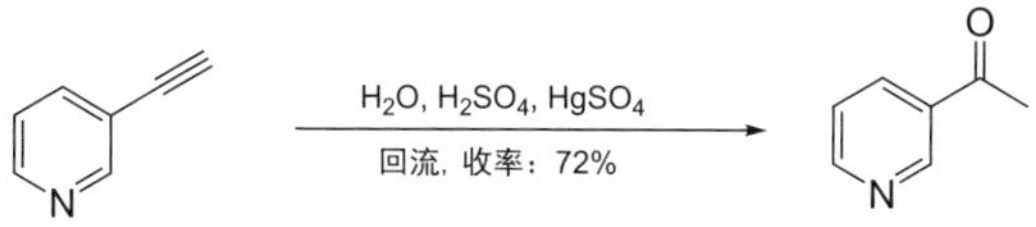

图 6-35　硫酸汞催化的 3-乙酰基吡啶的合成

2017 年，管月清等[47]报道了无过渡金属参与的 CF_3SO_3H/CF_3CH_2OH 催化体系应用于 3-乙炔基吡啶的水合反应，关键中间体 3-乙酰基吡啶的收率提高到 95%，其合成路线见图 6-36。

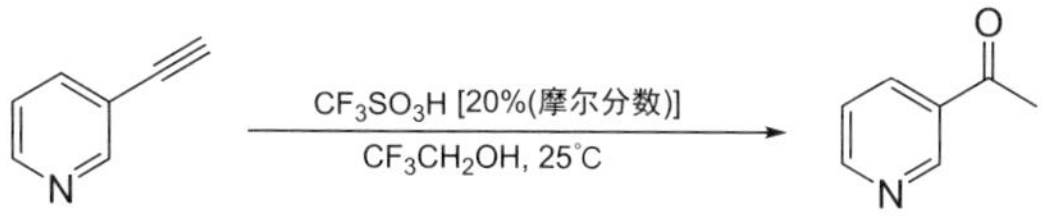

图 6-36　无过渡金属催化的 3-乙酰基吡啶的合成

2016 年，Motaleb 等报道了利塞膦酸钠的另外一种合成方法。以 3-吡啶基乙腈为原料，通过甲基磺酸水解，再经过三氯化磷磷酸化可制得利塞膦酸，然后中和得到利塞膦酸钠，其合成路线见图 6-37。

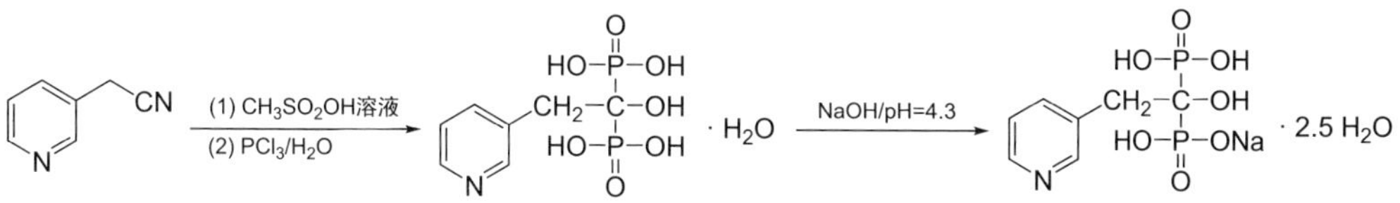

图 6-37　利塞膦酸钠的合成路线

6.2.8　伊班膦酸

伊班膦酸盐（ibandronate）是高效能的第三代二膦酸盐类药物，可用于治疗和预防绝经后妇女的骨质疏松症。在骨质疏松症高风险人群中，双膦酸盐不仅可以增加骨骼的强度，还可以降低髋部骨折和其他骨折的风险。伊班膦酸盐抑制破骨细胞介导的骨吸收，它对骨组织的作用部分基于其对羟基磷灰石的亲和力，羟基磷灰石是骨矿物基质的一部分。

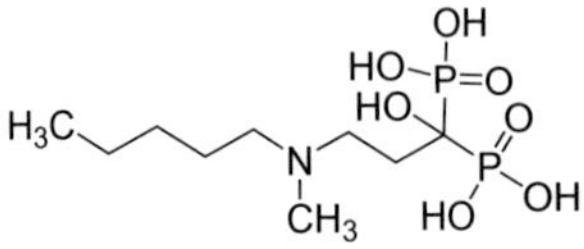

伊班膦酸

伊班膦酸钠是一种含氮的二膦酸盐，它通过抑制法尼基焦磷酸合酶，从而抑制破骨细胞介导的骨吸收[50]。

伊班膦酸钠(sodium ibandronate)的化学名为(1-羟基-3-(甲基戊基氨基)亚丙基)二膦酸单钠盐，CAS号为138844-81-2，分子式为$C_9H_{22}NNaO_7P_2$，分子量为341.21。商品名为Bondronat，由德国Boehringer Mannheim公司开发，1996年首次在德国和奥地利上市。伊班膦酸钠是继阿仑膦酸钠、帕米膦酸钠、氯膦酸钠和依替膦酸钠之后的新一代双膦酸盐类药物，用于治疗恶性肿瘤引发的高钙血症，不仅能抑制骨质减少，而且能增加骨矿物质密度[51]。

由3-(N-甲基戊氨基)丙酸盐酸盐经磷酸化得伊班膦酸，再经氢氧化钠成盐可得伊班膦酸钠一水合物[52]，如图6-38所示。

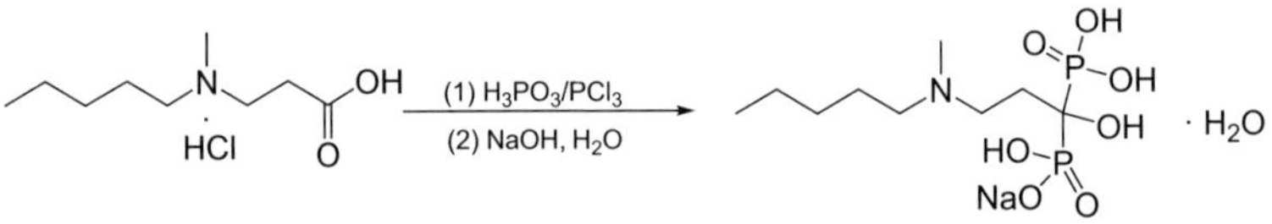

图6-38 伊班膦酸钠的制备

3-(N-甲基戊氨基)丙酸盐酸盐作为合成伊班膦酸钠的重要中间体，人们对其合成方法进行了广泛的研究。1981年，Blum等[53]采用正戊酸和甲胺反应生成N-甲基戊酰胺，经催化氢化还原生成N-甲基戊胺，然后与β-卤代丙酸甲酯反应生成3-(N-甲基戊氨基)丙酸甲酯，经水解得3-(N-甲基戊氨基)丙酸盐酸盐，具体路线见图6-39。该方法步骤较长，过程烦琐。

图 6-39 3-(*N*-甲基戊氨基)丙酸盐酸盐的合成路线 1

2002 年，梁高林[54] 采用戊胺与甲酸甲酯反应生成 *N*-甲酰基戊胺，经还原生成 *N*-甲基戊胺，然后与 *β*-卤代丙酸甲酯反应生成 3-(*N*-甲基戊氨基)丙酸甲酯，经水解得 3-(*N*-甲基戊氨基)丙酸盐酸盐，具体路线见图 6-40。

图 6-40 3-(*N*-甲基戊氨基)丙酸盐酸盐的合成路线 2

2008 年，Bolugoddu 等[55] 采用正戊酸和甲醇反应生成戊酸甲酯，再与甲胺反应得 *N*-甲基戊酰胺，经还原生成 *N*-甲基戊胺，然后与 *β*-卤代丙酸甲酯反应生成 3-(*N*-甲基戊氨基)丙酸甲酯，经盐酸水解得 3-(*N*-甲基戊氨基)丙酸盐酸盐，具体路线见图 6-41。

图 6-41 3-(*N*-甲基戊氨基)丙酸盐酸盐的合成路线 3

同年，Rao 等[56] 采用 *N*-甲基苯甲胺与 *β*-卤代丙酸甲酯反应生成 3-(*N*-甲基-*N*-苄基)氨基丙酸甲酯，经催化氢化脱苄得 3-甲氨基丙酸甲酯，然后与 1-溴代戊烷反应生成 3-(*N*-甲基戊氨基)丙酸甲酯，经盐酸水解得 3-

（*N*-甲基戊氨基）丙酸盐酸盐，具体路线见图6-42。

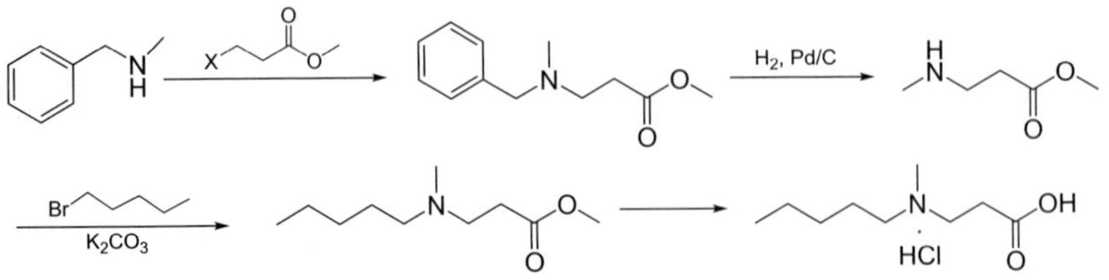

图6-42 3-（*N*-甲基戊氨基）丙酸盐酸盐的合成路线4

以上的关于伊班膦酸钠的合成路线，主要是通过 3-(*N*-甲基戊氨基)丙酸盐酸盐、亚磷酸、三氯化磷进行缩合反应，从而得到伊班膦酸钠。反应溶剂多为甲苯、氯苯等，但是使用这些溶剂进行反应有共同的缺点，产物不能均匀分散在反应体系中，生成物呈现油块状，黏附于搅拌棒和瓶壁上，不仅使反应难以进行，还使搅拌随着反应的进行越来越困难，同时对反应的中间控制也增加了难度，不利于工业化生产。

2002 年，Szabo 等[57]采用 *N*-甲基戊胺与丙烯腈直接反应，分别经水解、磷酸化以及氢氧化钠成盐，以 79% 的收率直接成盐得伊班膦酸钠，提高了收率，缩短了反应步骤。具体合成路线见图6-43。

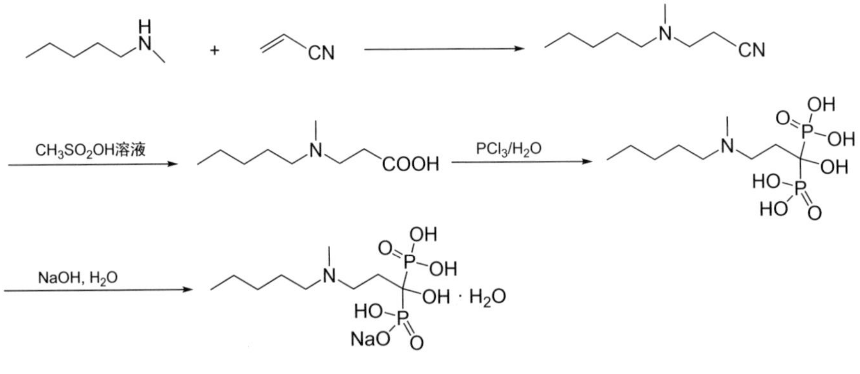

图6-43 伊班膦酸钠的合成路线1

2015 年，朱君等[58]采用 3-甲氨基丙腈为原料，经过烃化、水解得到关键中间体 3-(*N*-甲基戊氨基)丙酸盐酸盐，加入亚磷酸、三氯化磷，以安全无毒的聚乙二醇 400 作为反应溶剂，克服了伊班膦酸钠制备过程中生成黏性产物、不易于搅拌和中控的缺点，且聚乙二醇 400 安全无毒，通过"一锅法"反应制得伊班膦酸钠，提高了收率，操作简单，安全性高，产品质量好，成本低，便于规模化生产，反应路线见图6-44。

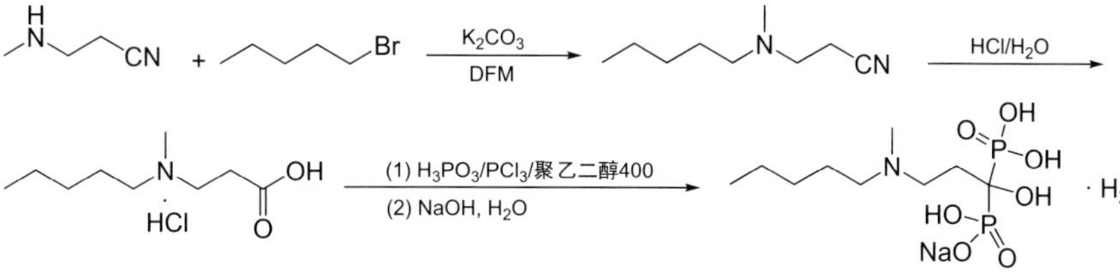

图6-44　伊班膦酸钠的合成路线2

6.2.9　英卡膦酸

英卡膦酸(incadronic acid)是第三代双膦酸盐，可以抑制破骨细胞的骨吸收。它用于治疗高钙血症以及与恶性肿瘤和骨质疏松症相关的骨骼疾病。另外，英卡膦酸盐在小鼠中具有抗肿瘤作用。在患有乳腺癌的大鼠模型中，双膦酸盐治疗可抑制骨转移的进展和发展并减少体内肿瘤负荷。它还被认为是成人T细胞白血病的潜在治疗方法，其特征在于高钙血症和肿瘤诱导的骨溶解。

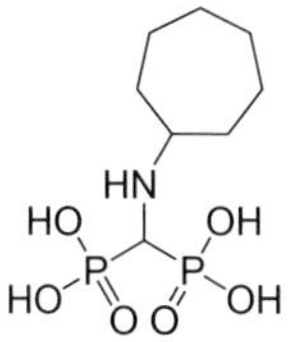

英卡膦酸

英卡膦酸是主要用于恶性肿瘤溶骨性骨转移疼痛的双膦酸盐骨代谢改善剂，被认为是当前活性最强和最有前途的双膦酸盐之一，其骨吸收抑制作用比第一、二代双膦酸盐分别强1000倍和10倍，其降钙作用优于维生素D_3和降钙素，且不会出现钙化现象。英卡膦酸二钠的主要不良反应为发热、疼痛、恶心、呕吐、皮疹、腹泻。

英卡膦酸二钠(incadronate disodium)的化学名为(环庚基氨基亚甲基)二膦酸钠。英卡膦酸二钠是第三代双膦酸盐类药物，1997年于日本上市，临床主要用于治疗恶性肿瘤溶骨性骨转移疼痛、高钙血症和骨质疏松症[59]。

1993 年，Takeuchi 等[60] 报道了英卡膦酸二钠的合成，以环庚胺为原料，反应制得(环庚基氨基)亚甲基二膦酸四乙酯，再经盐酸水解得英卡膦酸，经氢氧化钠中和得到英卡膦酸二钠，合成路线见图 6-45。该方法最大的缺点是中间体(环庚基氨基)亚甲基二膦酸四乙酯需经硅胶柱分离才能用于下一步反应。

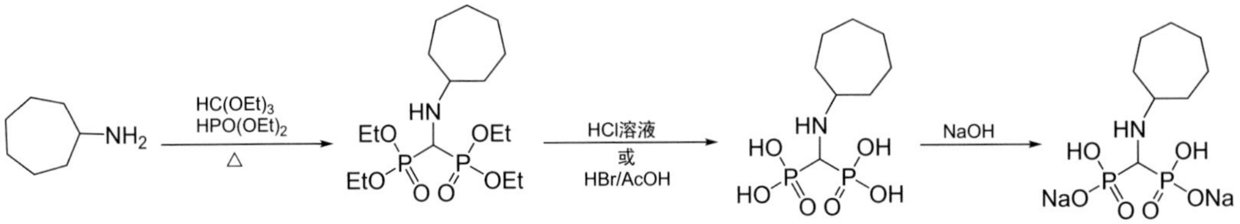

图 6-45　英卡膦酸二钠的传统合成路线

2001 年，谢敏浩等[61,62] 在 Takeuchi 等方法的基础上，以亚磷酸三烷基酯(三价磷)代替亚磷酸二烷基酯(五价磷)参与反应，收率可达 85%。该方法最大的优点是操作简便，生成物无需柱分离，反应条件温和，反应时加热回流时间缩短，去除低沸物只需常压蒸馏，也不用冰浴冷却。该方法质量稳定、收率高、成本低，设备投资少，适用于大工业生产。

2018 年，Gałęzowska 等[63] 仍采用 Takeuchi 等的方法合成英卡膦酸，同时对合成工艺进行了改进。对反应过程中生成(环庚基氨基)亚甲基二膦酸四乙酯步骤首先通过减压蒸馏除去低沸点杂质，然后再依次采用水、氯化钠饱和溶液、水洗涤，最后对混合物直接水解，以 67% 的收率得到英卡膦酸。该方法无需柱分离过程，简化了制备工艺。

(环庚基氨基)亚甲基二膦酸四乙酯是合成英卡膦酸二钠重要的中间体，因而它的合成方法引起了关注。2000 年，Palacios 等[64] 报道了氨基亚甲基二膦酸四乙酯与环庚酮发生脱水缩合反应，然后与硼氢化钠发生还原反应，生成(环庚基氨基)亚甲基二膦酸四乙酯。合成路线如图 6-46 所示。

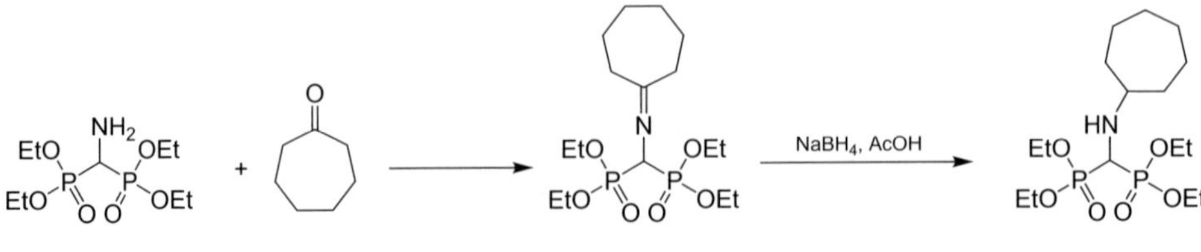

图 6-46　通过亚胺中间体合成（环庚基氨基）亚甲基二膦酸四乙酯

参考文献

[1] 周新军.依替膦酸二盐的制备及其在医药方面的应用 [J].乙醛醋酸化工，2008(7): 20-24.

[2] 陈卫民，徐继红.依替膦酸二钠的合成 [J].中国医药工业杂志.1996，27(7)：296-297.

[3] Worms K H, Blum H. Reactions of 1-aminoalkane-1,1-diphosphonic acids with nitrous acid [J]. Zeitschriftfuer Anorganische und Allgemeine Chemie, 1979, 457 (1): 209-213.

[4] Guenin E, Degache E, Liquier J, et al. Synthesis of 1-Hydroxymethylene-1,1-bis(phosphonic acids) from acid anhydrides: preparation of a new cyclic 1-acyloxymethylene-1,1-bis(phosphonic acid) [J]. Eur J Org Chem, 2004 (14): 2983-2987.

[5] Dziuganowska Z A, Andrasiak I, Ślepokura K, et al. Amidoalkylation of phosphorus trichloride with acetamide and functionalized cyclic ketones-evidence of dominating role of side-reactions [J]. Phosphorus, Sulfur, and Silicon, 2014, 189 (7-8): 1068-1075.

[6] Neville-Webbe H L, Holen I, Coleman R E. The anti-tumor activity of bisophosphonates [J]. Cancer Treat Rev, 2002, 28(6): 305-319.

[7] 宋国栋，包崇云，胡静，等.氯膦酸二钠表面改性羟基磷灰石对骨髓间充质干细胞多向分化的影响 [J].医学研究杂志，2008，37(11)：42-44.

[8] 罗恩，胡静，李继华，等.羟基磷灰石经氯膦酸二钠表面改性后表面润湿性的变化 [J].中国组织工程研究与临床康复，2008，12(10)：1856-1858.

[9] 张鉴藩.骨膦 [J].中国新药杂志，1993，12(3)：29-30.

[10] 陈冠容.氯膦酸二钠 [J].中国药学杂志，1994，29(4)：246.

[11] 叶文润，邓杰，乐嘉庚.二膦酸盐药物的研究进展及临床应用 [J].中国药房，1996，7(3)：135.

[12] 张世红，吴立昌，赵忠林，等.氯屈膦酸二钠合成工艺改进 [J].中国现代应用药学杂志，2001，18(1)：48-49.

[13] 龙仲涛.氯膦酸二钠新合成工艺 [J].国际医药卫生导报，2008，14(3)：81-83.

[14] Li C, Yuan C. Studies on organophosphorus compounds 68. A new and facile synthetic approach to alkylidenephosphonates[J]. Tetrahedron Lett, 1993, 34: 1515-1516.

[15] Bałczewski P. Phosphorus-containing radicals. Ⅱ. Free radical desulfenylation and deselenylation of α-sulfur and α-seleno substituted phosphonates with the n-Bu$_3$SnH/AIBN reagents system [J]. Phosphorus, Sulfur and Silicon, 1995, 104(1-4): 113-121.

[16] Grison C, Coutrot P, Joliez S, et al. One-pot alkylidenediphosphorylation of nucleophiles[J]. Synthesis, 1996 (6): 731-735.

[17] 戚聿新，陈军，李新发.一种维生素 A 中间体的清洁生产方法：CN 102993235A[P]. 2013-03-27.

[18] Choudhury A R, Mukherjee S. A catalytic michael/horner-wadsworth-emmons cascade reaction for enantioselective synthesis of thiochromenes [J]. Adv Synth Catal, 2013, 355: 1989-1995.

[19] Chiminazzo A, Borsato G, Favero A, et al. Diketopyrrolopyrrole bis-phosphonate conjugate: a new fluorescent probe for in vitro bone imaging[J]. Chem -A Eur J, 2019, 25 (14): 3617-3626.

[20] 叶金朝.变形性骨炎治疗药替鲁膦酸 [J].国外医药——合成药、生化药、制剂分册，1998，19(2)：84-85.

[21] Klosinski P S, Szczesny J Z. Process for preparation of [[(4-chlorophenyl)thio]methylene] bis(phosphonic acid): PL 196933[P]. 2008-02-29.

[22] Rubino M T, Agamennone M, Campestre C, et al. Biphenyl sulfonylamino methyl bisphosphonic acids as inhibitors of matrix metalloproteinases and bone resorption [J]. Chem Med Chem, 2011, 6(7): 1258-1268.

[23] Malwal S R, O′Dowd B, Feng X, et al. Bisphosphonate-generated ATP-analogs inhibit cell signaling pathways [J]. J Am Chem Soc, 2018, 140(24): 7568-7578.

[24] Jeal W, Barradell L B, Mctavish D. Alendronate: a review of its pharmacological properties and therapeutic efficacy in postmenopausal osteoporosis [J]. Drugs, 1997, 53(3): 415-434.

[25] 梁高林，胡明扬，王博诚.帕米膦酸二钠的合成 [J].中国现代应用药学杂志，1999，16(2)：37-38.

[26] Morabito N, Gaudio A, Lasco A, et al. Three years effectiveness of intravenous pamidronate versus

pamidronate plus slow-release sodium fluoride for postmenopausal osteopoplrosis[J]. Osteoporos Int, 2003, 14 (6): 500-506.

[27] Johnston A D. Pathology of metastatic tumors in bone[J]. J Clin Orthop Relat Res, 1970, 73: 8-32.

[28] 朱崇泉，苏国强，边军，等．骨吸收抑制剂帕米膦酸二钠的合成 [J]. 中国药科大学学报，1996，27（1）：647-648.

[29] 王英杰．帕米膦酸二钠合成工艺的改进 [J]. 中外医疗，2013(16)：186-188.

[30] Nagya D I, Grüna A, Garadnayb S, et al. The synthesis of dronic acid derivatives in sulfolane or in the presence of ionic liquids as additives[J]. Phosphorus, Sulfur, and Silicon, 2016, 191(11-12): 1619-1620.

[31] Guénin E, Monteil M, Bouchemal N, et al. Syntheses of phosphonic esters of alendronate, pamidronate and neridronate[J]. Eur J Org Chem, 2007 (20): 3380-3391.

[32] 李博．二甲双胍和唑来膦酸在骨肉瘤中的作用及相关研究 [D]. 上海：中国人民解放军海军军医大学，2018.

[33] Timar Z, Kovacs G. Fmoc/Acyl protecting groups in the synthesis of polyamide peptide nucleic acid monomers[J]. J Chem Soc, Perkin Trans I, 2000, 12: 19-26.

[34] 杨清翠，孙晓红，刘源发，等．唑来膦酸合成方法的研究进展 [J]. 综合评述，2010，18(6)：660-663.

[35] Easson A P T, Pyman F L. A general method for the preparation of 1-substituted glyoxalines from acetalylthiocarbimide and primary amines[J]. J Chem SoC, 1932: 1806-1812.

[36] 宗智慧，张恩立，袁明，等．唑来膦酸的合成工艺改进 [J]. 长春师范大学学报，2016，35（4）：53-56.

[37] Prasad P K, Reddi R N, Sudalai A. Regioselective oxo-amination of alkenes and enol ethers with n-bromosuccinimide–dimethyl sulfoxide combination: a facile synthesis of α-amino-ketones and esters[J]. Org Lett, 2016, 18 (3): 500-503.

[38] Gisbert P, Trillo P, Pastor I M. Comparative study of catalytic systems formed by palladium and acyl-substituted imidazolium salts[J]. ChemistrySelect, 2018, 3(3): 887-893.

[39] Prishchenko A A, Alekseyev R S, Livantsov M V, et al. Tris(trimethylsilyl) phosphite as key synthon for convenient synthesis of new organosilicon(phosphorus)-containing N-heterocycles[J]. J Org Chem, 2018, 867(15): 149-154.

[40] 焦建宇，冯志民，史守铺，等．阿仑膦酸钠的合成 [J]. 中国医药工业杂志，1998，29（5）：202-203.

[41] 胡名扬，王博诚，梁高林，等．4- 氨基 -1- 羟丁基 -1,1- 二膦酸单钠盐的合成与表征 [J]. 化学试剂，1998，20（2）：104.

[42] Kieczykowski G R, Jobson R B, Melillo D G, et al. Preparation of (4-amino-1-hydroxybutylidene) bisphosphonic acid sodium salt, MK-217 (alendronate sodium). An improved procedure for the preparation of 1-hydroxy-1,1-bisphosphonic acids[J]. J Org Chem, 1995, 60 (25): 8310-8312.

[43] Guénin E, Monteil M, Bouchemal N, et al. Syntheses of phosphonic esters of alendronate, pamidronate and neridronate[J]. Eur J Org Chem, 2007 (20): 3380-3391.

[44] Xu G, Xie Y, Wu X. A facile and direct synthesis of alendronate from pyrrolidone[J]. Org Prep Proced Int, 2004, 36 (5): 185-187.

[45] 石庆东，张铜宝，张瑞杰，等．利塞膦酸钠合成工艺改进 [J]. 广州化工，2011，39（3）：87-88.

[46] Piller F M, Appukkuttan P, Gavryushin A, et al. Convenient preparation of polyfunctional aryl magnesium reagents by a direct magnesium insertion in the presence of LiCl[J]. Angew Chem Int Ed, 2008, 47(36): 6802-6806.

[47] 管月清，章鹏飞．利塞膦酸钠关键中间体 3- 乙酰基吡啶的合成 [J]. 化学研究，2017，28（2）：191-194.

[48] Liu W, Wang H, Li C-J. Metal-free markovnikov-type alkyne hydration under mild conditions[J]. Org Lett, 2016, 18(9): 2184-2187.

[49] Xu C, Du W, Zeng Y, et al. Reactivity switch enabled by counterion: highly chemoselective dimerization and hydration of terminal alkynes[J]. Org Lett, 2014, 16(3): 948-951.

[50] Dunford J E. Molecular targets of the nitrogen containing bisphosphonates: the molecular pharmacology of prenyl synthase inhibition [J]. Curr Pharm Design, 2010, 16(27): 2961-2969.

[51] 苏国强，朱崇泉，边军，等．骨吸收抑制剂氨基二膦酸类化合物及其钠盐的合成 [J]. 中国药物化学杂志，2000，19(10)：49-50.

[52] 郑美林，孟歌．伊班膦酸钠合成路线图解 [J]. 中国医药工业杂志，2010，41(2)：151-153.

[53] Blum H, Worms K H. Process for preparing 3-amino-1-hydroxypropane-1,1-diphosphonic acid: EP 0027982 [P].1981-05-06. (CA 1981, 95:150888)

[54] 梁高林．双膦酸盐类药物的合成研究 [D]. 郑州：郑州大学，2002.

[55] Bolugoddu V, Dahyabhai J L, Kammili R V, et al. Crystalline form a of ibandronic acid and process for the preparation: WO 2008014510[P]. 2008-01-31. (CA2008, 148: 198642)

[56] Rao D R, Kankan R N, Ghagare M G. Process for the synthesis of ibandronate sodium: WO 2008035367 [P]. 2008-03-27. (CA 2008, 148: 403361)

[57] Szabo C M, Matsumura Y, Fukura S, et al. Inhibition of geranylgeranyl diphosphate synthase by bisphosphonates and diphosphates: a potential route to new bone antiresorption and antiparasitic agents[J]. J Med Chem, 2002, 45 (11): 2185-2196.

[58] 朱君，赵会，徐瑞．伊班膦酸钠的合成 [J]. 辽宁化工，2015，44(11)：1298-1299.

[59] 赵静，蒋晔．英卡膦酸二钠及有关物质的 HPLC-ELSD 法测定 [J]. 中国医药工业杂志，2007，38(7)：509-511.

[60] Takeuchi M, Sakamoto S, Yoshida M, et al. Studies on novel bone resorption inhibitors. I. Synthesis and pharmacological activities of aminomethylenebisphosphonate derivatives[J]. Chem Pharm Bull, 1993, 41(4): 688-693.

[61] 谢敏浩，何拥军，罗世能，等．因卡膦酸二钠的合成 [J]. 中国现代应用药学杂志，2001,18(6)：456-457.

[62] 谢敏浩，罗世能，何拥军，等．(环庚基胺基)亚甲基二膦酸的制备方法：CN1363556A[P].

[63] Gafezowska J, Czapor-Irzabek H, Chmielewska E, et al. Aminobisphosphonates based on cyclohexane backbone as coordinating agents for metal ions. Thermodynamic, spectroscopic and biological studies [J]. New. J. Chem, 2018, 42(10): 7723-7736.

[64] Palacios F, Gil M J, de Marigorta E M, et al. Synthesis and Reactivity of Imines Derived from Bisphosphnates and 3-Phosphorylated 2-Aza-1,3-dienes [J]. Tetrahedron, 2000, 56(34): 6319-6330.

7

其他种类含磷药物

Synthesis and Application of Phosphorus-Containing Drugs

除前文所述，含磷药物还包括抗菌药物、抗高血压药物、放射性造影剂、牙科用药物、肠道用药物、药物溶剂 / 辅助药物、激素类药物等。

7.1 抗菌类含磷药物的结构、药理活性及合成方法

具有抗菌活性的含磷药物有磷霉素、头孢洛林酯、磷酸泰地唑胺、特拉万星(图 7-1)。

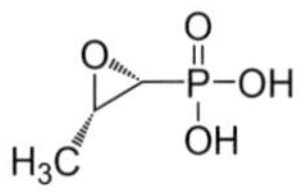

磷霉素

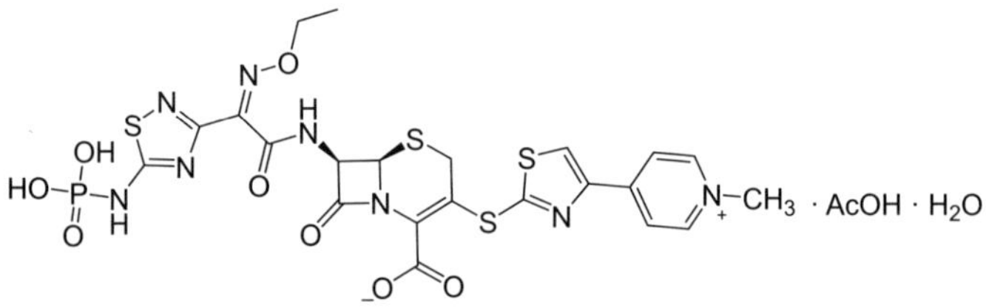

头孢洛林酯

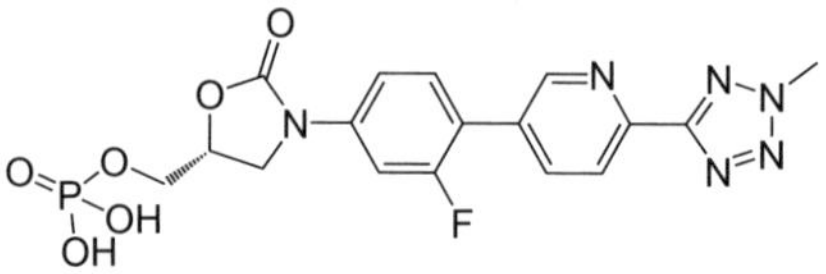

磷酸泰地唑胺

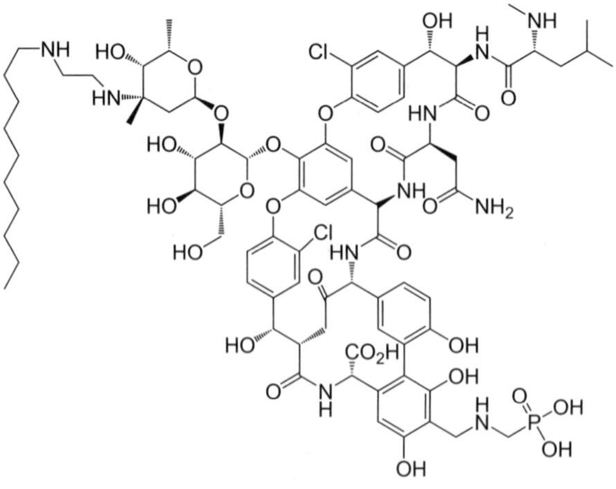

特拉万星

图 7-1　具有抗菌活性的含磷药物的分子结构

7.1.1　磷霉素

磷霉素(fosfomycin)是从弗氏链霉菌(*Streptomyces fradiae*)中分离出来的一种广谱的抗生素,对革兰氏阳性菌和革兰氏阴性菌都有效,它可以浓缩在肾脏和膀胱中,用于治疗单纯性尿路感染。磷霉素还可降低含铂抗肿瘤剂的肾毒性和耳毒性。其作用机理是抑制细菌细胞壁的早期合成,从而导致细菌死亡。

磷霉素

磷霉素是一种游离酸,容易形成具有广谱杀菌活性的磷霉素盐。其活性的简单结构是具有杀菌作用的环氧基和直接键合的碳原子连接在中央定位的磷上。磷霉素是环氧化物抗生素组中唯一的成员,可抑制增殖细菌细胞壁和早期细胞壁蛋白质/肽聚糖的合成,抑制由磷酸烯醇式丙酮酸酶触发的肽聚糖合成的初始步骤,其靶向作用在细菌细胞质内部进行。磷霉素主要用于金黄色葡萄球菌、肺炎链球菌、大肠埃希菌、肺炎克雷伯菌、黏质沙雷菌以及粪肠球菌等引起的皮肤以及软组织感染和单纯性尿路感染。磷霉素是一种杀菌抗生素,可以影响病菌的细胞壁合成的初始时期,可以损坏或者破坏病原菌的外部构造,并且可以让药物通过已经被毁坏的外部构造进入菌体之中,并具有使之在菌体内富集的特点,因此磷霉素具有良好的协同作用[1]。

磷霉素(phosphomycin, fosfomycin, FOM)的化学名为 (−)-(1*R*,2*S*)-1,2-环氧丙基膦酸 [(1*R*,2*S*)-epoxypropyl phosphonate],CAS 号为 23155-02-4,分子式为 $C_3H_7O_4P$,分子量为 138.06。由于磷霉素稳定性差,临床一般用其盐的形式,钠盐作注射用,钙盐作口服用。其钠盐为白色结晶性粉末,具有强引湿性,极易溶于水,微溶于乙醇、乙醚等有机溶剂。其钙盐为白色粉末,微溶于水,不溶于丙酮、苯、氯仿及乙醚。

1966 年西班牙首先发现了磷霉素[2],1969 年美国的 Merck 公司和西班牙的 CEPA 公司共同合作从西班牙土壤中的链丝霉素中分离提纯出了磷霉素,1975 年在西班牙首先投入工业化生产,之后,意大利和德国也陆续开始了工业化生产。1972 年我国成功合成了磷霉素，1979 年开始进行较大规模的临床应用。磷霉素合成最早采用生物合成方法，以链霉菌(*Streptomyces*) 为发酵源、葡萄糖和磷酸缓冲液为培养液，通过生物发酵，4 ～ 7 d 生成磷霉素 [3]。磷霉素的稳定性比较差，须以成盐形式存在，主要有磷霉素钙盐、磷霉素钠盐、磷霉素苄胺盐(左膦右胺盐)、磷霉素氨丁三醇盐(图 7-2)等。

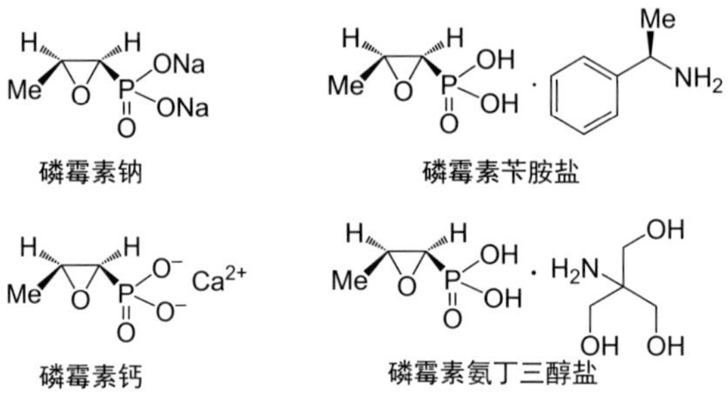

图 7-2　磷霉素及其相关盐

生物合成法分为生物酶手性转化法和微生物法。文献 [4] 报道磷霉素的生物酶手性转化以 (*S*)-2-羟基丙基膦酸(HPP)为原料、(*S*)-2-羟基丙基膦酸环氧酶(HppE)和铁(Ⅱ)为催化剂，在 O_2、黄素单核苷酸(FMN)和还原型辅酶Ⅰ(NADH)的作用下，经环氧化可合成磷霉素。亲电中心酶铁(Ⅱ)首先与 HPP 的羟基氧和磷氧络合，形成六元环，再在 NADH 的作用下被氧化成高价铁(Ⅳ)，再经 α 位的脱氢转移合成磷霉素，并再生成催化剂(图 7-3)。也有研究 [5] 表明 HppE 在生物合成机制中的使用是由 H_2O_2 直接生成的铁-氧复合物启动的环氧化反应，而不是由 O_2。微生物法是将微生物作用于顺丙烯膦酸，使顺丙烯膦酸转化为具有活性的左旋磷霉素 [6,7]。

化学合成法分为外消旋体拆分法和直接的不对称合成法。外消旋体拆分法主要是制备成左膦右胺盐中间体，之后通过拆分得到高对映选择性左膦右胺盐类化合物。文献 [8,9] 报道用三氯化磷、叔丁醇和三乙胺进行反应得到二叔丁基亚磷酰氯化合物 **1**，然后和丙炔醇反应，经取代反应、重排反应生成连烯膦酸酯 **3**，再经选择加氢、酸化水解反应制得顺丙烯膦酸 **5**，顺丙烯膦酸与 (+)-α-苯乙胺成盐后得到左膦右胺盐中间体，之后经双氧水环氧化成环、重结晶拆分得到高光学活性左膦右胺盐(图 7-4)。

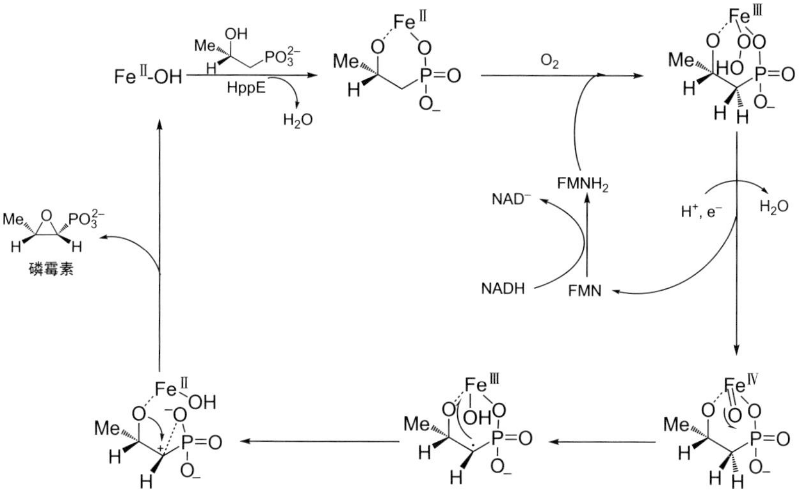

图 7-3　磷霉素的生物酶手性转化

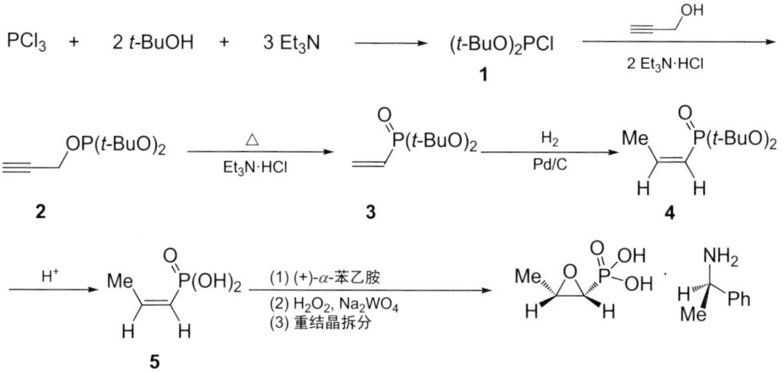

图 7-4　拆分合成高光学活性左膦右胺盐

不对称合成法合成磷霉素的关键在于手性中心的构建，如不对称氢化、不对称双羟基化和不对称环氧化等。文献 [10] 报道以氯代丙酮 **6** 为原料，经 Arbuzov 反应合成 β-酮膦酸酯 **7**，再经溴化得到 α-溴代 -β-酮膦酸酯 **8**，不对称氢化 α-溴代 -β-酮膦酸酯得到 (1R,2S)-α-溴代-β-羟基膦酸酯 **9**，最后经水解、环氧化合成磷霉素钠 (图 7-5)。

2001 年，Kobayashi 等 [11] 报道了用 (Z)-1-溴丙烯 **10** 为原料，经磷酯化、Sharpless 不对称双羟基化两步反应合成 (1R,2S)-α, β-二羟基丙基膦酸酯化合物 **12**，再经选择性单磺酰化、环化反应得到高光学活性膦酸酯化合物 **14**，水解得到磷霉素 (图 7-6)。

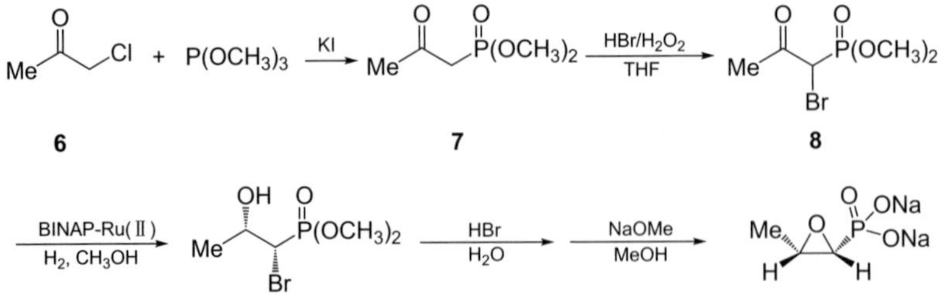

图 7-5 不对称氢化合成磷霉素钠

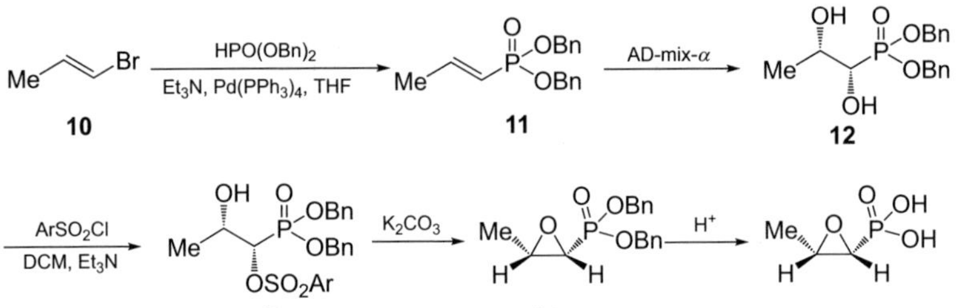

图 7-6 不对称双羟基化合成磷霉素

不对称催化法合成磷霉素的研究较少。第一例报道[12]的不对称合成法制备磷霉素是以酒石酸为手性修饰基团，顺丙烯膦酰氯 **15** 和手性助基团 **16** 反应生成环状膦酸盐，经水解开环得到丙烯膦单酯化合物 **17**，再经溴化、水解、环氧化制备磷霉素钠(图 7-7)。

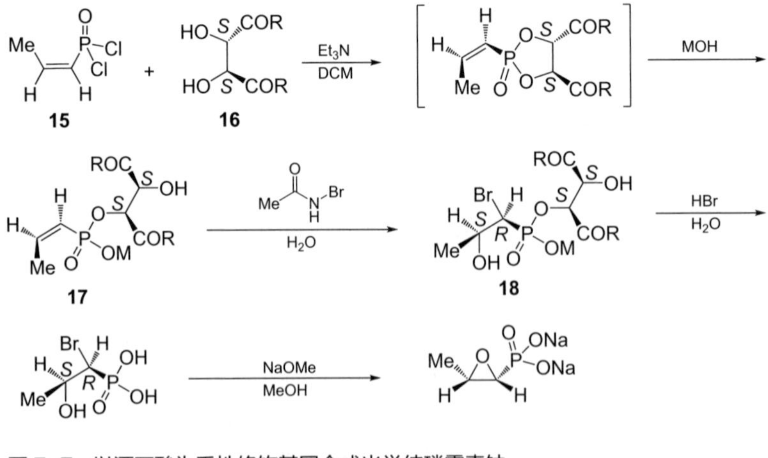

图 7-7 以酒石酸为手性修饰基团合成光学纯磷霉素钠

钨和钼能够有效地催化缺电子烯烃进行环氧化，以手性吡啶醇为配

体的手性钨(Ⅵ)和钼(Ⅵ)对催化环氧化反应具有很强的选择性。Sailaja
等报道了用手性席夫碱(salen)[13]、(+)- 樟脑酮衍生吡啶醇和 (−)- 莳酮衍
生的吡啶醇 [14] 为手性配体分别和钼(Ⅵ)或钨(Ⅵ)配位在水溶液中催化顺
丙烯膦酸 5 的不对称环氧化反应(图 7-8)。

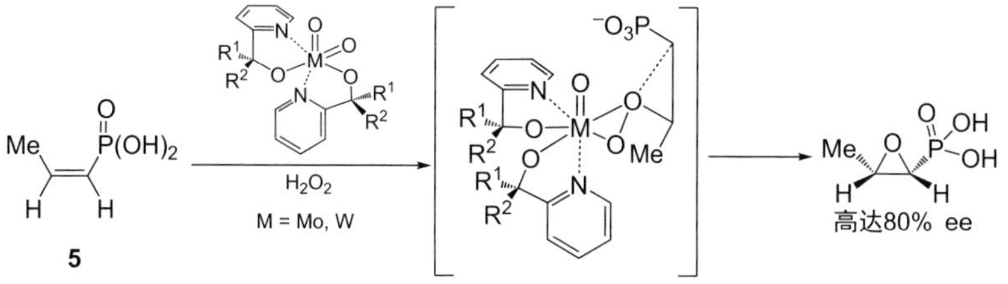

图 7-8　顺丙烯膦酸的不对称环氧化反应

　　化学合成法具有操作简单、原料易得、反应条件温和、废液容易处
理等优点，然而目前仍存在立体选择性差、产率低以及污染环境等问题。
其他方法在反应活性、立体选择性等方面难以达到工业要求。外消旋体
拆分是目前唯一实现工业化生产的磷霉素合成工艺，然而该工艺的关键
技术，即顺丙烯膦酸的环氧化一直未取得突破性进展。

7.1.2　头孢洛林酯

　　头孢洛林酯(ceftaroline fosamil)是一种头孢菌素类抗菌药，适用于由
金黄色葡萄球菌、化脓性链球菌、无乳链球菌、大肠埃希菌、肺炎克雷
伯菌和产酸克雷伯菌等敏感分离菌株引起的急性细菌性皮肤和皮肤结构
感染；也可用于由肺炎链球菌、金黄色葡萄球菌、流感嗜血杆菌、肺炎
克雷伯菌、产酸克雷伯菌和大肠埃希菌等引起的社区获得性细菌性肺炎。
本品的作用靶点为青霉素结合蛋白(PBPs)，主要通过抑制细菌细胞壁的
合成使细菌死亡。

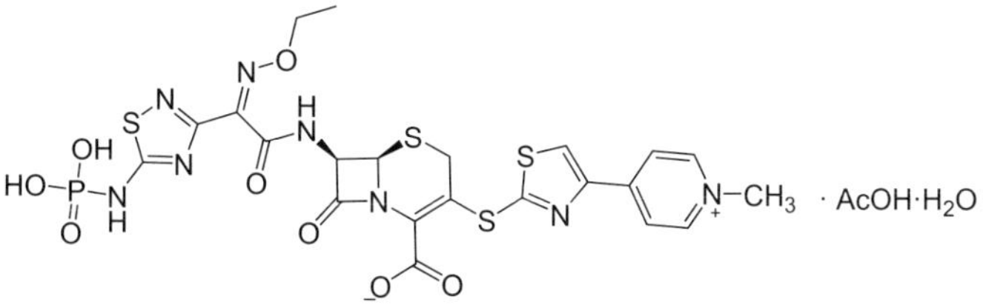

头孢洛林酯

头孢洛林酯是含有一分子乙酸和一分子水的白色结晶，属于第五代头孢菌素类抗生素，由第四代头孢菌素头孢唑兰衍生而来。头孢洛林酯在临床上用于治疗成人社区获得性细菌性肺炎(CABP)和急性细菌性皮肤与皮肤结构感染(ABSSSI)，包括耐甲氧西林的金黄色葡萄球菌(methicillin-resistant staphylococcus aureus，MRSA)所致的感染。Ⅰ～Ⅲ期临床试验显示，头孢洛林酯常见的不良反应有腹泻、恶心、头痛、失眠、结晶尿，血清肌酸磷酸激酶、谷丙转氨酶和谷草转氨酶水平升高，也会引起尿的颜色和气味的改变[15]。

头孢洛林酯由日本武田制药公司研发，于 2010 年 10 月在美国上市[16]，2012 年 8 月 28 日在欧盟上市[17]。头孢洛林酯的作用靶点同样是青霉素结合蛋白(PBPs)，通过抑制细菌细胞壁的合成使细菌死亡。头孢洛林酯对 MRSA 有良好的抗菌作用是因为其能与 MRSA 菌株产生 PBP2a 蛋白结合，形成抑制性酰基酶中间体。因此，在细菌生长繁殖的过程中，头孢洛林酯能够替代细胞壁与 PBP2a 结合，进而抑制细胞壁与 PBP2a 转肽酶活性位点间的相互作用，细胞壁的合成受到抑制，最后使细菌死亡。同样，肺炎链球菌有 6 种青霉素结合蛋白，头孢洛林酯可以和其中的 PBP3、1a、2x、1b 和 2a/b 结合而起到抗菌活性。头孢洛林酯是广谱头孢菌素类抗菌药物，对大多数的革兰氏阳性菌和革兰氏阴性厌氧菌、革兰氏阳性厌氧菌具有较强的抗菌活性[18]。

头孢洛林酯的商品名为 Teflaro，中文化学名为 (6R,7R)-7-[(2Z)-2-(乙氧基亚氨基)-2-[5-(磷酰氨基)-1,2,4-噻二唑-3-基] 乙酰氨基]-3-[[4-(1-甲基-4-吡啶鎓)-1,3-噻唑-2-基] 硫代]-8-氧代-5-硫杂-1-氮杂双环 [4.2.0]辛-2-烯-2-羧酸乙酸盐一水合物，英文化学名为 (6R,7R)-7-{(2Z)-2-(ethoxyimino)-2-[5-(phosphonoamino)-1,2,4-thiadiazol-3-yl]acetamido}-3-{[4-(1-methylpyridin-1-ium-4-yl)-1,3-thiazol-2-yl] sulfanyl}-8-oxo-5-thia-1-azabicyclo[4.2.0]oct-2-ene-2-carboxylate monoacetate monohydrate，分子式为 $C_{22}H_{21}N_8O_8PS_4 \cdot C_2H_4O_2 \cdot H_2O$，相对分子质量为 762.74，CAS 号为 866021-48-9。

头孢洛林酯结构中有 2 个比较特殊的官能团，一个是硫原子与母核的碳 3- 位连接的 1,3-噻唑环，该基团在耐甲氧西林的金黄色葡萄球菌(MRSA)中发挥着关键的作用；另一个是母核的碳 7-位酰胺侧链末端引入的磷酰基，使该药进入人体后被血液中的磷酸酯酶迅速水解为有生物活性的化合物——头孢洛林。

　　头孢洛林酯的合成策略主要是在 β-内酰胺母核上依次引入 3-位和 7-位侧链，然后与乙酸成盐。2013 年，Ishikawa 等[19-21]首次报道了头孢洛林酯的合成路线：首先，4-(4-吡啶基)-1,3-噻唑-2-硫醇 20 在氢氧化钠或甲醇钠等碱的条件下生成侧链 4-(4-吡啶基)-1,3-噻唑-2-硫醇钠 24；其次，(Z)2-(5-氨基-1,2,4-噻二唑-3-基)-2-乙氧基亚氨基乙酸 21 和五氯化磷反应制得 2-(5-二氯磷酰氨基-1,2,4-噻二唑-3-基)-(2Z)-乙氧基亚氨基乙酰氯 22，母核 7β-苯乙酰氨基-3-羟基-3-头孢烯-4-羧酸二苯甲酯 19 的碳 3-位羟基与甲磺酰氯 (MsCl) 反应得到甲磺酰酯化合物 23，之后与已制得的 4-(4-吡啶基)-1,3-噻唑-2-硫醇钠 24 发生取代反应，再与碘甲烷进行甲基化反应得到季铵盐化合物 26；最后，在五氯化磷 / 吡啶作用下脱掉 7-位氨基上的保护剂得到化合物 27，在浓盐酸作用下脱除母核 2-位羧基的保护基得到化合物 28，再与 2-(5-二氯磷酰氨基-1,2,4-噻二唑-3-基)-(2Z)-乙氧基亚氨基乙酰氯 22 进行酰化反应制得化合物 29，之后经水解磷酰氯、乙酸成盐制得目标产物头孢洛林酯，该路线总收率为 23.6%（图 7-9）。2015 年，吴茂江等[22]报道了以对甲苯磺酰氯、苯磺酰氯以及 4-硝基苯磺酰氯等替代甲磺酰氯能够减少剧毒物料的使用、提高反应的安全性，同时，活化基团位阻的增加降低了母核 7β-苯乙酰氨基-3-羟基-3-头孢烯-4-羧酸二苯甲酯异构体产生的概率，提高了反应产物的纯度和收率。

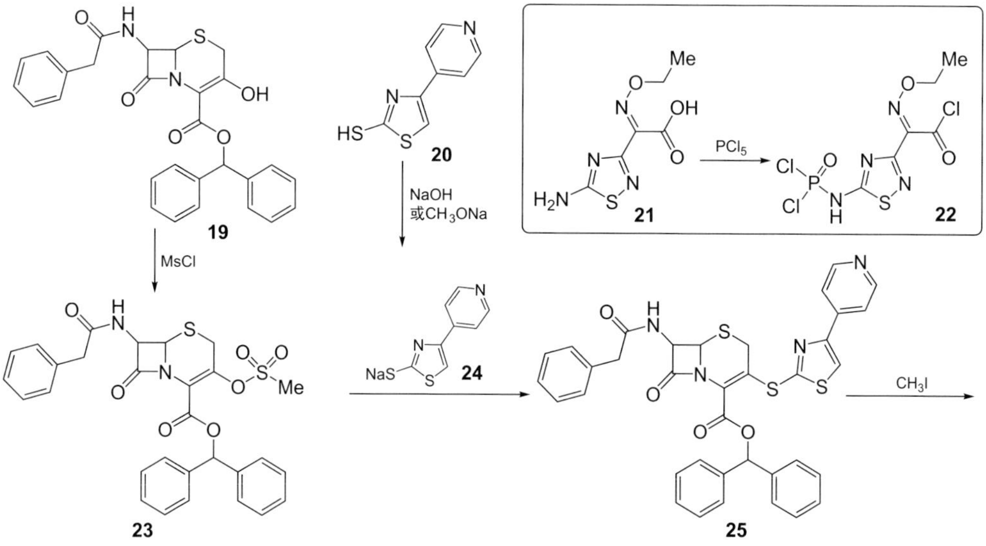

图 7-9

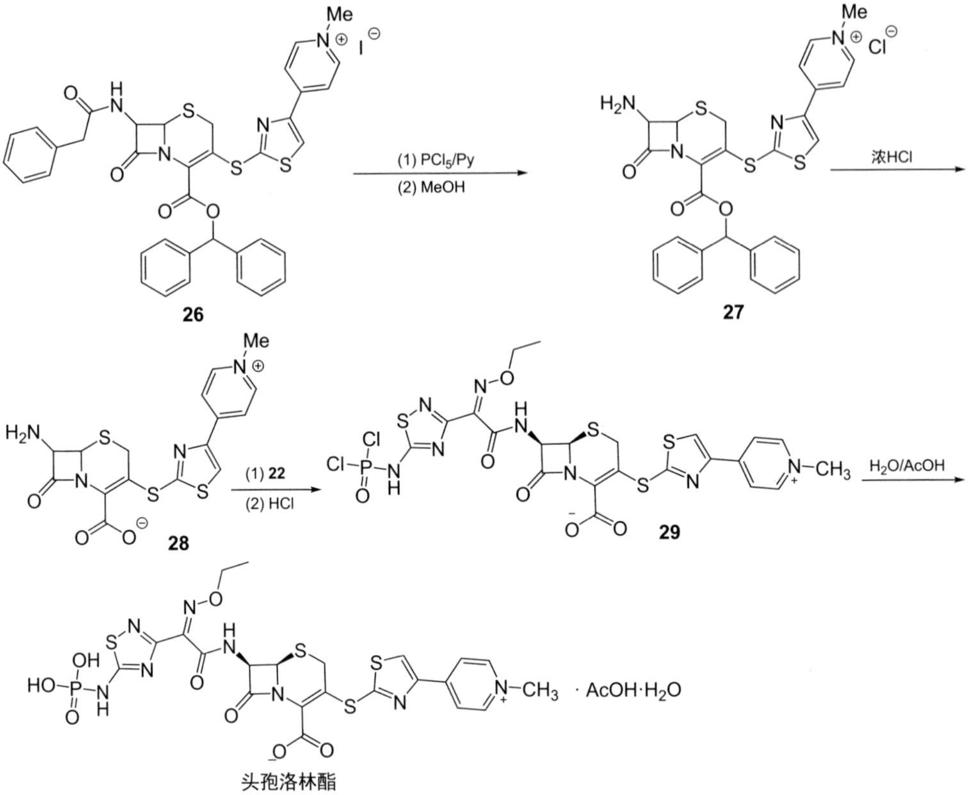

图 7-9 头孢洛林酯的合成路线 1

2018 年，Guo 等 [23] 报道了头孢洛林酯的一条合成新路线（图 7-10）。先连接母核的碳 7-位侧链，之后再连接母核的碳 3-位侧链：首先采用"一锅法"，母核 7β-苯乙酰氨基 -3-羟基-3-头孢烯 -4-羧酸二苯甲酯 **19** 在五氯化磷 / 吡啶条件下脱除母核 7-位苯乙酰基，过滤除去苯乙酸和吡啶的盐酸盐，再将其加至五氯化磷与 DMF 反应形成的氯代亚胺盐（Vilsmeier-Haack 试剂）的体系中进行氯代反应，得到 7β-氨基-3-氯-3-头孢烯-4-羧酸二苯甲酯盐酸盐 **30**。由于此合成方法减少了操作步骤，7β-氨基-3-氯-3-头孢烯-4-羧酸二苯甲酯盐酸盐 **30** 的收率达到 88.6%。7β-氨基-3-氯-3-头孢烯-4-羧酸二苯甲酯盐酸盐 **30** 与 2-(5-二氯磷酰氨基-1,2,4-噻二唑-3-基)-(2Z)-乙氧基亚氨基乙酰氯 **22** 反应制得 7β-[2-(5-磷酰氨基-1,2,4-噻二唑-3-基)-(2Z)-乙氧基亚氨基乙酰氨基]-3-氯-3-头孢烯-4-羧酸二苯甲酯二钠盐 **31**；二苯甲酯二钠盐 **31** 与

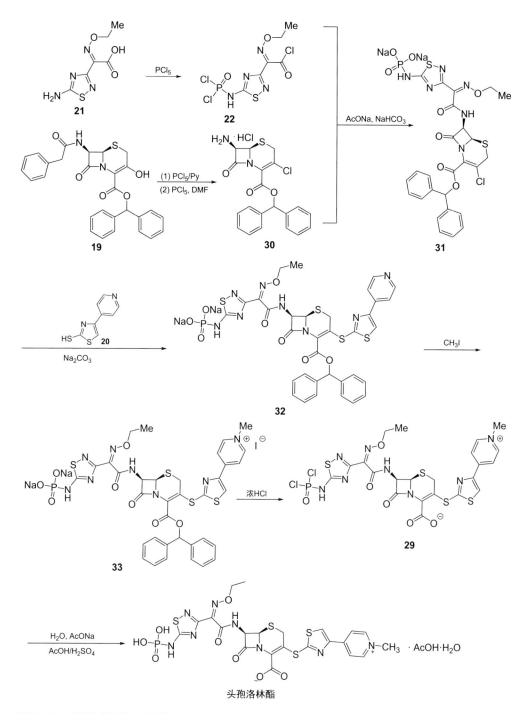

图 7-10 头孢洛林酯的合成路线 2

4-(4-吡啶基)-1,3-噻唑-2-硫醇 **20** 反应制得 3-[4-(4-吡啶基)-2-噻唑硫基]-7β-[2-(5-磷酰氨基-1,2,4-噻二唑-3-基)-(2Z)-乙氧基亚氨基乙酰氨基]-3-头孢烯-4-羧酸二苯甲酯二钠盐 **32**。该步反应使用了弱碱性的碳酸钠，不易破坏 β-内酰胺母核的稳定性。化合物 3-[4-(4-吡啶基)-2-噻唑硫基]-7β-[2-(5-磷酰氨基-1,2,4-噻二唑-3-基)-(2Z)-乙氧基亚氨基乙酰氨基]-3-头孢烯-4-羧酸二苯甲酯二钠盐 **32** 与碘甲烷反应制得 3-[4-(1-甲基-4-吡啶锑)-2-噻唑硫基]-7β-[2-(5-磷酰氨基-1,2,4-噻二唑-3-基)-(2Z)-乙氧基亚氨基乙酰氨基]-3-头孢烯-4-羧酸二苯甲酯二钠盐碘化物季铵盐 **33**，之后在浓盐酸作用下脱除 4-位羧酸保护基，同时磷酸钠盐直接转化为磷酸，得到高纯度的 3-[4-(1-甲基-4-吡啶锑)-2-噻唑硫基]-7β-[2-(5-磷酰氨基-1,2,4-噻二唑-3-基)-(2Z)-乙氧基亚氨基乙酰氨基]-3-头孢烯-4-羧酸 **29**，最后 3-[4-(1-甲基-4-吡啶锑)-2-噻唑硫基]-7β-[2-(5-磷酰氨基-1,2,4-噻二唑-3-基)-(2Z)-乙氧基亚氨基乙酰氨基]-3-头孢烯-4-羧酸与乙酸成盐即得头孢洛林酯。此反应条件温和，操作简便，总收率为 34.8%。

同时，文献 [24] 报道了多条关于 7-位侧链 (Z)-2-(5-氨基-1,2,4-噻二唑-3-基)-2-乙氧基亚氨基乙酸 **21** 的合成方法，分为氨基噻二唑形成前或形成后分别引入甲氧亚氨基官能团两类方法。如图 7-11 路线所示，以盐酸乙脒 **34** 为原料，和溴素、碳酸钾、硫氰酸钾进行环合反应生成的氨基噻二唑化合物 **35**，经 Boc 保护氨基，之后用二异丙基氨基锂（LDA）和干冰反应引入羧基制得化合物 **37**，在二环己基碳二亚胺（DCC）和甲醇的条件下进行酯化缩合，得到的甲酯化产物 **38**，其中的亚甲基被二氧化硒氧化成羰基，再和 O-乙基羟胺成肟 **40**，最后经水解、脱 Boc 保护反应得到 (Z)-2-(5-氨基-1,2,4-噻二唑-3-基)-2-乙氧基亚氨基乙酸 **21**[25]。

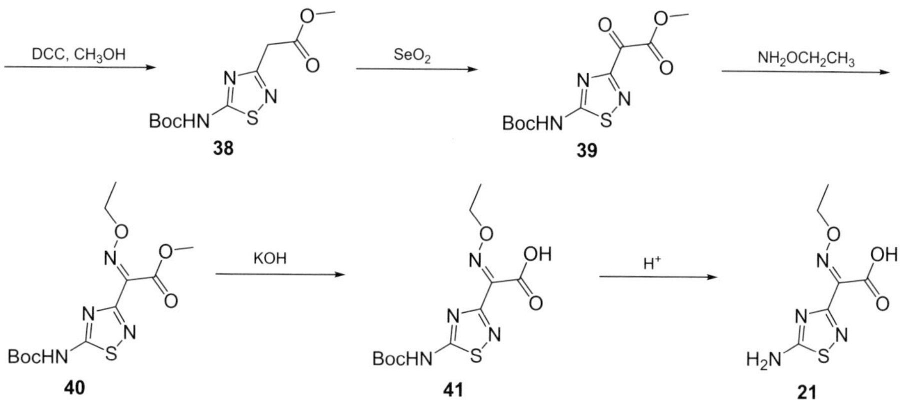

图 7-11　7- 位侧链 (Z)-2-(5-氨基-1,2,4-噻二唑-3-基)-2-乙氧基亚氨基乙酸 **21** 的合成路线 1

　　如图 7-12 路线所示，以氰乙酰胺 **42** 为起始原料，首先与亚硝酸钠、硫酸进行亚硝化反应，之后与硫酸二乙酯进行乙基化反应引入乙氧亚氨基制得 2-氰基-2-乙氧基亚氨基乙酰胺 **43**，再和盐酸羟胺进行肟化反应制得化合物 **44**，之后和对甲苯磺酰氯反应生成对甲苯磺酰基化合物 **45**，对甲苯磺酰基化合物 **45** 与硫氰酸钾发生环合反应制得 (E)-2-乙氧基亚氨基-2-(5-氨基-1,2,4-噻二唑-3-基) 乙酰胺 **46**。在酸性条件下发生构型转换生成 (Z)-2-乙氧基亚氨基 -2-(5-氨基-1,2,4-噻二唑-3-基) 乙酰胺 **48**，最后经水解制得化合物 (Z)-2-(5-氨基-1,2,4-噻二唑-3-基)-2-乙氧基亚氨基乙酸 **21**[26]。有文献报道在甲酸溶液中化合物 (E)-2-乙氧基亚氨基 -2-(5-氨基-1,2,4-噻二唑-3-基) 乙酰胺 **46** 的构型发生转换，生成 (Z)-2-乙氧基亚氨基-2-(5-甲酰基-1,2,4-噻二唑-3-基) 乙酰胺 **47**，再水解制得化合物 (Z)-2-(5-氨基-1,2,4-噻二唑-3-基)-2-乙氧基亚氨基乙酸 **21**[27]。

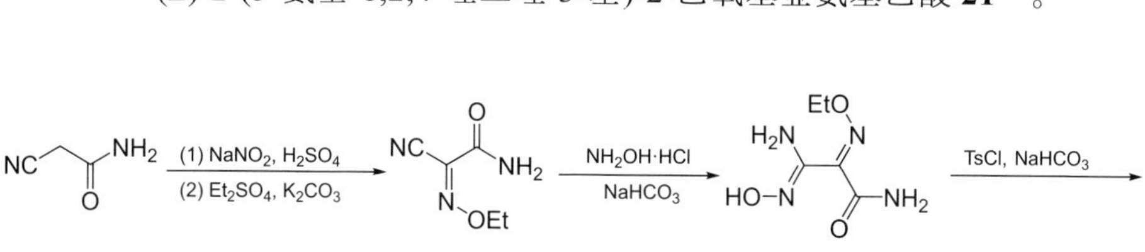

图 7-12

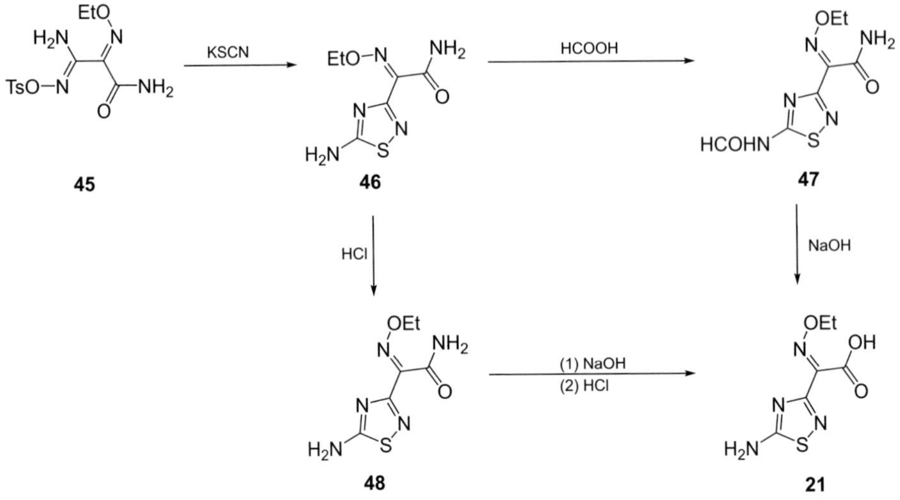

图 7-12　7- 位侧链 (Z)-2-(5-氨基-1,2,4-噻二唑-3-基)-2-乙氧基亚氨基乙酸 **21** 的合成路线 2

　　如图 7-13 路线所示，以氰乙酰胺 **42** 为原料，经亚硝化、乙基化制得化合物 2-氰基-2-乙氧基亚氨基乙酰胺 **43**，2-氰基-2-乙氧基亚氨基乙酰胺 **43** 在三氯氧磷作用下脱水生成 2-乙氧基亚氨基丙二腈 **49**。之后和氨水进行氨解反应生成 2-氰基-2-乙氧基亚氨基乙脒 **50**，经溴代反应，再与硫氰酸钾成环制得 2-乙氧基亚氨基 -2-(5-氨基-1,2,4-噻二唑-3-基) 乙腈 **51**，在 NaOH 溶液中水解氰基制得化合物 (Z)-2-(5-氨基-1,2,4-噻二唑-3-基)-2-乙氧基亚氨基乙酸 **21**[28]。

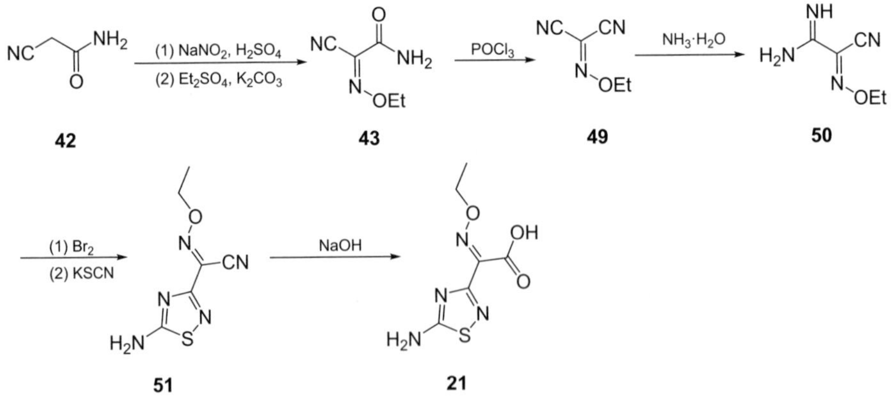

图 7-13　7- 位侧链 (Z)-2-(5-氨基-1,2,4-噻二唑-3-基)-2-乙氧基亚氨基乙酸 **21** 的合成路线 3

7.1.3 磷酸泰地唑胺

磷酸泰地唑胺(tedizolid phosphate)的商品名为 Sivextro，是一种噁唑烷酮类抗生素前药，用于治疗成人急性细菌性皮肤和皮肤结构感染，这种感染是由几种革兰氏阳性菌的敏感菌株引起的。在通过口服或静脉途径给药后，通过血浆磷酸酶将磷酸泰地唑胺前药转化为其活性部分泰地唑胺。一旦被激活，后者通过与易感细菌的 50S 核糖体亚基结合来抑制蛋白质合成，从而发挥其抑菌活性。

磷酸泰地唑胺

Sivextro 的药用成分为磷酸泰地唑胺的钠盐，现有针剂和片剂两种剂型，于 2014 年 6 月 20 日获美国 FDA 批准上市。其用于治疗金黄色葡萄球菌(包括耐甲氧西林菌株、甲氧西林敏感菌株)和各种链球菌及粪肠球菌等革兰氏阳性菌引起的急性细菌性皮肤和皮肤结构感染(ABSSSI)。磷酸泰地唑胺通过与 50S 亚基的 23S 核糖体 RNA(rRNA)结合而阻止 70S 起始复合物的形成，从而抑制蛋白质合成。该药与利奈唑胺的结构差异包括在 C-5 位羟甲基取代的酰氨基和 D-环取代基(四唑)。这些改变增强了泰地唑胺与肽基转移酶中心结合位点的相互作用，并使其对耐药菌的效力增强，在某些情况下可达到利奈唑胺的 2～8 倍。此外，因为噁唑烷酮类的独特作用机制，其与其他类抗菌药交叉耐药的可能性很小。泰地唑胺的组织分布支持其用于皮肤和软组织感染的治疗[29,30]。

磷酸泰地唑胺的中文化学名为 (R)-3-(4-(2-(2-甲基四唑-5-基) 吡啶 -5-基)-3-氟苯基)-5-羟甲基噁唑烷 -2-酮磷酸酯，英文化学名为 (R)-(3-(3-fluoro-4-(6-(2-methyl-2H-tetrazol-5-yl)pyridin-3-yl)phenyl)-2-oxooxazolidin-5-yl) methyl dihydrogen phosphate，分子式为 $C_{17}H_{16}FN_6O_6P$，分子量为 450.32，CAS 号 856867-55-5。

2011 年，Im 等[31] 报道了以 2,5-二溴吡啶 **52** 为原料，经亲核取代反应生成 2-氰基-5-溴吡啶 **53**，与叠氮化钠发生环化反应生成 2-四唑-5-溴

吡啶化合物 **54**，后与碘甲烷反应得到四唑甲基化产物 **55**，四唑甲基化产物 **55** 和三正丁基锡烷类化合物 **61** 在钯催化剂和氯化锂的作用下进行偶联反应，得到关键中间体 (*R*)-3-(4-(2-(2-甲基四唑-5-基) 吡啶-5-基)3-氟苯基)-5-羟甲基噁唑烷-2-酮**62**，再经酯化反应得到 (*R*)-3-(4-(2-(2-甲基四唑-5-基) 吡啶-5-基)3-氟苯基)-2-氧-5-噁唑烷基甲基磷酸双 (四丁基酯)**63**，然后在三氟乙酸条件下进行水解反应得到目标化合物（图 7-14）。*β*-氟苯胺 **56** 和氯甲酸苄酯进行反应，得到氨基保护的 *β*-氟苯胺化合物 **57**，再经烷基化、环化反应得到噁唑烷酮化合物 **59**，之后在碘和三氟甲磺酸银的条件下选择性得到碘代产物 **60**，最后和六正丁基二锡反应得到三正丁基锡烷类化合物 **61**。

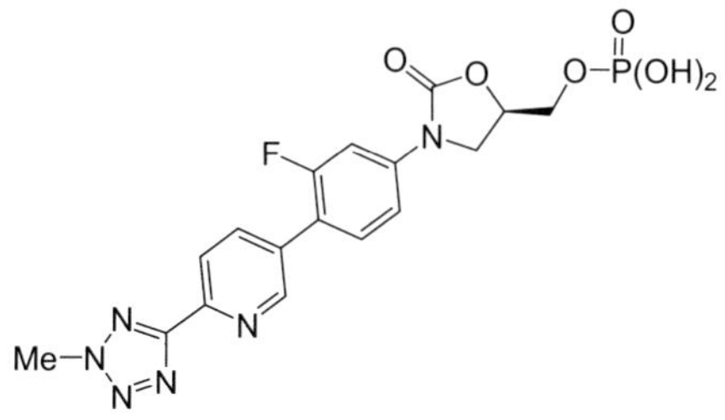

图 7-14　以 2,5-二溴吡啶为原料制备磷酸泰地唑胺

　　Costello 等 [32,33] 报道了以 3-氟-4-溴苯胺 **64** 为起始原料与氯甲酸苄酯反应，得到的氨基保护化合物 **65** 与硼酸酯进行硼化反应，含硼化合物 **67** 和 2-甲基四唑-5-溴吡啶 **55** 进行 Suzuki 偶联反应得到四唑化合物 **68**，然后和缩水甘油丁酯 **58** 进行环化反应生成噁唑烷酮 **62**，最后和三氯氧磷反应后水解得到磷酸泰地唑胺（图 7-15）。

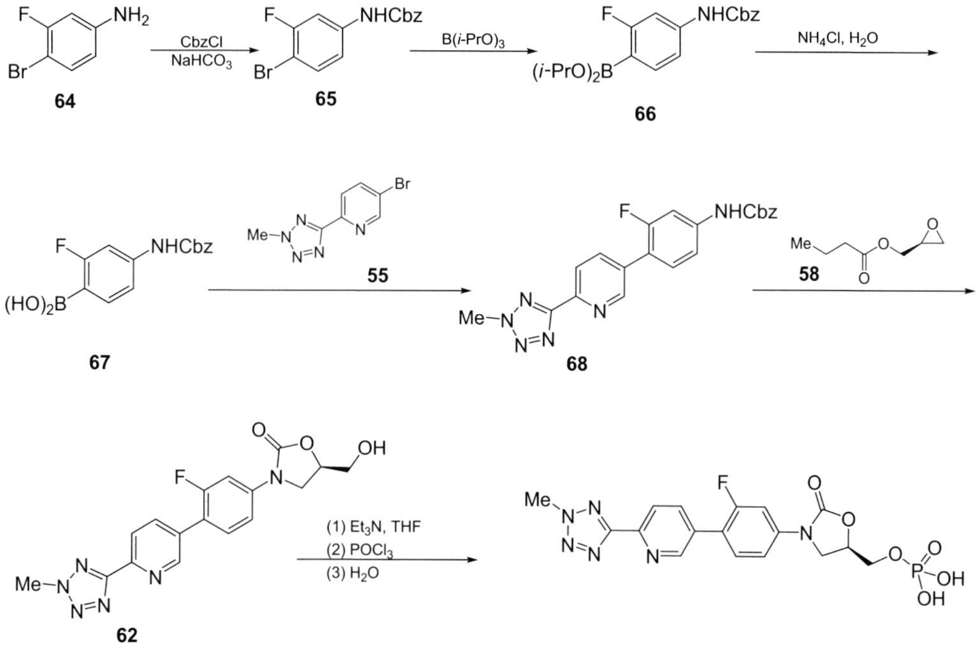

图 7-15　以 3-氟-4-溴苯胺为起始原料制备磷酸泰地唑胺

　　2015 年，Zhu 等 [34] 报道使用联硼酸频那醇酯 **70** 和 (5R)-3-(4-溴-3-氟苯基)-5-羟甲基噁唑烷-2-酮**69** 进行反应，得到硼化物 **71** 和 2-甲基四唑-5-

溴吡啶 **55** 进行 Suzuki 偶联反应，得到泰地唑胺 **62**，使用 *N,N*-二异丙氨基亚磷酸二苄酯 **72** 作为磷酰化试剂，可避免产生二聚化产物以及氯代产物，最后用氢气、钯碳脱苄基得到磷酸泰地唑胺（图 7-16）。

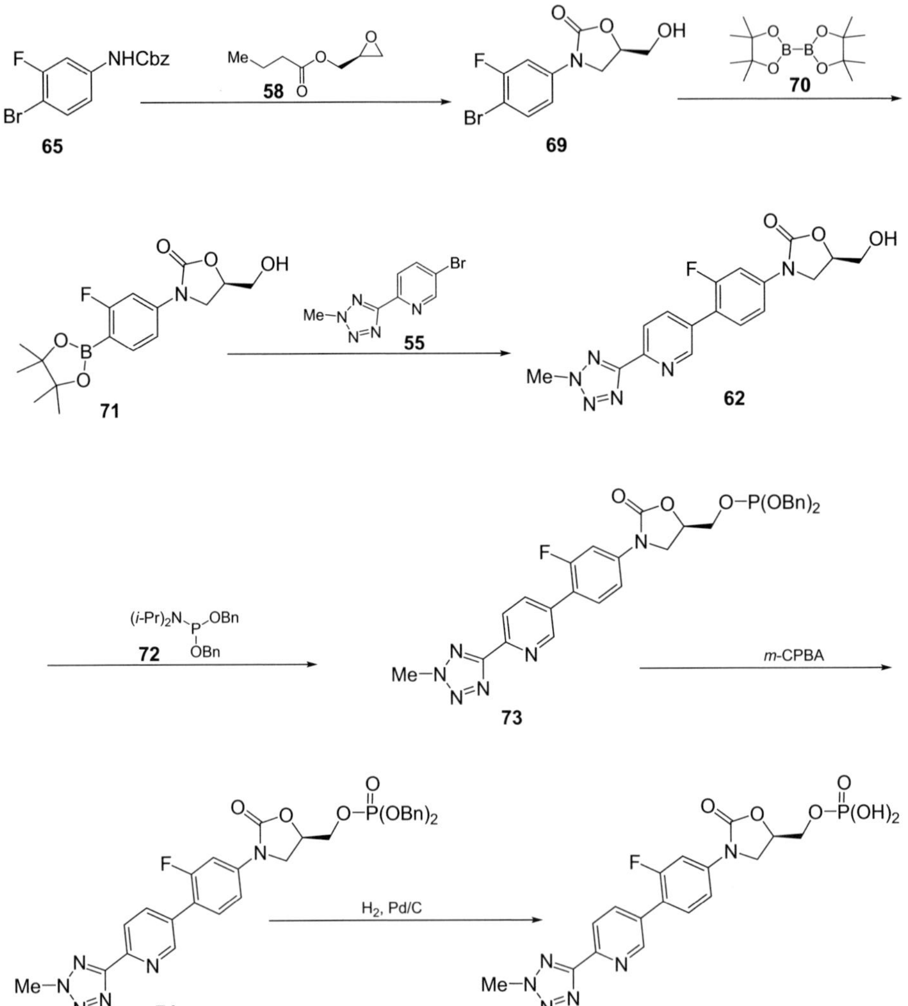

图 7-16　联硼酸频那醇酯制备磷酸泰地唑胺

　　2017 年，彭立增等[35] 公开了一种高纯度磷酸泰地唑胺的制备方法，泰地唑胺 **62** 与三氯氧磷反应生成泰地唑胺磷酰氯中间体，之后将泰地唑胺磷酰氯中间体与苄醇反应生成泰地唑胺磷酸二苄酯中间体 **74**，在氢气、钯碳作用下脱苄基得到磷酸泰地唑胺，有效提高了磷酸泰地唑胺的制备效率(图 7-17)。

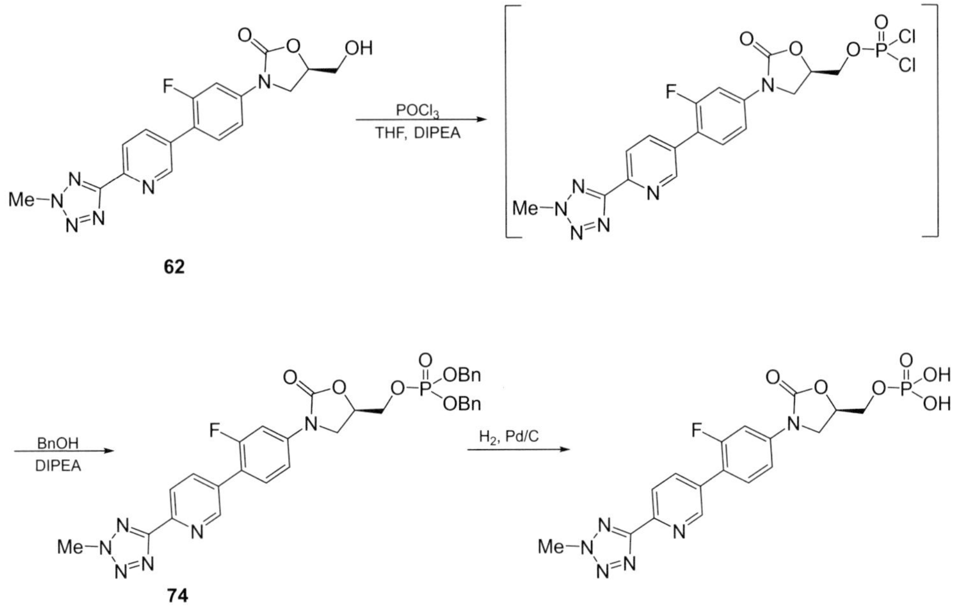

图 7-17　一种高纯度磷酸泰地唑胺的制备方法

2017 年，张善军等[36] 提供了一种制备磷酸泰地唑胺关键中间体的方法。泰地唑胺 62 和焦磷酸四苄酯 75 在碱的作用下反应，反应完全后经淬灭、萃取、干燥、浓缩和重结晶，得到泰地唑胺磷酸二苄酯 74，在氢气、钯碳作用下脱苄基得到磷酸泰地唑胺(图 7-18)。

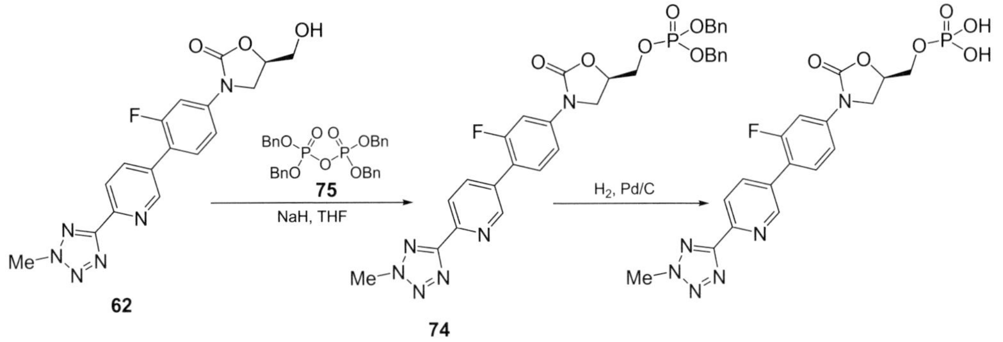

图 7-18　泰地唑胺和焦磷酸四苄酯制备磷酸泰地唑胺

2018 年，朱益忠等[37] 提供了一种使用二异丙基亚磷酸二苄酯作为磷酰化试剂制备磷酸泰地唑胺的方法。使用二异丙基胺和三氯氧磷反应制得化合物 **76**，再和苄醇得到二异丙基亚磷酸二苄酯 **77**，二异丙基亚磷酸二苄酯 **77** 在 1*H*-四氮唑作为催化剂、间氯过氧苯甲酸(*m*-CPBA)作为氧化剂的条件下和泰地唑胺 **62** 反应得到泰地唑胺磷酸二苄酯 **74**，在氢气、钯碳作用下脱苄基得到磷酸泰地唑胺(图 7-19)。

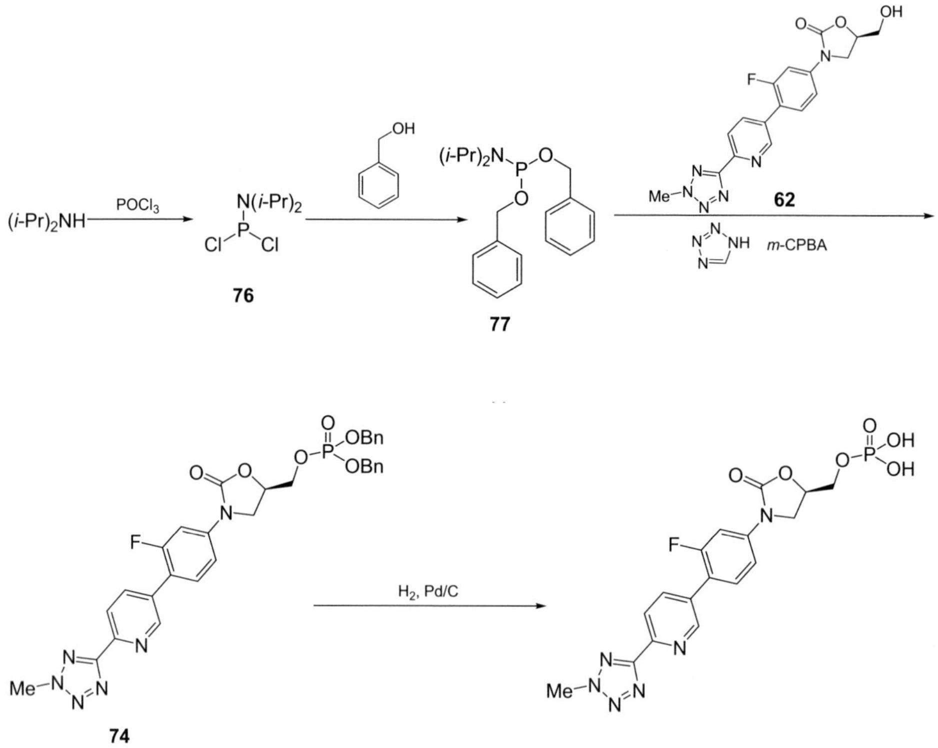

图 7-19　使用二异丙基亚磷酸二苄酯作为磷酰化试剂制备磷酸泰地唑胺

7.1.4　特拉万星

　　特拉万星(telavancin)的商品名为 Vibativ，是万古霉素的半合成衍生物，其杀菌作用机制类似于万古霉素，也可抑制细胞壁合成。特拉万星可用于耐甲氧西林金黄色葡萄球菌(MRSA)或其他革兰氏阳性感染的杀菌脂肽，MRSA 是一种重要的病原体，能够引起医院获得性肺炎

(HAP)、呼吸机相关性肺炎(VAP)以及皮肤和皮下组织感染。特拉万星可以用于治疗由革兰氏阳性菌引起的复杂皮肤和皮肤结构感染，也可用于治疗患有已知或怀疑是由敏感的金黄色葡萄球菌分离株引起的医院获得性肺炎(HAP)和呼吸机相关性肺炎(VAP)的成人。

特拉万星

特拉万星于 2000 年被开发，Theravance(旧金山，美国)公司将其命名为 TD-6424。它是第一个半合成糖肽抗生素，具有典型的浓度依赖性，已于 2009 年通过美国 FDA 审批，临床上用于治疗革兰氏阳性菌致病分离物导致的成人复杂皮肤和皮肤结构感染(cSSSI)，革兰氏阳性菌主要包括金黄色葡萄球菌(包括甲氧西林敏感金黄色葡萄球菌和耐甲氧西林金黄色葡萄球菌分离物)、化脓性链球菌、无乳链球菌、咽峡炎链球菌组(包括咽峡炎链球菌、中间型链球菌和星座链球菌)和粪肠球菌(仅万古霉素敏感分离物)。2011 年欧洲药品管理局批准其用于治疗医院获得性肺炎。2013 年 6 月特拉万星获 FDA 批准扩大适应证，用于金黄色葡萄球菌引起的医院获得性及呼吸机相关细菌性肺炎(HABP/VABP)患者的治疗。疏水性基团有利于增加细胞膜的相互作用及增加对肠球菌的抗菌活力，亲水性基团则促进体内组织代谢和清除，减少肾毒性，改善了药物在体内的药代动力学性质。特拉万星具有双重作用机制，特拉万星在结构上保持了万古霉素类核结构，与肽聚糖前体 D-丙氨酰-D-丙氨酸(D-Ala-D-Ala)形成 5 个氢键，具有较强的亲和力，因此能够通过结合肽前体抑制肽聚糖合成，阻碍底物与细菌糖苷酶和转肽酶相互作用，干扰肽聚糖交联和聚合，抑制细菌细胞壁合成。特拉万星还可直接作用于细菌的细胞膜，结合细菌细胞膜(细胞膜脂质)导致细胞膜去极化并增加细胞膜通透性。对于金黄色葡萄球菌，特拉万星能够快速、浓度依赖性地引起细胞膜去极化，从而使细胞膜通透性增加，三磷酸腺苷和铜离子外排而导致细胞死亡。由于特拉万星可以结合细菌细胞膜，高效地抑制转糖基和转肽的合成，因此其抑菌活性高于万古霉素十倍。特拉万星能够浓度依赖性地杀死革兰氏阳性菌，具有高效的抗菌活性[38,39]。

特拉万星的化学名为 N-3″-2-(癸基氨基) 乙基-29-[(N-膦酰基甲基) 氨甲基] 万古霉素，CAS 号为 372151-71-8，分子式为 $C_{80}H_{106}Cl_2N_{11}O_{27}P$，分子量为 1755.63，是美国施万 (Theravance) 公司和日本安斯泰来 (Astellas) 制药公司共同研发的一种新型脂糖肽类抗生素。

特拉万星属于第二代半合成脂糖肽类抗生素，是万古霉素的衍生物，其结构特征在于万古糖氨基部分接疏水性的癸氨乙基 (decylaminoethyl) 侧链，在第 7 位氨基酸的酰基位上连接了亲水性的膦酸氨甲基，改善了药物在体内的药代动力学[40]。

Lee 等[41,42] 报道了以癸醛 **78**、乙醇胺为原料，形成席夫碱后经还原氢化得到 2-(N-癸基氨基) 乙醇 **79**，再用氯甲酸-9 芴甲酯 (Fmoc-Cl)**80** 保护亚氨基制得化合物 **81**，再经 Swern 氧化制得关键中间体 N-(9-芴基甲氧羰基) 癸基氨基乙醛 **82**。该反应中的 Swern 氧化需要草酰氯和二甲基亚砜，且反应溶剂需要无水处理，反应需要在 -70℃进行，温度变化很容易产生副产物二甲基硫醚 (Me$_2$S)，后处理烦琐，故不适合工业化生产 (图 7-20)。

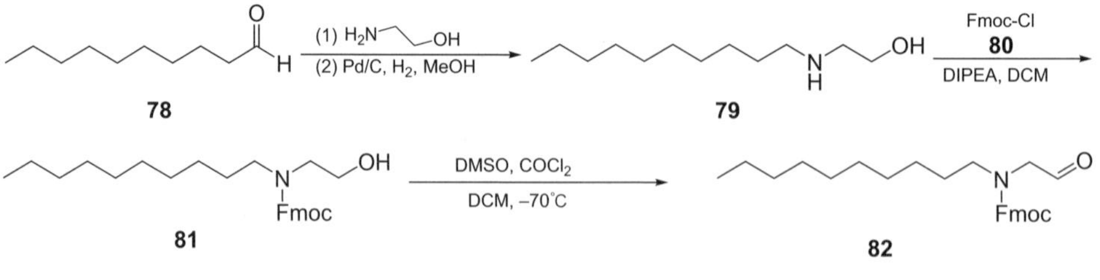

图 7-20　关键中间体 N-(9-芴基甲氧羰基) 癸基氨基乙醛的制备

2011 年，梁玉华等[43] 报道了以癸醛 **78**、氨基乙醛缩二甲醇为原料反应生成席夫碱，经氰基硼氢化钠还原制得化合物 **84**，Fmoc-Cl **80** 保护亚氨基制得化合物 **85**，再经酸水解得到醛关键中间体 **82**。之后中间体 **82** 和万古霉素盐酸盐 **86** 反应生成席夫碱，经氰基硼氢化钠还原、脱 Fmoc 保护得到 N^{Van}-2-(癸基氨基) 乙基万古霉素 **87**，然后与氨甲基膦酸 **83** 进行曼尼希反应合成特拉万星（图 7-21）。

2013 年，Ma 等[44] 报道了以癸胺 **88**、乙二醛二甲基缩醛为原料，经生成席夫碱、还原胺化反应制得缩醛中间体 **84**，用 Fmoc-Cl **80** 保护亚氨基制得化合物 **85**，酸水解缩醛制得 N-Fmoc- 癸基氨基乙醛关键中间体 **82**。万古霉素盐酸盐 **86** 与 N-Fmoc- 癸基氨基乙醛 **82** 经生成席夫碱、还原胺化反应，再经脱 Fmoc 保护、与氨甲基膦酸 **83** 进行曼尼希反应合成特拉万星（图 7-22）。该合成路线的总收率为 40.97%（以万古霉素盐酸盐计）。

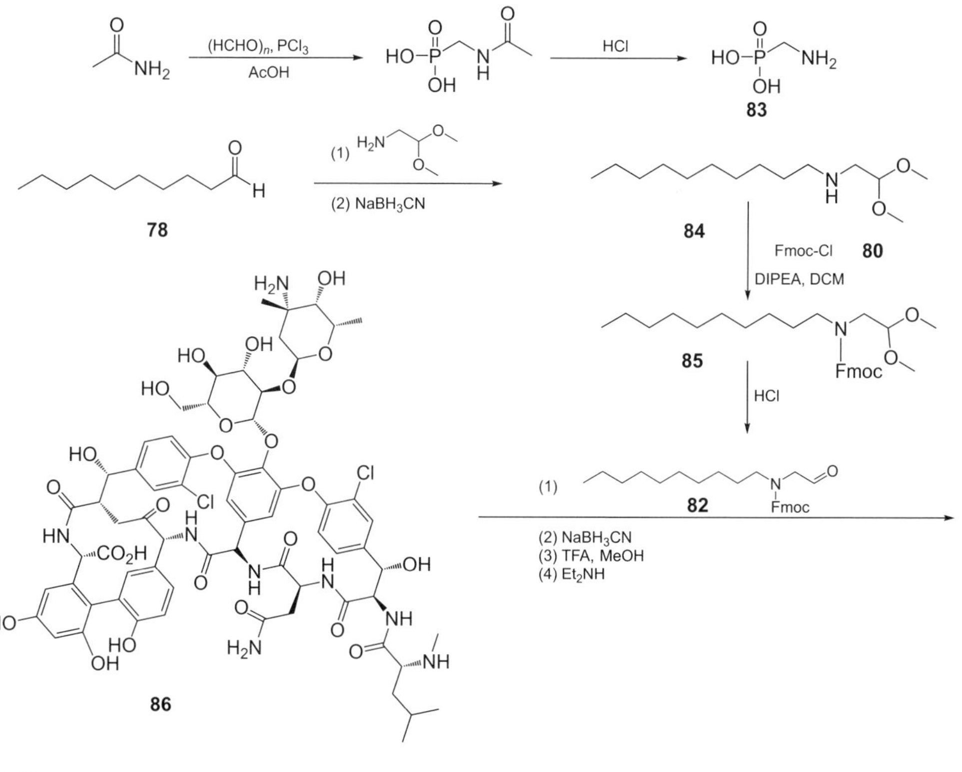

图 7-21

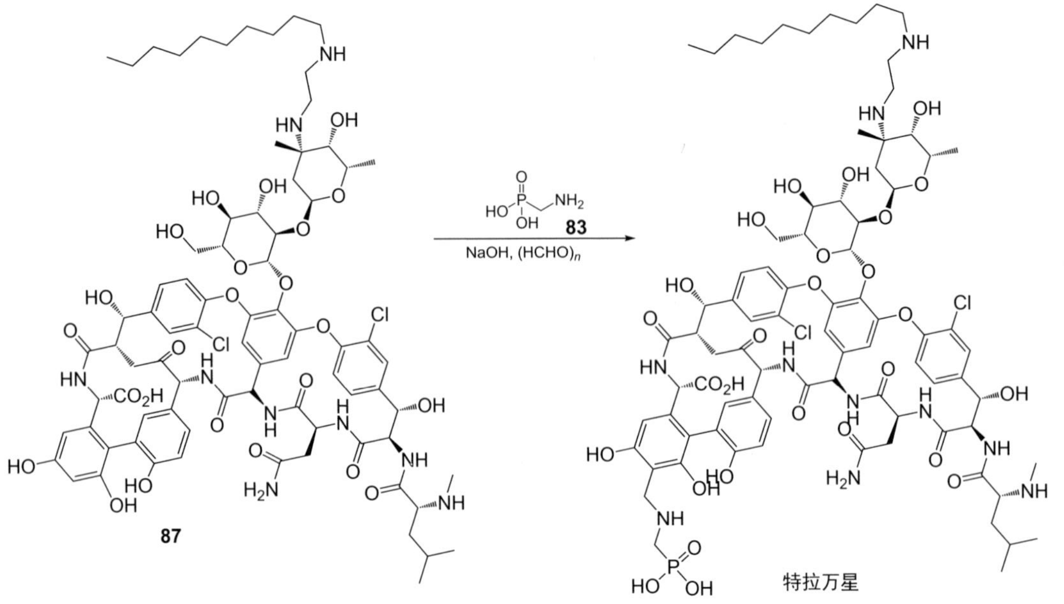

图 7-21 特拉万星的合成路线 1

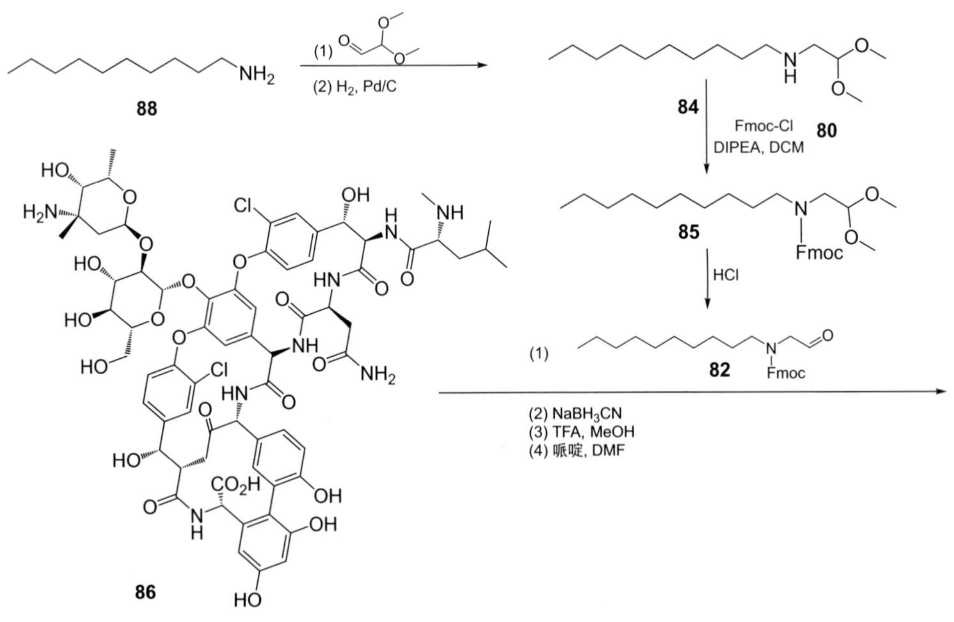

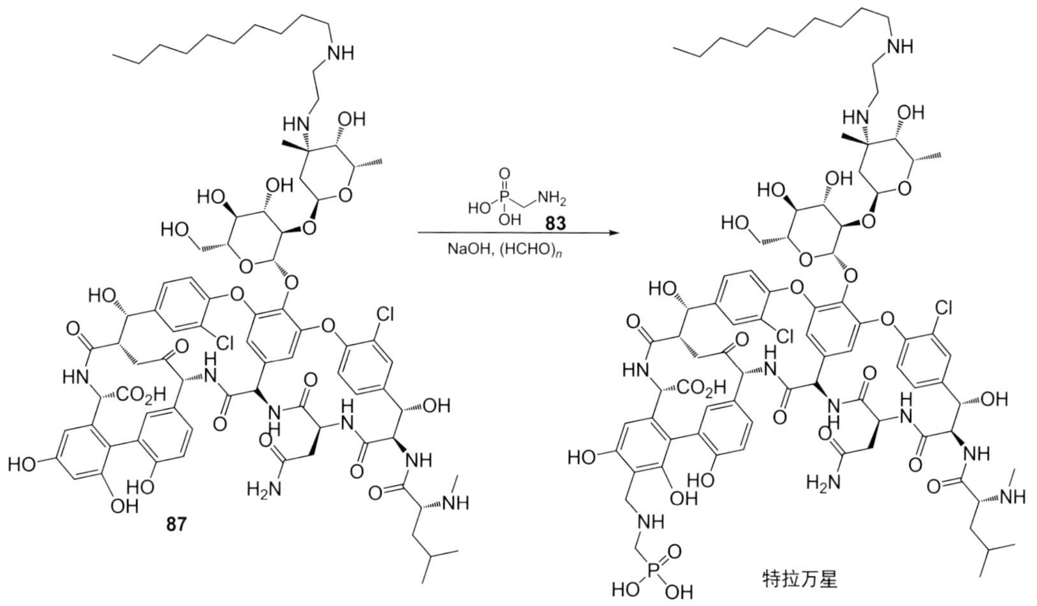

图 7-22　特拉万星的合成路线 2

2015 年，Liu 等[45] 报道了"一锅法"合成特拉万星的工艺改进方法，通过席夫碱还原氢化后，不用纯化，浓缩后直接进行下一步反应，经后续反应制得关键中间体 N-Fmoc-癸基氨基乙醛 82。N-Fmoc-癸基氨基乙醛 82 同样无须纯化直接与万古霉素盐酸盐 86 发生曼尼希反应制成席夫碱，后经用硼烷-叔丁基胺络合物还原亚胺、与氨甲基膦酸 83 进行曼尼希反应合成粗品特拉万星，粗品特拉万星经一种新颖的 C_{18} 反相硅胶柱色谱分离方法纯化得到 HPLC 纯度为 96.2% 及总收率为 50.4% 的纯品特拉万星（图 7-23）。

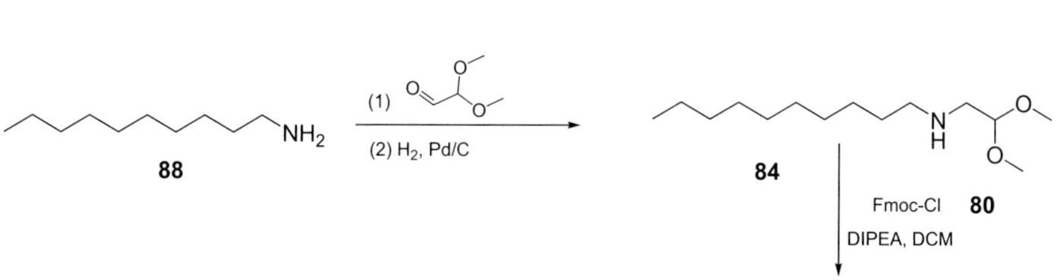

图 7-23

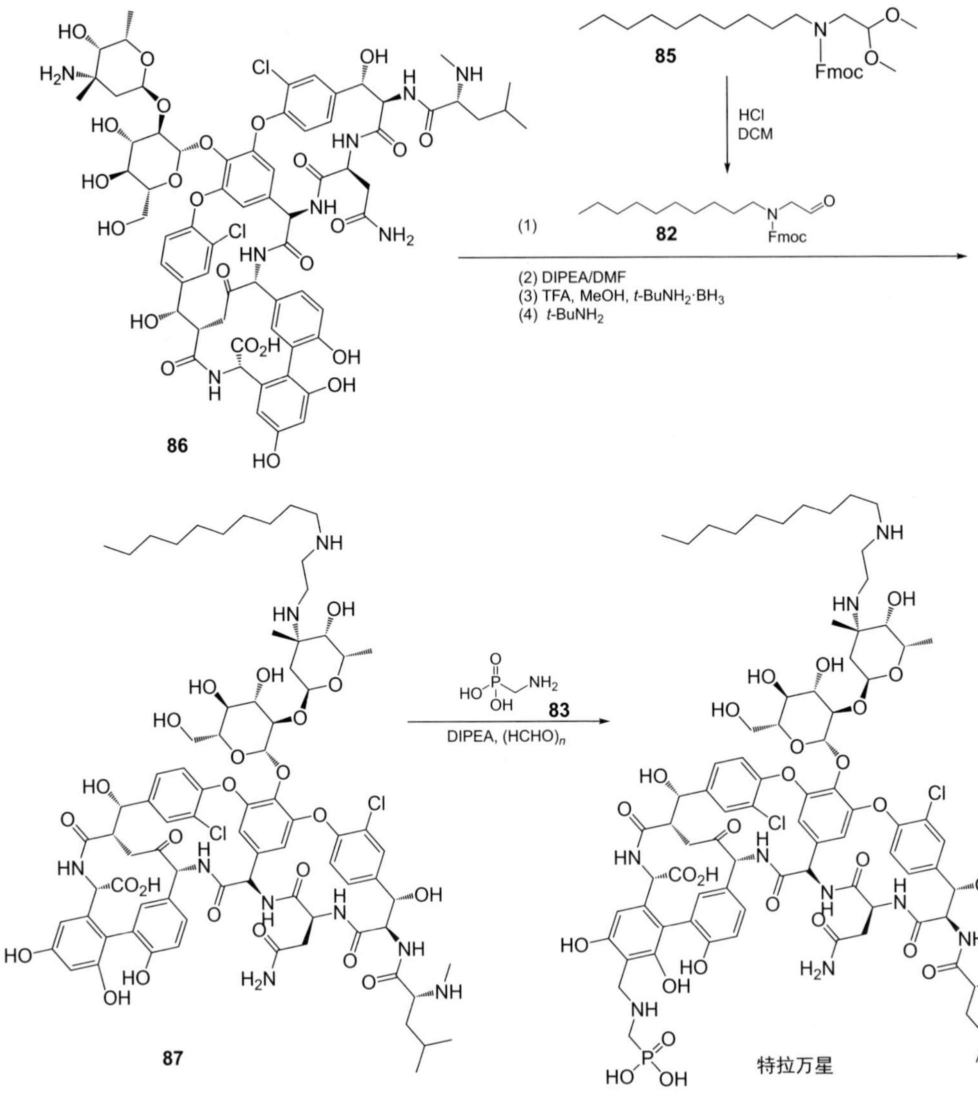

图 7-23　特拉万星的合成路线 3

　　2017 年，熊伦等[46] 报道了特拉万星的工艺路线研究，以癸醇 **89** 为原料，经甲磺酰化反应制得化合物 **90**、乙醇胺亲核取代反应制得化合物 **79**、Fmoc 保护制得 **81** 和 Parikh-Doering 氧化制备 *N*-(9-芴基甲氧羰基) 癸基氨基乙醛 **82**。万古霉素盐酸盐 **86** 与 *N*-(9-芴基甲氧羰基) 癸基氨基乙醛 **82** 进行曼尼希反应生成席夫碱，再经还原胺化反应、脱 Fmoc 保护和曼尼希反应制备得到特拉万星。此工艺研究对还原胺化和曼尼希反应这两步关键反应进行优化，以万古霉素为起始原料计算，该工艺路线总收率为 46%（图 7-24）。

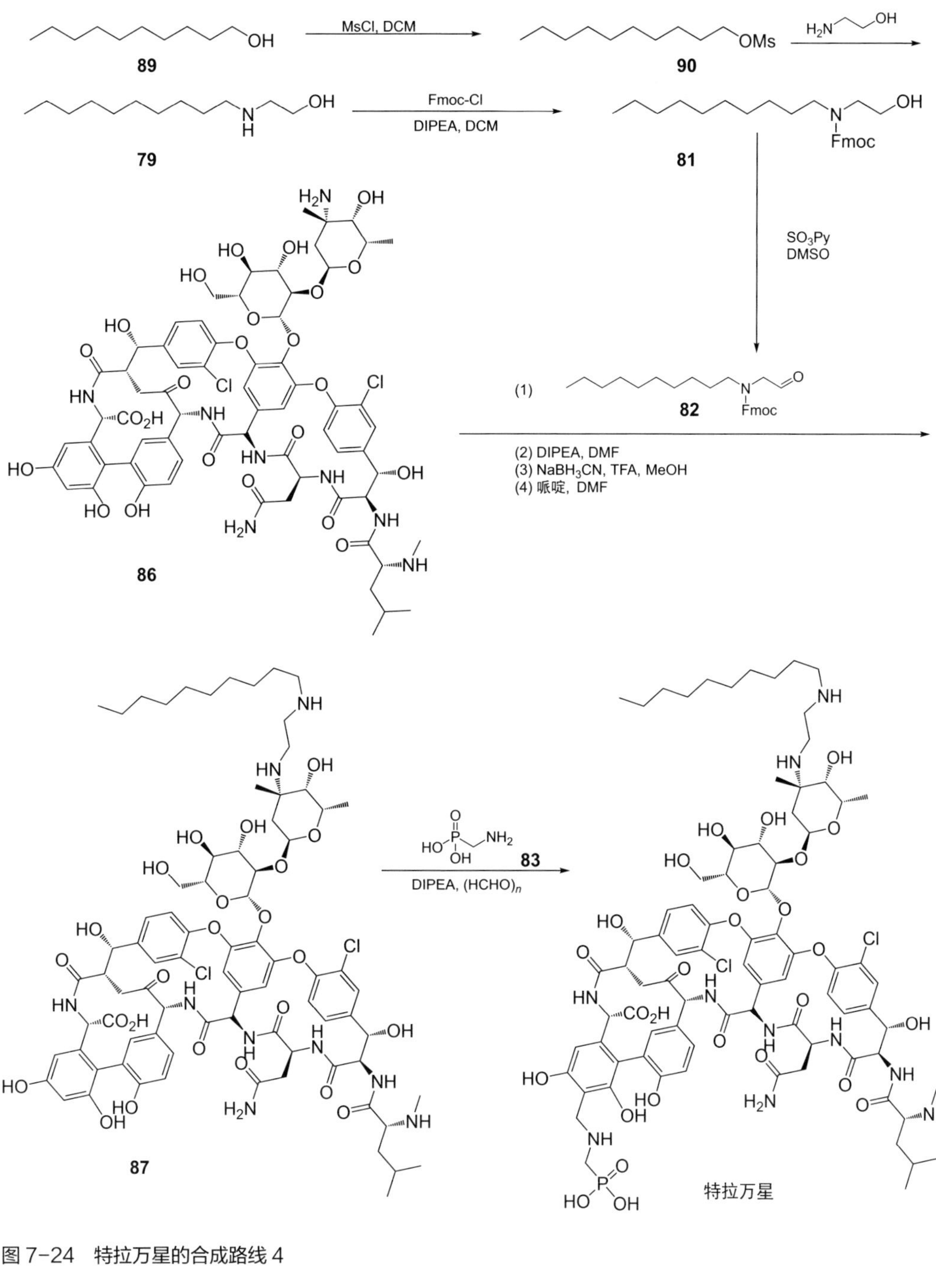

图 7-24　特拉万星的合成路线 4

7.2

抗高血压类含磷药物的结构、药理活性及合成方法

依福地平和福辛普利是两种具有抗高血压作用的含磷药物（图 7-25）。

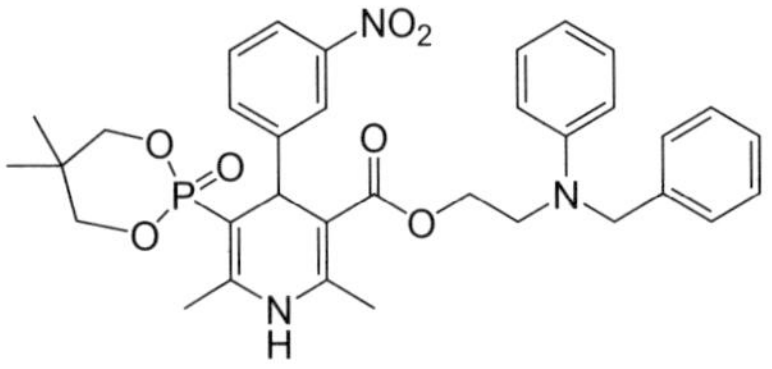

依福地平

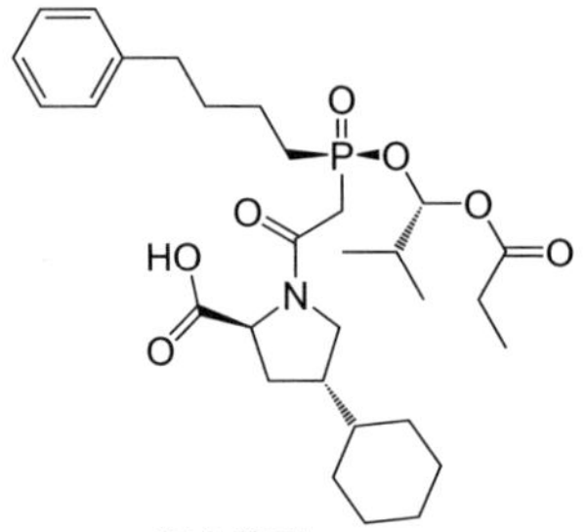

福辛普利

图 7-25　具有抗高血压作用的含磷药物的分子结构

7.2.1　依福地平

依福地平（efonidipine）为新型 L-亚型和 T-亚型钙通道双重阻滞剂，药用其盐酸盐乙醇化物，在高血压和心绞痛治疗领域表现出比已有钙通道阻滞剂类药物更为优良的性质，如更长的半衰期、更好的亲水性和生物利用度，尤其是该药不但可用于治疗高血压及心力衰竭，其对心脏和肾脏还具有保护作用。

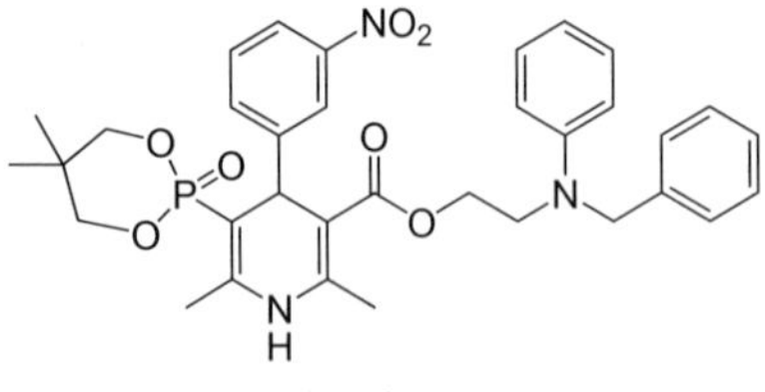

依福地平

依福地平由日本日产化学工业公司和 Zeria 制药公司合作研发成功，于 1994 年在日本上市，除用于原发性高血压、严重高血压及肾性高血压

的治疗外，其在心律失常、心力衰竭、心绞痛和慢性肾病的治疗方面也有着重要用途。同时，最新研究表明，依福地平可作为地中海贫血患者铁螯合疗法中铁螯合剂的替代品，且副作用小[47,48]，作为第三代二氢吡啶类降压药，依福地平兼具 L-型和 T-型钙通道阻滞作用和较高的亲脂性，血浆半衰期延长，为新型高效长效药[49,50]。

依福地平兼有 T-型钙通道和 L-型钙通道的阻滞作用，可扩张小动脉，降低总外周血管阻力，减少心脏后负荷，有效降低收缩压和舒张压。依福地平对冠状动脉有特异性的扩张作用，可在降低冠状动脉灌注压的同时增加冠状动脉流量。依福地平在降低血压的同时不引起反射性交感神经兴奋和心率加快，且有降低心肌氧耗的作用。作为一种 T 型钙通道阻滞剂，依福地平可减慢心率，但不降低心肌收缩力，适用于伴有心率加快的心力衰竭的治疗[51]。

依福地平的化学名为 5-(5,5-二甲基-2-氧代-1,3,2-二氧杂磷杂环己-2-基)-1,4-二氢-2,6-二甲基-4-(3-硝基苯基)-3-吡啶羧酸-2-[苯基(苄基)氨基]乙酯，CAS 号为 111011-63-3，分子式为 $C_{34}H_{38}N_3O_7P$，分子量为 631.66。盐酸依福地平 (efonidipine hydrochloride) 是依福地平的盐酸盐乙醇化物[52-54]。

1992 年，日本 Nissan 公司首次报道了依福地平的合成 (图 7-26)。以新戊二醇 91 和亚磷酸三甲酯为原料，在加热条件下反应制备 2-甲氧基-5,5-二甲基-1,3-二氧杂-2-磷杂环己烷 92。该磷杂环己烷 92 再与碘代丙酮制得 (5,5-二甲基-1,3,2-二氧杂磷杂环己-2-基) 丙酮磷氧化物 93。该磷氧化物再与间硝基苯甲醛缩合，缩合产物 94 再与 3-氨基-2-丁烯酸-2-(N-苄基-N-苯基) 氨基乙酯 95 反应，即可制得依福地平[55]。

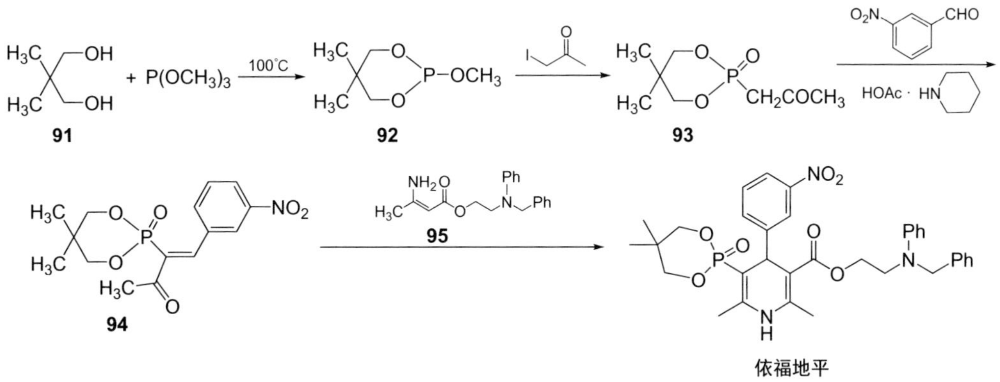

图 7-26　依福地平的合成路线

其中片段 3-氨基-2-丁烯酸-2-(N-苄基 -N-苯基) 氨基乙酯 **95** 的合成路线如图 7-27 所示，以 *N*-苄基苯胺 **96** 为原料，与氯乙醇发生胺化反应，生成 2-(N-苄基-N-苯基) 氨基乙醇 **97**。该氨基乙醇再与乙酰乙酸乙酯发生酯交换反应，制得 3-氧代丁酸 -2-(N-苄基-N-苯基) 氨基乙酯 **98**。该酯交换产物最后与氨在低温下发生反应制得3-氨基-2-丁烯酸-2-(N-苄基 -N-苯基) 氨基乙酯 **95**。

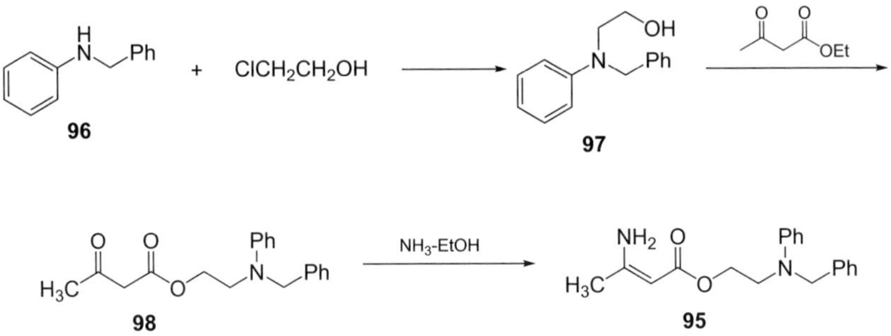

图 7-27　依福地平中间体的合成路线

7.2.2　福辛普利

福辛普利(fosinopril)是一种含次膦酸酯的前药，属于血管紧张素转换酶(ACE)抑制剂类药物，可使血管阻力降低，醛固酮分泌减少，血浆肾素活性增高，扩张动脉、静脉，降低周围血管阻力(后负荷)和肺毛细血管楔压(前负荷)，改善心排血量。这类药经口服后，迅速水解成福辛普利钠(fosinoprilat)，它是主要的活性代谢产物。福辛普利钠抑制 ACE，ACE 是负责将血管紧张素 Ⅰ (AT Ⅰ)转化为血管紧张素 Ⅱ (AT Ⅱ)的酶。AT Ⅱ 调节血压，是肾素-血管紧张素-醛固酮系统(RAAS)的关键组成部分。福辛普利可用于治疗轻度至中度高血压，作为治疗充血性心力衰竭的辅助手段，并且可减缓患有糖尿病和微量白蛋白尿或明显肾病的高血压患者的肾病进展速度。福辛普利是百时美施贵宝(Bristol-Myers Squibb)公司以商品名 Monopril 销售的唯一含有次膦酸盐的 ACE 抑制剂。

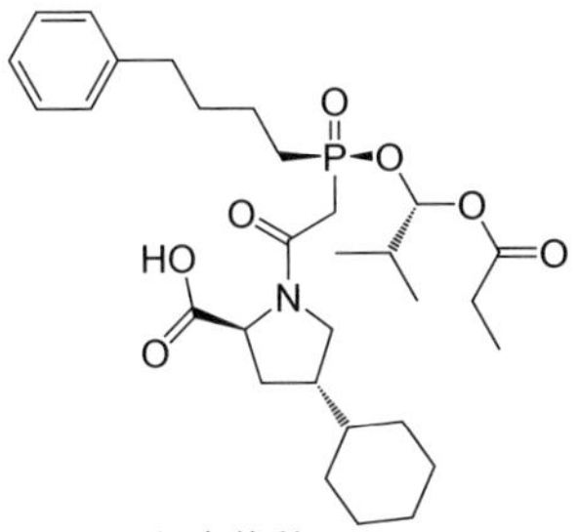

福辛普利

福辛普利的 CAS 号为 98048-97-6，是由美国百时美施贵宝(BMS)公司研发的含磷血管紧张素转换酶抑制剂，1991 年首先在英国市场销售，1991 年 5 月获美国 FDA 批准，相继在美国和意大利等国上市，用于治疗高血压。福辛普利钠是福辛普利的钠盐，CAS 号为 88889-14-9，分子式为 $C_{30}H_{45}NNaO_7P$，分子量为 585.65[56,57]。

福辛普利的合成方法主要分为两种，其一是：通过手性 [(2-甲基-1-丙酰氧基丙氧基)(4-苯基丁基) 氧膦基] 乙酸 **99** 和 (*S*)-4-环己基-L-脯氨酸 **100** 通过形成酰胺键来制备 (图 7-28)[57]。

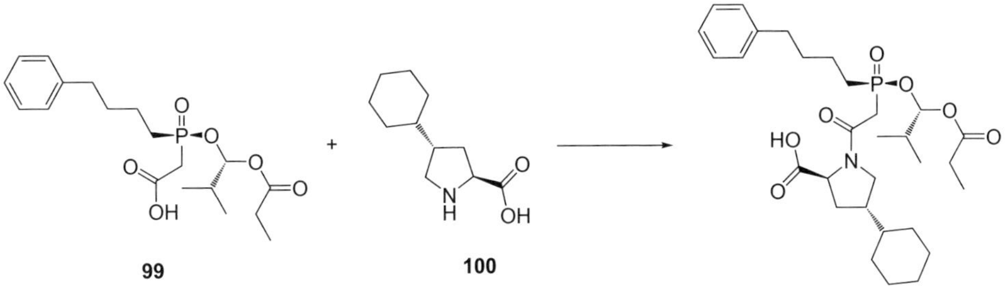

图 7-28　福辛普利的合成路线 1

其二是：以 (*S*)-4-环己基-L-脯氨酸苄酯 **101** 原料，与 [(4-苯基丁基)甲氧基膦基] 乙酸 **102** 反应形成酰胺产物 **103**，再在 TMSCl 的作用下将甲氧基变成羟基，得到产物 **104**，再与丙酸-1-溴异丁酯 **105** 反应、脱除苄基，可得到消旋的福辛普利 **107**，再通过立体异构体拆分，最终可得福辛普利 (图 7-29)[57]。

对于 (*S*)-4-环己基-L-脯氨酸的合成，1985 年，Thottathil 等报道了以 (*S*)-4-羟基-L-脯氨酸 **108** 为原料，经 *N*-Boc 保护、羧酸的苄酯化、羟基的磺酰化、催化氢化脱苄合成 *N*-Boc-(*S*)-4-对甲苯磺酸基-L-脯氨酸 **112**，

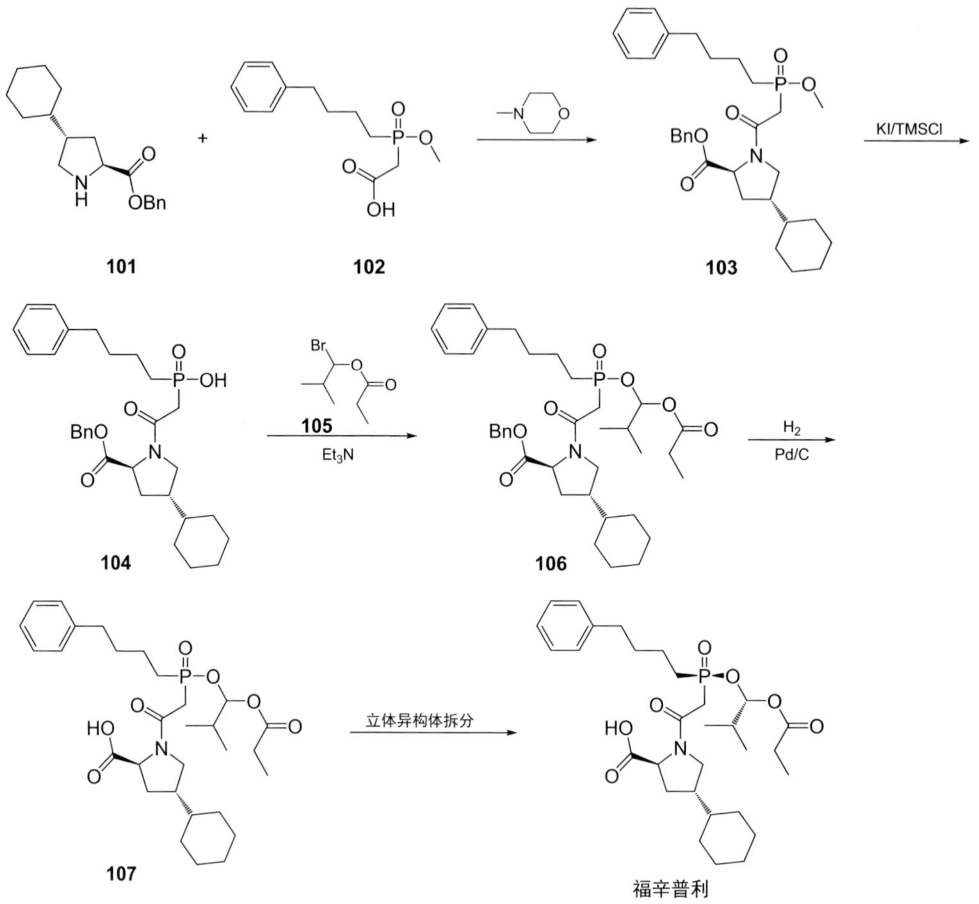

图 7-29　福辛普利的合成路线 2

再与二苯基铜锂发生取代反应制得 **113**，再在三氟乙酸的条件下脱除 Boc 保护基，得到 (S)-4-苯基-L-脯氨酸 **114**。以 (S)-4-苯基-L-脯氨酸为原料，经催化氢化，可得到 (S)-4-环己基-L-脯氨酸 **100**（图 7-30）[58,59]。

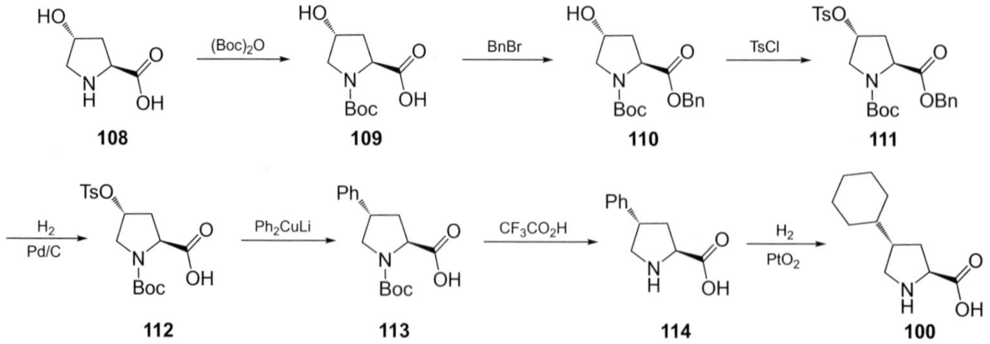

图 7-30　(S)-4-环己基-L-脯氨酸的合成路线 1

1986 年，Thottathil 等又以 L-焦谷氨酸 **115** 为原料合成了 (*S*)-4-环己基-L-脯氨酸 **100**，其合成路线如图 7-31 所示。以 L-焦谷氨酸 **115** 为手性源，通过酯化和还原得到 5-羟甲基 -*γ*-内酰胺 **116**，再与苯甲醛反应生成半缩醛胺 **117**。该环状半缩醛胺 **117** 在 LDA 强碱条件下与环己烯基溴发生烷基化反应，再用四氢铝锂进行还原可得 *N*-苄基 -(*S*)-4-环己烯基-L-脯氨醇 **119**。随后进行苄基脱除、*N*-Cbz 保护和 Jones 试剂氧化，可得 *N*-Cbz-(*S*)-4-环己基-L-脯氨酸 **122**，最后经还原脱除 Cbz 保护，得到最终产物 (*S*)-4-环己基-L-脯氨酸 **100**[60]。

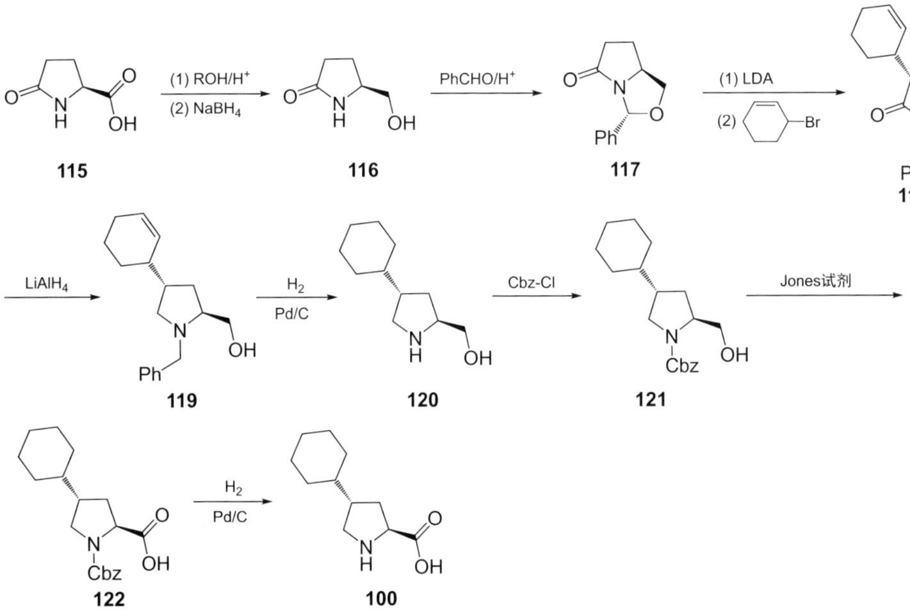

图 7-31　(*S*)-4- 环己基 -L- 脯氨酸的合成路线 2

2002 年，花文廷等以 *N*-苄基保护的 L-焦谷氨酸 **123** 为手性源，直接对酰胺羰基的 *α*-位进行烷基化，得到 *N*-苄基-(*S*)-4-环己烯基-L-焦谷氨酸 **124**，裸露的羧酸官能团不受影响。该 *N*-苄基-(*S*)-4-环己烯基-L-焦谷氨酸经氢气还原，可得 *N*-苄基-(*S*)-4- 环己基-L-焦谷氨酸 **125**，再对羧酸进行苄酯化，经 Lawesson 试剂作用，得到产物 **127**，后再经 Raney-Ni 还原，可得 *N*-苄基-(*S*)-4-环己基-L-脯氨酸 **128** 和 *N*-苄基-(*S*)-4-环己基-L-脯氨酸苄酯 **129** 的混合物，无须分离，直接对该混合物进行氢化，可得最终产物 (*S*)-4-环己基-L-脯氨酸 **100**(图 7-32)[61]。

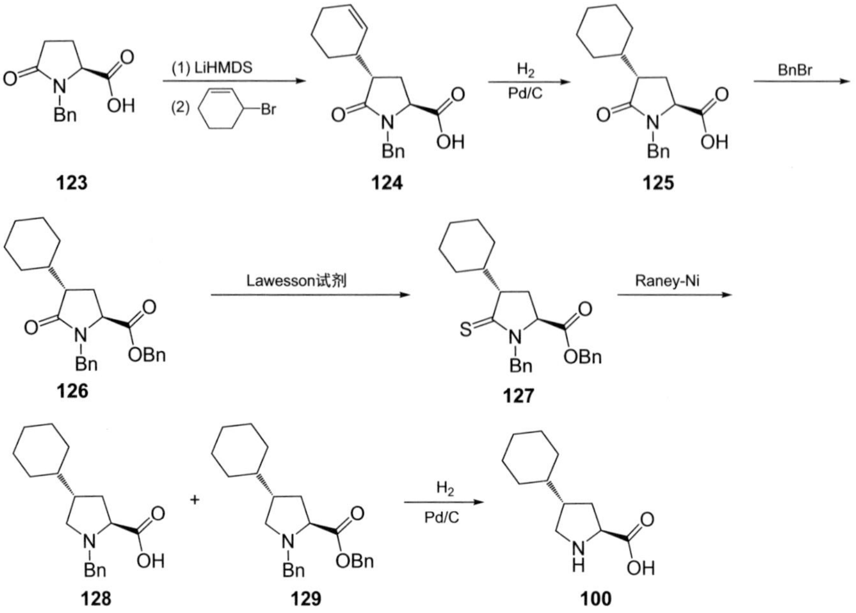

图 7-32 (S)-4-环己基-L-脯氨酸的合成路线 3

2015 年，鄢明等以 β, γ-不饱和-α-酮酸酯 **130** 和硝基乙酸叔丁酯 **131** 为反应物、手性四方胺为催化剂，通过不对称 Michael 加成反应，以 91% 的对映选择性得到加成产物。该产物在硅胶作用下加热回流，可发生脱羧反应制得化合物 **132**，再经过钌催化的不对称氢化反应，得到手性 α-羟基-酮酸酯 **133**。对羟基进行磺酰化，将硝基还原为氨基，可发生分子内亲核取代反应，得到 (S)-4-苯基-L-脯氨酸乙酯 **135**。再经氢化和酯基水解，可得最终产物 (S)-4-环己基-L-脯氨酸 **100** (图 7-33)[62]。

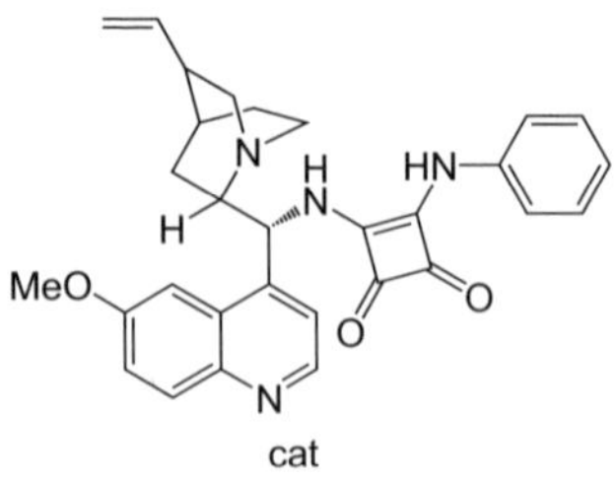

cat

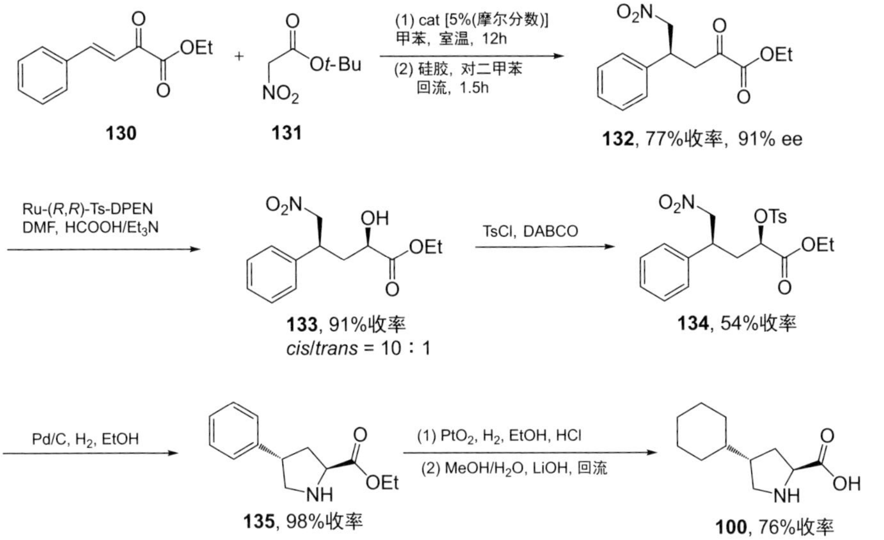

图 7-33 (*S*)-4-环己基-L-脯氨酸的合成路线 4

对于手性 [(2-甲基-1-丙酰氧基丙氧基)(4-苯基丁基) 氧膦基] 乙酸的合成，2000 年，杨翠芬等以苄氯为原料，经格氏试剂与烯丙基溴偶联，制得 4-苯基-1-丁烯 **136**。4-苯基-1-丁烯 **136** 再与次磷酸钠进行加成，生成 4-苯基丁基亚膦酸 **137**，之后与溴乙酸苄酯反应生成 [羟基 (4-苯基丁基) 氧膦基] 乙酸苄酯 **138**，其与丙酸-1-氯异丁酯 **139** 缩合，再经 Pd/C 脱苄可得 [(2-甲基-1-丙酰氧基丙氧基)(4-苯基丁基) 氧膦基] 乙酸 **141**，在异丙醚中进行重结晶，可得到 2 个异构体，再用 L-辛可尼定加以拆分，经解离，可得 [(2-甲基-1-丙酰氧基丙氧基)(4-苯基丁基氧膦基)] 乙酸 **99**（图 7-34）[63]。

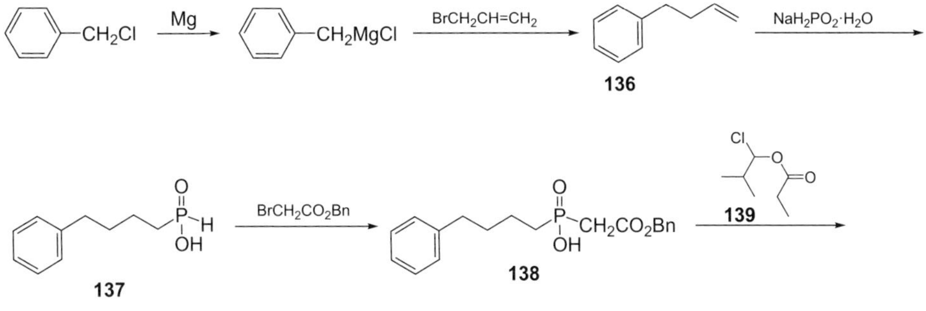

图 7-34

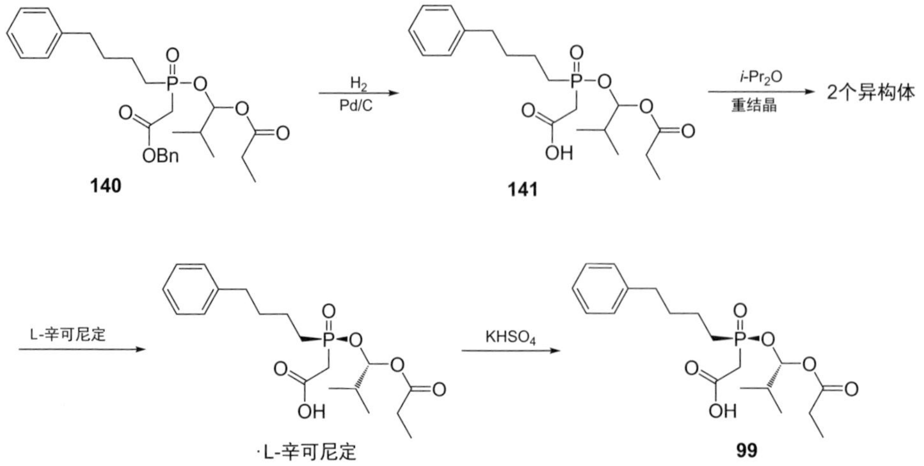

图 7-34　手性 [(2-甲基-1-丙酰氧基丙氧基)(4-苯基丁基) 氧膦基] 乙酸的合成路线

7.3
放射性造影剂类含磷药物的结构、药理活性及合成方法

具有放射性可用作造影剂的含磷药物有钆磷维塞三钠、亚甲膦酸锝 [^{99m}Tc]、来昔决南钐 [^{153}Sm]、奥昔膦酸锝 [^{99m}Tc]、替曲膦锝 [^{99m}Tc]、焦磷酸锝 [^{99m}Tc]、替曲膦（图 7-35）。

7.3.1　钆磷维塞三钠

钆磷维塞三钠（gadofosveset trisodium）是一种静脉造影剂，用于磁共振血管造影（MRA），这是一种非侵入性的血管成像方法。该试剂允许 MRA 更清楚地成像血管系统。通过这种方式监测狭窄或阻塞的动脉血管，可帮助诊断心脏和血管的某些疾病。

亚甲膦酸锝[^{99m}Tc]

来昔决南钐[^{153}Sm]

钆磷维塞三钠

奥昔膦酸锝[^{99m}Tc]

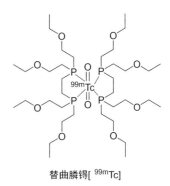

替曲膦锝[^{99m}Tc]

焦磷酸锝[^{99m}Tc]

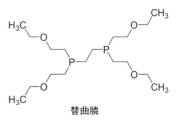

替曲膦

图 7-35 放射性造影剂类含磷药物的分子结构

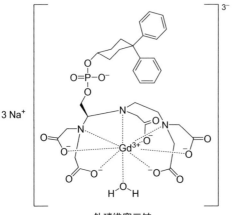

钆磷维塞三钠

钆磷维塞三钠是拜尔-先灵公司转让给 EPIX 制药公司的核磁共振造影剂，商品名为 Vasovist。该药为注射剂，于 2008 年 12 月获美国 FDA 批准上市，用于监测狭窄或阻塞的动脉血管。钆磷维塞三钠是一种离子线型的核磁共振造影剂，其活性成分钆离子通过与体内的水分子相互作用使磁共振影像扫描获得更清晰的图像。钆离子以络合物形式存在是为了与血浆中的蛋白结合，从而延长其在体内的保留时间而得到更好的扫描效果[64]。

钆磷维塞三钠的中文化学名称为 [[(4*R*)-4-[二 [(羧基-κ*O*) 甲基] 氨基-κ*N*]-6,9- 二 [(羧基-κ*O*) 甲基]-1-[(4,4-二苯基环己基) 氧代]-1-羟基-2-氧杂-6, 9-二氮杂-1-磷杂十一烷合钆-11-κ*N*6, κ*O*9, κ*O*11]-1-氧化 (6-)]-酸钠 (1:3)，英文化学名称为 Gadolinate(3-), ((((4*R*)-4-(bis((carboxy-κ*O*)methyl)amino-κ*N*)-6,9-bis((carboxy-κ*O*)methyl)-1-((4,4-diphenylcyclohexyl)oxy)-1-hydroxy-2-oxa-6,9-diaza-1-phosphaundecan-11-oicacid-κ*N*6, κ*O*9, κ*O*11)-1-oxidato(6-))-sodium(1:3)，CAS 号为 193901-90-5，分子式为 $C_{33}H_{38}GdN_3O_{14}P \cdot 3Na$，分子量为 957.86。

1996 年，Sajiki 等[65] 报道了 1- (*R*) -羟甲基-二亚乙基三胺五叔丁酯 **146** 的合成。使用 N、O 被保护的 L-丝氨酸 **142** 为原料，经酯化、还原得到丝氨醇衍生物 **143**，甲磺酰氯保护醇羟基得到的 **144** 再和乙二胺反应制得二亚乙基三胺化合物 **145**，之后经脱 Boc 保护、氢化还原以及和溴乙酸叔丁酯反应制得目标化合物 1-(*R*)-羟甲基-二亚乙基三胺五叔丁酯 **146**（图 7-36）。

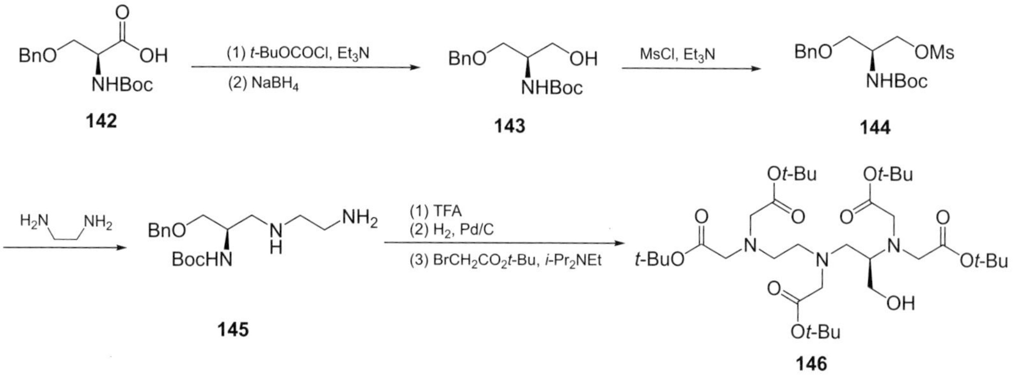

图 7-36 1-(R)-羟甲基-二亚乙基三胺五叔丁酯的合成

1996 年，Mcmurry 等对钆磷维塞三钠的合成路线进行了报道[66]。以 L-氨基醇衍生物 147 为起始原料，经和乙二胺成酰胺 148、硼烷还原制备成 [2-(2-氨乙氨基) 乙氨基] 甲醇盐酸盐 149，之后和溴代乙酸叔丁酯反应得到 1-(R)-羟甲基-二亚乙基三胺五叔丁酯 146，经醚化、醇解得到化合物 153，再经铵化反应得到磷酸二酯盐化合物 154，经盐酸水解制得化合物 155，最后与氧化钆络合得到目标产物钆磷维塞三钠 (图 7-37)。

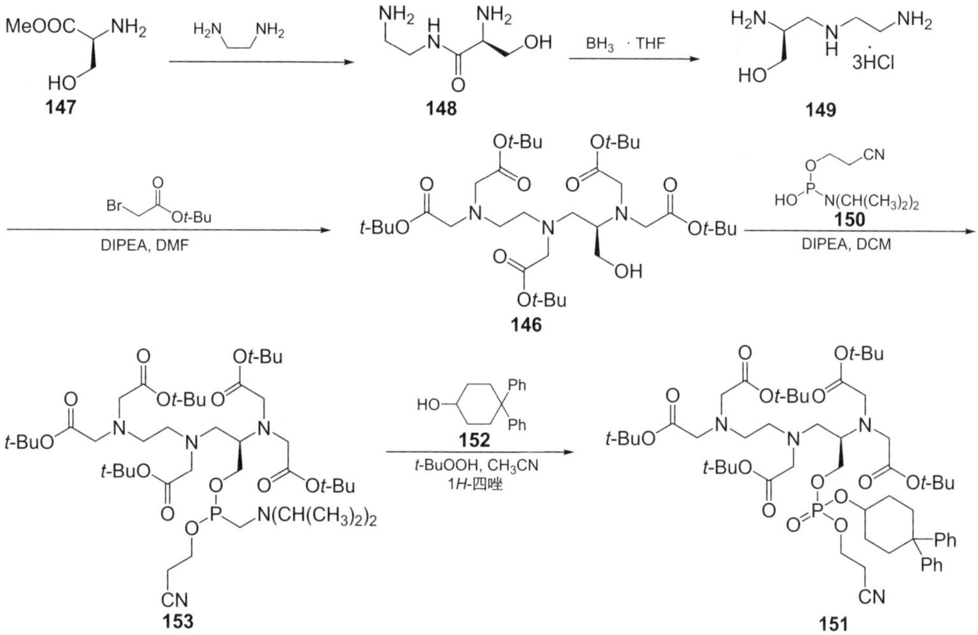

图 7-37

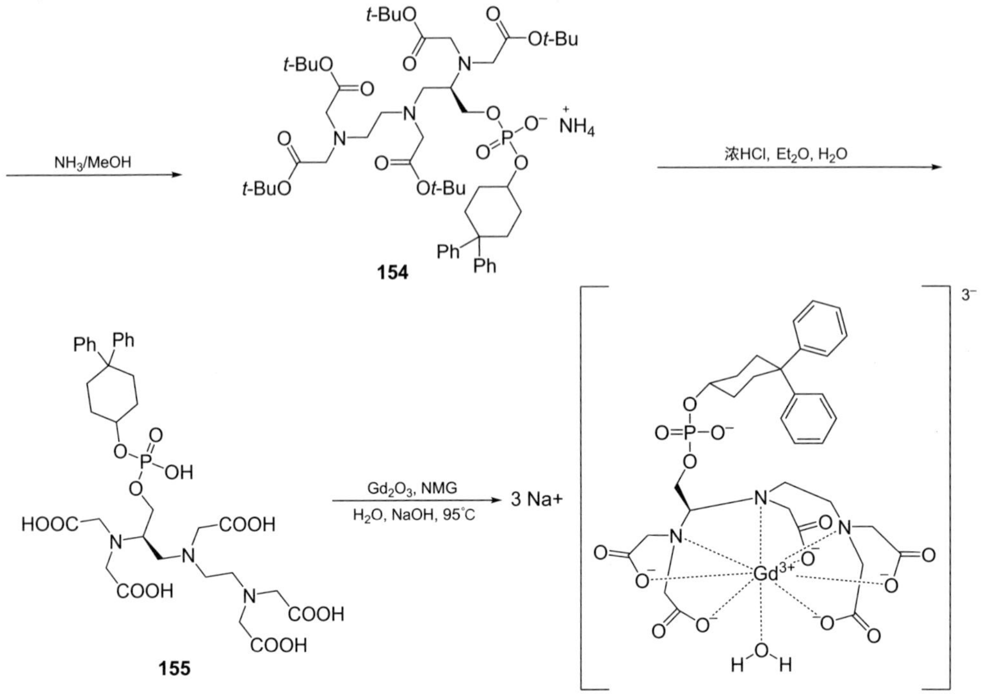

图 7-37　钆磷维塞三钠的合成路线 1

　　1998 年，Amedio 等[67,68] 报道了一种实用的合成关键中间体 4,4- 二苯基环己醇 152 的方法，以安息香 156 为起始原料，经还原氢化得到氢化安息香 157，重排得到联苯乙醛 158，之后和甲基乙烯基酮经迈克尔加成和羟醛缩合串联反应得到环己烯酮化合物 159，最后还原双键制备关键中间体 4,4-二苯基环己醇 152。1999 年，Randall 等[69] 报道了以 4,4-二苯基环己醇 152 为起始原料，先后和三氯化磷、咪唑进行反应得到二咪唑基磷化合物 161，之后再和 1-(R)-羟甲基-二亚乙基三胺五叔丁酯 146 反应制备成单咪唑磷化合物 162，经氧化制得化合物 163，盐酸水解得到化合物 155，最后与氧化钆络合得到目标产物钆磷维塞三钠（图 7-38）。

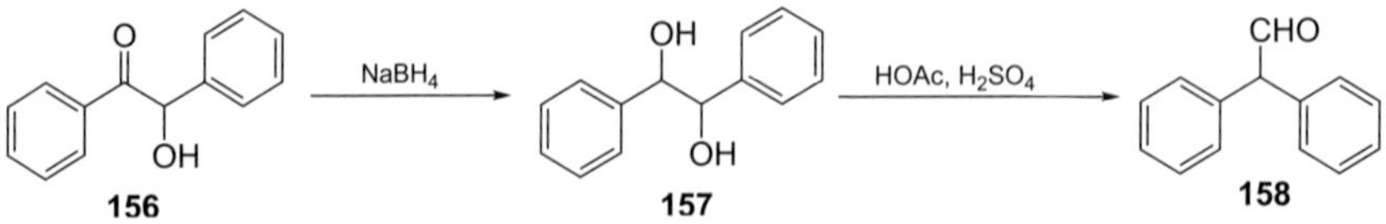

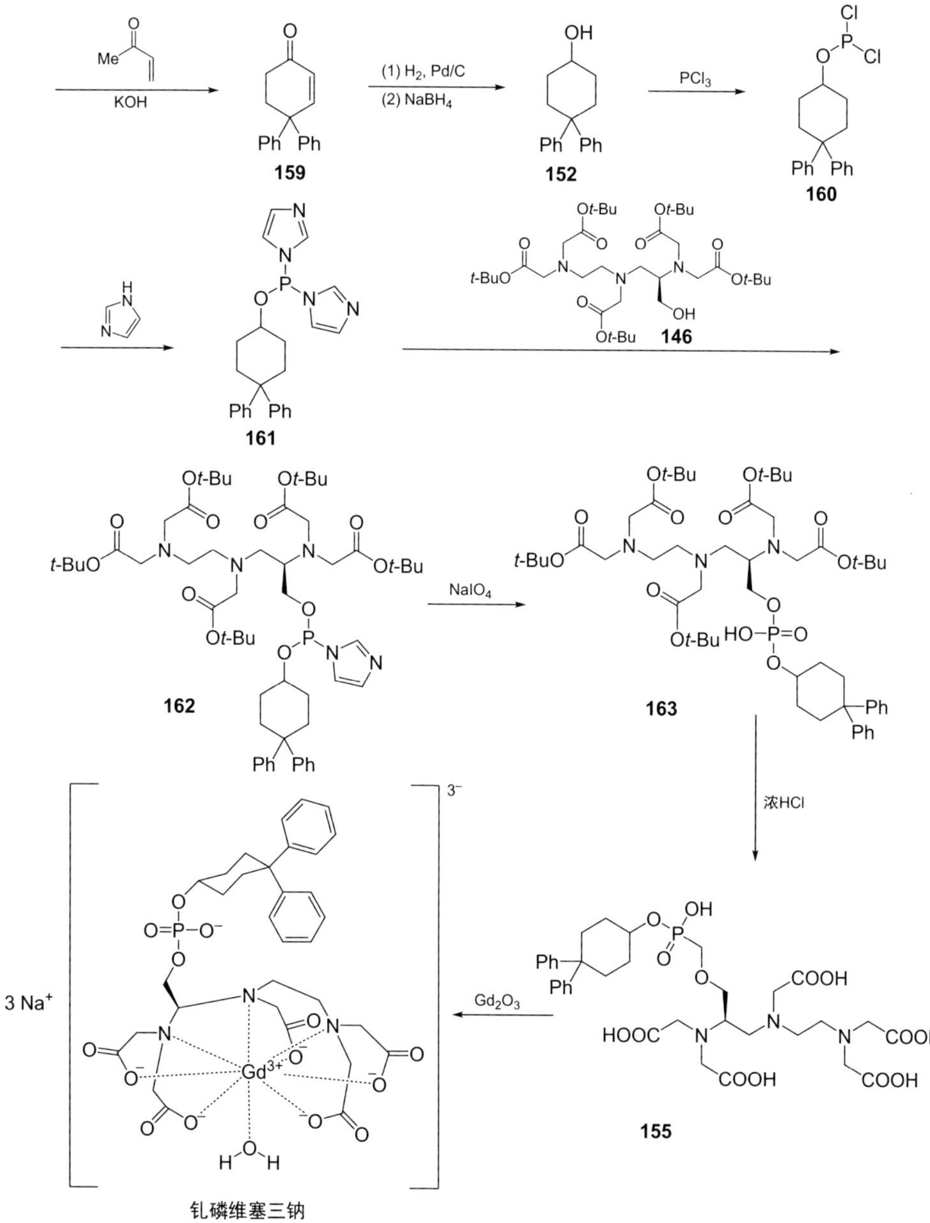

图 7-38　钆磷维塞三钠的合成路线 2

2002 年，McMurry 等 [70] 报道了几种钆磷维塞三钠类似物的合成方法，使用 2-氰乙基-N,N-二异丙基氯代亚磷酰胺和 1-(R)-羟甲基-二亚乙基三胺五叔丁酯 **146** 进行反应，再和 4,4-二苯基环己醇进行醇解以及用过氧叔丁醇进行氧化制备中间体膦酸酯化合物 **153**（图 7-39）。

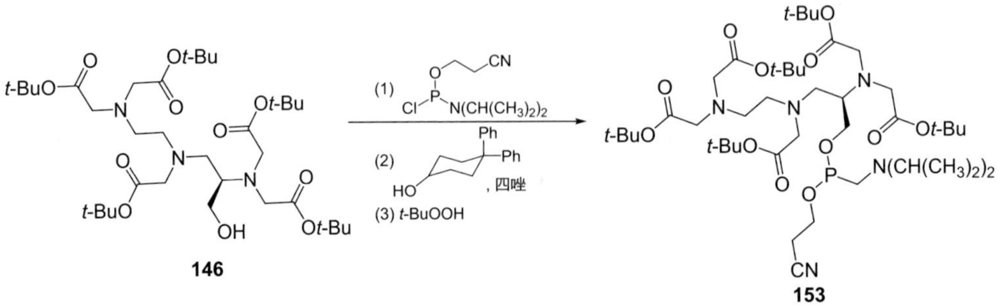

图 7-39　中间体膦酸酯化合物的制备

7.3.2　亚甲膦酸锝 [^{99m}Tc]

亚甲膦酸锝 [^{99m}Tc] 的英文名为 technetium[^{99m}Tc] medronic acid，可用作骨显像剂。与用于治疗骨质疏松症的其他双膦酸盐一样，它可以与骨内的羟基磷灰石晶体结合，并且以这种方式将药物定位于骨上，以描绘改变的成骨区域。在静脉内注射后，进行单光子发射计算机断层扫描（SPECT）以检测由锝 99m 衰变到锝 99 而发射的伽马射线。

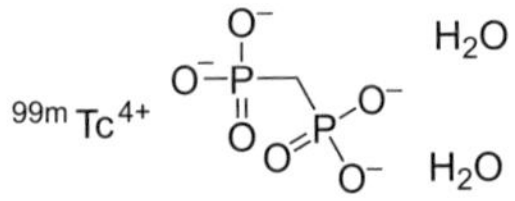

亚甲膦酸锝 [^{99m}Tc]

锝亚甲基二膦酸盐的商品名为云克，是一种新型的无放射性二膦酸盐衍生物。锝亚甲基二膦酸盐注射液的适应证为类风湿性关节炎等自身免疫性疾病及骨科疾病。锝亚甲基二膦酸盐具有稳定的 P—C—P 键，与其他二膦酸盐的区别是在 P—C—P 键侧链上载带了金属离子，所以它不但具有二膦酸盐进入破骨细胞通过多种途径干预骨吸收、促进成骨细胞的增殖和分化的作用，同时也具有清除体内自由基、保护过氧化物歧化酶的活力、降低血中免疫调节因子水平、抑制病理复合物产生、调节自身免疫的功能的作用。目前 ^{99m}Tc-MDP 广泛用于治疗骨关节炎性病变、骨质疏松、骨转移癌等[71]。

锝亚甲基二膦酸盐是锝 [99mTc] 经氯化亚锡还原后，与亚甲基二膦酸形成的络合物。此药用于早期恶性转移性骨肿瘤和原发性骨肿瘤的诊断；对移植骨的存活监测以及诊断外伤性骨折、骨骼炎症、代谢性骨病等均有重要价值。《中华人民共和国药典》中的制备：临用前，在无菌操作条件下，根据高锝 [99mTc] 酸钠注射液的放射性浓度，取 4 ~ 6 mL，注入含有注射用氯化亚锡和亚甲基二膦酸瓶中，充分振摇，使冻干物溶解，静置 5 min，即得[72]。药用原料亚甲基二膦酸的合成是生产注射用锝亚甲基二膦酸盐的关键步骤。

1958 年，Marshall[73] 报道了亚磷酸三酯的合成，使用三氯化磷、异丙醇、三戊胺为原料，烃类混合液为溶剂，反应条件较苛刻，不易工业化生产。1966 年，Roy[74] 报道了亚甲基二膦酸 **166** 的合成，三异丙基亚磷酸酯 **164** 和二溴甲烷反应制得亚甲基二膦酸四异丙酯 **165**，之后用溴化氢水解得到亚甲基二膦酸 **166**，产物为亮棕色，经反复试验，颜色很难去除（图 7-40）。

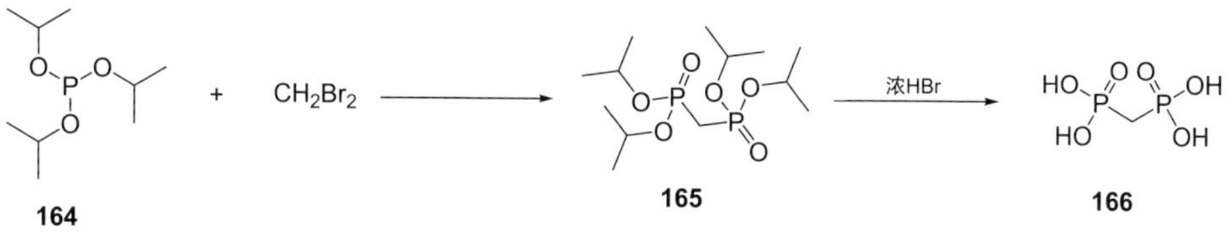

图 7-40　亚甲基二膦酸的合成路线 1

1986 年，King 等 [75,76] 报道了首先用铝和二溴甲烷制成铝试剂，之后和二氯甲烷、三氯化磷反应，合成了双(二氯磷氢基)甲烷 **167**，之后经水解反应得到亚甲基二膦酸 **166**（图 7-41）。

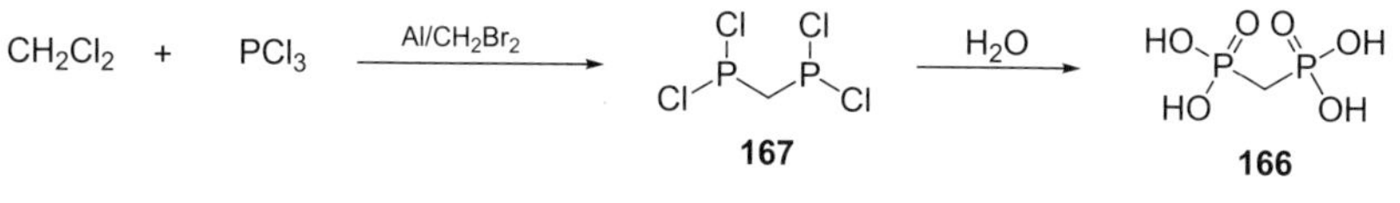

图 7-41　亚甲基二膦酸的合成路线 2

1992 年，Vepsäläinen 等 [77] 报道了用吡啶、亚甲基双 (二氯化膦)**168** 和苄醇的酯化反应，合成亚甲基双膦酸二苄酯化合物 **169**。在此基础上，

2002 年，Bulman 等 [78] 报道了氢解亚甲基双膦酸二苄酯得到亚甲基二膦酸 **166**（图 7-42）。

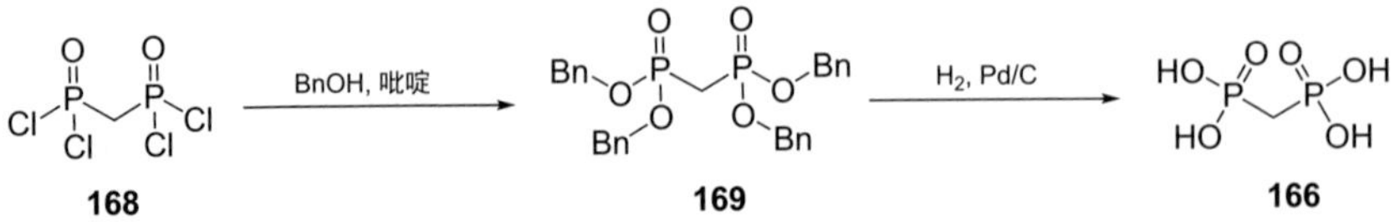

图 7-42 亚甲基二膦酸的合成路线 3

2002 年，梁高林等 [79] 报道了使用 30 ～ 60 ℃石油醚为溶剂，以三氯化磷和异丙醇为起始原料生成三异丙基亚磷酸酯 **164**，经与二溴甲烷的取代缩合生成亚甲基二膦酸四异丙基酯 **165**，最后经浓盐酸水解制得亚甲基二膦酸 **166**[图 7-43(a)]，重结晶得白色晶体，制成药盒，与 $^{99m}TcO_4^-$ 络合，可用于全身骨显像。然而三异丙基亚磷酸酯的合成量大，需经洗涤、干燥处理，再经蒸馏提纯等一系列操作，故难以实现工业化生产。2008 年，陈志明等 [80] 报道了不用氮气保护，以易得的亚磷酸三乙酯 **170** 为起始原料和二溴甲烷经取代制得化合物 **171**，之后经酸水解得到目标产物，重结晶后得到纯品亚甲基二膦酸 **166**[图 7-43(b)]。

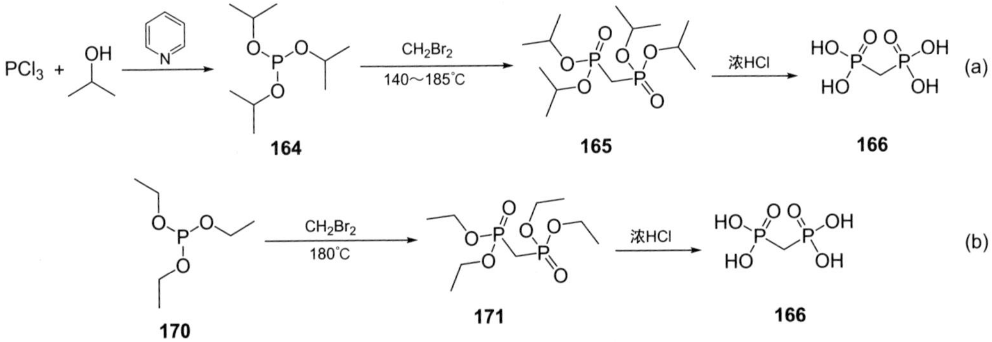

图 7-43 亚甲基二膦酸的合成路线 4

7.3.3 来昔决南钐 [^{153}Sm]

来昔决南钐 [^{153}Sm] 的英文名为 samarium [^{153} Sm] lexidronam，是一种放射性药物，可用于研究骨转移以及多发性骨髓瘤、前列腺癌和类风湿性关节炎的治疗，能有效缓解各种骨转移癌及原发性骨癌所致的疼痛[81-83]。放射性钐在骨癌区域被吸收并发出辐射，有助于缓解疼痛。

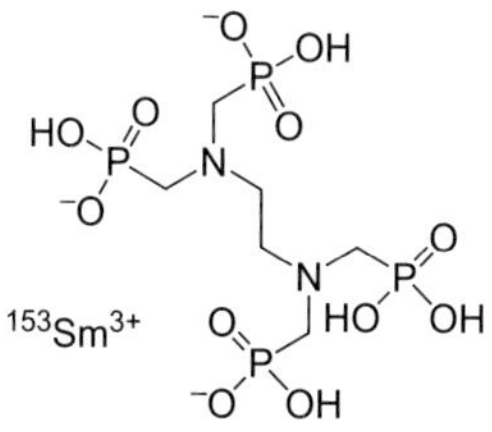

来昔决南钐[^{153} Sm]

来昔决南钐的中文名为 ^{153} Sm- 乙二胺四亚甲基膦酸盐（^{153} Sm-EDTMP），CAS 号为 154427-83-5，分子式为 $C_6H_{12}N_2O_{12}P_4$ ^{153} Sm。其中采用澄明度测定法对本药品进行性状检查，γ 能谱法进行核素识别，pH 计测定法对其进行检查，并用柱色谱法进行放化纯度测定。来昔决南钐的制备：称取 Sm_2O_3（光谱纯，^{152} Sm）装入石英瓶密封，在重水堆中照射，冷却后，用盐酸溶靶，得到 ^{153} SmCl$_3$。取乙二胺四亚甲基膦酸溶液加入 ^{153} SmCl$_3$，用 NaOH 溶液将 pH 值调至 8，水浴加热，制得 ^{153} Sm-乙二胺四亚甲基膦酸盐。

1974 年，Krueger 等[84] 报道了乙二胺四乙酸 **172** 和亚磷酸反应得到乙二胺四亚甲基膦酸 **173**（图 7-44）。

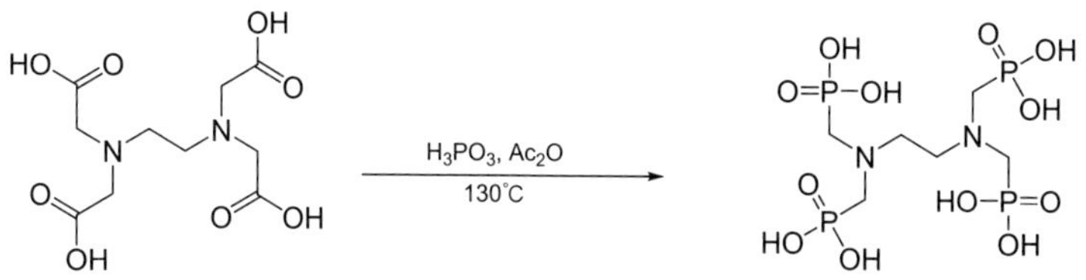

图 7-44 乙二胺四亚甲基膦酸的制备路线 1

2002 年，Princz 等[85] 报道了以乙二胺为原料通过 Moedritzer-Irani[86] 反应制备了乙二胺四亚甲基膦酸 **173**。该方法需要在强酸性介质中反应，甲醛和亚磷酸需要过量，磷酸亲核进攻甲醛与胺反应生成的亚胺盐（图 7-45）。

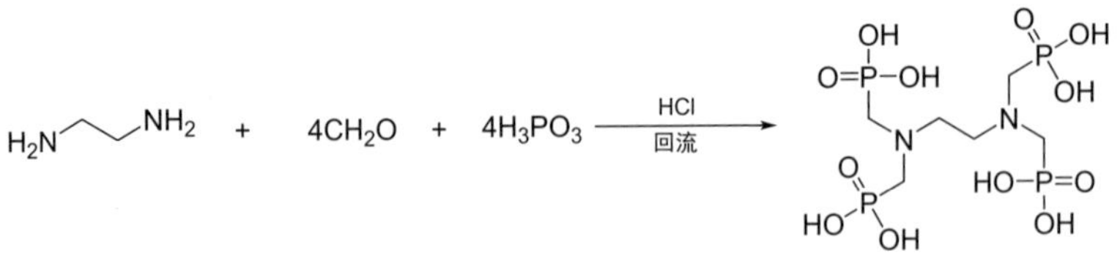

图 7-45　乙二胺四亚甲基膦酸的制备路线 2

2014 年，Patrick 等 [87] 报道了使用六氧化四磷 **174** 制备乙二胺四亚甲基膦酸 **173** 的方法。以乙二胺四乙酸 **172** 为原料，与乙腈、甲磺酸混合，在搅拌下缓慢添加六氧化四磷，将该反应液在 40℃搅拌 5 h 并且随后室温搅拌 16 h 得到乙二胺四亚甲基膦酸 **173**（图 7-46）。

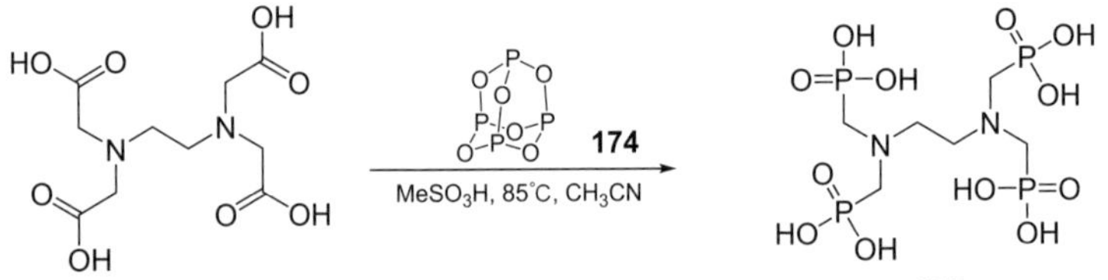

图 7-46　乙二胺四亚甲基膦酸的制备路线 3

7.3.4　奥昔膦酸锝 [^{99m}Tc]

奥昔膦酸锝 [^{99m}Tc] 的英文名为 technetium [^{99m}Tc] oxidronate，可用于诊断剂、放射性药物成像，^{99m}Tc 的多种化学性质使其能够产生具有特定特征的各种复合物，故其被广泛应用于诊断。该类药物可与钙结合，是骨骼闪烁扫描显示异常成骨的强大检测工具。

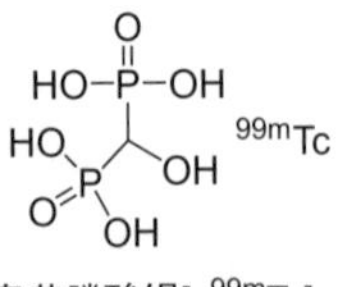

奥昔膦酸锝[^{99m}Tc]

^{99m}Tc-HMDP 是骨的核素显像剂，具有在骨骼中浓集度高和显像清晰的特点。对原发性及继发性的骨肿瘤或骨质代谢病变，由于具有在血和肌

肉内的放射性本底低的特点，通过显像都能获得清晰的图像，临床诊断具有重要意义和价值。^{99m}Tc-HMDP 骨显像剂的优点为：HMDP 毒性低、标记方法简便、标记率高、稳定性好、药盒容易制备。

HMDP 的化学名称为羟基亚甲基二膦酸二钠盐 (hydroxymethylene disodium diphosphonate)。HMDP 为白色粉末状物质，易溶于水，不溶于甲醇、乙醇，熔点高于 300℃，分子式为 $CH_4O_7P_2Na_2$，分子量为 235.92。羟基亚甲基二膦酸二钠盐的基本化学结构属于二膦酸类、P—C—P 化学键型，与 MDP 只差一个 OH。

1979 年，在美国第 26 届核医学年会上报告了一种新的骨显影剂 ^{99m}Tc-HMDP [88,89]，HMDP 具有血清除快、骨骼积聚率高、显像清晰、稳定性好等优点，是在 MDP 基础上的改进。1983 年国外已有商品药盒出售。

1998 年，胡名扬等 [90] 报道了以亚磷酸二烷基酯为原料合成羟基亚甲基二膦酸二钠盐，亚磷酸二烷基酯和钠反应制得亚磷酸二烷基酯钠盐，之后和光气发生取代反应，最终得到羟基亚甲基二膦酸二钠盐(图 7-47)。

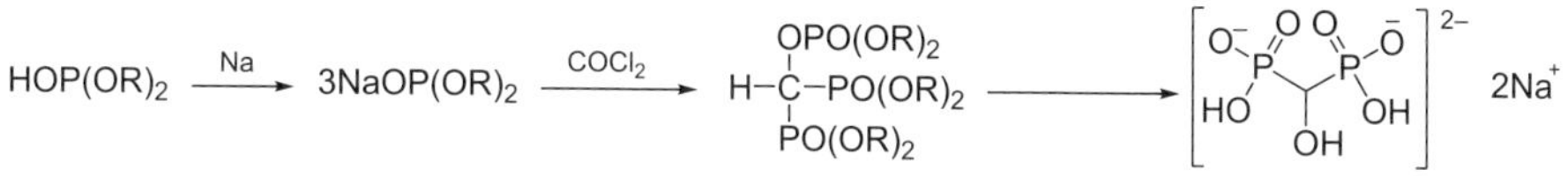

图 7-47　羟基亚甲基二膦酸二钠盐的合成路线 1

以异丙醇为原料制备羟基亚甲基二膦酸二钠盐 **178**，异丙醇和三氯化磷在碱性条件下进行反应，得到三异丙基亚磷酸酯 **164**，三异丙基亚磷酸酯 **164** 再和二溴甲烷反应得到亚甲基二膦酸四异丙酯 **165**，之后和次氯酸钠反应，得到二氯取代的膦酸酯 **175**，再经浓盐酸水解、氢氧化钠处理，得到针形结晶状的四钠碳酰二膦酸 **177**，调节 pH 值至 10 ~ 11，再经氢化还原、调节 pH 值至 5、多次重结晶，最终制备得到羟基亚甲基二膦酸二钠盐 **178**(图 7-48)[91,92]。

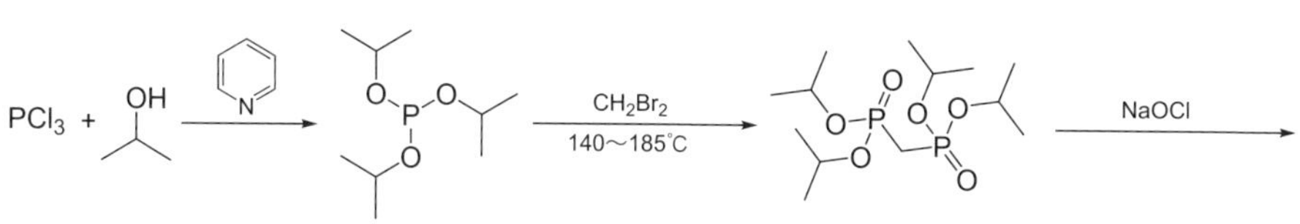

图 7-48

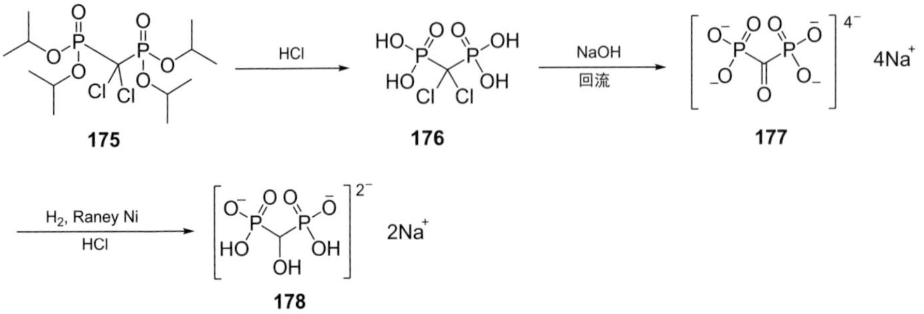

图 7-48   羟基亚甲基二膦酸二钠盐的合成路线 2

7.3.5   替曲膦锝 [^{99m}Tc]

替曲膦锝 [^{99m}Tc] 的英文名为 technetium [^{99m}Tc] tetrofosmin，是一种用于核素心肌灌注成像的药物，主要用于评估缺血和梗死时的心肌灌注。放射性同位素 ^{99m}Tc 与两个 1,2-双[二(2-乙氧基乙基)膦基] 乙烷配体螯合，这两个配体属于二膦类，被称为替曲膦。该药物由 GE Healthcare 开发，于 1996 年 2 月 9 日获得 FDA 批准开发。

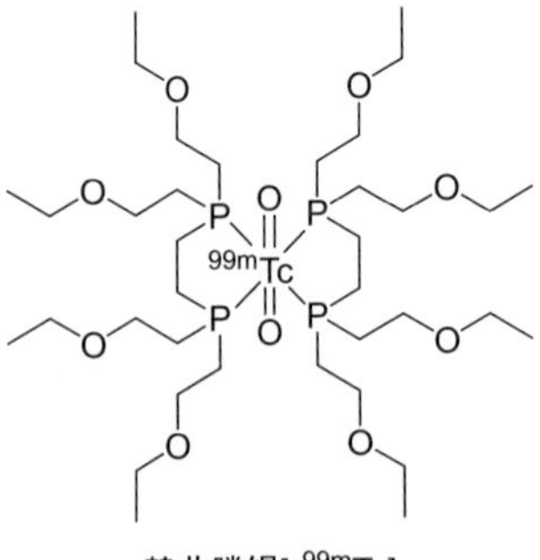

替曲膦锝[^{99m}Tc]

锝 [^{99m}Tc] 标记的替曲膦是一种新型的心肌灌注显像剂，经静脉注射可用于运动或药物负荷和静息状态下心肌灌注显像和肿瘤显像。该药最早由 Amersham 公司研制，并于 1994 年在日本和欧洲全面上市。^{99m}Tc-替曲膦是国家二类新药，由江苏省原子医学研究所江原制药厂研发生产，^{99m}Tc-替曲膦心肌灌注显像对冠心病有较好的诊断价值，且 ^{99m}Tc-替曲膦在常温下标记，方法简单，肝脏内清除快，可早期显像，图像质量好，尤其是对心肌下后壁的标记，能够明显减少对肝脏和肠道的影响，是继 ^{99m}Tc-MIBI 之后又一非常优良的心肌灌注显像剂。

1993 年，文献 [93] 报道了对替曲膦标记化合物的进一步研究和液体配方制备，还进一步研制了该化合物的无菌冻干品制备药盒（Myoview^{TM}），并对该标记化合物进行了结构确定和生物性能的进一步研究。无菌冻干品制备药盒 Myoview^{TM} 于 1996 年 2 月获得美国 FDA 批准，并上市出售，该药盒可在室温下直接标记得到放化纯大于 90% 的 ^{99m}Tc-tetrofosmin 注射液，使之在国外迅速广泛地应用于临床。

替曲膦与正 3 价氧化态的 $[^{99m}TcO_2]^{3+}$ 反应形成阳离子型络合物 $[^{99m}Tc(tetrofosmin)_2O_2]^+$。^{99m}Tc 是正 7 价，亚锡离子把高锝酸钠中的锝由正 7 价还原为正 3 价，所发生的氧化还原反应可表示为：$^{99m}TcO_4^- + 4H^+ + Sn^{2+} \longrightarrow [^{99m}TcO_2]^- + Sn^{4+} + 2H_2O$，$[^{99m}TcO_2]^-$ 与两分子替曲膦络合生成 ^{99m}Tc-替曲膦 [94]。

7.3.6　焦磷酸锝 [^{99m}Tc]

焦磷酸锝 [^{99m}Tc] 的英文名为 technetium [^{99m}Tc] pyrophosphate，是一种放射性核素显像剂，主要用于心脏的闪烁扫描或断层扫描，以评估心肌坏死的程度。它还被用于非侵入性试验，用于分析不同类型淀粉样变性的器官受累情况以及评估四肢肌肉坏死的程度。可作为骨骼成像剂使用，还用于证明成骨改变的区域、急性心肌梗死诊断辅助的心脏显像剂和对门控心血池进行成像并检测胃肠道出血。锝 [^{99m}Tc] 焦磷酸盐在骨生成改变和心肌损伤的区域聚集。它对红细胞还具有亲和力，可以对血池进行成像。

焦磷酸锝 [^{99m}Tc]

锝 [^{99m}Tc] 标记的焦磷酸盐的无菌溶液的制备方法 [95] 为无菌操作的条件下，根据高锝 [^{99m}Tc] 酸钠注射液的放射性浓度，取 4～10 mL，注入注射用亚锡焦磷酸钠瓶中，充分振摇，使冻干物速溶，静置 5 min，即得。制备锝 [^{99m}Tc] 焦磷酸盐的关键是焦磷酸钠的制备，焦磷酸钠是用磷酸氢二钠水溶液经干燥制得无水磷酸氢二钠，再高温脱水聚合而得的。制备方法分一步法和两步法两种，干燥和聚合在一个设备完成的叫一步法，干燥和聚合在两个设备中完成的叫两步法。一步法设备简单，流程较短，但质量不太稳定。两步法设备较复杂，流程较长，产品质量较稳定，食品工业用焦磷酸钠多采用两步法。反应式为：

$$Na_2HPO_4 \cdot 12H_2O \longrightarrow Na_2HPO_4 + 12H_2O$$
$$2Na_2HPO_4 \longrightarrow Na_4P_2O_7 + H_2O$$

7.3.7　替曲膦

替曲膦(tetrofosmin)是一种亲脂性阳离子剂，被动扩散并积聚在活的心肌组织中。替曲膦是通过形成杂原子络合物来避免放射性配体的非靶标吸收。它总是伴随着锝 [^{99m}Tc] 作为放射性药物。替曲膦被用作锝 [^{99m}Tc] 的复合物，用于在运动或静息条件下分开给药后对心肌进行闪烁照相成像。它有助于在没有心肌梗死的情况下描绘可逆性心肌缺血区域。该复合物还用于心肌的闪烁成像，以识别已知或疑似冠状动脉疾病患者的药理学应激引起的灌注变化，评估心脏病患者的左心室功能。

替曲膦

替曲膦，CAS 号为 127502-06-1，分子式为 $C_{18}H_{40}O_4P_2$，分子量为 382.455。^{99m}Tc-tetrofosmin 是英国 Amersham 公司 20 世纪 90 年代初推出的一种最新型的有机磷类心肌灌注显像剂。其原料药替曲膦由 Amersham 公司于 1991 年首次研发合成，其标记化合物 [TcO_2(tetrofosmin)$_2$]$^+$ 显示出良好的心肌摄取率和血、肝清除性能，被认为是一种较为理想的心肌灌注显像剂。

1991 年，专利 US 5045302[96,97] 公开了 ^{99m}Tc- 配位二膦配体，描述了制备关键体替曲膦的方法。亚磷酸三乙酯 **170** 和 1,2-二溴乙烷进行加成反应得到二膦酸酯化合物 **171**，经还原氢化后得到乙二膦 **179**，之后在偶氮二异丁腈（AIBN）存在下乙二膦 **179** 和乙烯基乙醚再发生加成反应得到 1,2-双 [双 (2-乙氧基乙基) 膦基] 乙烷（替曲膦）（图 7-49）。

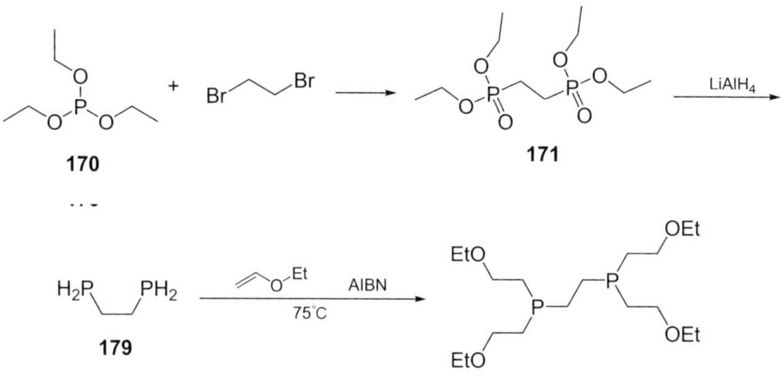

图 7-49 替曲膦的合成

2007 年，Woolley 等 [98] 报道了 ^{14}C 替曲膦 **184** 的合成。用氢化锂铝还原膦酸苄酯 [PhCH$_2$P(O)(OEt)$_2$]**180** 得到苄基膦（PhCH$_2$PH$_2$），之后和乙烯基乙醚反应，加入 AIBN 后进行光解反应，得到双乙氧乙基苄基膦 [PhCH$_2$P(CH$_2$CH$_2$OEt)$_2$]**181**，再和 1,2-二溴乙烷-1,2-^{14}C 反应，得到双季鏻盐化合物 **182**。季鏻盐经与氢氧化钠、浓盐酸和六氯乙硅烷等反应得到 [1,2-双[双 (2-乙氧基乙基) 膦基] 乙烷-1,2-^{14}C]**184**（图 7-50）。

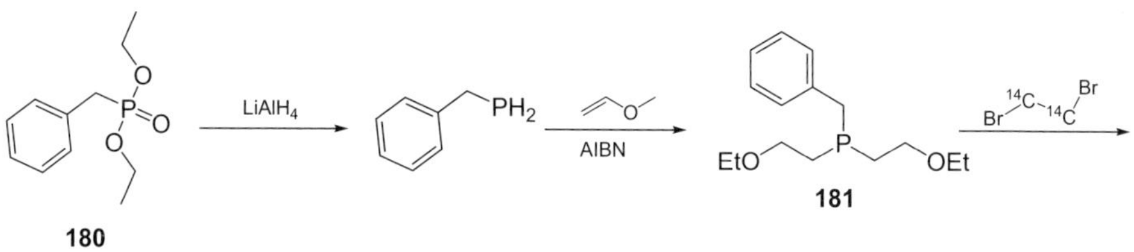

图 7-50

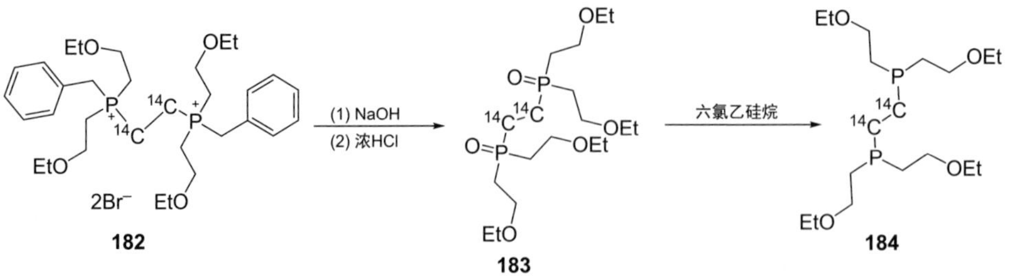

图 7-50 ¹⁴C 替曲膦的合成

7.4
牙科用含磷药物的结构、药理活性及合成方法

牙科用含磷药物主要有磷酸、磷酸钙、甘油磷酸钙、单氟磷酸钠（图 7-51）。

| 磷酸 | 磷酸钙 | 甘油磷酸钙 | 单氟磷酸钠 |

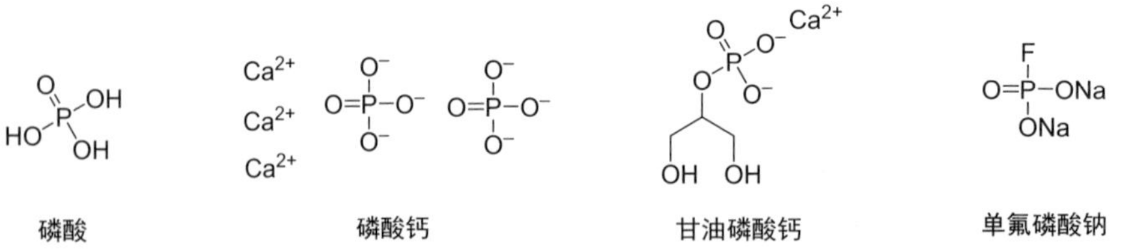

图 7-51 牙科用含磷药物的分子结构

7.4.1 磷酸

磷酸（phosphoric acid）是一种无色的含磷无机酸，在牙科和口腔正畸中用作蚀刻溶液，用于清洁和粗糙化放置牙科器具或填充物的牙齿表面，

也可被添加于防晕药中。维生素 D 能刺激磷酸盐的吸收，并在钙离子转运之前就已经发挥作用。啮齿动物饮食的磷酸盐补充剂直接在进食期间或通过唾液排泄在牙齿表面上发挥其抑制作用，从而降低龋齿的发生率，并且不同的磷酸盐在降低饮食中碳水化合物的致龋方面具有不同的潜力。

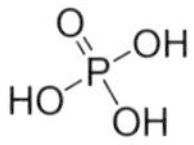

磷酸

磷酸又称正磷酸，CAS 号为 7664-38-2。化学式为 H_3PO_4，分子量为 97.9724，是一种常见的无机酸，属中强酸。由十氧化四磷溶于热水中即可得到。工业级磷酸由硫酸和磷灰石进行复分解反应制备（图 7-52）。磷酸主要用于制药、食品、肥料等工业，也可用作化学试剂。

$$Ca_3(PO_4)_2 + 3H_2SO_4 \longrightarrow 2H_3PO_4 + 3CaSO_4$$

图 7-52 硫酸和磷灰石进行复分解反应制备磷酸

白磷与硝酸作用，可得到纯的磷酸溶液（图 7-53）。所用硝酸的密度应控制在 $1.2\ \text{g/cm}^3$，将制得的溶液进行蒸发，若磷酸中含有亚磷酸，需再加入少量发烟硝酸继续蒸发。

$$\frac{1}{4}P_4 + 5HNO_3 \longrightarrow H_3PO_4 + 5NO_2 + H_2O$$

图 7-53 白磷与硝酸作用制备磷酸

白磷在空气中燃烧生成五氧化二磷，再经水化制成磷酸（图 7-54）。注意必须用热水，因为五氧化二磷会和冷水反应生成剧毒的偏磷酸。

磷 —燃烧→ P_2O_5 —H_2O→ 稀磷酸 —(1) P_2S_5 (2) 砂滤→ 蒸发 —脱色→ —蒸发→ 磷酸

图 7-54 燃烧法制备磷酸

将工业磷酸用蒸馏水溶解后，提纯溶液，除去砷和重金属等杂质，经过滤，使滤液符合食品级要求，浓缩，制得食用磷酸成品。

7.4.2　磷酸钙

磷酸钙(calcium phosphate)通常作为非处方补充剂、抗酸剂或作为一些牙膏中的添加成分，可以用作抗结剂、酸度调节剂、营养增补剂、增香剂、稳定剂、水分保持剂。磷酸钙与胃中的酸反应以中和pH。在牙膏中，它提供钙离子和磷酸根离子以支持牙齿的再矿化。作为补充剂，它提供钙离子和磷酸根离子，这两者都是骨稳态中的重要离子。

$$Ca^{2+} \quad O^- \quad O^-$$
$$Ca^{2+} \quad O=P-O^- \quad O=P-O^-$$
$$Ca^{2+} \quad O^- \quad O^-$$

磷酸钙

无定形磷酸钙是在羟基磷灰石合成的过程中发现的，它是一种无定形物质，并处于中间相的状态。无定形磷酸钙可以抑制脱矿作用，并有效增加牙釉质的无机质含量，促进再矿化，从而预防和治疗龋齿。无定形磷酸钙也被证实具有增加中胚层的碱性磷酸酶活性、增强细胞增殖、促进细胞黏附的作用。纳米无定形磷酸钙的粒径小于100nm，具有更大的表面积，沉积作用要强于羟基磷灰石，能较易进入脱矿产生的裂隙中[99]。

磷酸钙在口腔生物学中有着重要的意义，因为它们见于正常和病理性钙化组织；与牙釉质、牙本质龋的形成、发展和停止密切相关；可用于口腔材料。

口腔生物磷酸钙种类包括：①磷灰石(apatite，AP)，主要是羟基磷灰石(hydroxy apatite，HA)；②磷酸八钙 (octacalcium phosphate，OCP)；③二水磷酸氢钙 (dicalcium phosphate dihydrate，DCPD)；④无水磷酸氢钙 (dicalcium phosphate anhydrous，DCPA)；⑤磷酸三钙 (tricalcium phosphate，TCP)；⑥无定形磷酸钙 (amorphous calcium phosphate，ACP)。HA 是正常钙化组织(牙釉质、牙本质、牙骨质和骨)的主要无机成分；ACP、DCPD、OCP 和 TCP 等是生物磷灰石形成所必需的前体物质，因其过渡特性(transitonal nature)通常不出现于正常钙化组织中，而在一些因素的影响下，可出现于病理性钙化组织（牙石和牙釉质龋、牙本质龋）中。

羟基磷灰石 [$Ca_{10}(PO_4)_6(OH)_2$，HA]，纯 HA 属六方晶系，由六面

柱体的晶胞构成。1962 年，首次证实牙釉质、牙本质和骨的矿化成分为 HA，但其 Ca/P 摩尔比(1.61～1.64)较纯 HA(1.67)低，且含 F、Na、Mg 等微量成分，它们或游离于晶格之外，或取代原 HA 的 Ca^{2+}、OH^-、PO_4^{3-} 而结合于晶格中，形成 HA 的替代类型，从而使其晶体学特性、温度稳定性和化学稳定性(对酸溶解的抵抗力和敏感性)等发生改变。

磷酸八钙 [($Ca_8H_2(PO_4)_6 \cdot 5H_2O$)，OCP]，纯 OCP 属三斜晶系，其 Ca/P 摩尔比为 1.33。OCP 的晶体结构与 HA 十分相似，提示 OCP 为生物磷灰石形成的前体物质。研究指出，HA 晶体的初期形成是以 OCP 为模板形成晶核，后沿其轴向生长。体外研究证实，在一定 pH 值、温度和溶液浓度下，OCP 可向 AP 转化，所形成 AP 晶体的排列方式与牙釉质、牙本质相似。尽管大量体内、体外研究证据提示 OCP 参与了牙釉质的初期形成过程，但 OCP 前体的确切存在尚未得到证实。OCP 是牙石的主要组成之一，可见于任何阶段的牙石，表明其具有较高的稳定性。

磷酸钙的 CAS 号为 7758-87-4，分子式为 $Ca_3(PO_4)_2$，分子量为 310.18，是一种白色晶体或无定形粉末，在空气中稳定。磷酸钙可用于制造陶瓷、乳白玻璃、彩色玻璃，用作牙科的黏结剂、塑料稳定剂、制酸剂、磨光粉、糖浆澄清剂、化学肥料和家禽饲料添加剂等。该产品难溶于水，易溶于稀盐酸和硝酸，不溶于乙醇和丙酮。磷酸钙有 α 型和 β 型两种，β 型磷酸钙加热至 1180℃时转变为 α 型磷酸钙，再加热至 1430℃则转变为 α 型磷酸三钙。α 型比 β 型更易溶于柠檬酸。

磷酸钙可通过水热法、干法、湿法三种工艺制备[100]：水热法是指在水热条件下控制一定的温度和压力，制备粒子直径较大、结晶程度相对较高的磷酸三钙粉末，将磷矿石、白云石、硅石等按配料比计量后，经破碎，再经球磨机磨成 80 目以上细粉，送入旋风炉中熔融脱氟；干法是指在高温条件下直接发生固相反应；湿法是指能够进行酸碱直接中和的反应，主要分为两类，一是酸、碱溶液直接反应，饱和石灰乳溶液与热浓磷酸在 pH 值 8.1 以上时反应生成磷酸三钙沉淀，二是可溶性钙盐和磷酸盐反应[101]，磷酸钠溶液在过量氨存在下与适量氯化钙饱和溶液进行反应，沉淀出不溶的磷酸钙，经过滤、洗涤、干燥，得到磷酸钙成品。

7.4.3 甘油磷酸钙

甘油磷酸钙(calcium glycerophosphate)可通过多种机制起作用，从而产生抗龋效果，包括增加牙釉质的耐酸性、增加牙釉质矿化、改变牙菌斑、充当牙菌斑中的 pH 缓冲剂以及提高钙和磷酸盐水平。当用作电解质替代物时，甘油磷酸钙提供钙和无机磷酸盐。与葡萄糖酸钙和磷酸钾的组合相比，甘油磷酸钙产生更多的磷酸盐保留，进而增加钙的存留，并最终将更多的离子结合到骨结构中。

甘油磷酸钙

甘油磷酸钙在医药方面用于促进骨骼和牙齿的钙化成形；在食品方面用作营养增补剂，食品的钙质强化剂、稳定剂。牙膏级甘油磷酸钙由于具有澄清度好、溶解度大、溶解速度快等特点而作为牙膏添加剂应用于牙膏行业。

甘油磷酸钙又叫磷酸甘油酯钙(简称 CaGP)，市售产品为 α- 甘油磷酸钙和 β- 甘油磷酸钙的混合物。外观为白色或微黄色粉末；分子式为 $C_3H_7CaO_6P$；分子量为 210.14；溶于冷水，溶解度为 2g/100mL，不溶于乙醇；130℃时失去结晶水形成无水物，于 170℃以上分解。

甘油磷酸钙在食品中可以起到补钙剂的作用；在医药中起到钙的生物和生理作用，具有完善组织细胞、构成骨骼组织的功能，同时起到甘油磷酸钙盐代谢作用，具有补充大脑活力的作用[102]。早在 1960 年，McClure 等发现甘油磷酸钙具有抗菌止龋的作用[103]。

研究发现甘油磷酸钙能提高牙釉质中钙、磷含量，可抑制牙釉质的脱矿，并能提高牙釉质的再矿化[104]。甘油磷酸钙能够改变牙釉质表面的酸碱性，增强其抗酸能力。因此甘油磷酸钙在牙膏中的作用主要表现在以下几个方面：①对菌斑的控制作用；②对牙本质的保护作用；③对口腔菌群生态平衡的影响。

另外甘油磷酸钙能提高氟化物的吸收，向含单氟磷酸钠的牙膏中添加 0.1% ～ 0.13% 的甘油磷酸钙，可以大大提高珐琅对氟化物的吸收率（提高 35% 以上），强化珐琅抗脱矿的氟化效应。甘油磷酸钙是一种预防龋齿病、治疗牙龈炎及牙周病的理想牙膏添加剂[105]。甘油磷酸钙在牙膏中具有良好的防护作用，得到了广大牙膏厂商的青睐。这些都表明甘油磷酸钙型牙膏具有广阔的市场成长空间。

甘油磷酸钙由甘油和磷酸共热，再加石灰乳中和，用乙醇沉淀，收集沉淀，经洗涤、干燥而制得的。按干燥品计算，含钙(Ca)应为 18.6% ～ 19.4%[106]。甘油磷酸钙为两种同分异构体(α-甘油磷酸钙，β-甘油磷酸钙)，这两种钙盐同时存在，较难分离[107]，其结构式见图 7-55。

图 7-55　甘油磷酸钙同分异构体的结构式

甘油磷酸钙广泛地应用于医药、食品、牙膏等行业[108]。甘油磷酸钙具有抗菌止龋的作用，它能提高牙釉质中钙、磷含量，可抑制牙釉质的脱矿，并能提高牙釉质的再矿化。甘油磷酸钙能够改变牙釉质表面的酸碱性，增强其抗酸能力。甘油磷酸钙是一种优良的口腔用品添加剂，特别适用于补钙型牙膏和口香糖，也是防龋添加剂的理想原料，可以应用于儿童牙膏中以促进牙齿的生长和钙的强化。

制备甘油磷酸钙的传统方法主要有磷酸盐法、三氯氧磷法、油滓法。三氯氧磷法[109]较为复杂，需要大量使用吡啶有机溶剂，污染大，且原料 $POCl_3$ 易光解。油滓法是一种废旧原料的综合利用过程，不适合于大规模的化工生产。磷酸盐法[110]所用的原料 NaH_2PO_4 和甘油较为经济易得，处理时间(为 1～2h)较短，过程较简单，更有利于操作和成本的经济性原则。牙膏级甘油磷酸钙的研制工艺流程[110,111]如图 7-56 所示。

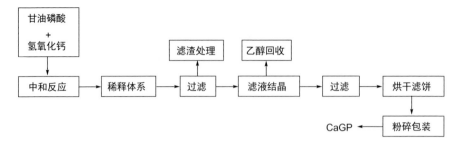

图 7-56　牙膏级甘油磷酸钙的研制工艺流程

在水提醇沉法中，甘油磷酸钙由甘油磷酸酯和钙源反应制备，常见的钙源有 $Ca(OH)_2$、$CaCl_2$、柠檬酸钙、$Ca(NO_3)_2$ 等，生产线常用氢氧化钙作为钙源和甘油磷酸酯进行酸碱中和反应 (图 7-57)[112]。

α-甘油磷酸酯 + $Ca(OH)_2$ ⟶ α-甘油磷酸钙 + $2H_2O$

图 7-57　甘油磷酸酯和氢氧化钙进行酸碱中和反应

7.4.4　单氟磷酸钠

单氟磷酸钠 (sodium fluorophosphate) 是一种优良的防龋齿剂和牙齿脱敏剂，主要用作含氟牙膏添加剂，单氟磷酸钠的水溶液具有明显的杀菌作用，对黑曲霉菌、金黄色葡萄球菌、沙门氏菌、绿脓杆菌及卡他球菌等的生长及繁殖有明显抑制作用。另外，单氟磷酸钠也被用于一些治疗骨质疏松症的药物中。

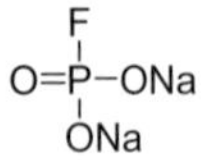

单氟磷酸钠

氟化物防龋是因为其具有以下几个方面的作用：氟可以直接抑制口

腔中细菌生长所需要的能量代谢，抑制细菌向牙面黏附，抑制细菌代谢过程中多种酶的活性，使细菌生长、代谢紊乱或停止；氟能够取代牙釉质结构中的羟基磷灰石中的羟基，形成氟磷灰石，从而降低牙釉质表面的溶解度，增强对酸的抵抗力；氟可以促进唾液中的钙、磷在牙齿表面附着，有助于牙齿萌出后釉质的继续成熟，也有助于龋齿病变部位被破坏的磷灰石的恢复，促进龋损的再矿化；较高浓度的氟化物有杀灭致龋菌和其他细菌的作用[113]。

单氟磷酸钠应用极其广泛，主要用于牙膏添加剂、混凝土缓蚀剂、食品、医疗等方面。单氟磷酸钠是世界上应用最广泛的牙膏添加剂，是一种优良的防龋齿剂和牙齿脱敏剂，在牙膏中的质量分数为 0.7%～0.8%。按所含成分主要分为护理型牙膏和生物型牙膏两大类。从长期的临床试验可知，单氟磷酸钠作为氟的来源，比其他普通氟化物原料（如氟化钠）更好。单氟磷酸钠可用作食品添加剂增加食物营养，但若超标，则是不安全的。单氟磷酸钠被添加到食品中，每天可补充 0.25～5 mg 氟，相当于摄入了 2.5～16 mg 单氟磷酸钠。根据数据显示，每天食入含氟钠盐（1.7～14 mg）和磷酸盐（1.1～8.8 mg）是不安全的。在欧洲，食物中添加剂的含量一般低于最高限度。对于成人，每天食用 2 mg 的含氟食品，则不会超标。因此我们在关注单氟磷酸钠增加食物营养价值的同时，应该重视它的安全性[114]。

单氟磷酸钠可用于调节绝经女性的血脂和脂蛋白代谢。在一些国家，医生会让绝经女性食用一定剂量的氟，这样有助于调节血脂和脂蛋白的代谢[115]。

单氟磷酸钠促使成骨细胞分化和扩散的同时，会促使骨量增加，这种影响是由酸性磷酸酶中的氟抑制生长因素所产生的。单氟磷酸钠可通过其他的信号机制来发挥其功能。尽管氟化钠也具有增加骨量的功能，但食用等量的单氟磷酸钠和氟化钠，单氟磷酸钠增加的骨量更多。单氟磷酸钠能增加骨量从而缓解骨质疏松，但并不能改变骨组织的矿化[116]。

7.5 肠道用含磷药物的结构、药理活性及合成方法

磷酸二氢钠和磷酸氢二钠可用于肠道相关的检测和治疗(图 7-58)。

磷酸二氢钠　　磷酸氢二钠

图 7-58　肠道用含磷药物的分子结构

7.5.1　磷酸二氢钠

磷酸二氢钠(sodium phosphate, monobasic)是一种盐水泻药，通过增加肠腔中存在的溶质的量来起作用，从而产生渗透梯度。其将水吸入肠腔，增加粪便含水量以增加通过大肠的流动性，从而导致排便。磷酸二氢钠用于治疗便秘或在结肠镜检查前清洁肠道。

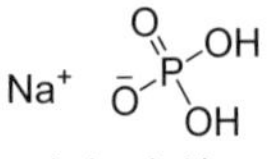

磷酸二氢钠

7.5.2　磷酸氢二钠

磷酸氢二钠(sodium phosphate, dibasic)主要用于治疗便秘或在结肠镜检查前清洁肠道，其作用机制与磷酸二氢钠相同。

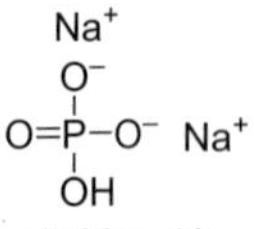

磷酸氢二钠

7.6
含磷药物溶剂/辅助药物的结构、药理活性及合成方法

　　DL-二肉豆蔻酰磷脂酰胆碱和二水合磷酸氢钙可用作药物溶剂/辅助药物（图 7-59）。

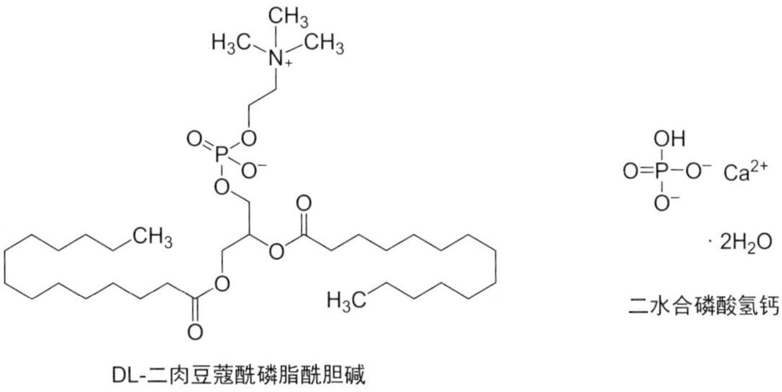

图 7-59　含磷药物溶剂/辅助药物的分子结构

7.6.1　DL-二肉豆蔻酰磷脂酰胆碱

　　磷脂是生物膜的重要组成部分，其固有的既具亲水性又具亲脂性的双亲性质使得磷脂能自发在水介质中形成闭合双分子层，成为生物膜骨架。利用该性质发展起来一种新型药物制剂——脂质体制剂。脂质体作为药物载体具有靶向性、缓释长效性等特点，在药物的定向输送研究中受到广泛重视。另外，合成磷脂也可用于脂肪乳制剂、微乳制剂等先进载药技术。此外，磷脂本身往往具有广泛的生物和生理活性，如抗肿瘤、抗病毒、降血压、作为酶抑制剂和消炎剂等，可作为药用主料使用[117]。

　　下面主要介绍 DL-二肉豆蔻酰磷脂酰胆碱的应用和合成方法。DL-

二肉豆蔻酰磷脂酰胆碱(DL-dimyristoylphosphatidylcholine, DMPC)又名二肉豆蔻酰基卵磷脂、1,2-十四酰基卵磷脂、二肉豆蔻酰-L-磷脂酰胆碱、1,2-二肉豆蔻酸-*sn*-甘油磷脂酰胆碱等, CAS 号为 18194-24-6, 分子式为 $C_{36}H_{72}NO_8P$, 分子量为 677.95。DL-二肉豆蔻酰磷脂酰胆碱主要用于研究生物膜和商业药物制剂。它是一种合成磷脂, 其本身不是活性药剂, 没有任何适应证; 有较好的水溶性, 能溶解注射用药物, 它可以形成具有疏水性的胶束来包含亲脂性的药物, 其磷脂的尾部同时具有亲水性, 以保证药物在血液或胃肠道的水性环境中增加溶解度。在医学上, DMPC 主要作为药用辅料, 用于脂质体制剂、微乳制剂、微泡超声造影剂等。

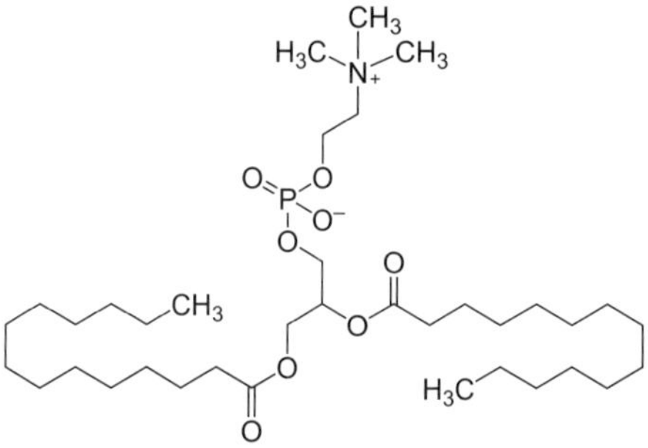

DL-二肉豆蔻酰磷脂酰胆碱

以甘油为原料合成磷脂一般分为两种工艺路线: 一是先将甘油一端的羟基保护起来, 然后根据需要连上相同或不同的酰基, 脱去保护基后与磷脂头基进行偶联; 二是经保护的甘油先与磷脂头基偶联, 再引入酰基。第二种途径主要用于引入不饱和酰基, 并且与磷脂头基偶联又涉及氧化或催化氢化步骤。此外, 酰基的引入可以利用相应的脂肪酸或高活性的酰氯, 但是磷脂酰基稳定性稍差, 如果使用酰氯进行酰基的引入最好要在磷脂头基引入之前进行, 以免酰氯的高活性破坏磷脂酰基。换言之, 不使用酰氯进行酰化时, 两种途径都可以使用。DMPC 的合成主要采用第一种途径[118]。

早期文献[118,119]报道以 L-α,β-二肉豆蔻酸甘油酯 **185** 为原料, 经磷酰化制备磷酰氯中间体 **186**, 而后与氯化胆碱缩合得到二肉豆蔻酰磷酰氯化胆碱中间体 **187**, 再经氢化脱除苯基和银氯离子交换得到目标产物 DMPC。该反应路线如图 7-60 所示。利用该方法, 使用不同构型的甘油酯可得到相应构型的 DMPC。之后, 人们尝试采用不同的磷脂头基试剂进行 DMPC 的合成。

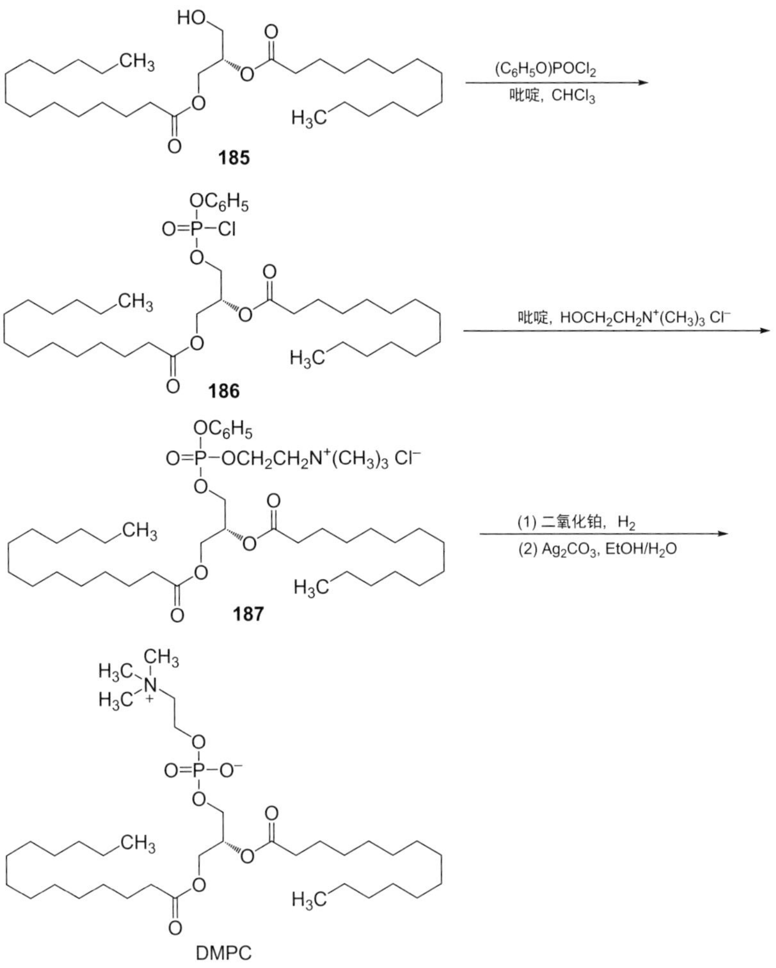

图 7-60　以 L-α, β-二肉豆蔻酸甘油酯为原料合成 DMPC

Eibl 等[120] 以 L-α, β-二肉豆蔻酸甘油酯 **185** 为原料，与二氯磷酸溴乙酯 **188** 缩合得到二肉豆蔻酰甘油磷酰氯中间体 **189**，水解后与三甲胺反应，最后用碳酸银交换阴离子得到 DMPC（图 7-61）。

Phuong 等[121] 以 **185** 为原料，先与环磷酰氯 **191** 生成二肉豆蔻酰甘油环磷酸酯 **192**，后经三甲胺氨解，两步反应可直接得到 DMPC，这两个反应均为高压下的封管反应（图 7-62）。Haas 等[122] 以 L-α, β-二肉豆

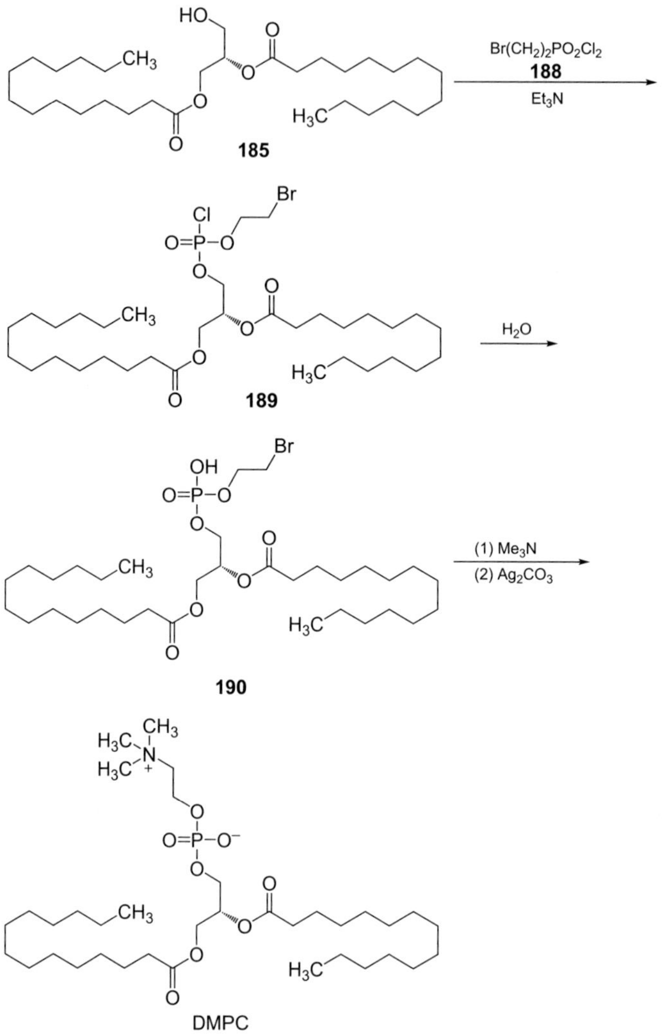

图 7-61　以二氯磷酸溴乙酯为原料合成 DMPC

　　蔻酸碘代甘油酯 **193** 为原料，与磷酸银盐 **194** 缩合得到 DMPC 前体 **195**，再与溴乙基三甲基铵进行亲核取代反应得到目标产物（图 7-63）。但是，这些制备磷脂酰胆碱的方法中，有的需要在较大的压力下进行封管反应，有的反应操作步骤非常烦琐等。为解决上述问题，Sano 等[123] 进一步改进了磷脂头基试剂。他们以 L-α, β-二肉豆蔻酸甘油酯 **185** 为原料，与三氯氧磷反应生成二氯磷酸甘油酯中间体 **196**，再与对甲苯磺酸胆碱酯化得到一氯磷酸酯 **197**，经碱性水解得到 DMPC（图 7-64）。Lemmen 等 [124,125]

用噁唑磷烷化合物 **198** 为磷化试剂，与 L-α, β-二肉豆蔻酸甘油酯 **185** 反应生成 L-α, β-二肉豆蔻酰甘油亚磷酯 **199**，而后进一步氧化，经甲基化开环后得到 DMPC（图 7-65）。

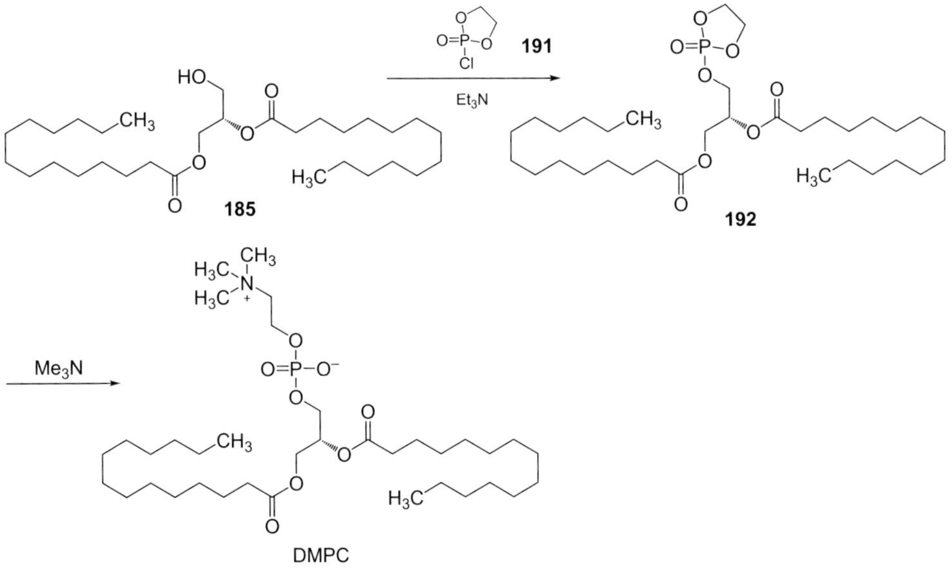

图 7-62　以环磷酰氯作为磷脂头基试剂合成 DMPC

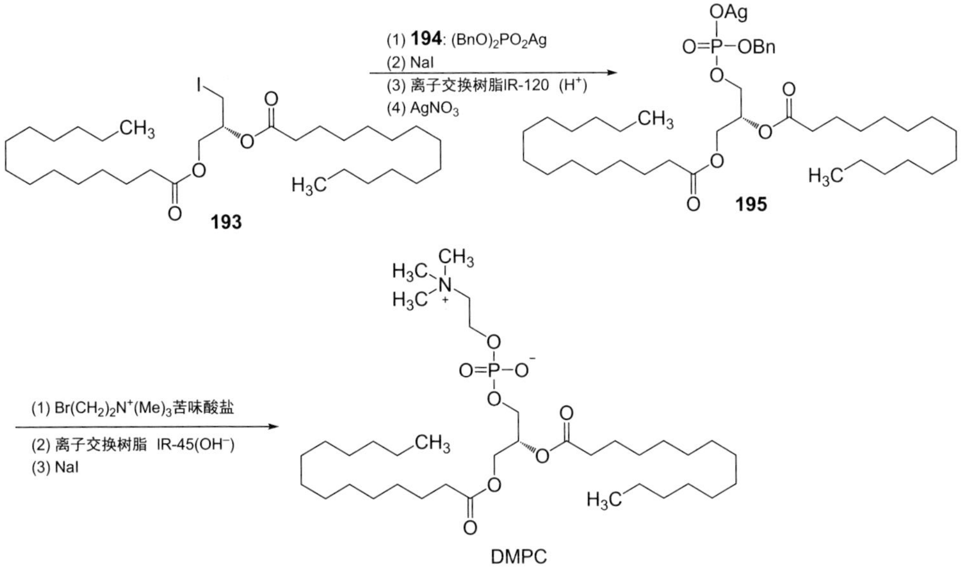

图 7-63　以磷酸银作为磷脂头基试剂合成 DMPC

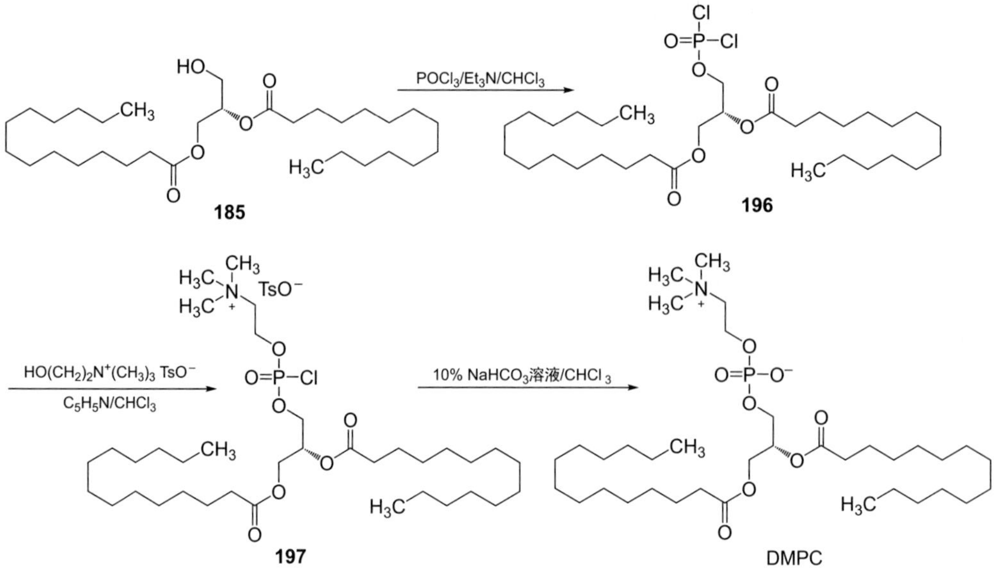

图 7-64　以三氯氧磷作为磷脂头基试剂合成 DMPC

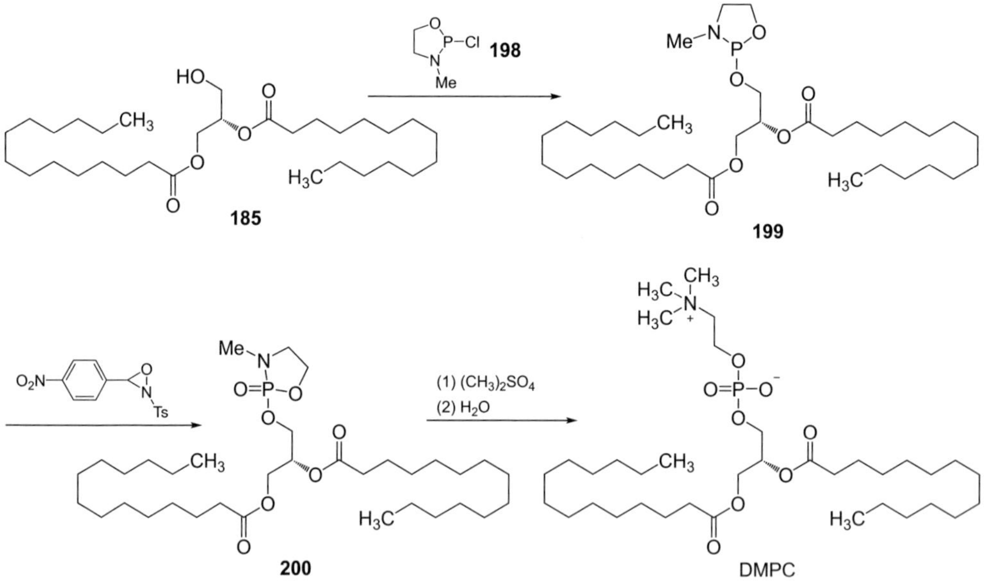

图 7-65　以噁唑磷烷作为磷脂头基试剂合成 DMPC

　　此外，也可以采用先进行磷脂头基偶联后引入酰基的方式合成 DMPC。Müller 等 [126,127] 以肉豆蔻酸 **201** 为原料，先在氯仿中用 *N,N*-羰基二咪唑活化，后在 DBU 存在下与 *sn*-甘油-3-磷酸胆碱 **202** 缩合得到

L-DMPC（图 7-66）。最新的一篇文献[128]采用肉豆蔻酰氯为酰基引入试剂，与 *sn*-甘油-3-磷酸胆碱 **202** 缩合得到 L-DMPC，该方法还可以控制性制备单肉豆蔻酰基卵磷脂 **203**（图 7-67）。

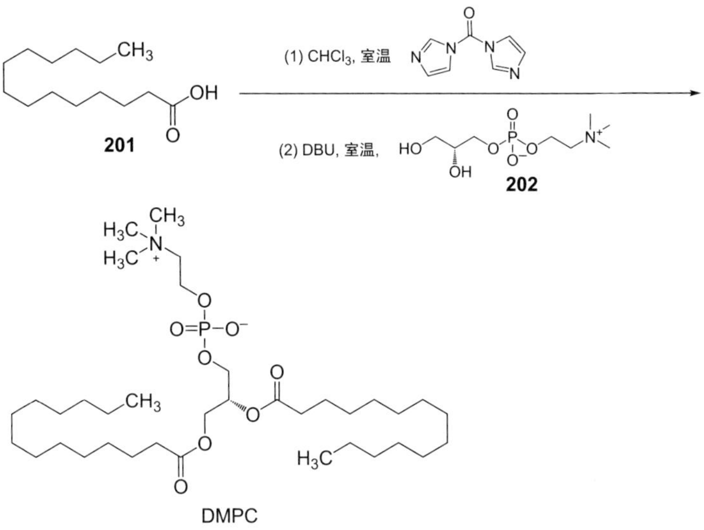

图 7-66　先进行磷脂头基偶联的 DMPC 合成途径

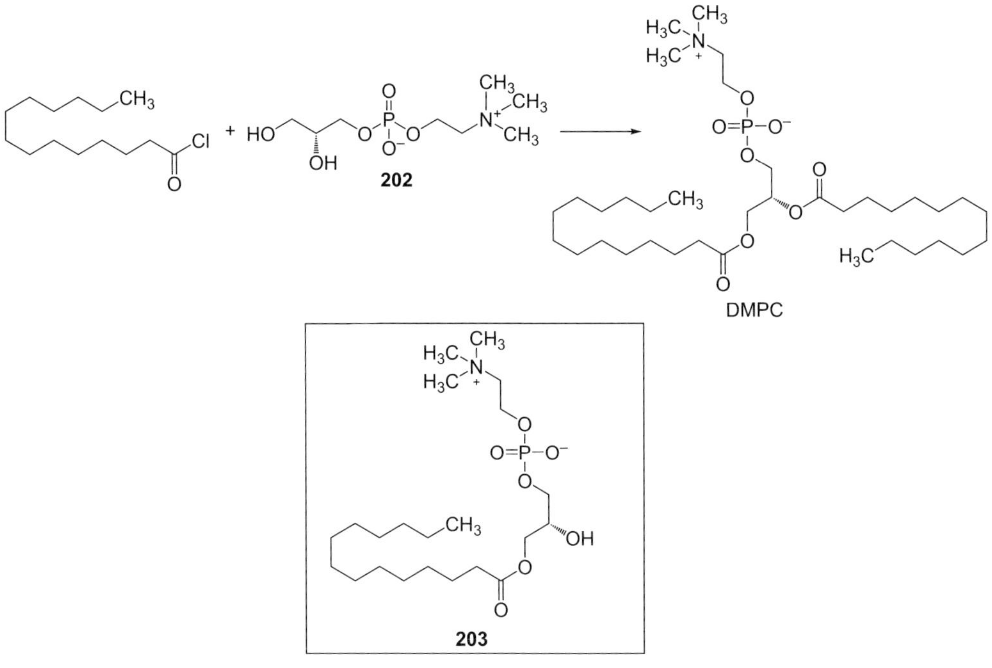

图 7-67　以肉豆蔻酰氯作为酰化试剂合成 DMPC

7.6.2 二水合磷酸氢钙

二水合磷酸氢钙(calcium phosphate dihydrate)的 CAS 号为 7789-77-7，分子式为 $CaHPO_4 \cdot 2H_2O$，分子量为 172.09。其可作食品添加剂用于家禽的辅助饲料，能促使饲料消化，同时还可治疗牲畜的佝偻病、软骨病、贫血症。磷酸氢钙是片剂和胶囊剂的稀释剂，是非处方药中钙和磷酸盐的补充剂。磷酸氢钙中的磷酸根离子可以与胃酸反应中和 pH。在牙膏和人体循环系统中，磷酸氢钙提供的钙和磷酸根离子分别促进牙齿的再矿化和维持体内平衡。二水合磷酸氢钙已列入 GRAS；在欧洲许可作为食品添加剂，已收载于 FDA《非活性组分指南》(用于口服胶囊和片剂)；欧洲将其收载为非注射用药物。二水合磷酸氢钙在口服药物制剂、食品、牙膏中广泛应用，通常认为其无毒、无刺激性，但口服大量本品可能导致腹部不适。磷酸氢钙通常由高纯度磷酸与氢氧化钙按计量比在水混悬液中反应，随后在特定温度下干燥达到特定水合状态。干燥后经分级操作得到粗制品，通过研磨可得细粒径产品。

二水合磷酸氢钙

7.7
激素类含磷药物的结构、药理活性及合成方法

激素类含磷药物有磷酸皮质醇、磷酸氢化泼尼松、磷酸倍他米松 (图 7-68)。

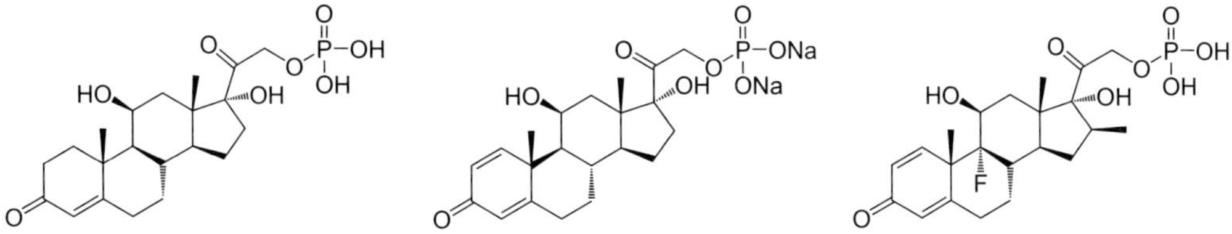

磷酸皮质醇   磷酸氢化泼尼松   磷酸倍他米松

图 7-68　激素类含磷药物的分子结构

7.7.1　磷酸皮质醇

　　磷酸皮质醇实际临床应用是以氢化可的松磷酸酯钠的形式存在的，供注射用(图 7-69)。皮质醇属于肾上腺分泌的肾上腺皮质激素之中的糖皮质激素，用于缓解皮质类固醇反应性皮肤病炎症，对感染性和非感染性炎症均有抑制作用。皮质醇能够与皮质醇受体结合，调节并维持各种代谢、免疫和体内的平衡。局部皮质醇的免疫抑制作用，包括防止或抑制细胞介导的免疫反应、延迟性的过敏反应，能解除许多过敏性疾病的症状，抑制因过敏反应而产生的病理变化，亦能抑制组织器官的移植排斥反应，对于自身免疫性疾病也能发挥一定的疗效。

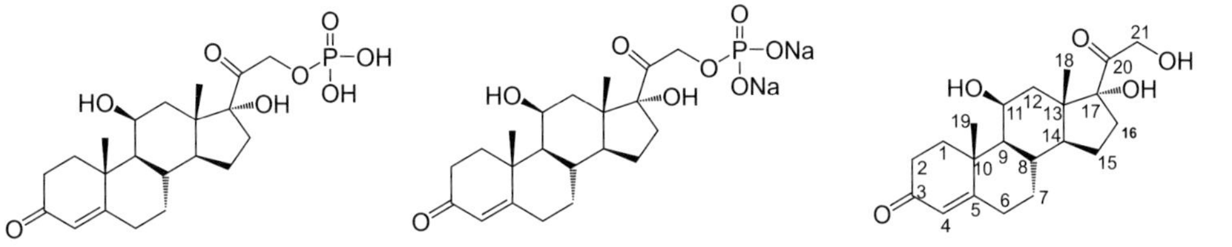

磷酸皮质醇   氢化可的松磷酸酯钠   氢化可的松
(氢化可的松磷酸酯)

图 7-69　氢化可的松及其磷酸酯衍生物的结构

　　氢化可的松也称皮质醇，CAS 号为 50-23-7，分子式为 $C_{21}H_{30}O_5$，分子量为 362.46。氢化可的松属肾上腺皮质激素类药，是一种类固醇激素，也是激素类药物中产量最大的品种，它通过糖异生增加血糖，抑制免疫系统，并帮助脂肪、蛋白质和碳水化合物的代谢，其结构式如图 7-69 所示。目前中国、英国、美国、日本、法国等国的药典及《欧洲药典》均有收载。HC 是哺乳动物肾上腺皮质分泌的主要糖皮质激素，能影响糖代谢，具有抗炎、抗病毒、抗休克和抗过敏等作用；主要用于肾上腺皮质功能减退症的替代治疗及先天性肾上腺皮质增生症的治疗，也可用于类风湿性关节炎、风湿性发热、痛风、支气管哮喘、过敏性疾病的治疗，并可用于严重感染和抗休克治疗等。1948 年，美国风湿病专家 Hench 在风湿性关节炎的治疗中发现可的松在体内转化为 HC 才具有疗效。因发现可的松和 HC 的药理作用，Hench、Reichstein 和 Kendal 一起获得了 1950 年的诺贝尔奖，并从此掀起了开发皮质激素的高潮。HC 的合成方法主要分为三类：全合成法、半合成法及微生物发酵与化学合成相结合的方法 [129-132]。Wendler 等用全合成的方法经 30 多步化学反应成功合成了 HC。全合成法步骤多、工艺复杂、总收率太低，因而没有工业生产价值。Woodward 等 [133] 报道的以 4- 甲氧基 -2- 甲基苯醌作起始原料经 40 步全化学合成 HC 的方法，虽然后经 Oliveto 等 [134] 进行改进，但仍然难以工业化。因此，人们开始把目光转向半合成法和生物转化方法。目前国内制备 HC 等甾体药物主要采用半合成的方法。

半合成法制 HC。采用含甾体母核的薯蓣皂素作原料的半合成法，分为黑根霉法和梨头霉法两种不同的合成途径 [135]（图 7-70 和图 7-71）。这两种合成途径先是以薯蓣皂素为起始原料，经开环裂解、环氧化等步骤得到环氧黄体酮，区别在于由环氧黄体酮出发后的合成路径不同。黑根霉法 [130,136] 是用黑根霉菌先在 C11 位上引入—OH 生产化合物 204，经三氧化铬氧化得到 C11 酮基化合物 205，再上溴开环、用 Raney Ni/H$_2$ 消除溴、上碘置换得醋酸可的松 207，而后以缩氨脲保护 C11、C20 位上的酮基，用硼氢化钾还原 C11 位上的酮基使之成为 β-OH 的中间体 210，脱去 C11、C20 位上的保护基和水解 C21 位上的乙酰基后得到 HC（图 7-70）。该工艺中，黑根霉菌引入的羟基构型为 α-OH，需要经氧化、缩氨脲保护、还原等步骤转化为 β-OH，增加了反应步骤，是生产上的不利因素。梨头霉法 [130] 是由环氧黄体酮先上溴开环、氢解除溴、上碘置换得醋酸化合物 213，该化合物在梨头霉的作用下，可以直接在 C11 位上引入 β-OH 从而得到 HC（图 7-71）。目前国内该工艺采用的发酵菌种多为蓝色梨头霉，但其氧化专一性较低，导致 HC 的收率不高。

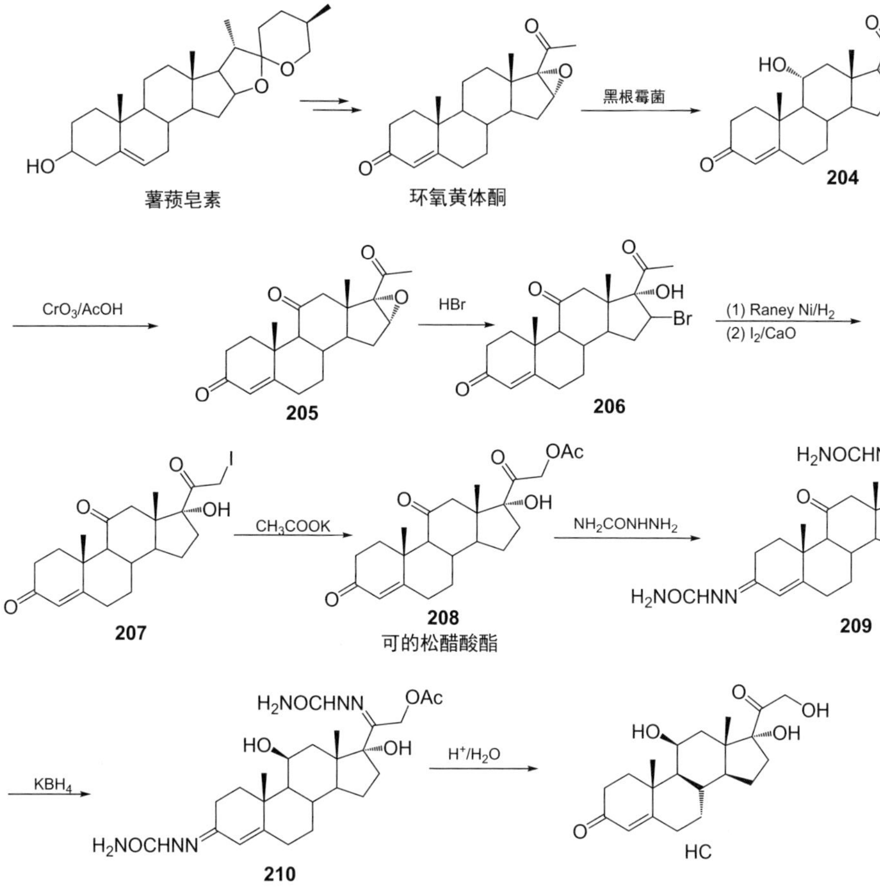

图 7-70　黑根霉菌合成 HC 的途径

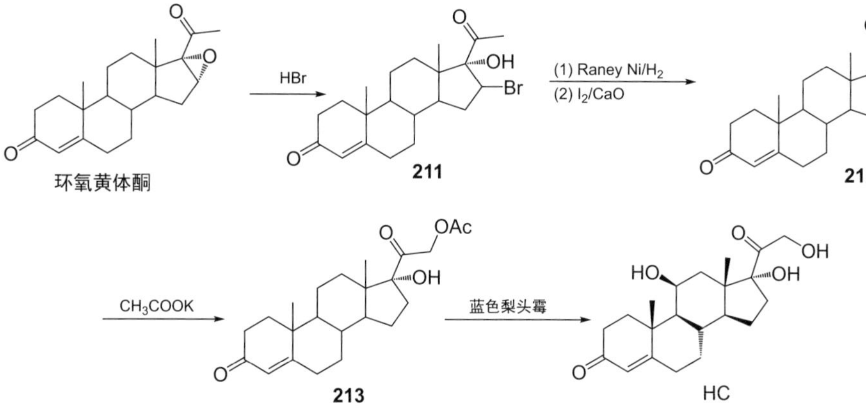

图 7-71　蓝色梨头霉合成 HC 的途径

为了提高 β-OH 引入时的立体选择性, 也有用其他不同菌种进行半合成的方法, 其中以用新月弯孢霉引入 C11 位 β-OH 最为简便。如图 7-72 所示 [130], 以醋酸化合物 **213** 为原料水解得到化合物 **214**, 该化合物经新月弯孢霉氧化发酵后直接得到 HC。虽然用新月弯孢霉作为发酵菌提高了 β-OH 引入时的立体选择性, 但是其氧化转换率不高, 且同时会产生 14α-OH 副产物, 因而 HC 的收率受限。如果改用 17α-乙酸化合物 **216** 为底物, 其立体阻碍效应可抑制 14α-OH 副产物的生产。他们以 $3\beta,17\alpha,21$-三乙酸酯化合物 **215**, 经黄杆菌转化得 17α-乙酸化合物 **216**, 再经新月弯孢霉转化得 17α-乙酸酯的 11β-OH 化合物 **217**, 将其溶解于甲醇, 加 NaOH 水解即得 HC。该工艺产率可达 70%, 适于工业化(图 7-73)。

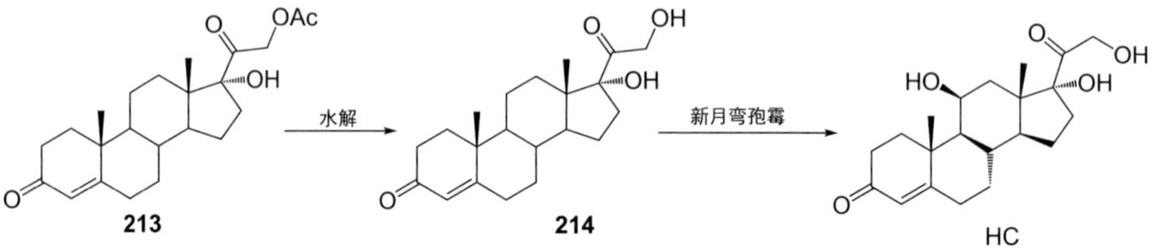

图 7-72 新月弯孢霉法合成 HC

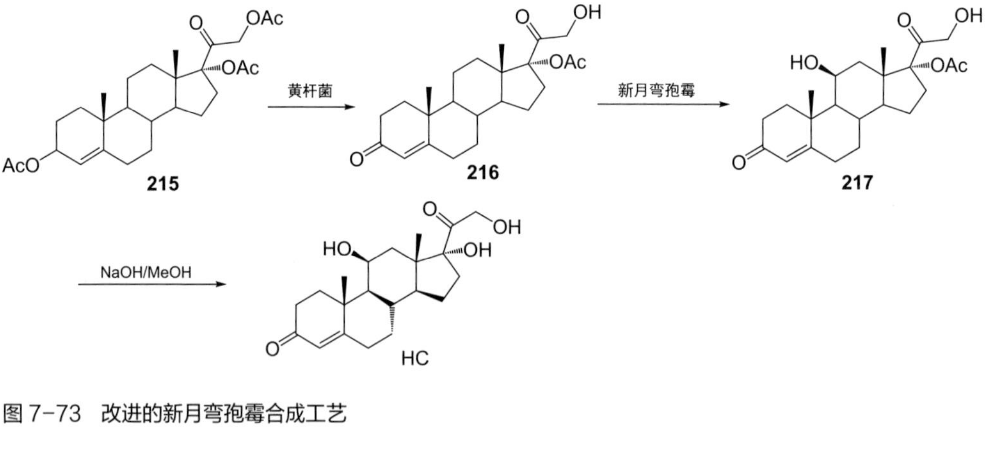

图 7-73 改进的新月弯孢霉合成工艺

在我国, 以薯蓣皂素为起始原料来制备 HC 的合成工艺, 技术成熟。但是目前薯蓣资源日渐枯竭, 而且采用传统的合成路线制备 HC 的过程中, 多次用到重金属铬, 对环境危害较大等。所以寻找新的原料来代替薯蓣皂素合成 HC 具有重要的意义。用植物甾醇代替薯蓣皂素作为甾体药物半合成的原料是一个主要的研究方面。

自 1965 年日本有马启等利用微生物发酵降解胆固醇侧链生产雄甾-1,4-二烯-3,17-二酮（ADD）以来，微生物降解甾醇侧链的研究取得了很大的进展。目前利用微生物降解植物甾醇，已成为 4-AD（雄甾-4-烯-3,17-二酮）、ADD（图 7-74）的主要来源，以 4-AD、ADD 为原料或中间体可以制备皮质激素、性激素、蛋白同化激素、孕激素 4 大类 200 多个品种的药物。目前从植物甾醇降解而来的 4-AD/ADD 已经成为日本、德国、美国等国家甾体药物的主要原料。

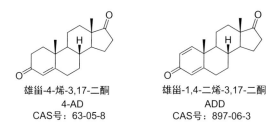

雄甾-4-烯-3,17-二酮
4-AD
CAS号：63-05-8

雄甾-1,4-二烯-3,17-二酮
ADD
CAS号：897-06-3

图 7-74　4-AD 和 ADD 的结构式

用植物甾醇代替薯蓣皂素合成 HC 的路线，关键是以植物甾醇的发酵产物 4-AD 为原料，利用不同的方法在 C17 位引入侧链，得到 11β-OH 化前体化合物。例如，将 4-AD 与炔化钾反应可以选择性地生成妊娠素 **218**，进而通过发烟硝酸酯化生成 17-硝酸酯 **219**，该物质与汞盐反应，使 C17 发生构型翻转生成 17α-甲酸酯 **220**，碱性条件下水解得 HC 的合成中间体 17α-羟基黄体酮 **221**（图 7-75）[137-139]。

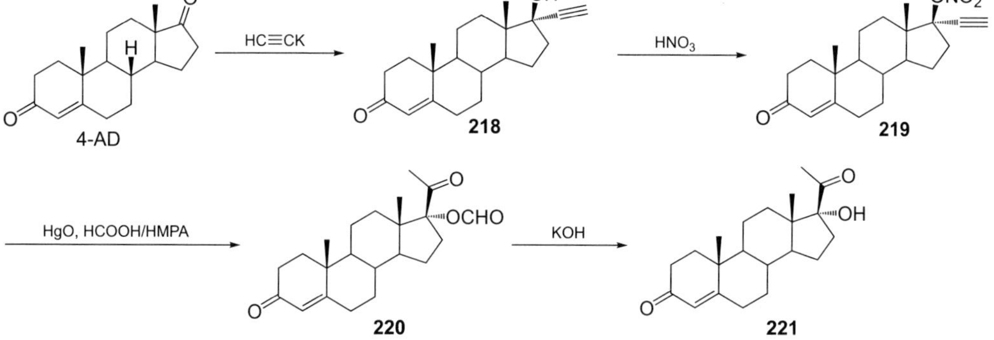

4-AD　　HC≡CK　　**218**　　HNO₃　　**219**

HgO, HCOOH/HMPA　　**220**　　KOH　　**221**

图 7-75　以 4-AD 为原料合成 17α-羟基黄体酮

Nitta 等[140] 发展了氰化反应引入侧链的方法：4-AD 与 KCN 在冰醋酸存在下发生反应，得到主产物 17α-羟氰化物 **222**，然后将 C3 位的羰基和 C17 位的 α-OH 依次保护起来获得中间体 **224**，**224** 经过加成、水解得到中间体 17α-羟基黄体酮 **221**，后经上碘、置换得 HC 的前体化合物 **213**。合成路线如图 7-76 所示。

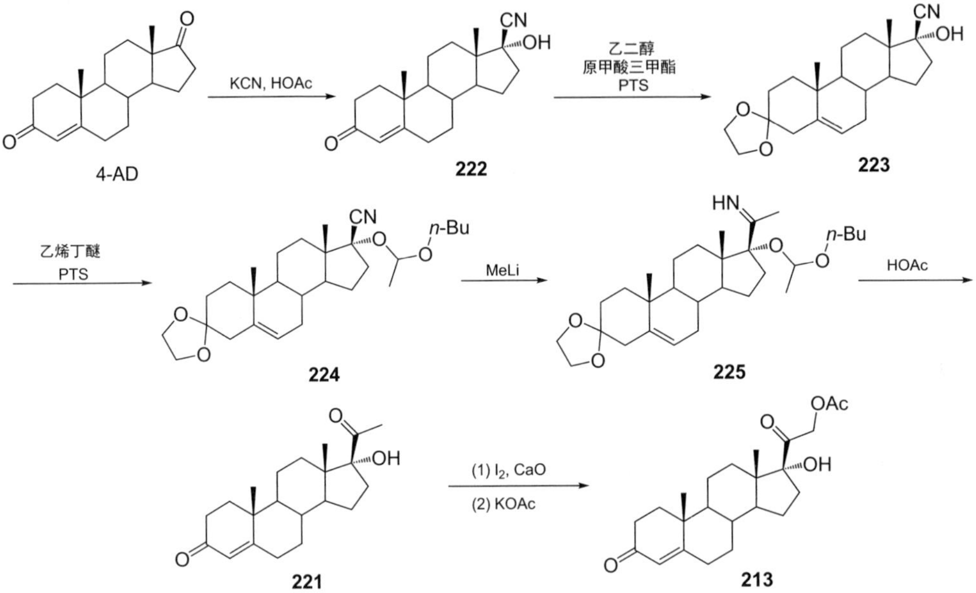

图 7-76　氰化反应引入侧链合成 HC 前体化合物 **213**

　　采用 Wittig 反应也可以引入 C17 侧链[141-143]。从 4-AD 出发，对 C3 位的羰基进行保护后，利用特殊的 Wittig 试剂 **227** 进行反应得到中间体 **228**，经过两步氧化最终得到 HC 的前体化合物 **213**。该路线避免了 C21 位的上碘置换反应，简化了合成路线，但收率不高，约 60%，而且 Wittig 试剂需要原位制备。合成路线如图 7-77 所示。

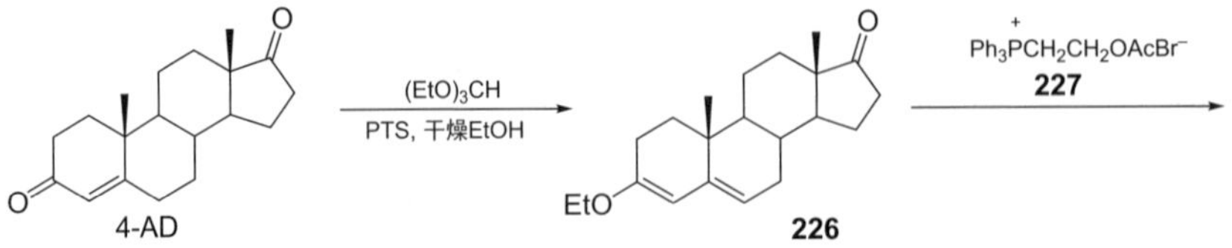

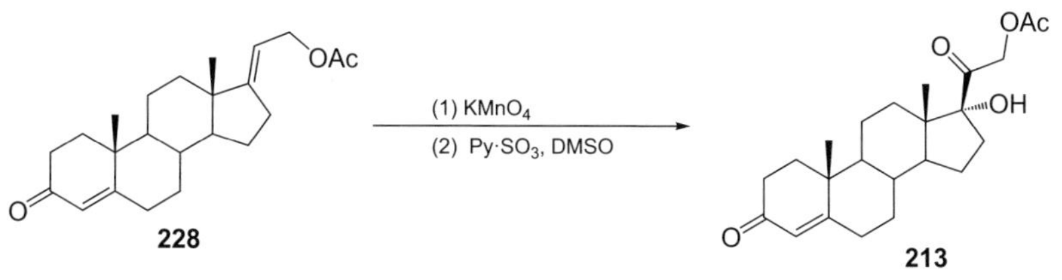

图 7-77　Wittig 试剂引入 C17 侧链合成 HC 前体化合物 **213**

　　吴红卫[130] 以 4-AD 为原料，进一步改进了通过氰化反应引入侧链的合成路线：从 4-AD 出发，在甲醇溶液中与丙酮氰醇反应高选择性得到 17α-羟氰化物 **222**，然后经硅醚保护得到 17-氯甲基二甲基硅醚 **229**，该化合物 C3 位上的羰基不需要进一步保护就可以在二异丙基氨基锂（LDA）作用下发生分子内的环加成反应，再经酸水解、取代得到 HC 的前体化合物 **213**。同时，他们还研究了从醋酸化合物 **213** 转化为 17α-戊酸化合物 **233** 的方法。合成路线如图 7-78 所示。

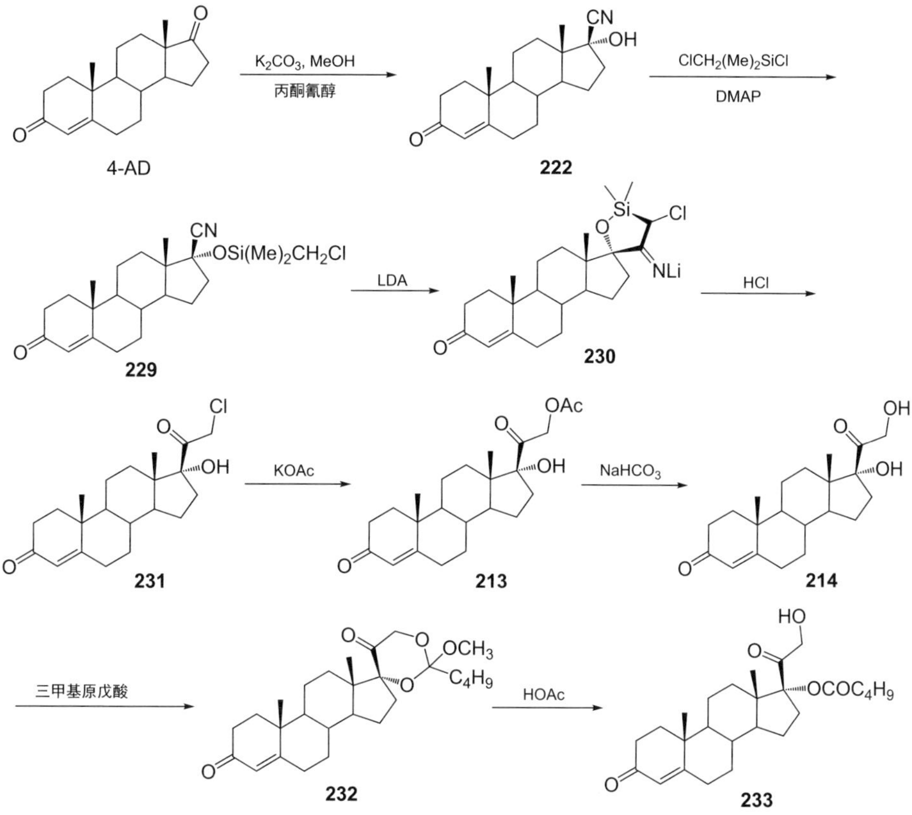

图 7-78　改进的氰化反应引入 C17 侧链方法

全生物合成 HC 方面,目前主要研究通过酵母合成 HC。酵母合成 HC 是在一种高专一化的酶,即细胞色素 P450 单(加)氧酶催化下进行的。细胞色素 P450 系列酶是一个亚铁血红素蛋白大家族,主要应用在药物代谢和类固醇、油脂、维生素及天然产品的合成中。它们在不活泼 C—H 键中插入氧原子方面有显著作用,但它们的应用受限于底物的敏感性、低活性、不稳定性及需要辅因子。人们通过不同的途径,如变异、化学修饰、条件工程及固定化希望有效攻破这些难题[144]。2003 年,法国、德国学者和企业界合作[145],首次全生物合成了 HC。该重组人源化酵母工程设计制备了 13 个工程基因并表达在单个酵母体中,其中 9 个基因由外源机体哺乳动物及植物提供。构建成功的这一酵母工程菌,它能表达 1 个植物酶基因,引入 8 个相关哺乳蛋白酶,需优化两个线粒体系统,敲除 4 个产生副反应的基因,使得原本仅产生麦角甾醇的酵母菌能利用简单碳源乙醇、糖等制得 HC。

7.7.2 磷酸氢化泼尼松

磷酸氢化泼尼松(prednisolone phosphate)又名氢化泼尼松磷酸钠、泼尼松龙磷酸钠,CAS 号为 125-02-0,分子式为 $C_{21}H_{27}Na_2O_8P$,分子量为 484.39,是氢化泼尼松实际临床应用的结构。作为一种糖皮质激素,该药主要用于过敏性与自身免疫性炎症性疾病。在药理剂量时能抑制感染性和非感染性炎症,减轻充血,降低毛细血管的通透性,抑制炎症细胞向炎症部位移动,阻止炎症介质发生反应,抑制巨噬细胞的功能,稳定溶酶体膜,阻止补体参与炎症反应,抑制炎症后组织损伤的修复等。

磷酸氢化泼尼松

(泼尼松龙)
氢化泼尼松

氢化泼尼松又名泼尼松龙,CAS 号为 50-24-8,分子式为 $C_{21}H_{28}O_5$,

分子量为 360.45，属于肾上腺糖皮质激素类药物。超生理量的泼尼松龙具有抗炎、抗过敏和抑制免疫等多种药理作用。首先，泼尼松龙具有减轻和防止组织对炎症反应的作用，从而减轻炎症的表现。其次，其具有防止或抑制细胞中介的免疫反应、延迟性的过敏反应，减少 T 淋巴细胞、单核细胞和嗜酸性细胞的数目，降低免疫球蛋白与细胞表面受体的结合能力的作用，并抑制白介素的合成与释放，从而降低 T 细胞向淋巴母细胞转化，并减轻原发免疫反应的扩展。最后，泼尼松龙能对抗细菌内毒素对机体的刺激反应，减轻细胞损伤，发挥保护机体的作用。泼尼松龙等皮质类固醇，在国内已上市多年，具有抗炎、抗过敏和抑制免疫等多种药理作用，在临床上有广泛的应用，主要用于严重的细菌感染和严重的过敏性疾病、各种血小板减少性紫癜、粒细胞减少症、严重皮肤病、器官移植的免疫排斥反应、肿瘤治疗及对糖皮质激素敏感的眼部炎症等。但是，泼尼松龙的水溶性差，为提高其水溶性（用于胃肠外与局部用药），在结构中引入了磷酸基团，可大大提高其生物利用度[146]。

国内泼尼松龙磷酸钠生产工艺报道来自河南利华制药有限公司的专利技术。该专利[147]以泼尼松龙磷酸酯为原料，将其溶于水溶液中，搅拌下滴加氢氧化钠溶液至 pH = 9.5，滴加过程中体系温度控制在 25 ~ 35℃，之后对反应体系进行过滤，滤液干燥后得到泼尼松龙磷酸钠（图 7-79）。

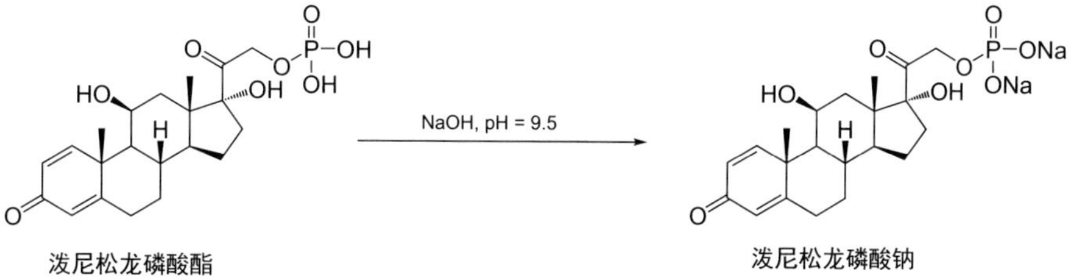

泼尼松龙磷酸酯   NaOH, pH = 9.5   泼尼松龙磷酸钠

图 7-79　泼尼松龙磷酸钠的合成

目前，泼尼松龙的合成主要以醋酸泼尼松为起始原料[148-154]，利用羰基保护剂（主要是脲类）经 C3 和 C20 位的酮羰基保护，利用硼氢化物对 C11 位的酮羰基进行还原，然后对 C3 和 C20 位上的保护基去保护以及酸性水解，得到泼尼松龙（图 7-80）[148,149]。虽然此工艺路线应用广泛，但是由于在反应过程中存在酮羰基的选择性保护，且副产物不易分离，影响

了产品的收率和纯度。张旭[150]对该方法进行了改进，即以醋酸泼尼松为起始原料，利用醋酸酐在高氯酸催化下酯化 C17 位的羟基，通过空间位阻保护 C20 位的酮羰基，由于 C3 位的羰基处于共轭体系中，可以不加保护，利用硼氢化钾可以选择性对 C11 位的酮羰基进行还原，最后在碱性条件下水解掉两个乙酰基，可得最终产物泼尼松龙(图 7-81)。值得一提的是，别松涛等[154]以产朊假丝酵母菌为生物催化剂，无需对泼尼松进行羟基保护，直接选择性对 C11 位羰基还原，可高效得到泼尼松龙(图 7-82)。

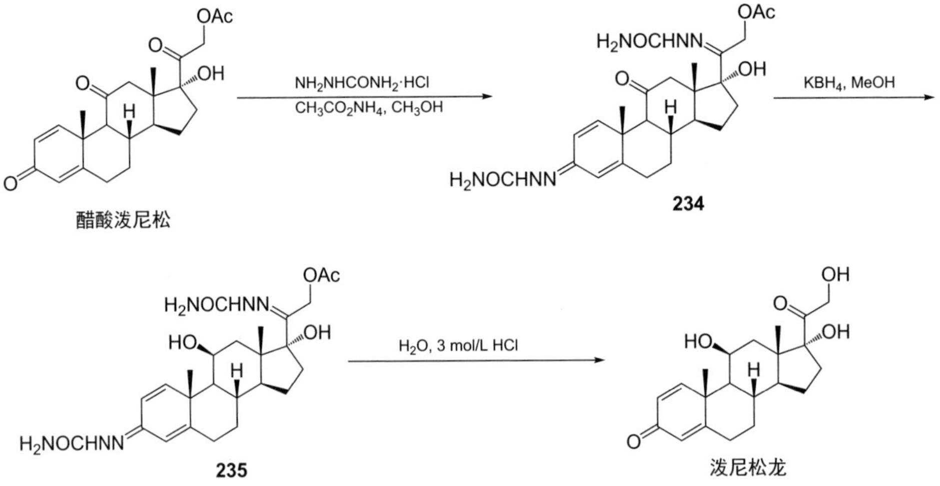

图 7-80　泼尼松龙的传统合成方法

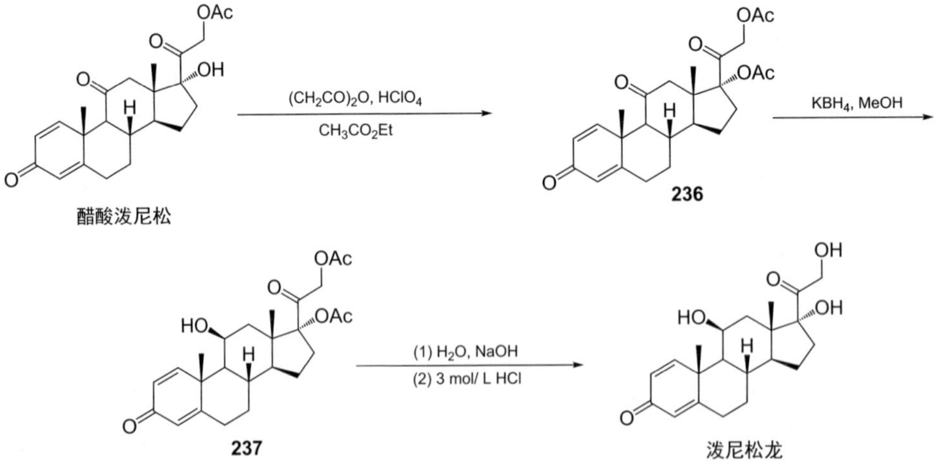

图 7-81　选择性羰基还原合成泼尼松龙

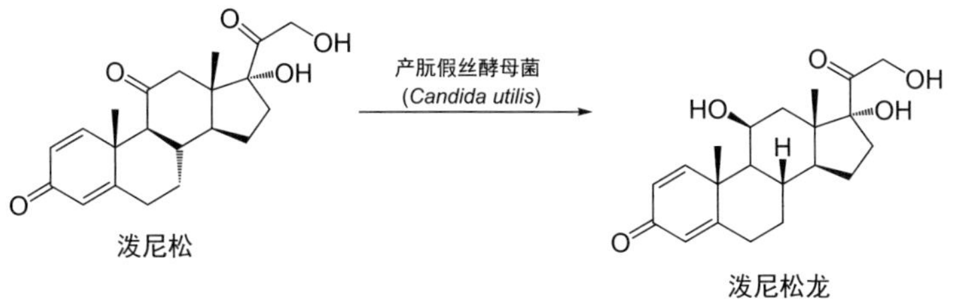

图 7-82 泼尼松 C11 位羰基选择性生物还原合成泼尼松龙

　　而醋酸泼尼松的合成可利用植物甾醇的微生物降解物 ADD 为原料来实现，主要分为两大步骤。第一步是生物转化步骤，以 ADD 为原料，在酶催化下进行 C11α-OH 化得到 11α-OH-ADD；第二步是化学转化步骤，对 11α-OH-ADD 进行 C11α-OH 的氧化、C17 位侧链引入得到醋酸泼尼松。第一步的生物转化步骤中，叶丽等[151] 公开了利用金龟子绿僵菌突变株在甾体化合物上引入羟基的方法，其中包括在 ADD 上进行 C11α-OH 化的例子；Hu 等[152] 发现分枝杆菌（*Mycobacterium* MF006）可降解植物甾醇得到 ADD，后者在赭曲霉（*Aspergillus ochraceus* MF007）催化下得到 11α-OH-ADD（图 7-83）。第二步的代表性化学转化步骤[153] 为：11α-OH-ADD 在氧化剂 Mn(OAc)$_2$ 等存在下进行 C11 羰基化，进而通过氰基化等反应引入 C17 位侧链得到 17α-OH 腈类化合物 **239**，后经硅醚保护、环化反应、酸化得到化合物 **241**，**241** 与醋酸钾进行取代反应得到醋酸泼尼松（图 7-84）。

图 7-83 11α-OH-ADD 的生物合成

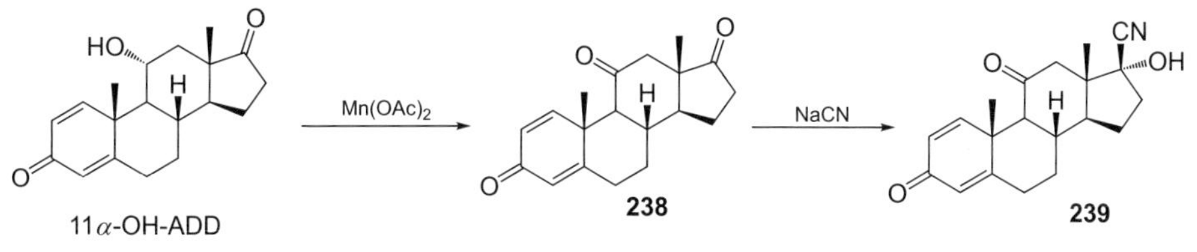

图 7-84

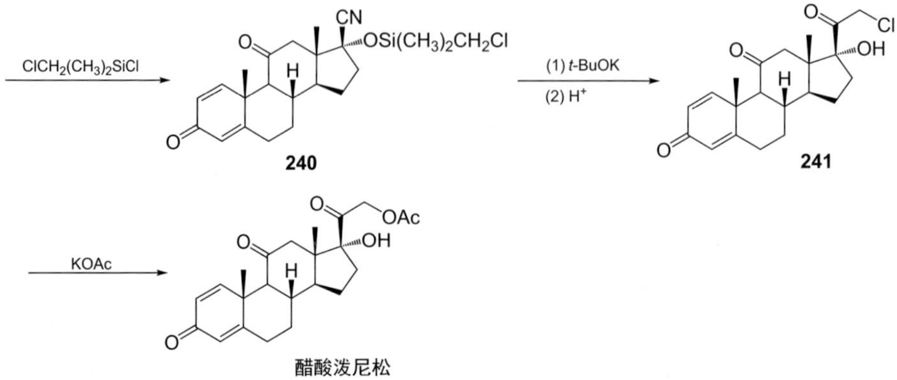

醋酸泼尼松

图 7-84 从 11α-OH-ADD 合成醋酸泼尼松的代表性路线

氢化可的松也可作为泼尼松龙的合成原料[155-158]。20 世纪 50 年代，先灵公司的专利[155,156]中公开了以氢化可的松为起始原料，利用简单节杆菌 (*Arthrobacter simplex*) 生物脱氢得到泼尼松龙的方法（图 7-85）。赵春霞等[158]报告了以氢化可的松的中间体 C21 氯代甾醇 **231** 为原料，依次经过生物转化、氧化、酯化、还原、水解，得到泼尼松龙的方法（图 7-86）。李金禄等[157]以 17-羟基-1,4,9-三烯-孕甾-3,20-二酮 **246** 为起始物，经过溴化、脱溴、上碘、置换、水解等步骤，得到泼尼松龙（图 7-87）。

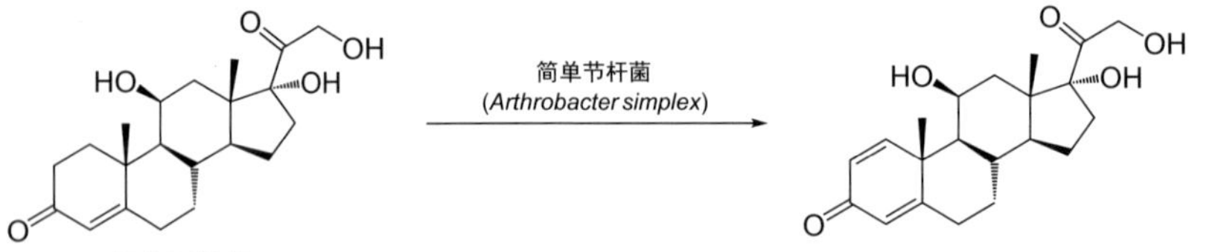

氢化可的松　　泼尼松龙

图 7-85 从氢化可的松合成泼尼松龙的生物法路线

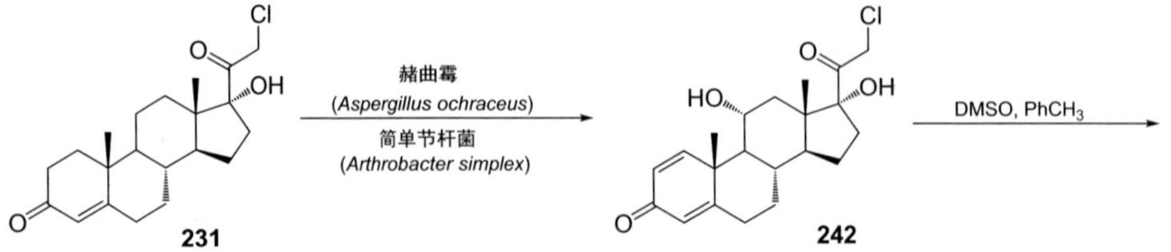

231　　242

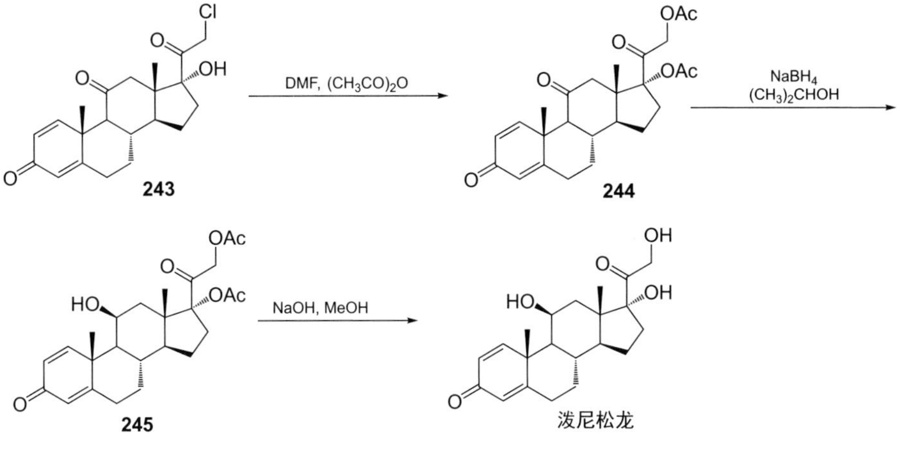

图 7-86　用氢化可的松的关键中间体合成泼尼松龙的路线

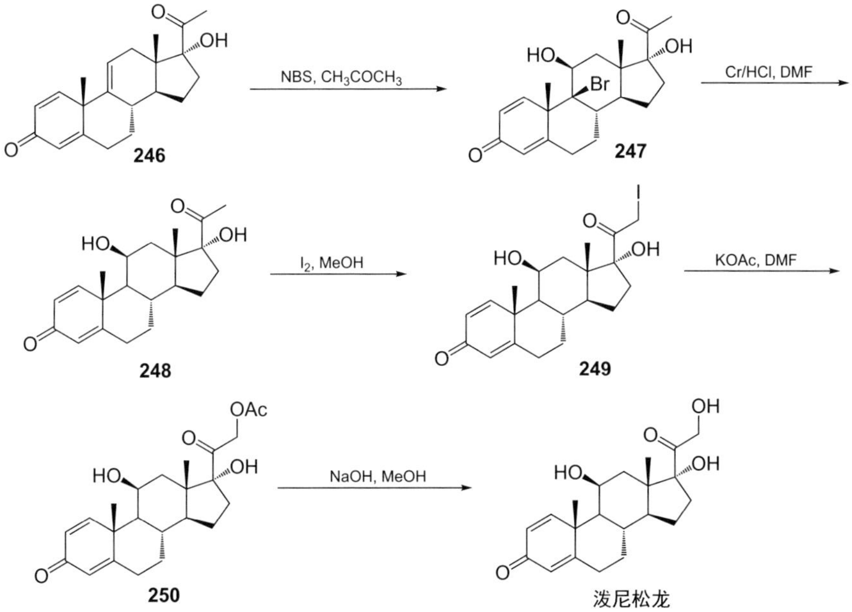

图 7-87　用孕甾二酮为原料合成泼尼松龙的路线

7.7.3　磷酸倍他米松

磷酸倍他米松（betamethasone phosphate）是合成肾上腺皮质激素类药，

具有抗炎、抗过敏、抗风湿、免疫抑制作用，主要用于治疗严重细菌感染和严重过敏性疾病、各种血小板减少性紫癜、粒细胞减少症、严重皮肤病、器官移植的免疫排斥反应、肿瘤治疗及对糖皮质激素敏感的眼部炎症。

倍他米松磷酸钠的 CAS 号为 151-73-5，分子式为 $C_{22}H_{28}FNa_2O_8P$，分子量为 516.4097，为糖皮质激素倍他米松的水溶性衍生物，其作用与倍他米松相同，是优良的抗炎药物。倍他米松磷酸钠制成水针剂，可供静脉、肌肉及关节腔或软组织内注射，适用于严重感染和手术所致的休克及休克样症状的急救用药。此外，该化合物还可配成滴剂和洗剂，用于治疗眼、耳、鼻和皮肤的过敏性炎症，疗效显著，应用广泛。

磷酸倍他米松   倍他米松磷酸钠

复方倍他米松注射液是由可溶性倍他米松磷酸钠(BSP)与微溶性二丙酸倍他米松(BDP)组成的复方制剂，在临床使用中发挥强力的抗炎、抗风湿和抗过敏作用，适用于治疗对糖皮质激素敏感的急性和慢性疾病。倍他米松磷酸钠和二丙酸倍他米松都是倍他米松的衍生物，属于人工合成的糖皮质激素类药物，具有抗炎、抗过敏和抑制免疫等多种药理作用，临床应用非常广泛。倍他米松磷酸钠为亲水性化合物，体内大量的酯酶使其迅速水解成倍他米松，并很快被吸收而起效；倍他米松二丙酸酯为高度疏水性化合物，肌注后受到溶解度限制，慢慢溶解于肌肉纤维的细胞间隙里，在体内形成一个供缓慢吸收的贮库，持续产生作用，从而长时间控制症状。二丙酸倍他米松经酯酶水解主要转化成 17-倍他米松丙酸酯(B17P)，另外还会产生少量倍他米松和活性较小的代谢物 21-倍他米松丙酸酯(B21P)[159]。

文献 [160] 报道的倍他米松磷酸钠的合成，大多是以倍他米松为起始原料，经甲磺酰化、碘化先制成 C21-碘化物 **252**，进而磷酸化的路线（图 7-88）。李乃芝等[160]改进了该方法，以合成倍他米松的中间体 C21-二

碘甾酮 **254** 为起始原料，直接磷酸化后碱中和即可得到倍他米松磷酸钠（图 7-89），缩短了反应步骤。邓磊等[161] 公开了以 1,4,9,16-四烯-孕甾-3,20-二酮 **255** 为起始物，经过 9、11、16、17 位和 21 位改造，得到倍他米松磷酸钠的方法（图 7-90）。

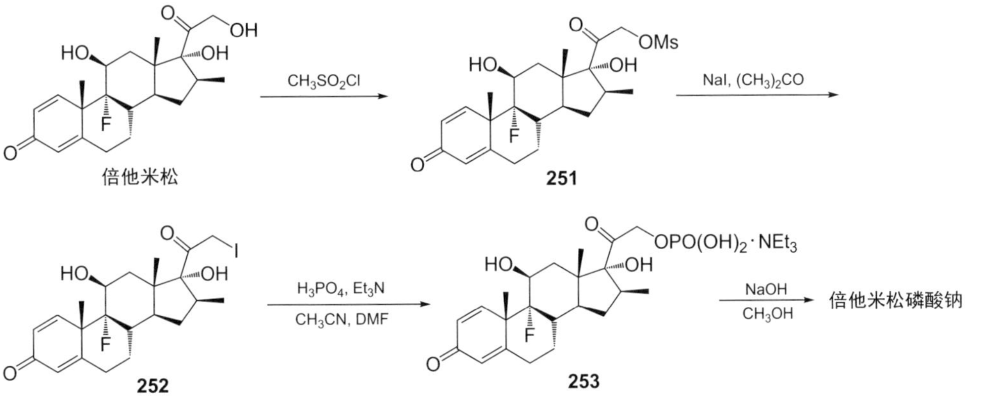

图 7-88　用倍他米松合成倍他米松磷酸钠的路线

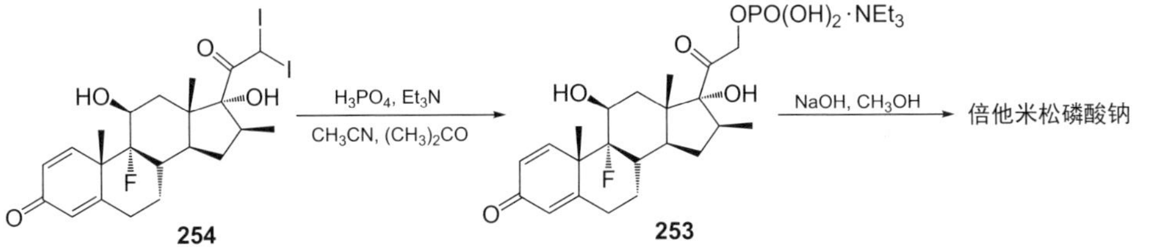

图 7-89　用二碘甾酮合成倍他米松磷酸钠的路线

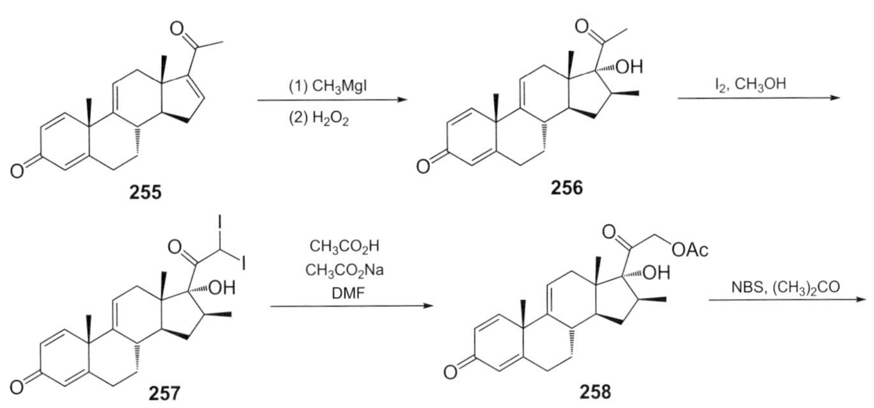

图 7-90

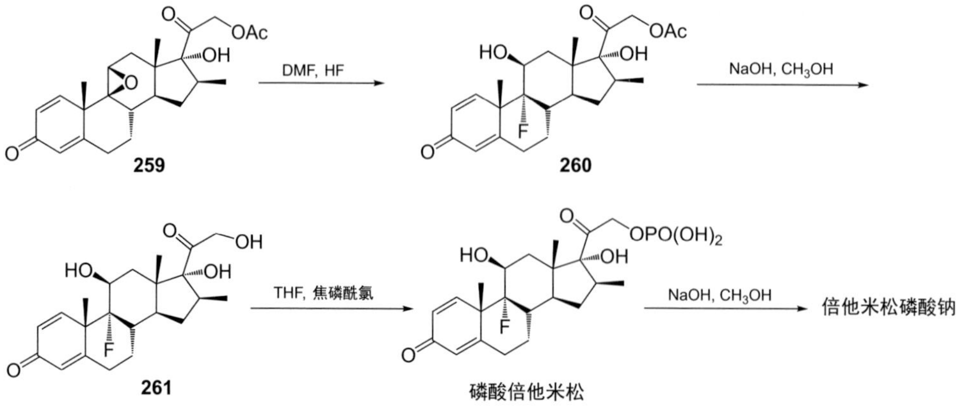

图 7-90　用 1,4,9,16-四烯-孕甾-3,20-二酮合成倍他米松磷酸钠的路线

　　如前所述，目前国内外甾体药物的生产大部分是以薯蓣皂苷元为原料，通过半合成的方法进行生产的。但是，薯蓣皂苷元的来源日趋紧张。鉴于我国丰富的天然甾醇资源，利用微生物降解天然甾醇得到的 4-AD 和 ADD 为原料进行甾体药物的生产成为当前研究的热点问题。传统的以薯蓣皂苷元为原料生产倍他米松的路线如图 7-91 所示[162]，其工艺步骤多，操作复杂，收率低。戈俊[162] 以 4-AD 为原料研究合成了倍他米松的关键中间体 **263**（图 7-92），该化合物进行传统路线的转化即可得到倍他米松。

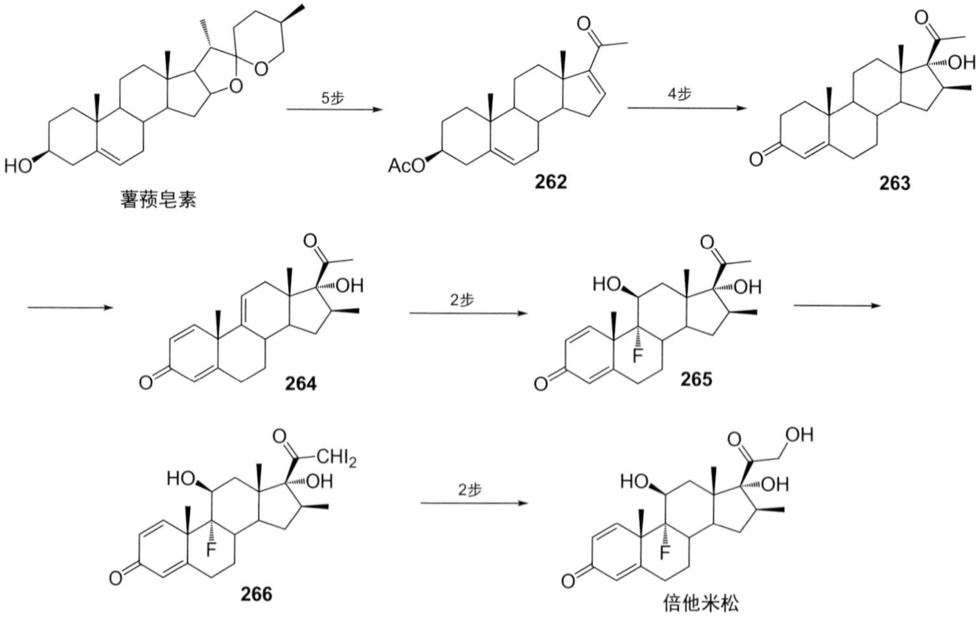

图 7-91　以薯蓣皂苷元为原料合成倍他米松

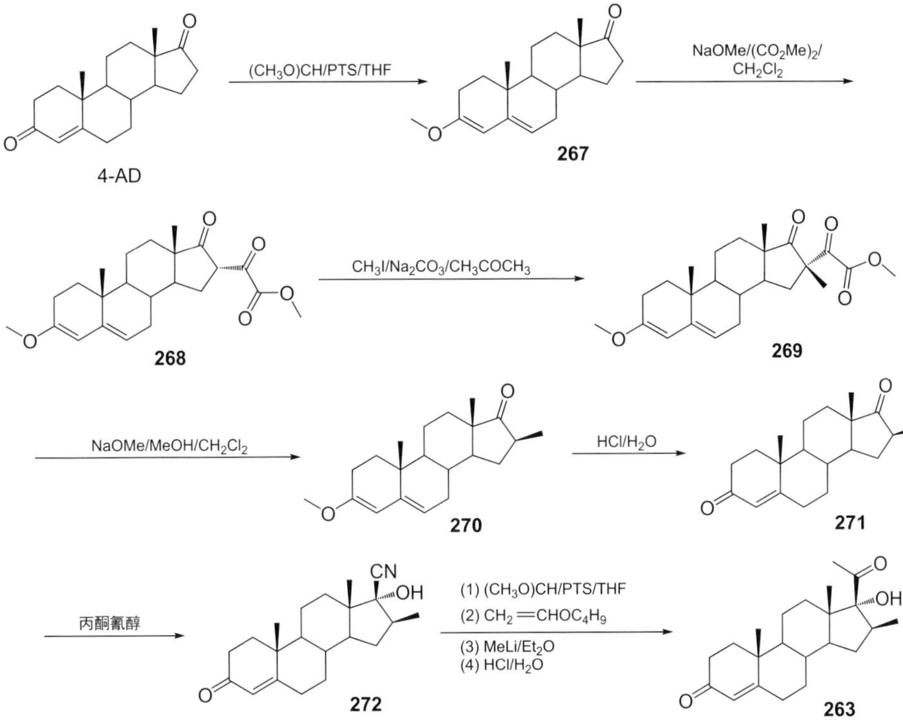

图7-92　17α-羟基-16β-甲基孕甾-4-烯-二酮中间体的合成

此外，Carruthers等[163,164]曾采用形成噁唑啉环的方法来制备倍他米松的关键中间体**258**。该方法如图7-93所示，以大豆甾醇发酵产生的9-OH-AD **273**为起始原料，通过氰基化、羰基保护、再氰基化反应步骤转化为化合物**278**，随后甲基锂与该化合物C17位的氰基发生加成反应，然后经乙酰酰化得到酰亚胺化物**280**，在氯磺酸作用下环合生成噁唑啉**281**。该化合物经二苯基硒醚处理，然后经过氧化消除、氧化开环两步生成倍他米松的重要中间体**258**，从化合物**258**开始可根据图7-90所示的路线合成倍他米松。

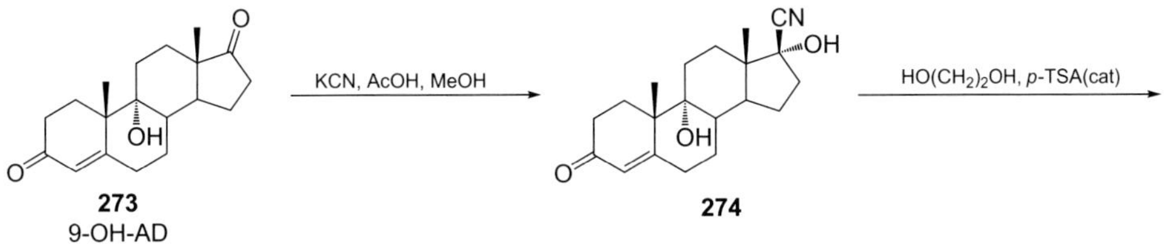

图7-93

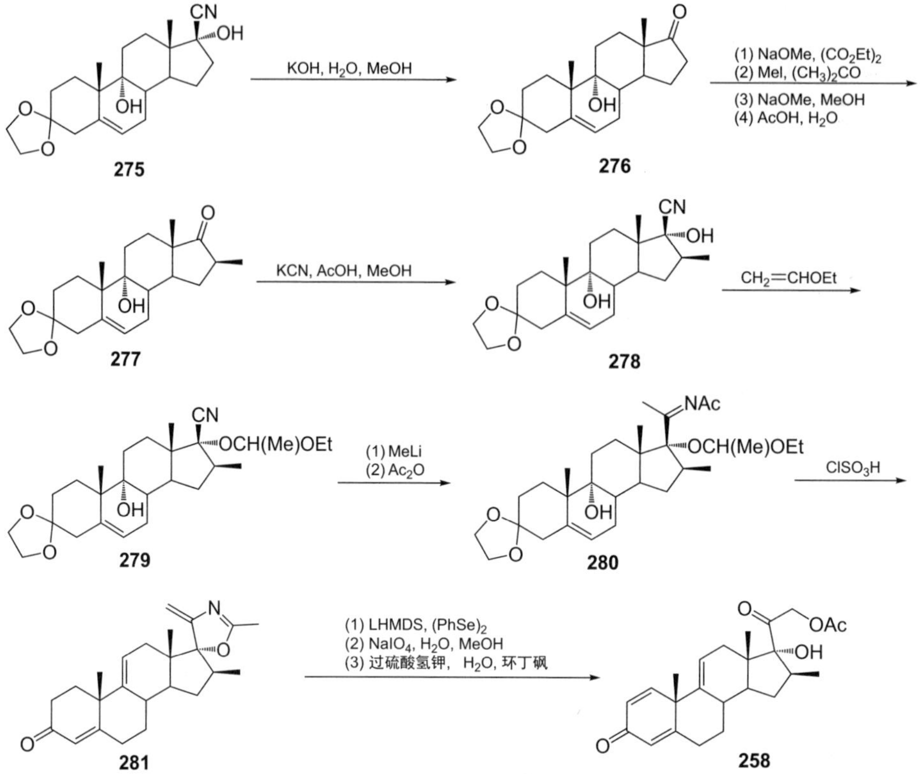

图 7-93　从 9-OH-AD 合成倍他米松的关键中间体

7.8
其他含磷药物的结构、药理活性及合成方法

　　除上述分类介绍的含磷药物之外，马拉硫磷、金诺芬、碘依可酯、磷苯妥英、5-磷酸核糖-1α-焦磷酸、米泊美生、坎格雷洛、磷丙泊酚、fostamatinib、磷酸铝也是含磷药物（图 7-94 和图 7-95），下面也对其药理活性和合成作简要介绍。

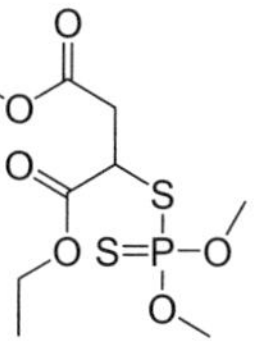

图 7-94 其他含磷药物的分子结构（Ⅰ）

马拉硫磷 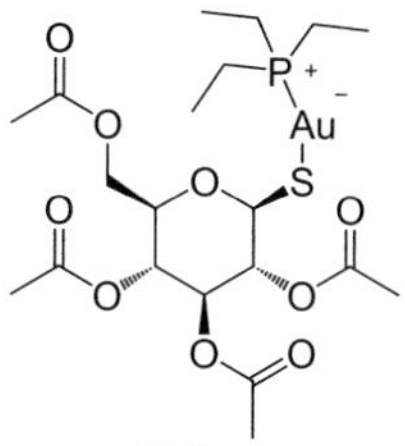　　　　　　金诺芬 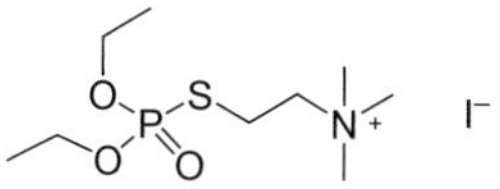　　　　　　碘依可酯

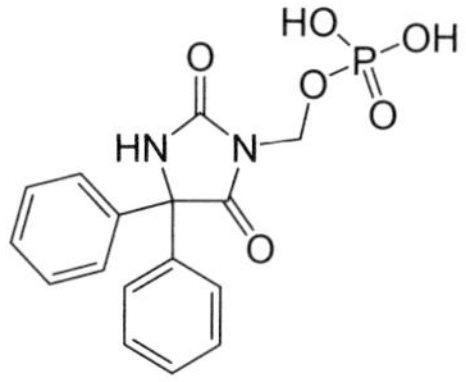

磷苯妥英 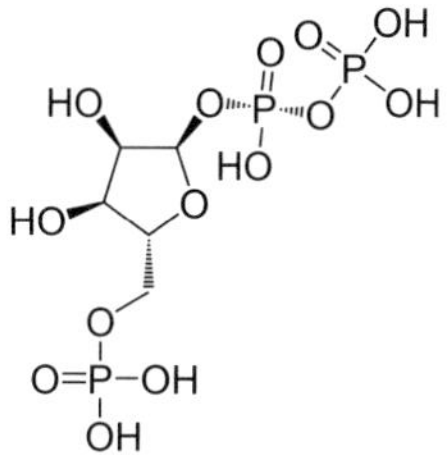　　　　　　5-磷酸核糖-1α-焦磷酸

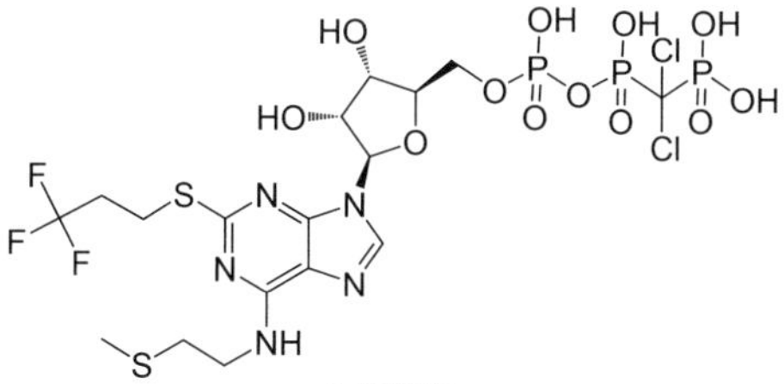

坎格雷洛 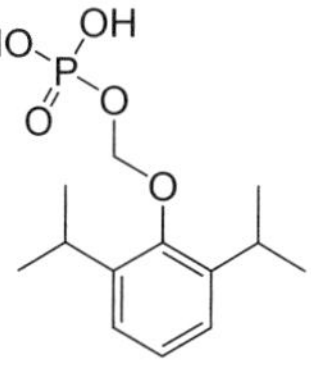　　　　　　磷丙泊酚

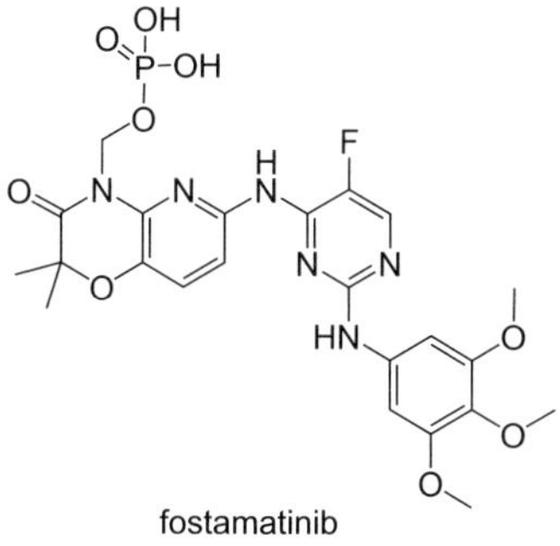

fostamatinib 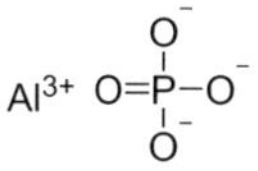　　　　　　磷酸铝

图 7-95 其他含磷药物的分子结构（Ⅱ）

7.8.1 马拉硫磷

马拉硫磷(malathion)是一种有机磷酸酯类副交感神经药物，是一种

有机磷杀虫剂，广泛用于农业、住宅园林绿化、公共娱乐场所以及根除蚊虫等公共卫生害虫防治计划。在美国，它是最常用的有机磷杀虫剂。同时它是一种不可逆的胆碱酯酶抑制剂，具有较低的人体毒性，可用作治疗头虱的杀虫剂。

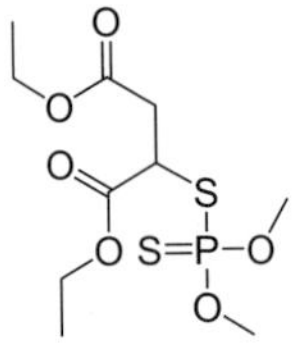

马拉硫磷

马拉硫磷是我国乃至世界目前主要生产销售的有机磷农药之一，在自然环境中，马拉硫磷通过光化学反应或生物的新陈代谢作用，会转化为毒性远远高于母体的氧同系物马拉氧磷。马拉硫磷具有致突变性和致癌性，并且对心脏、肾脏等脊椎动物器官有特异性毒性。作为一种胆碱酯酶间接抑制剂，马拉硫磷在肝脏中被活化为马拉氧磷后能抑制胆碱酯酶，也可抑制神经靶酯酶。还有研究表明马拉硫磷具有抑制儿茶酚胺分泌、结合甲状腺激素受体的内分泌干扰效应。马拉硫磷在存储过程中还可能转化为异马拉硫磷[165]。

7.8.2　金诺芬

金诺芬(auranofin)的商品名为瑞得(Ridaura)，CAS 号为 34031-32-8，分子式为 $C_{20}H_{34}AuO_9PS$，分子量为 678.4833。它是一种有机金属化合物，被世界卫生组织列为抗风湿剂，用于治疗活动性、进行性或破坏性形式的炎症性关节炎，例如成人类风湿性关节炎，其结构见图 7-96。

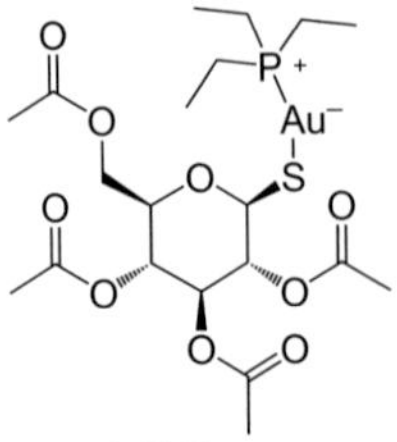

金诺芬

图 7-96　金诺芬的结构

该药由 Smith Kline & French 公司创制，是一类专为治疗类风湿性关节炎研制的口服用金制剂，微溶于水，但易溶于类脂体。因卓越的抗炎免疫属性，1985 年金诺芬被 FDA 批准用于治疗类风湿性关节炎。金诺芬是一种含有金的化合物，最早用于治疗类风湿性关节炎。研究发现金诺芬对炎症通路和硫醇的氧化还原酶的双重抑制使其成为肿瘤治疗和微生物感染治疗的一个新的候选药物。金诺芬是亲脂性的黄金复合物，含金原子及三乙膦和碳水化合物配体，是众所周知的硫氧还蛋白还原酶抑制剂。20 世纪 90 年代，治疗类风湿性关节炎的药物金诺芬的处方率明显下降，这是因为其具有明显的临床副作用，约有 40% 的病人长期服用金诺芬的副作用表现为腹泻。金诺芬对血管疾病、神经退行性疾病、艾滋病、寄生虫感染和细菌感染等疾病均有一定的潜在疗效。金诺芬的药用机理主要是通过抑制硫氧还蛋白还原酶系统来治疗早期活动性滑膜炎，以此达到改善类风湿性关节炎的效果。其药用机理还包括其他可能的机制，例如抑制巨噬细胞和多形核白细胞的吞噬活性、胶原蛋白的生物合成的改变和免疫反应的变化。金诺芬能够抑制癌细胞中的硫氧还蛋白还原酶与促进活性氧的产生，其作为硫氧还蛋白还原酶系统的有效抑制剂，可以改变细胞内氧化还原平衡，使细胞累积过量活性氧从而诱导细胞凋亡[166,167]。

金诺芬是一种含磷金类化合物，在临床上广泛地应用于类风湿性关节炎的治疗，抗炎、镇痛作用效果明显。金诺芬的抗炎作用被认为是因它对炎性细胞的抑制所产生的[168]。试验研究表明，金诺芬对巨噬细胞和中性粒细胞的作用有着双向性，即高浓度具有抑制作用，低浓度具有活化作用。然而，临床常规金诺芬剂量的血中浓度仅为 0.72 μmol/L 左右，这种剂量的金诺芬在体外试验中对中性粒细胞的活化具有刺激作用[169,170]。中性粒细胞是一种终末分化细胞，当中性粒细胞分化成熟，即启动它的自发性凋亡机制。这种机制平衡和调节机体炎症反应发生的强度及发展，影响炎症反应的收敛，对维持机体的自身稳定性[171]有着十分重要的作用。

半胱氨酸蛋白酶抑制剂(cystatin，CST)金诺芬是以金离子为中心所形成的一类化合物，其中金离子具有特殊的电子结构，在氧化还原反应中非常活跃，可与细胞内还原性生物大分子相互作用，从而发挥药理活性。金诺芬口服后 25% 的金被吸收，其中 60% 与血浆蛋白结合，40% 与细胞结合，主要由粪便排出。长期服用金诺芬可使其血浆浓度在 12 周达高峰，并保持在稳定水平。金诺芬通常用于风湿性疾病的治疗，可延缓类风湿性关节疾病进展，改善症状。

许多金属化合物类抗肿瘤药含有 +1 价和 +3 价的金，这些药物的结构多种多样，金可结合到磷化氢、碳炔、卟啉酯及二硫代氨基甲酸盐上，以提高抗肿瘤效果或其他特性。金诺芬作为最有特征的含金抗肿瘤药，其药理作用为抑制硫氧还蛋白还原酶，增加其活性氧簇，增强氧化应激反应，影响肿瘤氧环境和组织结构，从而诱导肿瘤细胞凋亡[172]。这意味着，即使是对顺铂耐药的肿瘤细胞，也可被金诺芬阻滞增殖、诱导凋亡。金诺芬亦通过活化含半胱氨酸的天冬氨酸蛋白水解酶(cysteinyl aspartate specific proteinase,caspase) 系统，增强蛋白酶抑制剂(MG132、PS341) 的抗肿瘤效果[173]。金诺芬不仅具有抗风湿作用，其抗肿瘤能力亦不容忽视。

金诺芬的制备主要分为两个方面，即三乙基膦氯化金的制备和硫代葡萄糖苷的制备。Smith Kline &French 公司公开的金诺芬合成方法中[174-176]，以 AuHCl·3H$_2$O 和三乙基膦在乙醇-水溶液中缩合制备三乙基膦氯化金；以 2-(2,3,4,6-O-四乙酰基 -β-D-吡喃葡萄糖基)-2-硫代异脲氢溴酸为原料，碳酸钾水溶液处理后获得硫代葡萄糖苷中间体，而后滴加三乙基膦氯化金的乙醇溶液进行缩合，得到金诺芬。该方法的主要问题是碱处理过程不易控制，且碱处理生成的中间体不稳定。熊嘉聪等[177]通过改变溶剂、原料的添加顺序等方法，克服了上述缺点，优化了该合成路线。

近来，万谦等[178,179]研究了利用 1,4-二硫代苏糖醇(DTT，283)进行硫乙酰基脱除生产硫糖苷的方法。在弱碱条件下用 DTT 处理硫乙酰基保护的葡萄糖 282，可以方便地得到四乙酰基 -β-D-吡喃葡萄糖基硫醇 284，该化合物与三乙基膦氯化金在有机溶剂中用碳酸氢钠处理，得到金诺芬。该方法如图 7-97 所示。

Wang 等[180]发展了一种用氯金酸钾在 4,4′-二羟基二苯硫醚 285 存在下制备氯化金有机磷配合物的绿色方法。利用该方法可以高效地合成三乙基膦氯化金，进而与硫代葡萄糖苷缩合制备金诺芬(图 7-98)。

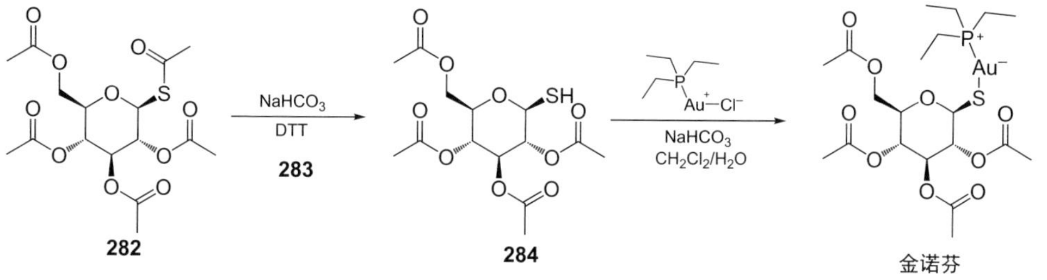

图 7-97 金诺芬的合成方法之一

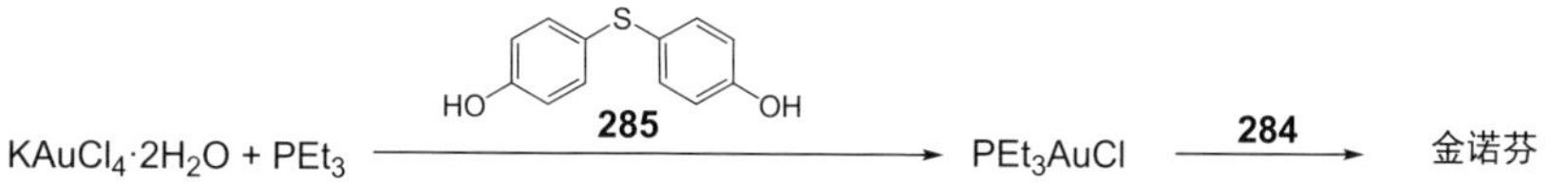

图 7-98 三乙基膦氯化金的合成新方法

7.8.3 碘依可酯

碘依可酯(echothiophate iodide)又名依可碘酯，CAS 号为 513-10-0，分子式为 $C_9H_{23}INO_3PS$，分子量为 383.2252。碘依可酯是一种强效、长效不可逆的胆碱酯酶抑制剂，可用于治疗青光眼的高眼压症、适应性内斜视和虹膜切除术后的亚急性或慢性闭角型青光眼。局部使用碘依可酯可增强内源性释放的乙酰胆碱在虹膜、睫状肌和其他副交感神经支配的眼结构中的作用。碘依可酯与胆碱酯酶不可逆地结合，并且由于胆碱酯酶的水解速度缓慢而长效。它可引起瞳孔缩小、房水外流设施增加、眼压下降和调节增强。

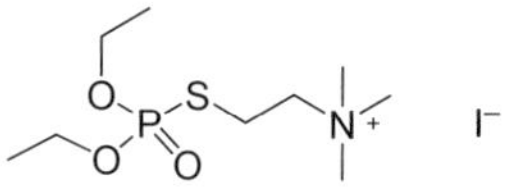

碘依可酯

碘依可酯的经典合成方法如图 7-99 所示[181]，以氯磷酸二乙酯 286 为原料，与 2-(二甲氨基)-乙硫醇 287 缩合得到硫代磷酸酯中间体 288，再与碘甲烷反应生成季铵盐碘依可酯。近来，Song 等[182] 发展了一种 $CsCO_3$ 催化的氧气作为氧化剂的亚磷酸二酯与巯基的氧化偶联反应，极大地提高了原子经济性。利用该反应可以高效合成硫代磷酸酯 **288**，进而得到碘依可酯(图 7-100)。

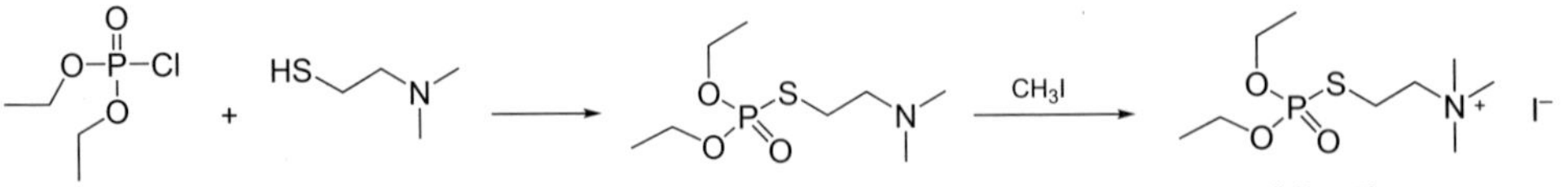

286　　287　　288　　碘依可酯

图 7-99　碘依可酯的经典合成方法

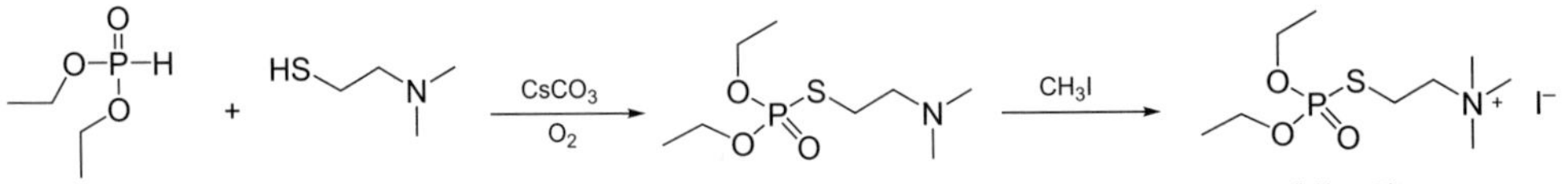

289　　287　　288　　碘依可酯

图 7-100　碘依可酯的氧化偶联合成方法

7.8.4　磷苯妥英

磷苯妥英(fosphenytoin)的商品名为 Cerebyx，CAS 号为 93390-81-9，分子式为 $C_{16}H_{15}N_2O_6P$，分子量为 362.2778，是一种水溶性苯妥英前药，在体内经磷酸酶作用很容易转化为苯妥英，仅用于医院治疗癫痫发作。它的作用是减缓大脑中引起癫痫发作的冲动。在肠胃外给予磷苯妥英后，通过内源性磷酸酶将磷苯妥英转化为抗惊厥的苯妥英。每施用 1 mmol 的磷苯妥英，产生 1 mmol 的苯妥英。因此，其抗惊厥作用可归因于苯妥英。苯妥英作用于神经元细胞膜上的钠通道，限制癫痫发作活动的扩散并减少癫痫发作。

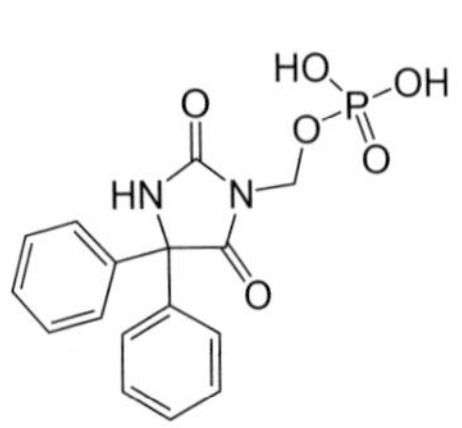

磷苯妥英

临床应用以磷苯妥英钠(CAS 号：92134-98-0)的形式存在，其水溶性高，可制备成中性的注射剂，且无需加入丙二醇等助溶剂，避免了苯妥英钠注射剂所产生的疼痛、血管组织损伤以及静脉炎等副作用[183]。磷苯妥英钠进入体内后由磷酸酶代谢迅速转化为苯妥英发挥作用[184]。磷苯妥英由华纳-兰伯特公司开发，1996 年在美国上市，1999 年在英国、法国上市，是首个获批准的苯妥英钠前体药。磷苯妥英首先由 Stella 和 Higuchi 于 1973 年合成。磷苯妥英可调节电压门控钠和神经的钙通道，抑制钙离子透过神经膜，提高钾钠三磷酸腺苷酶(ATP 酶)、神经和神经胶质细胞的活性。磷苯妥英可用于控制癫痫持续状态，预防和控制实施神经手术期间的癫痫发作。磷苯妥英的副作用包括循环衰竭、中枢神经系统抑制、瘙痒、感觉异常、眼球震颤、头昏眼花、嗜睡、共济失调、低血压。苯妥英的很多副作用与磷苯妥英相关，包括潜在的急性肝损害、白细胞和血小板减少、高血糖症和卟啉症加剧等[185]。

磷苯妥英是苯妥英钠的磷酸酯前药[186,187]，其水溶性是苯妥英钠的 4000 倍，水溶液 pH 值为 8.6 ~ 12，稳定性好，在体内经磷酸酶作用很容易转化为苯妥英。在动物和人体内的药动学和药效学研究表明，注射给药后磷苯妥英能定量释放苯妥英，其安全性比苯妥英钠大得多。肌注磷苯妥英后，其苯妥英的血浆水平与静注相当，故不能静注给药的患者可采用肌注给药。

1984 年 Varia 等[188] 报道的磷苯妥英钠的合成方法，为目前主要采用的合成方式。该方法如图 7-101 所示，以苯妥英为原料，经羟甲基化、氯化反应后，与磷酸二苄酯银盐酯化，再脱苄得苯妥英磷酸酯，最后与氢氧化钠成盐制得磷苯妥英钠。此后，人们主要对磷酸化试剂等进行了合成方法改进，如金学平用磷酸二苄酯钠盐、Grassi 用原位生成的磷酸铵、Hiiro 用磷酸二苄酯钾盐进行磷酸酯化，但整体路线没有大的变动。

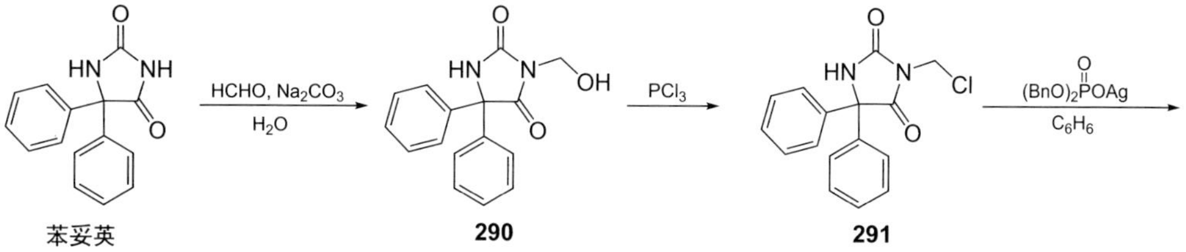

图 7-101

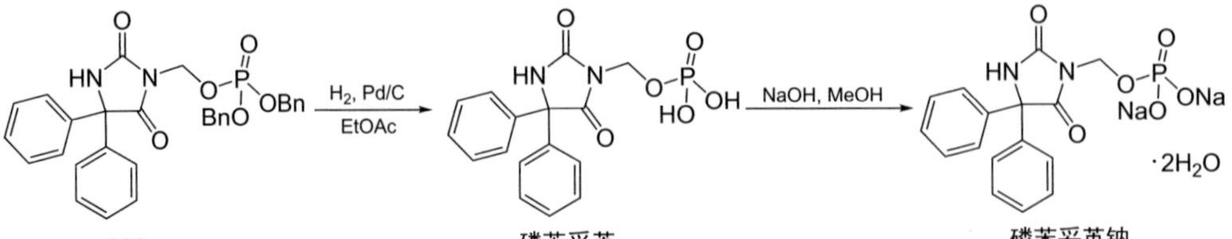

图 7-101　磷苯妥英钠的合成路线

7.8.5　5-磷酸核糖-1α-焦磷酸

5-磷酸核糖-1α-焦磷酸(phosphoribosyl pyrophosphate，PRPP)是一种核糖衍生物，CAS 号为 7540-64-9，分子式为 $C_5H_{13}O_{14}P_3$，分子量为 390.06。它是核糖 C1 的活化形式，由核糖-5-磷酸酯与 ATP 在磷酸核糖焦磷酸激酶催化下生成，是组氨酸、色氨酸、嘌呤和嘧啶核苷酸生物合成的关键物质。PRPP 形成减少，将会损害嘌呤核苷酸的补救合成，从而导致红细胞内腺苷酸水平下降，红细胞能量代谢出现障碍，最终引起红细胞生理功能紊乱。

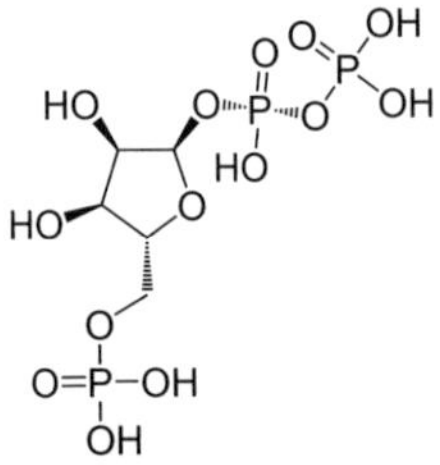

5-磷酸核糖-1α-焦磷酸

磷酸核糖焦磷酸是重要的代谢中间物，参与嘌呤核苷酸与嘧啶核苷酸的从头合成和补救合成、某些核苷酸类辅酶(如辅酶Ⅰ和辅酶Ⅱ)以及某些氨基酸(如组氨酸和色氨酸)的合成。其在细胞内的浓度受到严格调控，且浓度一般较低。在嘌呤核苷酸的从头合成中，磷酸核糖焦磷酸受到谷氨酰胺磷酸核糖焦磷酸氨基转移酶的催化，转变为磷酸核糖胺。

1958 年，Tener 和 Khorana[189] 报道了 PRPP 的化学合成，如图 7-102 所示，他们以苄基-β-D-呋喃核糖苷 **293** 为原料，经 5 位磷酯化、2,3 位碳酸酯保护、1 位溴化得到中间体 **296**，进而经 1 位焦磷酸酯化、脱保护、碱处理、酸化步骤后，得到 PRPP。该方法反应步骤较多，难以实现较大量的合成。1983 年，Whitesides 等[190]通过两种途径实现了 PRPP 的酶促法合成。第一种途径：以核糖-5-磷酸酯 **297** 为原料，首先通过 PRPP 合成酶将催化量的 ATP 转化为 AMP，同时将核糖-5-磷酸酯转化为 PRPP；而后 AMP 在磷酸烯醇式丙酮酸 **299** 存在下，用腺苷酸激酶(AK)和丙酮酸激酶(PK)共同催化再次转化为 ATP，完成催化循环(图 7-103)。第二种途径：以核糖为原料，在同样条件下可以实现核糖到 PRPP 的一锅法转化，该方法可以 75% 的收率实现 75 mmol 级的合成(图 7-104)。与第一种途径不同的是，以核糖为原料时，是先在 PK 的催化下将催化量的 ATP 转化为 ADP，同时原位生成核糖-5-磷酸酯，核糖-5-磷酸酯再进行第一

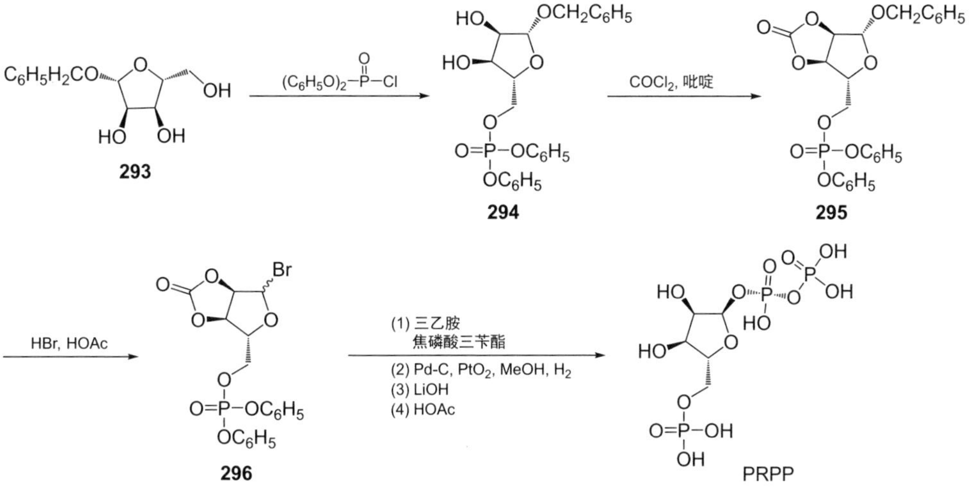

图 7-102 PRPP 的化学合成方法

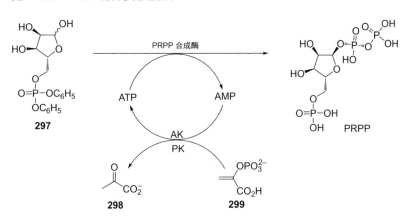

图 7-103 核糖 −5− 磷酸酯为原料生物转化法合成 PRPP

种途径的催化循环后得到 PRPP。最近的一项专利显示，在黄嘌呤氧化酶和磷酸化酶催化下，5′-肌苷酸酯 **301** 可高效地转化为 PRPP（图 7-105）[191]。

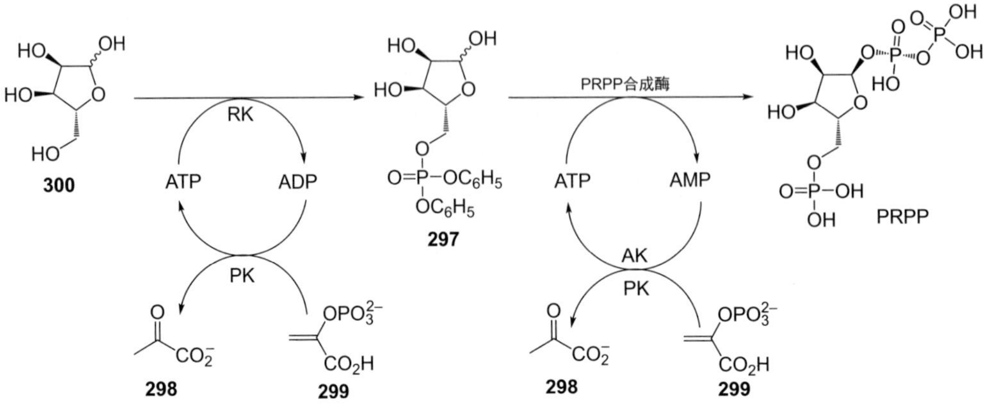

图 7-104 核糖为原料生物转化法合成 PRPP

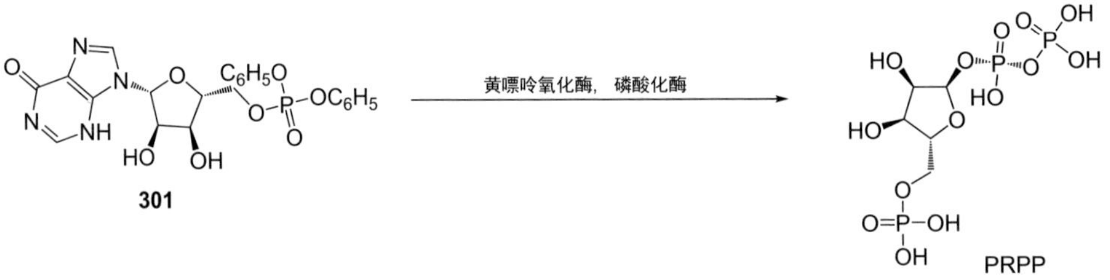

图 7-105 肌苷酸为原料生物转化法合成 PRPP

7.8.6 米泊美生

米泊美生钠(mipomersen sodium) 的商品名为 Kynamro，CAS 号为 629167-92-6，是美国 FDA 于 2013 年 1 月 29 日批准上市的注射用胆固醇药物，原研公司为 Genzyme Corp 公司（图 7-106）[192-194]。米泊美生 (mipomersen) 为第二代反义寡核苷酸，是寡核苷酸载脂蛋白 B-100 合成的抑制剂，可以抑制肝细胞产生的人载脂蛋白 B-100。米泊美生通过与编码载脂蛋白 B-100 的 mRNA 杂交导致该 mRNA 降解，从而抑制载脂蛋白 B-100 的转录翻译。米泊美生作为一种新型的辅助降血脂药物有着广阔的应用前景，可以和其他降血脂药物合用，治疗罕见的高胆固醇疾病纯合子家族性高胆固醇血症(HoFH)。

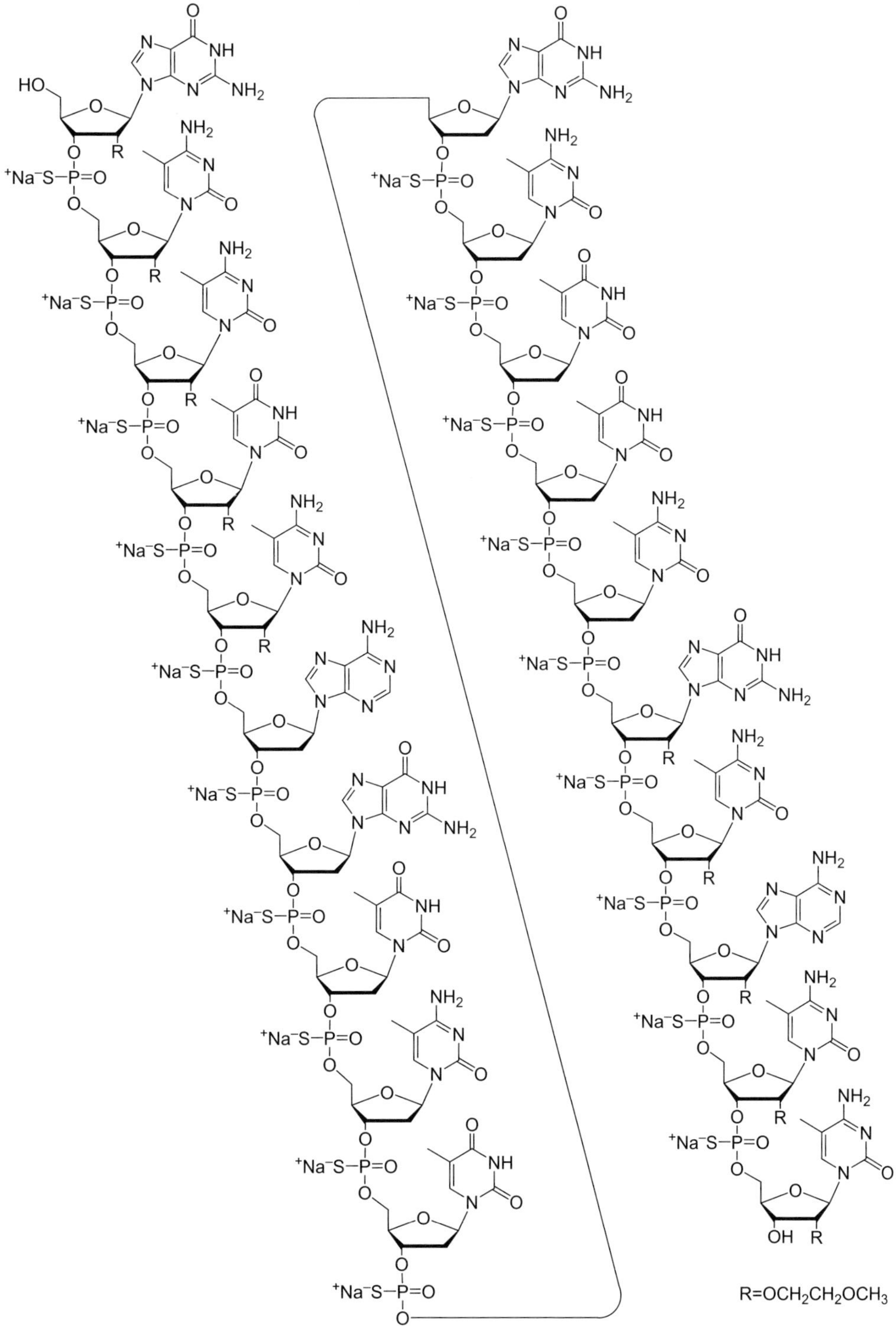

图 7-106　米泊美生钠的结构

R=OCH₂CH₂OCH₃

米泊美生可作为一种辅助降血脂药物，与降血脂药物、降血脂食品一起降低低密度脂蛋白胆固醇(LDL-C)、载脂蛋白 B(apo B)、总胆固醇(TC)和非高密度脂蛋白胆固醇(non- HDL-C)的含量。米泊美生的主要不良反应是注射部位反应、流感样症状、恶心、头痛和血清转氨酶升高等[193]。

文献 [194] 报道了米泊美生钠的固相合成方法：以 Primer Support dA 200 固载的核苷 **302** 为原料，经过脱三苯甲基、偶合、硫化、保护等过程，制成含有 20 个核苷酸的寡聚核苷酸米泊美生钠。反应路线如图 7-107 所示。

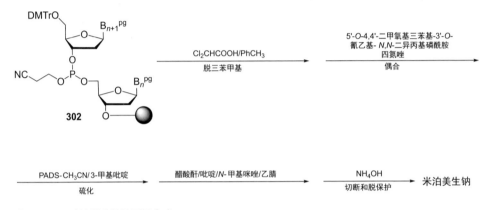

图 7-107 米泊美生钠的固相合成

7.8.7 坎格雷洛

坎 格 雷 洛(cangrelor)的 CAS 号 为 163706-06-7，分 子 式 为 $C_{17}H_{25}Cl_2F_3N_5O_{12}P_3S_2$，分子量为 776.36，是注射给药的 $P2Y_{12}$ 血小板受体抑制剂，其优于口服 $P2Y_{12}$ 抑制剂(例如普拉格雷、替卡格雷和氯吡格雷)，其优点在于它是一种不需要代谢转化的活性药物，因此具有快速起效作用。坎格雷洛于 2015 年 6 月获得 FDA 批准用于静脉注射。坎格雷洛也可用于避免成人患者在经皮冠状动脉介入治疗(PCI)过程中因凝血造成的冠状动脉堵塞。

坎格雷洛

坎格雷洛由美国 Medicine′s Company 研制，商品名为 Kengreal。坎格雷洛含有一个三磷酸，因此坎格雷洛不能口服，而且其半衰期极短，只有几分钟。2003 年 Medicine′s Company 从阿斯利康手里收购了坎格雷洛，变废为宝，利用了坎格雷洛半衰期短的特点开发手术用药[195]。和其他抗血小板药物一样，坎格雷洛最严重的风险是大出血。坎格雷洛是非噻吩并吡啶类嘌呤受体 P2Y$_{12}$ 的拮抗剂，来自对 ATP 分子的结构修饰，用亚甲基基团和卤素取代酸酐基团，使半衰期延长，拮抗活性提高。坎格雷洛的药用形式为坎格雷洛四钠盐，由坎格雷洛水解成盐得到。王群等[196] 研究确定的坎格雷洛的 4 个主要已知杂质 A、B、C 和 D 均来自合成工艺，同时坎格雷洛在溶液中不稳定，可发生降解。

坎格雷洛是一种非噻吩并吡啶类直接作用型 P2Y$_{12}$ 受体拮抗剂，可用于治疗急性冠状动脉综合征(ACS)，还可作为静脉注射用速效抗血栓药物。坎格雷洛可迅速抑制血小板的聚集，且在体内不经代谢就能产生活性。体外试验发现，坎格雷洛可减少 ACS 患者血液中血小板 - 白细胞反应，表明该药物可能还具有疾病改善功能。Ⅱ期临床研究显示，坎格雷洛的抗血小板聚集作用强于氯吡格雷，且具有良好的安全性。另外，坎格雷洛的抗血小板聚集效果与糖蛋白(GP)Ⅱb/Ⅲa 受体拮抗剂相当，能更好地控制出血时间。坎格雷洛还可增强组织型纤维蛋白溶酶原活化剂(t-PA)的纤溶效果。目前进行的Ⅲ期临床试验将进一步考察坎格雷洛的安全性及有效性。

血小板有 P2Y、P2Y$_{12}$、P2X 等 3 种腺嘌呤核苷酸 P2 受体，P2Y、P2Y$_{12}$ 与二磷酸腺苷(ADP)相互作用，P2X 则与三磷酸腺苷(ATP)相互作用。坎格雷洛在体内不经代谢就可与 P2Y 受体直接结合。体外洗涤血小板浊度法分析显示，坎格雷洛可抑制 ADP 诱导的血小板聚集。通过抑制 P2Y 受体，坎格雷洛可产生显著的抗血小板聚集活性，同时还部分抑制了细胞内 Ca^{2+} 浓度，这两种效应均可被前列腺素 E1（PGE 1）及前列环素（PG I2）通过激活腺苷酸环化酶增加体内 cAMP 水平而增强。

坎格雷洛不但能降低凝血酶诱导的血小板活化作用，还可以和凝血酶抑制剂美拉加群产生协同作用。在高剪切力作用下，以坎格雷洛预培养的血液可降低血小板与固定化血管假血友病因子的结合力，瞬间相互作用则不受影响。此外，P2Y 受体拮抗剂还会增强坎格雷洛对剪切诱导的血小板聚集和胶原黏附的抑制作用。另外，坎格雷洛还能减少动脉粥样硬化斑块上血小板血栓的形成。

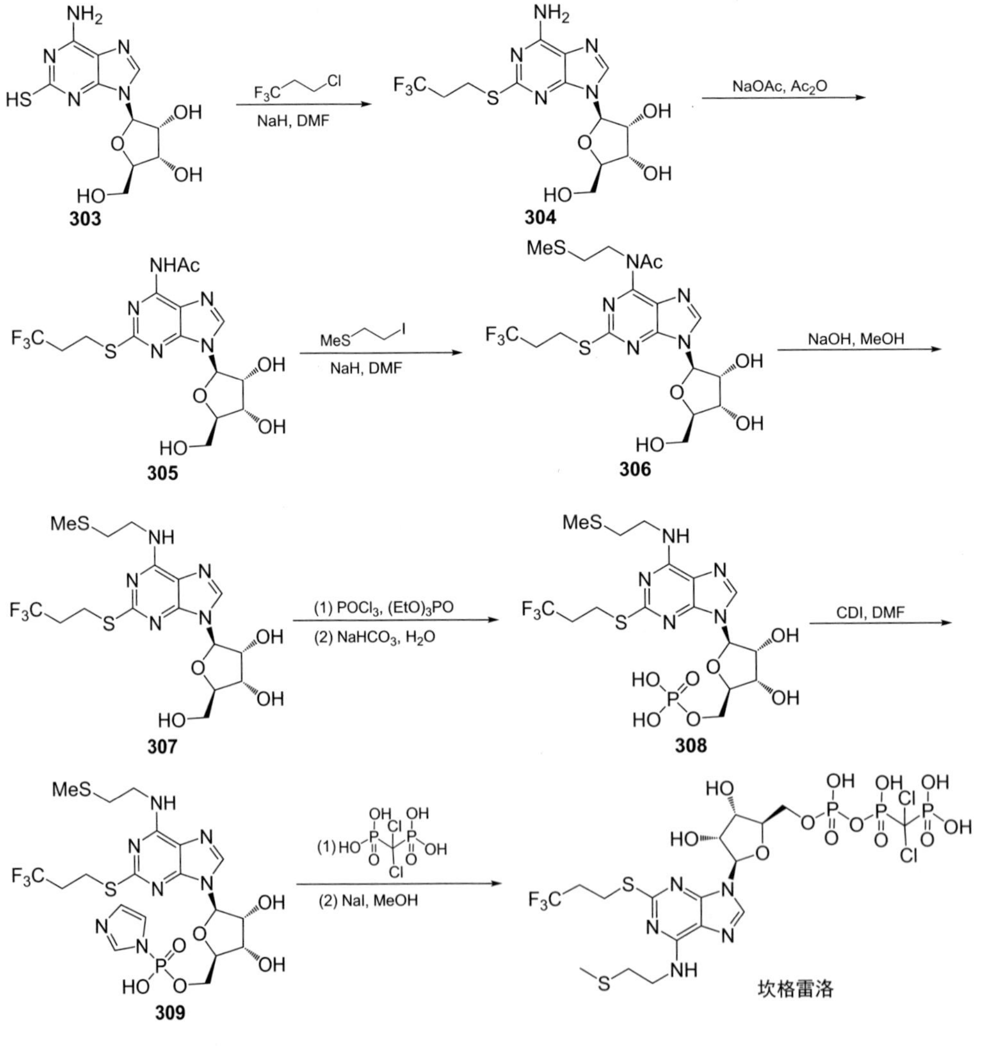

图 7-108　腺苷-2-硫酮 303 为原料合成坎格雷洛

Ingall 等 [197,198] 公开的坎格雷洛合成路线见图 7-108，以腺苷 -2- 硫酮 **303** 为起始原料，碱性条件下巯基进攻氯代三氟丙烷得到 **304**，而后醋酸酐处理得到乙酰基保护产物 **305**，**305** 在碱性条件下与碘乙基甲基硫醚反应得到 **306**，脱除乙酰基后得到重要中间体 **307**，之后通过 5′-羟基磷酸化修饰得到坎格雷洛。该方法中的原料 **303** 的来源受限，在碱性条件下与氯代三氟丙烷反应时的条件较苛刻，且容易生产二聚体化合物 **310**（图 7-109），需要柱色谱分离纯化，不利于工业化生产。

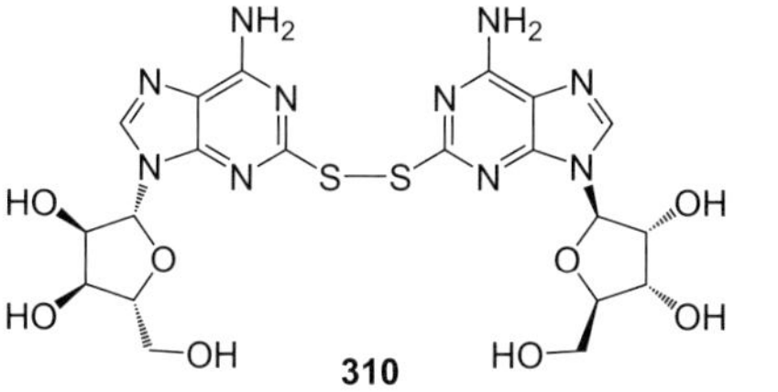

图 7-109 化合物 **310** 的结构

之后，肖玉华等 [199] 和 Rajan 等 [200] 分别对合成坎格雷洛的路线进行了改进。其中，肖玉华等公开了一种更加简单、高效的中间体 **307** 的制备方法，其合成路线见图 7-110。该方法以 2- 氯腺苷 **311** 为原料，与三氟丙硫醇进行亲核取代反应得到中间体 **304**，进而在醋酸酐溶液中得到四乙酰基保护的化合物 **312**，再与溴乙基甲基硫醚反应后脱除保护基得到中间体 **307**，**307** 通过磷酸化修饰得到目标产物坎格雷洛。

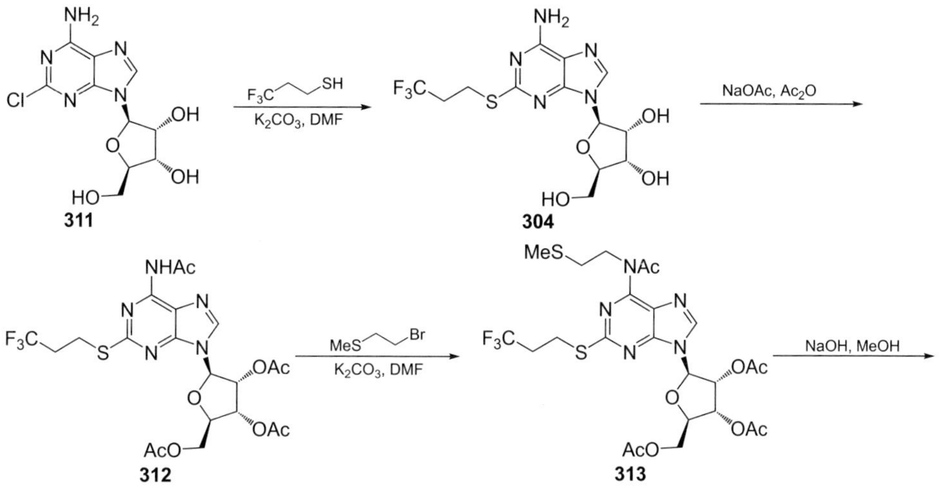

图 7-110

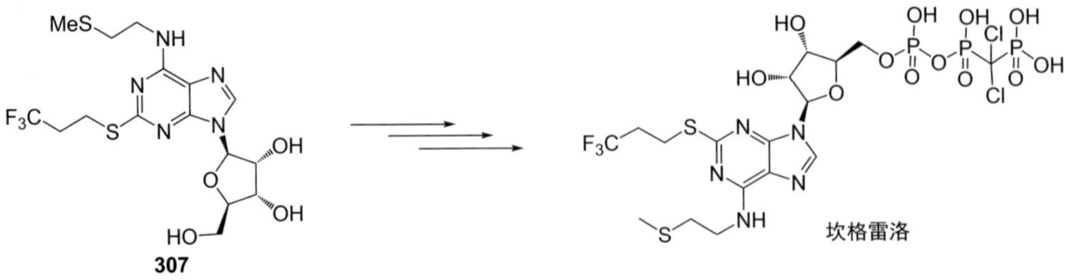

图 7-110　2- 氯腺苷为原料合成坎格雷洛

7.8.8　磷丙泊酚

　　磷丙泊酚(fospropofol，FP)为一种新上市镇静催眠剂，是丙泊酚的水溶性前药，在体内经碱性磷酸酶水解后释放出丙泊酚，释放出来的丙泊酚具有独特的药理性质。该药的镇静作用与剂量成正比。磷丙泊酚用于结肠镜检、支气管镜检等内镜检查时镇静，疗效、安全性和耐受性都比较好；磷丙泊酚也用于老年患者支气管纤维镜检，不仅安全有效且患者苏醒快、满意度高。磷丙泊酚还可以作为全身麻醉药用于做冠状动脉旁路移植手术的患者。以后有望不断扩大适应证，增加新的用途。

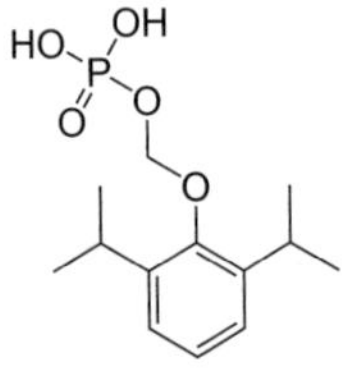

磷丙泊酚

　　磷丙泊酚为丙泊酚的磷酸酯，水溶性好，给药途径为静脉注射。磷丙泊酚进入体内后经肝和血管内皮细胞中的碱性磷酸酶转换成丙泊酚。丙泊酚通过血脑屏障后与 γ-氨基丁酸 A(GABAA)受体 11 亚基结合，增加氯离子内流而产生超极化，使突触后神经元产生抑制效应；同时也抑制天冬氨酸谷氨酸受体的兴奋性，减少钙离子进入细胞内，抑制突触后神经元而产生镇静作用。磷丙泊酚本身没有药理活性，只有转变为丙泊酚才能对中枢神经系统产生抑制作用，1.86 mg 的磷丙泊酚相当于 1 mg 丙泊酚。磷丙泊酚通过碱性磷酸酶完全代谢，代谢产物包括丙泊酚、甲醛和磷酸，磷丙泊酚与芬太尼、哌替啶、吗啡、咪达唑仑等药物合用不会引起这些药物药代动力学参数的改变。磷丙泊酚为一种新上市镇静催眠剂，获得了 FDA 批准用于诊断和治疗过程、麻醉性监护时镇静催眠，可作为丙泊酚和咪达唑仑的替代品，用于内镜检查、牙科小手术、ICU 患者和冠状动脉旁路移植手术患者[201]。

磷丙泊酚又称 GPI-15715，它是丙泊酚(propofol)的前体药。磷丙泊酚钠的 CAS 号为 258516-87-9，分子式为 $C_{13}H_{19}Na_2O_5P$，分子量为 332.2，易溶于水，为静脉注射剂。最新研究不断表明，FP 作为新镇静催眠药物，其前景广阔，可作为诊断或治疗操作过程的镇静催眠剂[202-208]。FP 于 2008 年 12 月 12 日由美国 FDA 批准上市。该药由美国 Eisai 公司研发，商品名为 Lusedra[208]。

静脉注射 FP 后，经内皮细胞碱性磷酸酶可快速分解成活性成分丙泊酚、无机磷酸盐、甲醛[203]。而最终甲醛分解成二氧化碳和水；静脉注射 FP 虽可增加血清无机磷水平，但无相关的副作用的报道[204]；平滑肌能调控丙泊酚释放，增加血浆中丙泊酚浓度，丙泊酚迅速进入脑组织并达到平衡，从而发挥剂量依赖性麻醉作用。所以 FP 对身体没有损害。

FP 也具备前体药不易被首关消除的特点，但前体药 FP 分解生成的丙泊酚的药代动力学却与丙泊酚不同[205]。释放的丙泊酚其 C_{max} 为 7.1 mg /L，达峰浓度时间为 3.7 min(反映了前药转化所需时间)；FP 及其释放出的丙泊酚的血药浓度都呈双相降低，半衰期分别为 2.9 min 和 23.9 min 及 1.9 min 和 45 min，它们在血浆中分布容积分别为 0.25 L/kg(较小) 及 2.3 L/kg，清除率分别为 46.1 mL/(kg·min) 及 344 mL/(kg·min)[206]。而丙泊酚的吸收半衰期为 0.8 h，分布半衰期为 4.6 h，丙泊酚消除有 3 个阶段。第 1 消除期($T_{1/2}\alpha$)，会出现在给予静脉注射 2 ~ 3 min 后，代表丙泊酚分布到身体各组织。第 2 消除期($T_{1/2}\beta$)是一较长时间，持续 30 ~ 60 min，代表丙泊酚的代谢。最后的消除期($T_{1/2}\gamma$)是一个更长的持续时间，这个阶段可能持续 2 ~ 45 h，代表着药物的代谢。

当注射 FP 6 mg /kg 后，12 min 达到峰浓度，FP 的半衰期、显效时间和作用持续时间明显延长；当给药剂量相同时，FP 比丙泊酚在血液中的浓度高，药时曲线下面积（area under curve，AUC）明显增大，且作用时间长[207]。在失去和重获意识时，FP 释放的丙泊酚血药浓度相近，表明其血药浓度与产生药效间无滞后现象，而丙泊酚乳剂则不然。FP 还具有较大的分布容积、更大的中枢分布容积和较高的血浆清除率。

专利公开的磷丙泊酚钠的合成路线见图 7-111 和图 7-112[209,210]。以2,6-二异丙基苯酚 **314** 为原料，与氯甲基甲硫醚反应得到甲硫甲基化中间体 **315**，再经磺酰氯氯化后得到中间体 *O*-(氯甲基)-2,6-二异丙基苯酚 **316**，该中间体与二苄基磷酸银缩合得到磷酸三酯 **317**，最后经氢化还原、脱保护、碳酸钠溶液中和，得到磷丙泊酚钠。也可以 2,6- 二异丙基苯酚 **314** 为原料，与氯甲基二苄基磷酸酯 **318** 缩合得到磷酸三酯 **317**，进而经氢化还原、脱保护、碱中和得到磷丙泊酚钠。

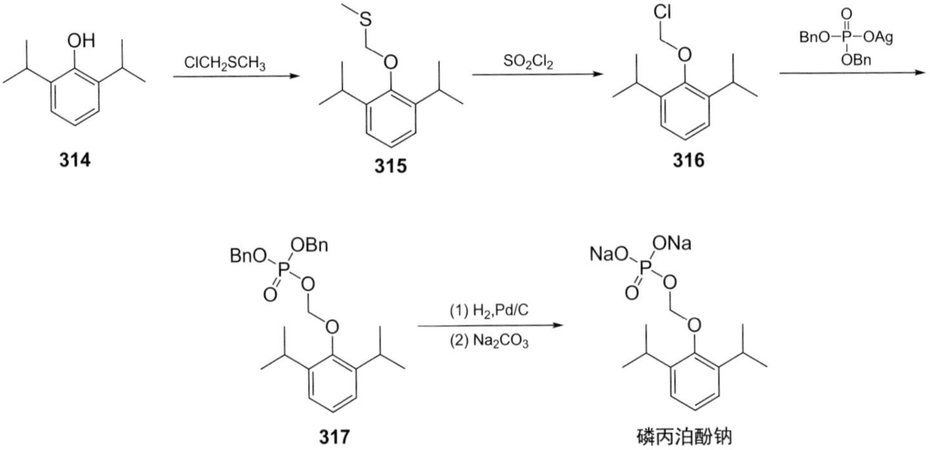

图 7-111　用二苄基磷酸银合成磷丙泊酚钠

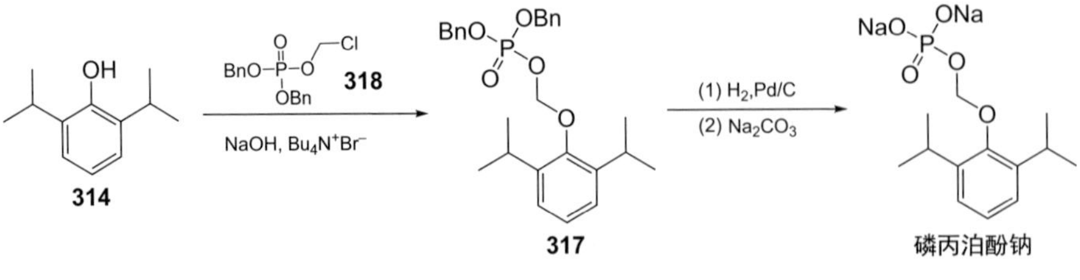

图 7-112　用氯甲基二苄基磷酸酯合成磷丙泊酚钠

文献 [211-214] 报道的另外一种合成途径是: 2,6-二异丙基苯酚 **314** 与氯溴甲烷或氯碘甲烷在 THF 中反应得到中间体 *O*-(氯甲基)-2,6-二异丙基苯酚 **316** 后，与磷酸缩合，再经氢氧化钠溶液处理得到目标化合物磷丙泊酚钠(图 7-113)。

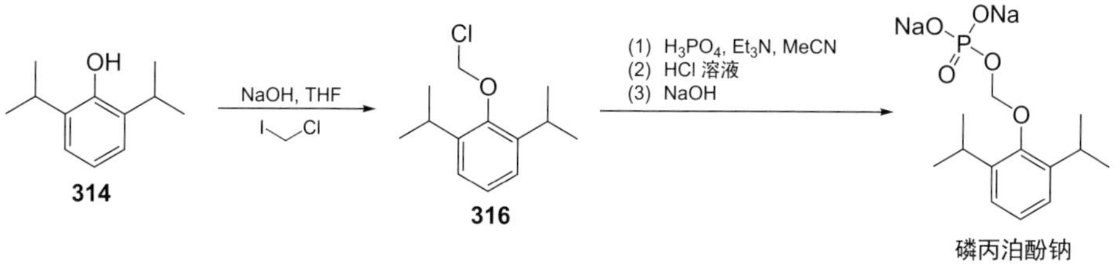

图 7-113　用磷酸铵作为磷酸化试剂合成磷丙泊酚钠

7.8.9　fostamatinib

　　fostamatinib(R788) 是活性代谢产物 R406 的前体药物，是一种脾酪氨酸激酶(Syk)抑制剂，它与 ATP 口袋结合，从而抑制激酶的活性(图 7-114)。fostamatinib 适用于治疗对既往治疗反应不足的患者的慢性免疫性血小板减少症(ITP)。它于 2018 年 4 月 17 日以商标名 Tavalisse 被批准用于 ITP，也被 FDA 授予了孤儿药的地位，同时它还可以用于治疗类风湿性关节炎。

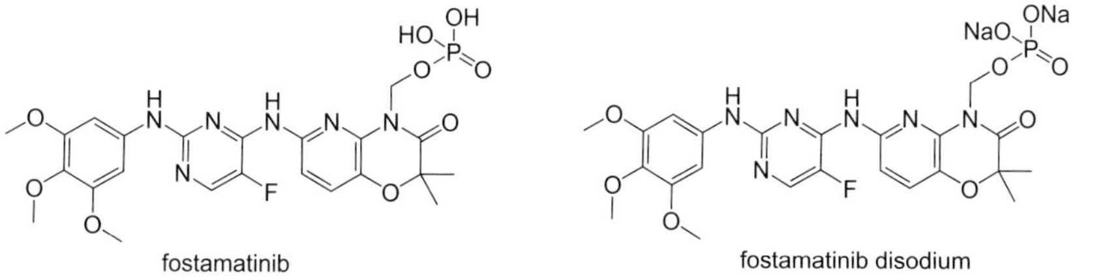

fostamatinib
CAS号: 901119-35-5

fostamatinib disodium
CAS号: 914295-16-2

图 7-114　fostamatinib 和 fostamatinib disodium 的结构

　　该化合物可阻断多种免疫细胞(如巨噬细胞和 B 细胞)的胞内信号转导途径，从而抑制肿胀和炎症反应。此外，研究人员还发现，Syk 在肿瘤中有异常表达，且与许多可介导肿瘤发生、发展及转移的信号通路有一定联系，故而也可作为淋巴瘤和白血病等与免疫系统相关肿瘤的治疗靶点。

fostamatinib disodium 的 CAS 号为 914295-16-2，分子式为 $C_{23}H_{24}FN_6Na_2O_9P$，分子量为 624.4（图 7-114），它是 Syk 抑制剂，是一种口服的生物制剂，在体内转化为 R406[215]，其对 Syk 的抑制可直接中断巨噬细胞和 B 细胞中 Fc 受体信号转导[216]。R935788/R406 可以减少滑膜中 IL-2、IL-6、IL-13 和 TNF-α 的释放，调节软骨基质金属蛋白酶的释放，抑制炎性细胞因子释放[217-219]。

2015 年 8 月 25 日 fostamatinib 获美国 FDA 治疗 ITP 罕用药地位的认定，并取得 FDA 优先审评的资格。fostamatinib 药用组分含有 6 个结晶水的二钠盐，是 Syk 抑制药活性代谢产物 R406 的前体药物，fostamatinib 是 Syk 抑制药，通过抑制 Syk，引发表达于免疫细胞膜上的免疫球蛋白 G(IgG) 与体液免疫和细胞免疫紧密关联的 Fc 段受体(FcR) 和 Bcell 受体的信号通道的免疫调节作用，并在自身免疫性疾病、炎症性疾病模型以及血液恶性肿瘤模型(如 B- 细胞淋巴瘤与慢性淋巴细胞白血病模型)上进行探索性的研究，fostamatinib 及其代谢物 R406 降低抗体介导血小板的破坏，抑制或延缓疾病进展的发作，fostamatinib 是二线治疗药物，适用于对此前的治疗疗效不佳的成人慢性免疫性血小板减少症患者[220]。

文献 [221-226] 报道的 fostamatinib disodium 的合成路线见图 7-115。以 6-溴-3-羟基-2-硝基吡啶 319 为起始原料，与 α- 溴代叔丁酸乙酯发生取代反应得到醚化物 320，其经硝基还原后再经内酰胺化得到化合物 321，经与 2,4-二氯-5-氟嘧啶 322 发生亲核取代，再与 3,4,5-三甲氧基苯胺 324 发生二次亲核取代，得该药的原药形式 tamatinib。tamatinib 与二叔丁基氯甲基磷酸酯反应，再经酸解脱叔丁基得到该药的游离酸形式 fostamatinib，游离酸用氢氧化钠中和成盐得到药用型前药 fostamatinib disodium。

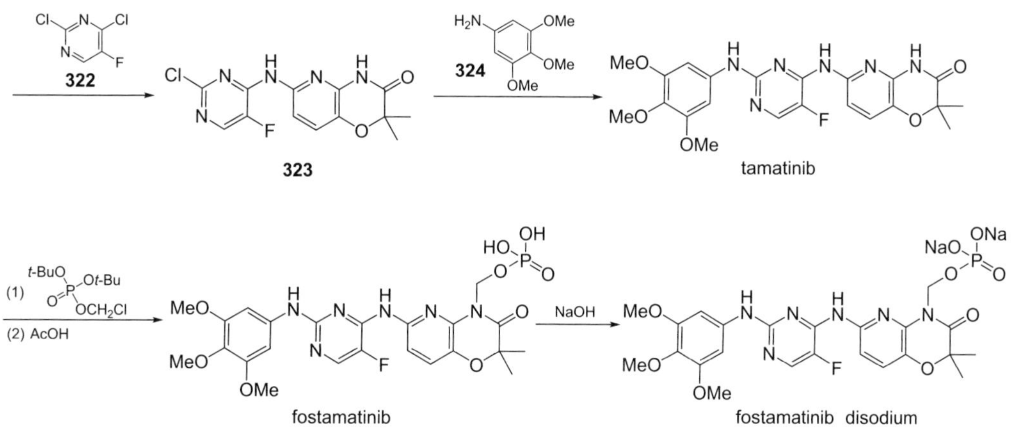

图 7-115 fostamatinib disodium 的合成路线

7.8.10 磷酸铝

磷酸铝(aluminium phosphate)的 CAS 号为 7784-30-7，分子式为 $AlPO_4$，分子量为 121.95，它作为抗酸药，用于胃及十二指肠溃疡及反流性食管炎等酸相关性疾病的抗酸治疗。磷酸铝能中和缓冲胃酸，使胃内 pH 值升高，从而缓解胃酸过多的症状。其中和胃酸的能力较弱而缓慢，但不引起体内磷酸盐的丢失，也不影响磷、钙平衡。凝胶剂的磷酸铝能形成胶体保护性薄膜，隔离并保护损伤组织 [227]。

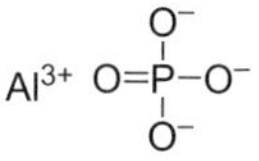

磷酸铝

磷酸铝凝胶是磷酸铝的不溶性凝胶体，是一种兼具制酸与黏膜保护的消化系统用药，其主要成分是胶质磷酸铝、琼脂和果胶，其特殊的胶体分子与凝胶剂型在抗酸与黏膜保护方面具有极大的优势，口服后 7 ～ 10 min 可达到酸中和峰值，并可在黏膜上形成保护膜，产生类似生理薄膜的作用，增强黏液屏障，防止胃黏膜自身消化，减少胃肠刺激，此外还有收敛、减少充血、止痛、吸附的作用。磷酸铝能吸附病毒、细菌及产生的有毒物质、发酵气体等[228]，具有良好的缓冲作用，且不会形成酸反跳，可有效地阻止胃酸对咽喉黏膜的损伤。但单纯的抑酸治疗不能改善胃动力，无法从根本上阻止反流[229]。

参考文献

[1] 刘思岐. 磷霉素对金黄色葡萄球菌 α- 溶血素感染小鼠肺炎的保护作用及其抑制 MAPKs-NLRP3 激活机制 [D]. 大庆：黑龙江八一农垦大学，2017.

[2] Baylan O. Fosfomycin: past, present and future [J]. Mikrobiyol Bul, 2010, 44: 311-321.

[3] Thomas O, Rogers J B. Biosynthesis of fosfomycin by Streptomyces Fradiae [J]. American Society for Microbiology, 1974, 5: 121-132.

[4] Yan F, Munos J W, Liu P, et al. Biosynthesis of fosfomycin: re-examination and re- confirmation of a unique Fe(II) and NAD(P)H-dependent epoxidation reaction [J]. Biochemistry, 2006, 45: 11473-11481.

[5] Wang C, Chang W C, Guo Y, et al. Evidence that the fosfomycin-producing epoxidase, HppE, is a non-heme-iron peroxidase [J]. Science, 2013, 342: 991-995.

[6] Xie F H, Chao Y C, Xue Z Q, et al. Stereoselective epoxidation of cis-propenylphosphonic acid to fosfomycin by a newly isolated bacterium bacillus simplex strain S101[J]. J Ind Microbiol Biotechnol, 2009, 36: 739-746.

[7] McLuskey K, Cameron S, Hammerschmidt F, et al. Structure and reactivity of hydroxypropylphosphonic acid epoxidase in fosfomycin biosynthesis by a cation- and flavin-dependent mechanism [J]. PNAS, 2005, 102: 14221-14226.

[8] Glamkowski E J, Gal G, Purick R, et al. A new synthesis of the antibiotic phosphonomycin [J]. J Org Chem, 1970, 35: 3510-3512.

[9] Glamkowski E J, Rosas C, Sletzinger M. Process for the preparation of cis-1-Propenylphosphonic Acid: EP 3733356[P]. 1973-05-15.

[10] Kitamura M, Tokunaga M, Noyori R. Asymmetric hydrogenation of phosphonates: a practical way to fosfomycin [J]. J Am Chem Soc, 1995, 17: 2931-2932.

[11] Kobayashi Y, William A D, Tokoro Y. Sharpless asymmetric dihydroxylation of trans-propenylphosphonate by using a modified AD-mix-alpha and the synthesis of fosfomycin [J]. J Org Chem, 2001, 16: 7903-7906.

[12] Giordano C, Castaldi G. First asymmetric synthesis of enantiomerically pure (1R,2S)-(−)-(1, 2-epoxypropyl) phosphonic acid (fosfomycin) [J]. J Org Chem, 1989, 54: 1470-1473.

[13] Sailaja G, Rao V S. Simultaneous determination of tungsten (VI) and molybdenum (VI) from catalytic reduction of iodate [J]. Rasayan J Chem, 2011, 4: 120-123.

[14] Wang X Y, Shi H C, Sun C, et al. Asymmetric epoxidation of cis-1- propenylphosphonic acid (CPPA) catalyzed by chiral tungsten (VI) and molybdenum (VI) complexes [J]. Tetrahedron, 2004, 16: 10993-10998.

[15] 赵爱慧. 抗心绞痛盐酸伊伐布雷定及新一代头孢菌素头孢洛林酯的合成 [D]. 济南：济南大学，2015.

[16] FDA approves teflaro for bacterial infections [EB/OL]. (2010-10-29) [2013-12-17]. http://www.fda.gov/newsevents/newsroom/pressannouncements/2010/ucm231594.htm.

[17] European Commission approves ZINFORO™. (ceftaroline fosamil) for adult patients with serious skin infections or community acquired pneumonia[EB/OL]. (2012-8-28) [2013-12-17]. http://www.astrazeneca.com/Media/Pressreleases/Article/28082012-european-commission-approveszinforo

[18] Polenakovik H M, Pleiman C M. Ceftaroline for meticillinresistant Staphylococcus Aureus bacteraemia: case series and review of the literature [J]. Int J ntimicrob Agents, 2013, 42: 450-455.

[19] Ishikawa T, Matsunaga N, Tawada H, et al. TAK-599, a Novel N-phosphono type prodrug of anti-MRSA cephalosporin T-91825: synthesis, physiochemical and pharmacological properties [J]. Bioorg Med Chem, 2003, 11: 2427-2437.

[20] Ishikawa T, Hashiguchi S. Phosphonocephem compound: WO 0214333[P]. 2002-02- 21.

[21] 石川智康，桥口昌平，饭泽佑史，等. 膦酰基头孢烯化合物：CN 1462275A[P]. 2003-12-17.

[22] 吴茂江，等. 一种头孢洛林酯中间体母核的制备方法：CN 104910185A[P]. 2015-09-16.

[23] Guo X, Zhang N, Bao G, et al. A novel synthetic process for ceftaroline fosamil [J]. Chinese Journal of Pharmaceuticals, 2018, 49: 1523-1518.

[24] 刘明亮，刘秉全，曹珏，等 . (Z)-2-(5- 氨基 -1,2,4- 噻二唑 -3- 基)-2- 甲氧亚氨基乙酸合成路线图解 [J]. 中国医药工业杂志 , 2006, 37: 789-791.

[25] Csendes I, Müller C B W, Tosch W. Cephalosporin antibiotics: synthesis and antimicrobial activity of 7β-[2-(5-amino-1,2,4-thiadiazol-3-yl)-2-oxyiminoacetamido]-cephalosporin derivatives [J]. Antibiot, 1983, 36: 1020-1033.

[26] Inagaki T, Kurita Y, Mizutani A, et al. Method forpreparing 5-amino-1,2,4-thiadiazol acetic acid derivatives: US 5773624[P]. 1998-06-30.

[27] 郭强，柴芸，章怡彬，等 . (Z)-2-(5- 氨基 -1,2,4- 噻二唑 -3- 基)-2- 甲氧亚氨基乙酸的合成 [J]. 中国药物化学杂志 , 2009, 19: 188-190.

[28] Fujiwara Y, Shundo T, Fujii T. Preparation of thiadiazoleacetate crystals as materials for cephalosporins: JP 04077477A[P]. 1992-03-11.

[29] 张明珠，鲁茜，罗卓卡，等 . 新型抗生素磷酸泰地唑胺的药理作用与临床评价 [J]. 中国新药杂志 , 2015, 24(5): 481-483.

[30] Zhou Q T, Zhao L X. Tedizolid phosphate [J]. Chinese J Med Chem, 2014, 24: 499-500.

[31] Im W B, Choi S H, Park J Y, et al. Discovery of torezolid as a novel 5-hydroxymethyl-oxazolidinone atibacterial agent [J]. Eur J Med Chem, 2011, 46: 1027-1039.

[32] Costello C A, Simson J A, Duguid R J, et al. Methods for preparaing oxazolidinones and compositions containing them: WO 2010042887[P]. 2010-04-15.

[33] Costello C A, Simson J A, Duguid R J, et al. Methods for preparaing oxazolidinones and compositions containing them: CN 200980140144.4[P]. 2009-10-09.

[34] Zhu Y Z, Zhang X Q, Liu F, et al. A new synthetic route toward tedizolid phosphate [J]. Chin J Appl Chem, 2015, 32: 1240-1245.

[35] 彭立增，朱富强 . 一种高纯度泰地唑胺磷酸酯的制备方法: CN 105131037B[P]. 2017-05-03.

[36] 张善军，关文捷，杨磊，等 . 一种制备磷酸特地唑胺的关键中间体及其制备方法: CN 104610359B[P]. 2017-07-14.

[37] 朱益忠，张喜全，刘飞，等 . 一种磷酸特地唑胺的制备方法: CN 105418678B[P]. 2018-11-20.

[38] 熊伦 . 特拉万星的制备工艺研究及其类似物的合成与抗菌活性筛选 [D]. 上海: 华东理工大学 , 2016.

[39] Chang M H, Kish T D, Fung H B. Telavancin: a lipoglycopeptide antimicrobial for the treatment of complicated skin and skin structure infections caused by ram-positive bacteria in adults [J]. Clin Ther, 2010, 32: 2160-2185.

[40] Mendes R E, Sader H S, Farrell D J, et al. Worldwide appraisal and update (2010) of telavancin activity tested against a collection of gram-positive clinical pathogens from five continents [J]. Antimicrob Agents Ch, 2012, 56: 3999-4004.

[41] Lee J, Liu J. Process for preparing glycopeptide derivatives: WO 03018607[P]. 2003-03-06.

[42] Lee J, Liu J. Process for preparing glyeopeptide phosphonate derivatives: US 7074890[P]. 2004-08-25.

[43] 梁玉华，冯文化 . 脂糖肽抗生素 Telavancin 的合成工艺改进 [J]. 合成化学 , 2011, 19: 550-553.

[44] Ma S, Jia C Y, Yuan H, et al. Synthesis of telavancin [J]. Chin J New Drugs, 2013, 23: 2809-2812.

[45] Liu L, Pan M, Zhou J S,et al. Process improvement on the synthesis of elavancin-erivative of vancomycin [J]. Chin J Org Chem, 2015, 35: 2437-2440.

[46] 熊伦，管栋梁，李剑，等 . 特拉万星合成工艺研究 [J]. 2017, 48(2): 172-177.

[47] Liu M, Deng M, Zhang D, et al. A chiral LC/MS method for the stereospecific determination of efonidipine in human plasma [J]. J Pharmaceut Biomed, 2016, 122: 35-41.

[48] Kumfu S, Chattipakorn S C, Fucharoen S, et al. Dual T-type and L-typecalcium channel blocker exerts benefical effects in attenuating cardiovascular dysfunction in iron-overloaded thalassaemic mice [J]. Exp Physiol, 2016, 101(4): 521-539.

[49] Shudo C, Masuda Y, Sakai T, et al. Effects of long-term oral administration of NZ-105, a novel calcium antagonist, with or without propranolol in spontaneously hypertensive rats [J]. J Pharm Pharmacol, 1993, 45(6): 525-529.

[50] Shin J. Efonidipine, another beauty relieving the pressure [J]. Korean Circ J, 2012, 42(4): 229-230.

[51] 黄震华. 新型钙通道阻滞药依福地平 [J]. 中国新药与临床杂志，2010，29（7）：481-484.

[52] 郭以猛，吴丽颖，李艳艳，等. 盐酸依福地平合成工艺改进 [J]. 中国药物化学杂志，2008,18（1）：35-37.

[53] 胡雪原，李强，李伟，等. 盐酸依福地平的合成 [J]. 中国医药工业杂志，2011，42（11）：804-805.

[54] 李鹏坤，于玉振，赵曼，等. 依福地平中间体的合成工艺改进 [J]. 精细化工中间体，2016，46（6）：38-40.

[55] Sakoda R, Kamikawaji Y, Seto K. Synthesis of 1,4-dihydropyridine-5-phosphonates and their calcium-antagonistic and antihypertensive activities: novel calcium-antagonist 2-[benzyl(phenyl)amino]ethyl 5-(5,5-dimethyl-2-oxo-1,3,2-dioxaphosphorinan-2-yl)-1,4-dihydro-2,6-dimethyl-4-(3-nitrophenyl)-3-pyridinecarboxylate hydrochloride ethanol (NZ-105) and its crystal structure [J]. Chem Pharm Bull, 1992, 40: 2362-2369.

[56] 李维华. ACE 抑制剂—福辛普利的合成工艺研究 [D]. 沈阳：沈阳药科大学，2003.

[57] 蒋斌. 福辛普利的合成研究 [D]. 湖南：湖南中医药大学，2010.

[58] Thottathil J K, Moniot J L, Floyd D, et al. US 4501901[P]. 1985-02-26.

[59] Thottathil J K, Moniot J L. Lithium diphenylcuprate reactions with 4-tosyloxy-L-prolines; an interesting stereochemical outcome: A synthesis of TRANS-4-phenyl-L-proline [J]. Tetrahedron Lett, 1986, 27: 151-154.

[60] Thottathil J K, Moniot J L, Mueller R H, et al. Conversion of L-pyroglutamic acid to 4-alkyl-substituted L-prolines. The synthesis of trans-4-cyclohexyl-L-proline [J]. J Org Chem, 1986, 51: 3140-3143.

[61] Chen X, Du D M, Hua W T. A convenient method for synthesis of trans-4-cyclohexyl-L-proline [J]. Tetrahedron Asymmetry, 2002, 13: 43-46.

[62] Liu R L, Yan Y Y, Zhang T, et al. A practical synthesis of optically active δ-nitro-α-ketoesters and 4-cyclohexyl-proline catalyzed by chiral squamides [J]. Tetrahedron Asymmetry, 2015, 26: 1416-1422.

[63] 杨翠芬，朱佳玲，仇缀百，等 . [R-(R*,S*)]-[(2- 甲基 -1- 丙酰氧基丙氧基)(4- 苯基丁基) 氧膦基] 乙酸的合成 [J]. 中国医药工业杂志，2000，31（6）：279-281.

[64] 杨千姣，赵临襄. 钆磷维塞三钠（gadofosveset trisodium）[J]. 中国药物化学杂志，2009，19（4）：317-318.

[65] Sajiki H, Ong K Y, Nadler S T, et al. Synthesis of enantiomerically pure 1-(R)- and 1-(S)-hydroxymethyl-DTPA penta-ᵗbutyl esters via chiral aminoalcohols [J]. Synthetic Communi, 1996, 26: 2511-2522.

[66] Mcmurry T J, Sajiki H, Scott D M, et al. Diagnostic imaging contrast agents with extended blood retention: WO 9623526[P].1996-08-08.

[67] Amedio J C Jr, Bernard P J, Fountain M, et al. A practical preparation of 4,4-diphenylcy clohexanol: a key intermediate in the synthesis of MS-325 [J]. Synthetic Commun, 1998, 28: 3895-3906.

[68] Amedio J C Jr, Bernard P J, Fountain M, et al. A practical manufacturing synthesis of 1-(R)-hydroxymethyl-DTPA: an important intermediate in the synthesis of MRI contrast agents [J]. Synthetic Commun, 1999, 29: 2377-2391.

[69] Randall B L, Stephen O D. Contrast-enhanced diagnostic imaging method for monitoring interventional therapies: WO 99/17809[P]. 1999-04-15.

[70] McMurry T J, Parmelee D J, Sajiki H, et al. The effect of a phosphodiester linking group on albumin binding, blood half-life, and relaxivity of intravascular iethylenetriaminepentaacetato aquo gadolinium(III) MRI contrast agents [J]. J Med Chem, 2002, 45: 3465-3474.

[71] 沈世颖. 锆亚甲基二膦酸盐对 RAW264.7 及 MC3T3-E1 细胞影响的研究 [D]. 昆明：昆明医科大学，2018.

[72] 国家药典委员会. 中华人民共和国药典二部 [S]. 北京：中国医药科技出版社，2015：1605.

[73] Marshall W W. Method of producing and recovering trimethyl phosphite: US 2848474[P]. 1958-8-19.

[74] Roy C H. Method for preparing tetra-secondary alkyl methylenediphosphonates: US 3251907[P]. 1966-05-17.

[75] King C, Roundhill D M, Fronczek F R. Synthesis and structural haracterization of methylenebis(phosphinic acid) (CH$_2$(PH(O)OH)$_2$) [J]. Inorg Chem, 1986, 25: 1290-1292.

[76] Hietkamp S, Sommer H, Stelzer O, et al. Methylenebis[dichlorophosphine], chlorobis [(dichlorophosphino) methyl]-phosphine, and methylenebis[dimethyl phosphine] [J]. Inorg Synth, 1989, 25: 120-122.

[77] Vepsäläinen J, Nupponen H, Pohjala E, et al. Bisphosphonic compounds. Part 3. Preparation and identification of tetraalkyl methylene- and (α-halomethylene)bisphosphonates by mass spectrometry, NMR spectroscopy and X-ray crystallography [J]. J Chem Soc Perkin Trans, 1992, 2: 835-842.

[78] Bulman Page P C B, McKenzie M J, Gallagher J A. Simple synthesis of oxiranylidene-2,2-bis(phosphonic acid): tetrabenzyl geminal bisphosphonate esters as useful intermediates [J]. Synthetic Commun, 2002, 32: 211-218.

[79] 梁高林, 虞燕华, 陈志明, 等. 亚甲基二膦酸的合成 [J]. 中国现代应用药学杂志, 2002, 19(3): 212-213.

[80] 陈志明, 吴二明, 虞燕华. 亚甲基二膦酸 (MDP) 的合成工艺改进 [J]. 药学与临床研究, 2008, 16: 268-269.

[81] 张锦明, 田嘉禾, 曹丽敏, 等. 来昔决南钐 [^{153}Sm] 注射液的急性毒性试验 [J]. 中国新药杂志, 2000(12)828-830.

[82] Bayouth J E, Macey D J, Kasi L P, et al. Dosimetry and toxicity of samarium-^{153}-EDTMP administered for bone pain due to skeletal metastases [J]. J Nucl Med, 1994, 35: 63-69.

[83] Correa-González L, de Murphy C A, Pichardo-Romero P, et al. ^{153}Sm-EDTMP for pain relief of bone metastases from prostate and breast cancer and other malignancies [J]. Arch Med Res, 2014, 45: 301-308.

[84] Krueger F, Michel W. Process for producing amino methylene phosphonic acids: US 3796749[P]. 1974-05-12.

[85] Princz E, Szilagyi I, Mogyorosi K, et al. Lanthanide complexes of ethylenediaminotetramethylenephosphonic acid [J]. J Therm Anal Calorim, 2002, 69: 427-439.

[86] Moedritzer K, Irani R R. The direct synthesis of α-aminomethylphosphonic acids. Mannich-type reactions with orthophosphorous acid [J]. J Org Chem, 1966, 15: 1603-1607.

[87] Patrick N, Samuel C, Sebastian B. Process for the synthesis of α-aminoalkylphosphonic acids by acid-catalyzed phosphonylation of α-amino acids with phosphorous anhydrides: CN 2014012990[P]. 2014-01-23.

[88] Arnold J S, Barnes W E, Khedar N, et al. Kinetic studies of a new and superior Tc-^{99m} diphosphonate bone imaging agent [J]. J Nucl Med, 1979, 20: 653-654.

[89] Khedar N, Arnold J S, Milo T, et al. Qualitative and quantitative digital comparison of Tc-^{99m} HMDP and MDP [J]. J Nucl Med, 1979, 20: 655.

[90] 胡名扬, 梁高林, 杨敏, 等. 奥昔膦酸盐的合成 [J]. 中国医药工业杂志, 1998, 29(1): 3-4.

[91] Quimby O T, Curry J D, Nicholson A, et al. Metalated methylenediphosphonate esters. Preparation, characterization and synthetic applications [J]. J Organometal Chem, 1968, 13: 199-207.

[92] 周以国, 王黎明, 赵惠扬, 等. 骨显像剂物 Tc-HMDP 的合成和标记 [J]. 核技术, 1986, 4: 31-32.

[93] Kelly J D, Forster A M, Higley B, et al. Technetium-99m-tetrofosmin as new radiopharmaceutical for myocardial perfusion imaging [J]. J Nucl Med, 1993, 34: 222-227.

[94] 陈志明, 虞燕华, 吴二明. 注射用亚锡替曲膦的制备及处方设计 [J]. 中国现代应用药学杂志, 2007, 24(5): 427-429.

[95] 国家药典委员会. 中华人民共和国药典二部 [S]. 北京: 中国医药科技出版社, 2015: 1607.

[96] Kelly J D, Chiu K W, Latham I A. Ligands and cationic complexes thereof with technetium-^{99m}: US 5045302[P]. 1991-09-03.

[97] 虞燕华, 罗世能, 沈永嘉, 等. 心肌灌注显像剂 ^{99m}Tc- 替曲膦的制备与应用 [J]. 华东理工大学学报: 自然科学版, 2006, 12: 1445-1448.

[98] Woolley G T, Kitson S L, Reid R G. Synthesis of the myoview^{TM} ligand, [bis phosphinoethane-1,2-^{14}C] tetrofosminy [J]. J Label Compd Radiopharm, 2007, 50: 468-470.

[99] Zhao J, Liu Y, Sun W-B, et al. Amorphous calcium phosphate and its application in dentistry [J]. Chem cent J,2011,5:40.

[100] 李朝阳，杨德安，徐廷献. 可降解 β- 磷酸三钙的制备及应用 [N]. 硅酸盐通报, 2003, (3): 30-34.

[101] Jarcho M, Bolen C H. Hydroxyapatite synthesis and characterization in dense polycrystalline form [J]. J Mater Med, 1976, 11: 227-235.

[102] 凌关庭，王亦芸，唐述潮. 食品添加剂手册(上册)[M]. 北京：化学工业出版社，1989.

[103] McClure F J. The cariostatic effect in white rats of phosphorus and calcium supplements added to the flour of bread formulas and to bread diets [J]. J Nutr, 1960, 72(2): 131-136.

[104] Forward G C. Non-fluoride anticaries agents [J]. Adv Dent Res, 1994, 8(2): 208-214.

[105] US 6242020B1[P]. 2001-06-05.

[106] 国家药典委员会. 中华人民共和国药典四部 [S]. 北京：中国医药科技出版社，2015: 492.

[107] Gaston Dubois. The chemistry properties of glycerophosphates [J]. J Ind Eng Chem, 1914, 6(2): 122-128.

[108] Tai W T, Mura L A, Phillips K G, et al. Process for making phosphate esters and products thereof: US 4100231[P]. 1978 -07-11.

[109] Toal J S, Phillips J I. British pharmaceutical conference blackpool [J] . J Pharm Pharmacal, 1949, 1: 869-76.

[110] 张邦全，蒋玮，张胜涛. 甘油磷酸钙在口腔护理用品中的应用 [J]. 口腔护理用品工业，2011, 1: 12-14.

[111] 王红，李强，朱昱. 牙膏用甘油磷酸钙的研制 [J]. 口腔护理用品工业，2010, 1: 16-18.

[112] Sabetay S. New syntheses of calcium glycerophosphate and of calcium glycerophosphate [J]. Bull Soc Chim, 1926, 39: 1255-1263.

[113] 吴国庆. 牙膏的化学 [J]. 化学教育，1996，17(12)：1-3.

[114] Aguilar F, Charrondiere U R, Dusemund B, et al. Sodium monofluorophosphate as a source of fluoride added for nutritional purposes to food supplements-scientific opinion of the panel on food additives and nutrient sources added to food [J]. European Food Safety Authority, 2008, 6(12): ID 886.

[115] Oral B, Ozbaşar D. The effect of sodium monofluorophosphate therapy on lipid and lipoprotein metabolismin postmenopausal women [J]. Eur J Obstet Gyn R B, 2003, 107(2): 180-184.

[116] Brun L R, Rigalli A. Bone mass increase and mineralization in rats treated with sodium monofluorophosphate (MFP) and sodium fluoride (NaF) [J]. Bone, 2007, 40(3): S8-S9.

[117] 陈光友. 磷脂酰胆碱、磷脂酰乙醇胺和磷脂酰甘油的全合成研究 [D]. 西安：西北大学，2006.

[118] Baer E, Kates M. Synthesis of Enantiomeric α-Lecithins [J]. J. Am Chem Soc, 1950, 72: 942-945.

[119] Baer E, Maurukas J. An Improved Procedure for the Synthesis of Enantiomeric α-Lecithins [J]. J Am Chem Soc, 1952, 74: 158.

[120] Eibl H, Arnold D, Weltzien H U, et al. Synthesen von Cholinphosphatiden, I. Zur Synthese von α- und β-Lecithinen und ihren Ätheranaloga [J]. Liebigs Annalen der Chemie, 1967, 709: 226.

[121] Phuong N H, Thuong N T, Chabrier P. New method for the preparation of glycollecithins and lecithins [J]. Comptes Rendus des Seances de I' Academie des Sciences, Serie C: Sciences Chimigues, 1976, 283(5): 229-231. [Chem. Abstr., 1977, 86: 139361n].

[122] De Hass G H, van Deenen L L M. Synthesis of enantiomeric mixed-acid phosphatides [J]. Recueil des Travaux Chimiques des Pays-Bas, 1961, 80: 951.

[123] Ishihara M, Sano A. Facile and useful synthesis of enantiomeric phosphatidylcholines [J]. Chemical and Pharmaceutical Bulletin, 1996, 44: 1096-1098.

[124] Stumpf R, Lemmen P. Syntheses of phospholipids via oxazaphospholanes [J]. Zeitschrift fuer Naturforschung, B: Chemical Sciences, 1990, 45: 1729-1731.

[125] Bersch B, Starck J P, Milon A, et al. Total synthesis of perdeuterated phospholipids [J]. Bulletin de la Societe Chimique de France, 1993, 130: 575-583.

[126] Wolfangel P, Müller K. Chain order in lipid bilayers: FTIR and solid state NMR studies on bilayer membranes from 1,2-dimyristoyl-sn-glycero-3-phosphoglucose [J]. J Phys Chem B, 2003, 107: 9918-9928.

[127] Rürup J, Mannova M, Brezesinski G, et al. Properties of unusual phospholipids: I. Synthesis,

monolayer investigations and calorimetry of diacylglycerophosphocholines containing monoacetylenic acyl chains [J]. Chem Phys Lipids, 1994, 70: 187-198.

[128] Marrapu B, Mallampalli L K, Kaki S S, et al. A novel method to synthesize 1-acyl-sn-glycero-3-phosphocholine and 1,2-diacyl-sn-glycero-3-phosphocholine [J]. Eur J Lipid Sci Tech, 2015, 117(7): 1049-1055.

[129] 徐旭. 压力对梨头霉合成氢化可的松的影响 [D]. 天津:天津科技大学, 2005.

[130] 吴红卫. 新型植物甾醇法合成氢化可的松关键中间体的研究 [D]. 杭州:浙江工业大学, 2015.

[131] 段长强, 王兰芬. 药物生产工艺及中间体手册 [M]. 北京:化学工业出版社, 2002: 405.

[132] 张丽青, 褚志义. 甾体微生物转化 // 周维善, 庄治平. 甾体化学进展 [M]. 北京:科学出版社, 2002: 346.

[133] Woodward R B, Sondheimer F, Taub D, et al. The total synthesis of steroids [J]. J Am Chem Soc, 1952, 74: 4223-4251.

[134] Oliveto E P, Rausser R, Weber L, et al. 11-Oxygenated steroids. XVI. The preparation of hydrocortisone from cortisone acetate [J]. J Am Chem Soc, 1956, 78: 1736.

[135] 贾春燕, 陈建新, 尹秋响, 等. 氢化可的松的合成研究进展 [J]. 中国抗生素杂志, 2007, 32: 525-530.

[136] 黄鸣龙, 蔡祖辉, 王志勤. 副肾皮酮乙酸酯的合成 [J]. 化学学报, 1959, 25(5): 295-300.

[137] Nitta I, Fujimori S, Haruyama T, et al. The synthesis of the corticoid side chain. Ⅲ. a new synthesis of 17α,21-dihydroxypregna-1,4-diene-3,20-dione-17,21-diacetate from androsta-1,4-diene-3,17-dione [J]. Bull Chem Soc Jp, 1985, 58(3): 981-986.

[138] van Rheenen V, Shephard K P. New synthesis of cortico steroids from 17-ketosteroids: application and stereochemical study of the unsaturated sulfoxide-sulfenate rearrangement [J]. J Org Chem, 1979, 44(9): 1582-1584.

[139] Aberhart D J, Hsu C-T. Side-chain extension of 17-keto steroids to 17α,22-aldehydes [J]. J Org Chem, 1978, 43(22): 4374-4376.

[140] Nitta I, Fujimori S, Ueno H. The synthesis of the corticoid side chain. I. An improved method for the preparation of 17α-hydroxyprogesterone form androst-4-ene-3,17-dione [J]. Bull Chem Soc Jp, 1985, 58(3): 978-980.

[141] 何明华, 廖清江. 氢化可的松中间体孕甾 -4- 烯 -17α,21- 二醇 -3,20- 二酮 -21- 醋酸酯的合成 [J]. 中国新药杂志, 2010, 19(3): 233-235.

[142] Stoelwinder J, Leusen A M V. Introduction of 20-keto side chains in 17-oxosteroids: Wittig-Homer-Emmons reactions of (E)-17-[(diethylphosphino)isocyanomethylene]-3-methoxyand rosta-3,5-diene [J]. J Org Chem, 1993, 58(14): 3687-3691.

[143] Stoelwinder J, Zoest W J V, Leusen A M V. Chemistry of N,P-acetals: application to the synthesis of 20-ketosteroids [J]. J Org Chem, 1992, 57(8): 2249-2252.

[144] Chefson A, Auclair K. Progress towards the easier use of P450 enzymes [J]. Mol Biosyst, 2006, 2: 462-469.

[145] Szczebara F M, Cathy C, Villeret C, et al. Total biosynthesis of hydrocortisone from a simple carbon source in yeast [J]. Nat Biotechnol, 2003, 21: 143.

[146] 郭占强. 泼尼松龙磷酸钠有关物质的研究 [D]. 天津:天津医科大学, 2011.

[147] 李新安. 一种高标准泼尼松龙磷酸钠的生产工艺:CN 201410336849.6 [P]. 2014.

[148] 袁长东, 吴雅琳, 高占元, 等. 泼尼松龙缩合还原物的生产工艺方法:CN 1361108 [P]. 2002.

[149] 廖俊, 付林, 曾建华, 等. 一种泼尼松龙的制备方法:CN 105384790A [P]. 2016.

[150] 张旭. 泼尼松龙的合成及工艺优化 [D]. 天津:天津科技大学, 2010.

[151] 叶丽, 冯美卿, 史济平. 金龟子绿僵菌突变株及其在甾体化合物羟化反应中的应用:CN 102876582 A[P]. 2013-01-16.

[152] Rong S, Wang J, Li Q, et al. The enhanced production of 11α-hydroxyandrosta-1,4-diene-3,17-dione based on the application of organic silica hollow spheres in the biotransformation of β-sitosterol [J]. J Chem Technol Biot, 2017, 92: 69-75.

[153] 刘喜荣. 醋酸泼尼松或其类似物的制备方法:CN 103601782 A [P]. 2014-02-26.

[154] 别松涛, 路福平, 刘晓, 等. 一种制备泼尼松龙的方法: CN 102505024B [P]. 2014-06-20.

[155] Nobile A. Pregna-1,4-dienes: US 3134718 A1 [P]. 1964-05-26.

[156] Nobile A. Production of dienes by corynebacteria: US 2837464 A1 [P]. 1958-06-03.

[157] 李金禄, 李桢, 赵友成. 泼尼松龙及其衍生物的制备: CN 101397324 A [P]. 2009-04-01.

[158] 赵春霞, 张杰, 王淑丽. 一种泼尼松龙的制备方法: CN 201610837874.1 [P]. 2016-09-20.

[159] 贺春晖. 复方倍他米松注射液的人体药代动力学及其生物等效性研究 [D]. 南京: 南京医科大学, 2011.

[160] 李乃芝, 周其庄, 李美珍. 倍他米松磷酸钠合成新工艺 [J]. 医药工业, 1983 (9): 1.

[161] 邓磊, 何四春, 蒋晓芸, 等. 倍他米松及其系列产品的制备方法: CN 101397319[P]. 2009-04-01.

[162] 戈俊. 天然甾醇资源的利用——以雄烯二酮为原料的倍他米松、地塞米松新合成路线关键中间体的合成 [D]. 上海: 复旦大学, 2012.

[163] Carruthers N I, Andrews D R, Garshasb S, et al. A corticoid synthesis from 9α-hydroxy androst-4-ene-3,17-dione via a steroidal oxazoline [J]. J Chem Soc, Perkin Trans, 1992 (10) 1195-1196.

[164] Carruthers N I, Garshasb S, McPhail A T. Synthesis of corticoids from 9α-hydroxyandrost-4-ene-3,17-dione [J]. J Org Chem, 1992, 57: 961-965.

[165] 梁欣然. 多种 UV-AOPs 工艺降解马拉硫磷与马拉氧磷的动力学及机理研究 [D]. 西安: 西安建筑科技大学, 2018.

[166] 张雪薇. 金诺芬抑制弓形虫的作用及其机制研究 [D]. 重庆: 重庆医科大学, 2018.

[167] 高晓艳. 金诺芬对斑马鱼胚胎的发育毒性研究 [D]. 延吉: 延边大学, 2017.

[168] Blodgett R C. Auranofin: experirence to date [J]. Am J Med, 1983, 75(6): 86-89.

[169] Danis V A, Kulesz A, Nelson D S, et al. Bimodal efect of gold on IL-1 production by blood monocytes [J]. J Rheumatol, 1989, 16(8): 1160-1161.

[170] Finkelstein A E, Roisman F R, Batista V, et al. Oral chrysotherapy in rheumatoid arthritis: minimum effective dose [J]. J Rheumatol, 1980, 7(2): 160-168.

[171] Nicoletti I, Migliorati G, Pagliacci M C, et al. A rapid and simple method for measuring thymocyte apoptosis by propidium iodide staining and flow cytometry [J]. J Immunol Methods, 1991, 139(2): 271-279.

[172] You B R, Shin H R, Han B R, et al. Auranofin induces apoptosis and necrosis in HeLa cells via oxidative stress and glutathione depletion [J]. Mol Med Rep, 2015, 11(2): 1428-1434.

[173] Marzano C, Gandin V, Folda A, et al. Inhibition of thioredoxin reductase by auranofin induces apoptosis in cisplatin-resistant human ovarian cancer cells [J]. Free Radical Bio Med, 2007, 42(6): 872-881.

[174] McGusty E R, Sutton B M. Antiarthritic gold 1-thio-β-D-glucopyranoside trialkylphosphine complexes: DE 2051495 A [P]. 1971-07-01.

[175] Nemeth P E, Sutton B M. Trialkylphosphinegold complexes of 1-β-D-glucopyranosides: US 3635945 [P]. 1972-01-18.

[176] Sutton B M, McGusty E, Walz D T, et al. Oral gold. Antiarthritic properties of alkylphosphinegold coordination complexes [J]. J Med Chem, 1972, 15: 1095-1098.

[177] 熊嘉聪, 张晓梅, 朱鹰, 等. 金诺芬的制备方法: CN 1216305 A[P]. 1999-05-12.

[178] 万谦, 舒朋华, 曾静, 等, 一种糖基硫醇及金诺芬的合成方法: CN 105418690 A [P]. 2016-03-23.

[179] Shu P, Zeng J, Tao J, et al. Selective S-deacetylation inspired by native chemical ligation: practical syntheses of glycosyl thiols and drug mercapto-analogues [J]. Green Chem, 2015, 17: 2545-2551.

[180] Wang J, Mi X, Wang J, et al. An efficient approach to chloro(organophosphine) gold(I) complexes for the synthesis of auranofin [J]. Green Chem, 2017, 19: 634-637.

[181] Tammelin L-E. Dialkoxy-phosphorylthiocholines, alkoxy-methylphosphorylthiocholines, and analogous choline esters. Synthesis, pKa of tertiary homologues, and cholinesterase inhibition [J]. Acta Chem Scand, 1957, 11: 1340-1349.

[182] Song S, Zhang Y, Yeerlan A, et al. Cs₂CO₃-Catalyzed aerobic oxidative cross-dehydrogenative coupling of thiols with phosphonates and arenes [J]. Angew Chem Int Edit, 2017, 56: 2487-2491.

[183] Bialer M. Chemical properties of antiepileptic drugs (AEDs) [J]. Adv Drug Deliver Rev, 2012,

64(10): 887-895.

[184] Browne T R, Kugler A R, Eldon M A. Pharmacology and pharmacokinetics of fosphenytoin [J]. Neurology, 1996, 46(6 Suppl 1): S3-S7.

[185] 陈爱云，李沙，汤化屏 . 磷苯妥英用药注意事项 [J]. 国外医学护理学分册，2002(2)：75.

[186] Stella V J. A case for prodrugs: fosphenytoin [J]. Adv Drug Deliver Rev, 1996, 19(2): 311-330.

[187] Luer M. Fosphenytoin [J]. Neurol Res, 1998, 20(2): 178-182.

[188] Varia S A, Schuller S, Sloan K B, et al. Phenytoin Prodrugs iii: water-soluble prodrugs for oral and/or parenteral use [J]. J Pharm Sci, 1984, 73: 1068-1073.

[189] Tener G M, Khorana H G. Phosphorylated sugars. VI. Syntheses of α-d-ribofuranose 1,5-diphosphate and α-d-ribofuranose 1-pyrophosphate 5-phosphate [J]. J Amer Chem Soc, 1958, 80: 1999-2004.

[190] Gross A, Abril O, Lewis J M, et al. Practical synthesis of 5-phospho-d-ribosyl α-1-pyrophosphate (PRPP): enzymatic routes from ribose 5-phosphate or ribose [J]. J Am Chem Soc, 1983, 105: 7428-7435.

[191] Velasquez J E, Green P R, Wos J A. Enzymatic biosynthesis of nicotinamide riboside: US 20170121746A1 [P]. 2017-05-04.

[192] Akdim F, Stroes E S G, Sijbrands E J G, et al. Efficacy and safety of mipomersen, an antisense inhibitor of apolipoprotein B, in hypercholesterolemic subjects receiving stable statin therapy [J]. J Am Coll Cardiol, 2010, 55(15): 1611-1618.

[193] 马族啸，孙铁民 . 米泊美生钠(Mipomersen sodium)[J]. 中国药物化学杂志，2013，23（4）：338.

[194] Krotz A H, Gorman D, Mataruse P, et al. Phosphorothioate oligonucleotides with low phosphate diester content: greater than 99.9% sulfurization efficiency with "aged" solutions of phenylacetyl disulfide (PADS) [J]. Org Proc Res & Deve, 2004, 8: 852-858.

[195] 江崇国，刘永祥 . 坎格雷洛（Cangrelor)[J]. 中国药物化学杂志，2015, 25: 492.

[196] 王群，孙开莉，石冰玉，等 . HPLC 法测定坎格雷洛原料药中的有关物质 [J]. 中国新药杂志，2018，27（1）：110-114.

[197] Ingall A H, Cage P A, Kindon N D. WO 9418216[P]. 1994-08-08.

[198] Ingall A H, Dixon J, Bailey A, et al. Antagonists of the platelet P_{2T} receptor: a novel approach to antithrombotic therapy [J]. J Med Chem, 1999, 42: 213-220.

[199] 肖玉华，李燕兵，万振江，等 . 制备坎格雷洛中间体的方法: PCT WO 2017076266A1 [P]. 2017-05-11.

[200] Rajan S T, Eswaraiah S, Reddy G V, et al. Improved process for the preparation of N6-[2-(methylthio) ethyl]-2-[(3,3,3-trifluoropropyl)thio]-5'-adenylic acid, monoanhydride with (dichloromethylene) bisphosphonic acid and its pharmaceutically acceptable salts: PCT Int. Appl. WO2018185715A1 [P]. 2018-10-11.

[201] 邹寿涛 . 磷丙泊酚的临床应用研究进展 [J]. 国际药学研究杂志，2015，42（2）：165-169.

[202] Harris E A, Lubarsky D A, Candiotti K A. Monitored anesthesia care (MAC) sedation: clinical utility of fospropofol [J]. Ther Clin Risk Manag, 2009, 5: 949-959.

[203] Fechner J, Ihmsen H, Hatterseheid D, et al. Pharmacokinetics and clinical phannaeodynamics of the new propofol prodrug GPI 15715 in volunteers [J]. Anesthesiology, 2003, 99(2): 303-313.

[204] Garnoek-Jones K P, Scott L J. Fospropofol [J]. Drugs, 2010, 70(4): 469-477.

[205] Shah A, Mistry B, Gibiansky E, et al. Fospropofol assay: issues and impact on pharmacokinetic and pharmacodynamic evaluation [J]. Eur J Anaesth, 2009, 26(1): 81.

[206] Shah A, Fechner J, Struys M, et al. Single-dose crossover pharmacokinetic/pharmacodynamic study of fospropofol vs propofol in healthy volunteers: 918 [J]. Am J Gastroenterol, 2007, 102(Suppl 2): 455-456.

[207] Rex D K. Review article: Moderate sedation for endoscopy: sedation rregimens for non-anaesthesiologists [J]. Aliment Pharm Ther, 2006, 24(2): 163-171.

[208] 李洪爽，孙铁民 . 磷丙泊酚钠(fospropofol disodium) [J]. 中国药物化学杂志，2009, 19: 161.

[209] Stella V J, Zygmunt J J, Georg I G, et al. Water-soluble prodrugs of hindered alcohols or phenols: PCT Int. Appl. WO 2000008033 [P]. 2000-02-17.

[210] Safadi M S, Georg I G, Stella V J, et al. Water soluble prodrugs of hindered alcohols or phenols: CA 2339834 [P]. 2000-02-17.

[211] Bonneville G, Delahanty G, Walz A J. Process for preparing water-soluble phosphonooxymethyl derivatives of alcohol and phenol: PCT Int. Appl. WO 2003059255 [P]. 2003-07-24.

[212] Yang J, Yin W, Liu J, et al. Synthesis and characterization of novel quick-release propofol prodrug via lactonization[J]. Bioorg. Med. Chem. Lett, 2013, 23(6): 1813-1816.

[213] Yang C, Qiang J, Zhang Q. Method for preparing and purifying Fospropofol disodium: CN 102382133 [P]. 2012-05-21.

[214] Kumpulainen H, Jaervinen T, Mannila A, et al. Synthesis, in vitro and in vivo characterization of novel ethyl dioxy phosphate prodrug of propofol [J]. Eur J Pharm Sci, 2008, 34: 110-117.

[215] Hueber A J, Mclnnes I B. Is spleen tyrosine kinase inhibition an effective therapy for patients with RA? [J]. Nat Rev Rheumatol, 2009, 5(3): 130-131.

[216] Rigel 制药公司 . Rigel 制药公司公布抗类风湿性关节炎新药 Tamatinib fosdium 的 II 期临床研究结果 [J]. 药学进展，2008（9）431-432.

[217] Braselmann S, Taylor V, Zhao H, et al. R406, an orally available spleen tyrosine kinase inhibitor blocks Fc receptor signaling and reduces immune complex-mediated inflammation [J]. J Pharmacol Exp Ther, 2006, 319(3): 998-1008.

[218] Cha H S, Boyle D L, Inoue T, et al. A novel spleen tyrosine kinase inhibitor blocks c-Jun N-terminal kinase-mediated Gene expression in synoviocytes [J]. J Pharmacol Exp Ther, 2006, 317(2): 571-578.

[219] Sweeny D J, Li W, Grossbard E, et al. Contmution of gut bacteria to the metabolism of the spleen tyrosine kinase (Syk) inhibitor R406 in cynomolgus monkey [J]. Xenobiotica, 2010, 40(6): 415-423.

[220] 陈本川 . 治疗慢性免疫性血小板减少症新药——福坦替尼(fostamatinib)[J]. 医药导报，2018，37（12）：1544-1550.

[221] Argade A, Bhamidipati S, Li H, et al. Design, synthesis of diaminopyrimidine inhibitors targeting IgE and IgG mediated activation of Fc receptor signaling [J]. Bioorg Med Chem Lett, 2015, 25: 2122-2128.

[222] Singh R, Bhamidipati S, Masuda E. Preparation of prodrugs of 2,4-pyrimidinediamine compounds and their use for mediating diseases via activitation of Fc receptor signaling cascades: PCT Int. Appl. WO 2006078846 A1 [P]. 2006-07-27.

[223] Grossbard E, Argade A, Singh R, et al. Preparation of pyrimidine-2,4-diamines as RET kinase inhibitors for treatment of cell proliferative disorders: PCT Int. Appl. WO 2009003136 A1 [P]. 2008-12-31.

[224] Bhamidipati S, Singh R, Sun T, et al. Prodrug salts of 2,4-pyrimidinediamine compounds and their preparation and biological use: PCT Int. Appl. WO 2008064274 A1 [P]. 2008-05-29.

[225] Felfer U, Giselbrecht K-H, Wolberg M. Synthesis of N4-(2,2-dimethyl-4-[(dihydrogen phosphonoxy)-3-oxo-5-pyrido[1,4]oxazin-6-yl]-5-fluoro-N2-(3,4,5-trimethoxyphenyl))-2,4-pyrimidinediamine disodium salt: PCT Int. Appl. WO 2011002999 A1 [P]. 2011-01-06.

[226] Mckeever B, Diorazio L J, Jones M. F, et al. Preparation of pharmaceutial 2,4-pyrimidinediamines in large scale: PCT Int. Appl. WO 2015095765 A1 [P]. 2015-06-25.

[227] 杨文冬 , 黄剑锋 , 曹丽云 , 等 . 磷酸铝的制备及其应用 [J]. 无机盐工业，2009, 41: 1-3.

[228] 沈刚 . 新编实用儿科药物手册 [M]. 2 版 . 北京：人民军医出版社，2009: 302-303.

[229] 姜铀，徐海珊，张伯伦 . 胃食管反流病多因素评价 [J]. 中国实用内科杂志，1999, 19（1）: 31-33.

8

现代含磷药物的
发展

Synthesis and Application of Phosphorus-Containing Drugs

长期以来，在化合物中引入磷酸酯或磷酸及其钠盐作为前药在药物研究与开发中是一个极其重要的策略(图 8-1)。这样的前药策略主要的作用是：①通过改善药物的理化性质，提高药物的传输速率和选择性；②提高药物的生物利用度；③对于水溶性差的母体药物，通过磷酸酯化提高其水溶性；④通过改变给药方式，延长药物作用时间，方便患者；⑤通过改善脂溶性，提高细胞膜的穿透能力，提高药效；⑥降低毒性，提高治疗效果，即提高药物的安全性(图 8-2)。

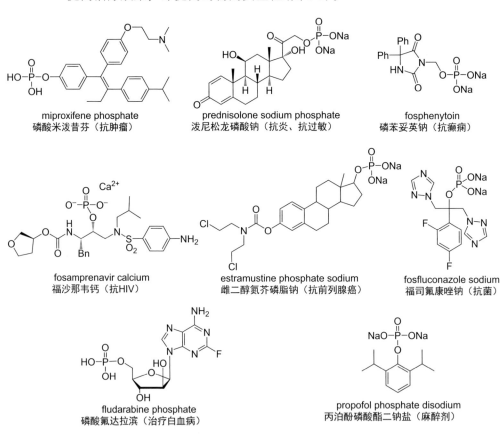

miproxifene phosphate
磷酸米泼昔芬（抗肿瘤）

prednisolone sodium phosphate
泼尼松龙磷酸钠（抗炎、抗过敏）

fosphenytoin
磷苯妥英钠（抗癫痫）

fosamprenavir calcium
福沙那韦钙（抗HIV）

estramustine phosphate sodium
雌二醇氮芥磷脂钠（抗前列腺癌）

fosfluconazole sodium
福司氟康唑钠（抗菌）

fludarabine phosphate
磷酸氟达拉滨（治疗白血病）

propofol phosphate disodium
丙泊酚磷酸酯二钠盐（麻醉剂）

图 8-1　通过引入磷酸（酯、盐）基团开发的药物分子

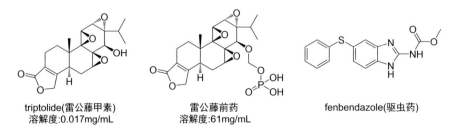

triptolide(雷公藤甲素)
溶解度:0.017mg/mL

雷公藤前药
溶解度:61mg/mL

fenbendazole(驱虫药)

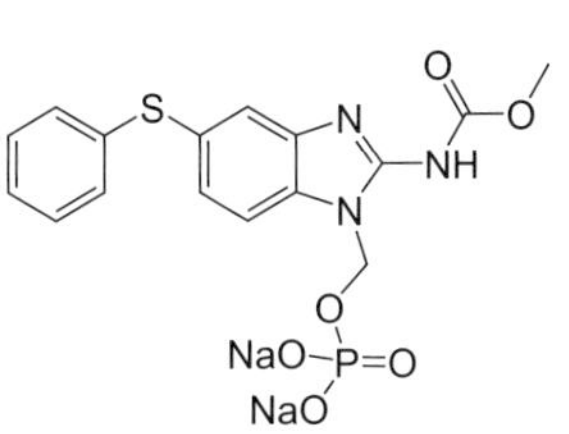

fenbendazole前药
水溶性和稳定性提高

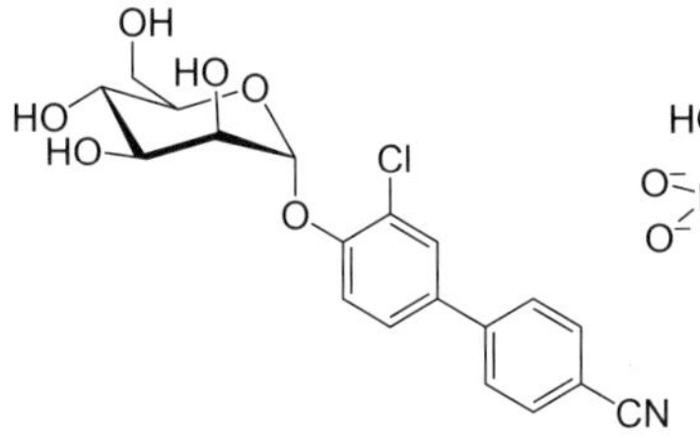

联芳基-α-D-甘露糖苷

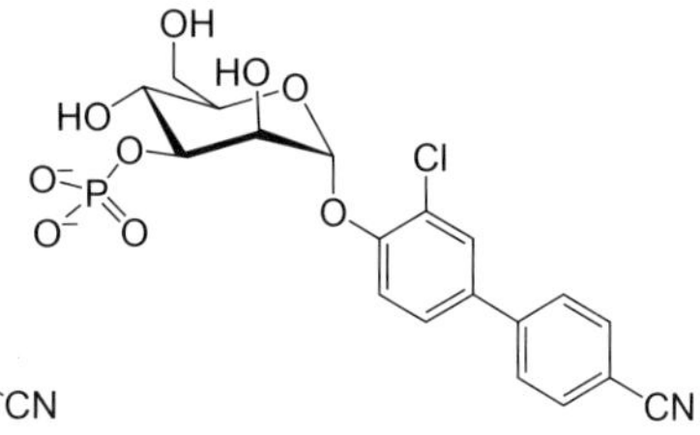

联芳基-α-D-甘露糖苷前药
溶解度 提高140倍

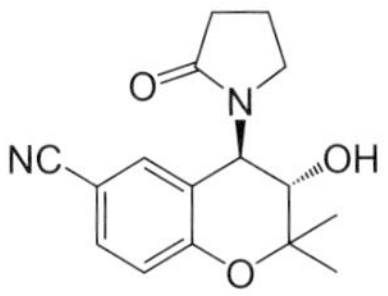

cromakalim(治疗青光眼)

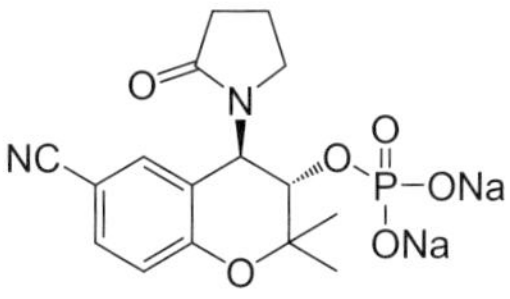

cromakalim前药
水溶性和稳定性提高

图 8-2　含磷酸（盐）药物与其母体药物性质对比

核苷类药物作为中坚力量，在抗病毒、抗肿瘤等方面起到了巨大的作用。例如我国自主研发的新型抗艾滋病病毒(HIV)核苷药物阿兹夫定(FNC，图 8-3)属世界领先、国内首创的新一代艾滋病治疗药物[1]。药物已获得中国、美国、欧盟专利授权，目前已完成二期临床研究。临床试验结果表明：每人每天使用该药 2mg 的治疗效果要好于每人每天使用目前临床药物 AZT 300mg 和 3TC 600mg 的治疗效果。由于研制成本相比国外较低，阿兹夫定将能够使艾滋病患者每年的治疗费用大幅度降低。FNC 是艾滋病病毒逆转录酶(RT)和 Vif 辅助蛋白抑制剂，为一类双靶点、新作用机制的抗艾滋病病毒新药。在体内，FNC 在核苷激酶(nucleoside kinases)的催化下进一步磷酸化形成活性核苷三磷酸(FNC-TP)，从而发挥抗病毒药效。

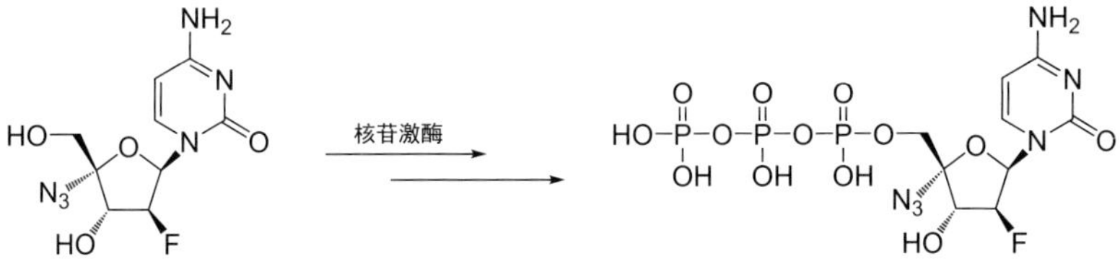

图 8-3　阿兹夫定在体内通过磷酸化为活性核苷三磷酸（FNC-TP）发挥药效

近年来，直接研究核苷磷酸（即核苷酸类）药物／前药在新药研发中的应用越来越受到药物化学家们的重视。天然核苷酸（nucleotide）是遗传物质核糖核酸（RNA）及脱氧核糖核酸（DNA）的基本结构单位。其本身也具有多种重要的生物学功能，如三磷酸腺苷（ATP）、脱氢辅酶等与能量代谢密切相关。将天然核苷酸的糖环和／或碱基进行修饰可以获得各种核苷酸类似物，后者具有各种抗病毒、抗肿瘤等活性。然而核苷酸本身成药性不好，因为它们的化学稳定性通常较差，且较大的极性会阻碍其穿过细胞膜[2,3]。药物研发时通常采用的是核苷类似物，其结构只有（脱氧）核糖和核碱基两部分。在细胞内核苷类似物在激酶作用下逐步磷酸化，最终形成相应的活性核苷三磷酸而发挥药效[4,5]。而在核苷类似物的磷酸化过程中，第一步磷酸化速率较慢，经常被认定为限制步骤，这导致了一些核苷类似物的活性不高[6,7]。鉴于此药物化学家们设计合成了各种"保护的"单磷（膦）酸核苷，即核苷酸类前药。这类前药具有较好的结构稳定性和脂溶性，能够有效地将核苷单磷（膦）酸输送到靶细胞或组织。一旦进入细胞内，相应的保护基团就会被酶促和／或化学降解，释放出单磷酸盐形式的游离核苷酸，后者可以进一步在细胞内转化为相应的核苷三磷酸来发挥药效。单磷酸酯前药的策略已被成功地应用于抗人类免疫缺陷病毒（HIV）、抗乙型肝炎病毒（HBV）和抗丙型肝炎病毒（HCV）等的药物开发。过去的 20 多年里，已有十余种向细胞内递送核苷酸类似物的前药被开发[2-4]，下面介绍其中代表性的几种前药策略。

8.1

酰氧烷基酯类含磷前药

　　简单的羧酸酯在体内被羧酸酯酶迅速降解，相应的简单烷基磷／膦酸酯通常是代谢稳定的，因此作为前药没有用途。最常被使用的一种磷／

膦酸酯的前药类型是酰氧基烷基酯类前药。羧酸酯或碳酸酯的酶促裂解产生一种瞬时羟甲基中间体，中间体快速失去甲醛生成酰氧基烷基单酯（图 8-4）。单酯的水解可以通过类似的机制进行，或由磷酸二酯酶催化。这个类型的前药已被广泛用于羧酸，其中缩醛碳通常被低级烷基基团取代。最早对含膦酸结构药物进行酰氧基烷基修饰的前药报道于 1969 年，应用于抗生素磷霉素前药的研究。从那以后，当需要设计膦酸的前药时，通常其是第一个尝试的前药类型。该类中的两种药物目前在销售的有抗病毒药物阿德福韦酯和替诺福韦酯。

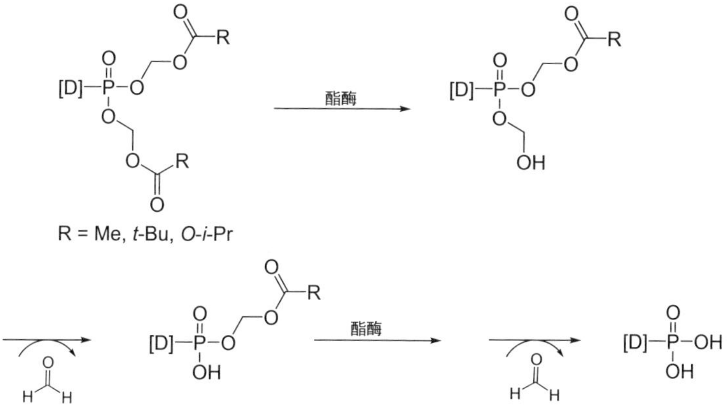

图 8-4　酰氧基烷基酯类含磷前药策略

[D]: drug（药物）

8.2

S-酰基硫代乙酯类含磷前药

　　S-酰基硫代乙基(SATE)酯类前药已广泛应用于膦酸盐和磷酸盐。与上述前药一样，其裂解由广泛分布在血液和其他组织中的酯酶介导。硫酯的水解产生中间体硫代乙酯，其随着环硫乙烷的脱除而分解(图 8-5)。虽然与该副产物相关的毒性风险在很大程度上限制了 SATE 酯类前药的

发展，但它们已经常用于体外研究磷/膦酸盐的细胞内递送，特别是在抗病毒领域。

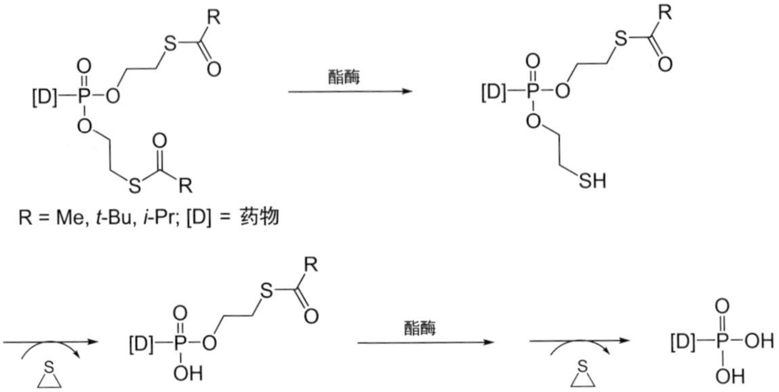

R = Me, *t*-Bu, *i*-Pr; [D] = 药物

图8-5　*S*-酰基硫代乙酯类含磷前药策略

8.3
芳基酯类含磷前药

　　首次证明膦酸二苯酯可以达到合适的前药性能（口服吸收和体内转化为活性药物），是在其用于中性内肽酶（NEP）抑制剂时。虽然简单的酰氧基烷基酯衍生物是有效的前药，但作者的动机是找到不释放甲醛作为副产物（*α*-亚甲基未取代的）或不含有不必要的立体中心（*α*-亚甲基取代的）的前药。在大鼠口服给药后，简单的二苯酯 CGS 25462（图 8-6）使血浆中活性药物的峰值水平比 IC$_{50}$ 高 200 倍以上。供电子基团的取代使血浆中的活性药物水平降低，而吸电子基团的取代导致化学上不稳定的化合物在纯化过程中易于水解成相应的单芳基膦酸酯。一种相关的 NEP 抑制剂芳酯前体药物也有类似的发现，即未取代的二苯酯 CGS 26393 提供了活性药物的最佳血浆水平。

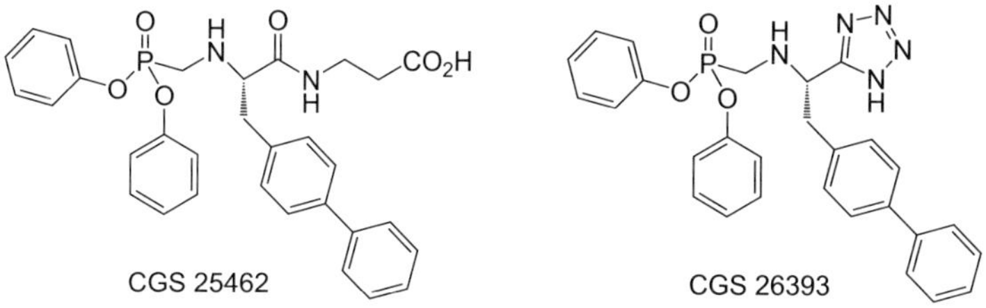

CGS 25462   CGS 26393

图 8-6   代表性芳基酯类含磷前药的分子结构

8.4
苄基酯类含磷前药

简单的未官能化的苄基酯不被哺乳动物的酶识别，但是有一些值得注意的膦酸苄基酯被取代的例子，使得它们可用作前药。该领域的第一批研究人员的策略是使用苯环作为酯酶不稳定酰基和膦酸酯之间的间隔基，其理由是通过在第一个酯基水解形成的单阴离子中间体的负电荷和剩余的可裂解的酰基之间保持相当大的距离，将使其成为更好的酯酶底物。4-羟基苄基酯中间体经历自发断裂，脱去一分子亚甲基醌中间体（图 8-7），后者可能通过水合反应生成 4-羟甲基苯酚。由于化学稳定性不足，膦酰甲酸酯的最初应用失败，这归因于羧酸盐基团与膦酸盐的相邻性。这些研究人员随后探索了模型系统中甲基膦酸盐和抗病毒膦酰乙酸盐的应用，证明了其具有足够的化学稳定性。

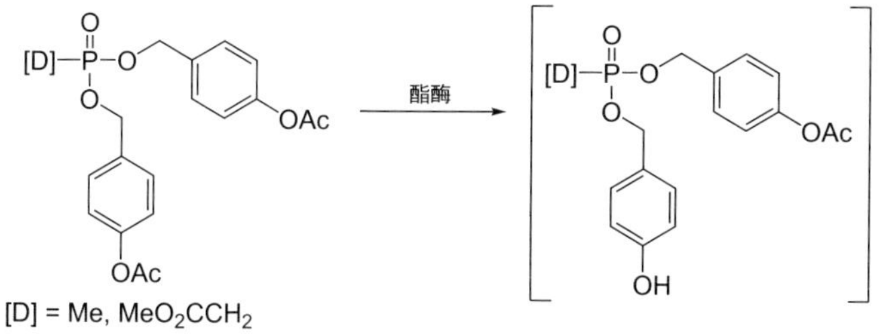

[D] = Me, MeO$_2$CCH$_2$

图 8-7

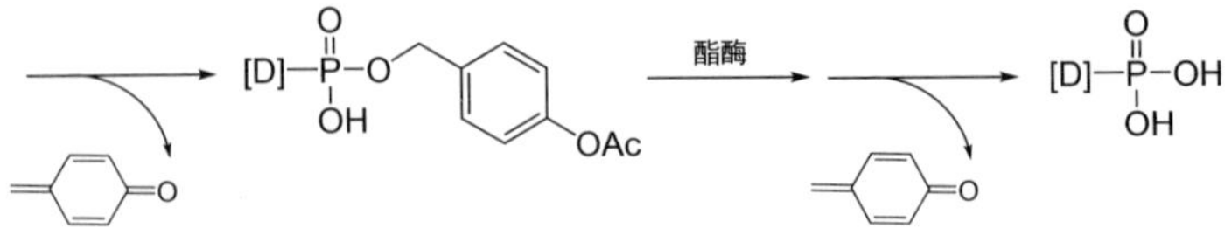

图 8-7 苄基酯类含磷前药策略

8.5
HepDirect含磷前药

  由于大多数核苷单磷酸酯前药在其他组织特别是血液中过早地裂解，低效地将单磷酸(或膦酸类似物)递送至靶细胞，因此 HepDirect 前药被特别设计为在肝脏内被激活以治疗基于肝脏的疾病。靶向给药系统可以将药物有效地输送至病变部位，减少全身分布，减少药物对正常组织的毒副作用，减少用药剂量和给药次数，提高药物的治疗指数，降低不良反应。基于此，2004 年，Erion 等发展了环磷(膦)酸酯前药 [7]。该类前药在体内的代谢过程需要 P450 酶的参与，而 P450 酶在肝脏中过表达，因此该类化合物有可能发展成为肝靶向核苷磷酸酯前药，为肝靶向药物的开发提供了一个新的思路。该类环磷酸酯前药在 P450 酶下的作用机理如图 8-8 所示。但该类前药的问题是其代谢过程中会产生强致癌的 α, β-不饱和酮类化合物，可能会限制其在临床上的应用。

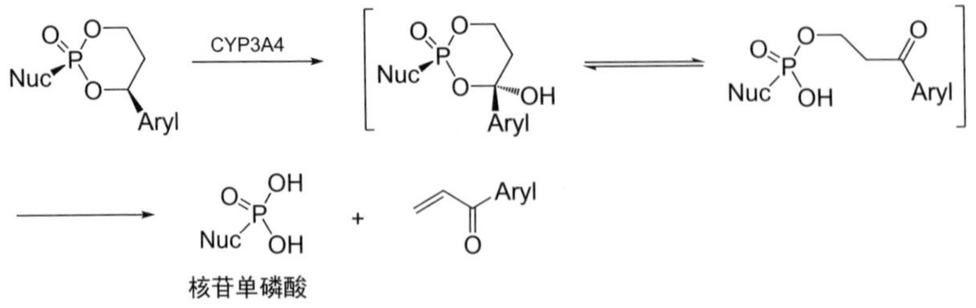

图 8-8　HepDirect 含磷前药策略

8.6

磷酰胺酯类前药

继 McGuigan 之后，基于现有核苷类药物及新设计的核苷化合物的磷酰胺酯类前药的研发成为核苷化学的热点，越来越多的试验事实证明大多数前药比其母体核苷有更高的活性和更好的药代动力学特征。2013年12月，磷酰胺酯类前药索非布韦(sofosbuvir)被 FDA 授权用于慢性丙肝的治疗，是首个获批可用于 HCV 全口服治疗方案的药物，在用于特定基因型(2型、3型)慢性 HCV 治疗时，可消除对传统注射药物干扰素的需求。2016年11月，磷酰胺酯类前药替诺福韦艾拉酚胺被 FDA 批准用于治疗乙肝，它是一种具有靶向性、高效性的治疗慢性乙肝的药物，且其对肾脏的毒副作用大大降低。

但这类前药也存在一定的问题，其代谢产物苯酚能引起肝脏和肾脏的损伤，对神经系统也有影响；酯酶存在于血液与几乎所有的组织中，前药 **1**(图 8-9)在酯酶的作用下水解生成的中间体化合物 **2** 不稳定，一旦生成就会被继续代谢为二酸 **4** 或其母体核苷化合物。二酸 **4** 的极性很大，无法通过细胞膜进入细胞内发挥药效。

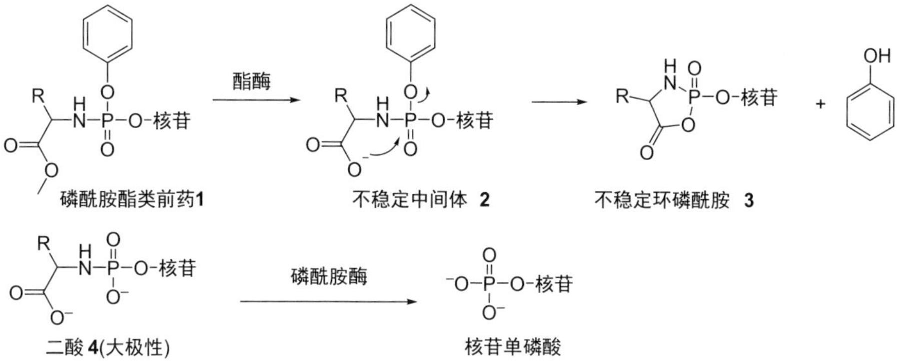

图 8-9　磷酰胺酯类前药策略

从索非布韦到替诺福韦艾拉酚胺，引入磷酰胺酯类前药策略实现了治疗丙型肝炎病毒(HCV)和乙型肝炎病毒(HBV)的划时代突破，并深刻影响了未来含磷药物尤其是抗病毒和抗癌药物的研究进程。目前有10余个药物分子(图8-10)是通过磷酰胺酯类前药策略研发而成的(包括已上市的索非布韦和替诺福韦艾拉酚胺)[8]。需要特别指出的是，2016年在*Nature*上发表的研究成果证实在非人灵长类动物感染埃博拉病毒后，静脉注射磷酰胺酯类前药GS-5734治疗12天后，被感染治疗的动物有100%的存活率。

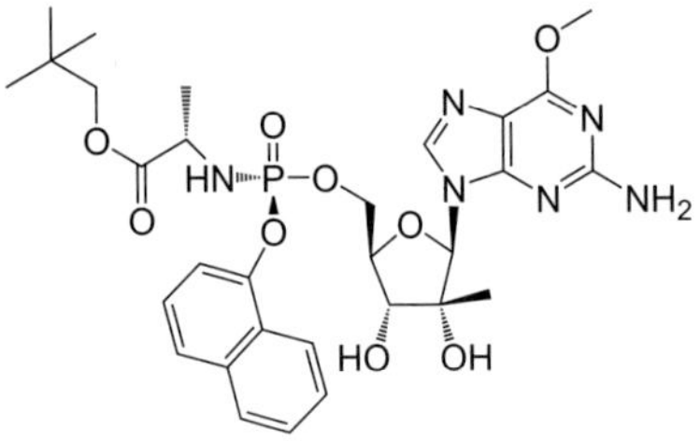
INX-189

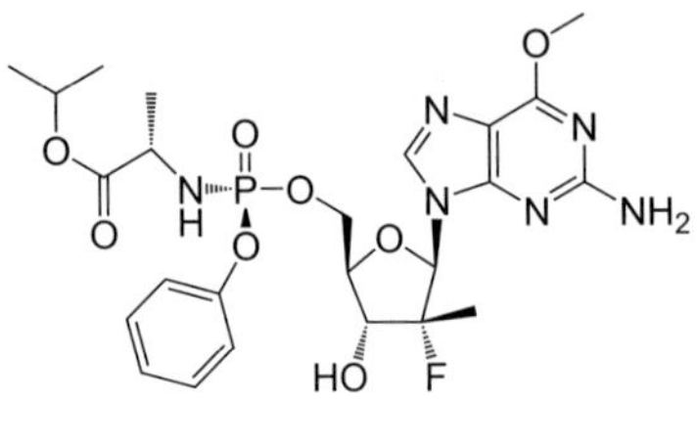
PSI-353661

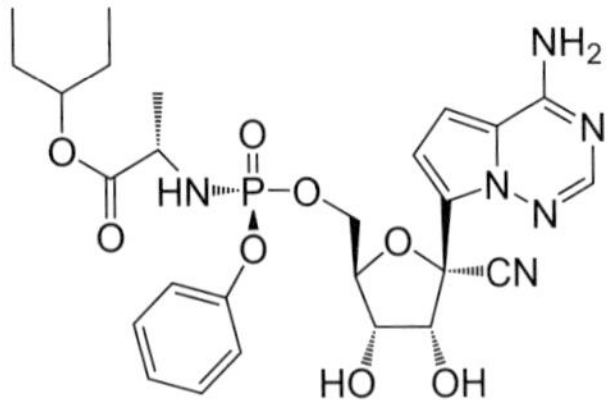
GS-5734

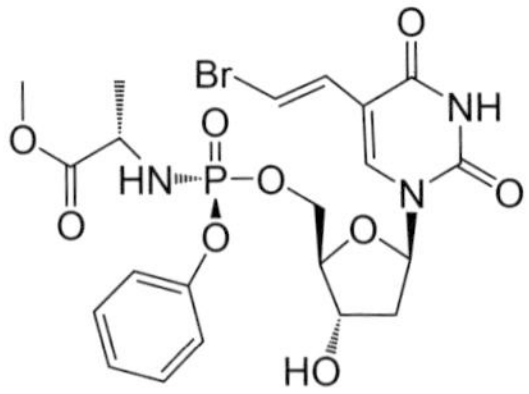
thymectacin

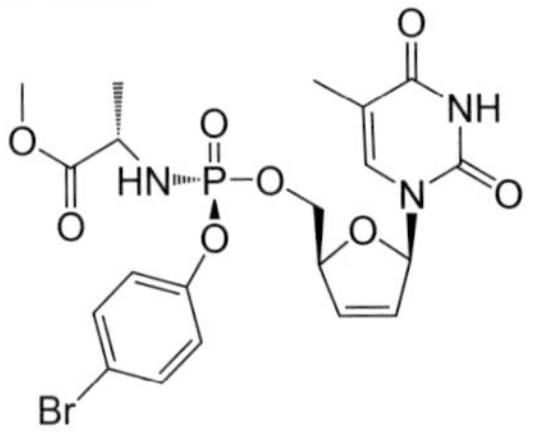
stampidine

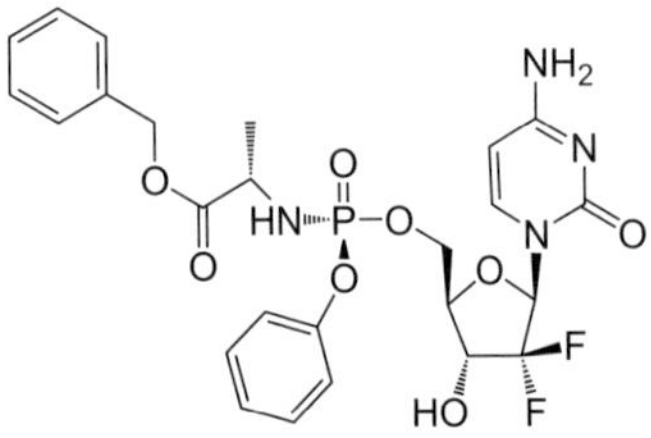
NUC-1031

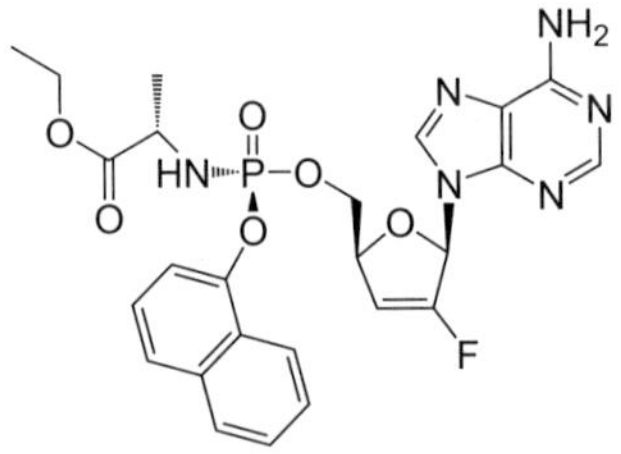
GS-9131

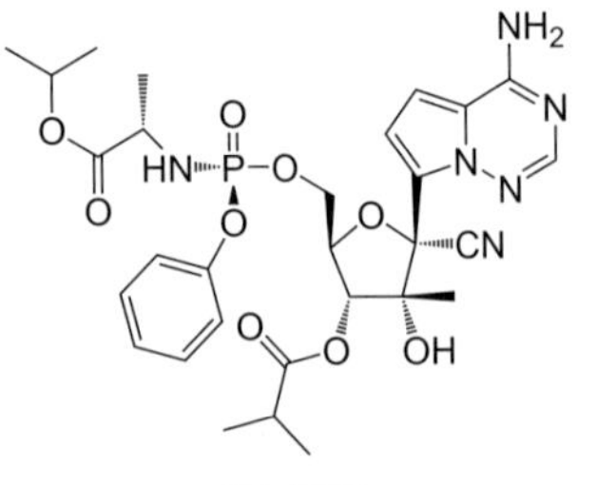
GS-6620

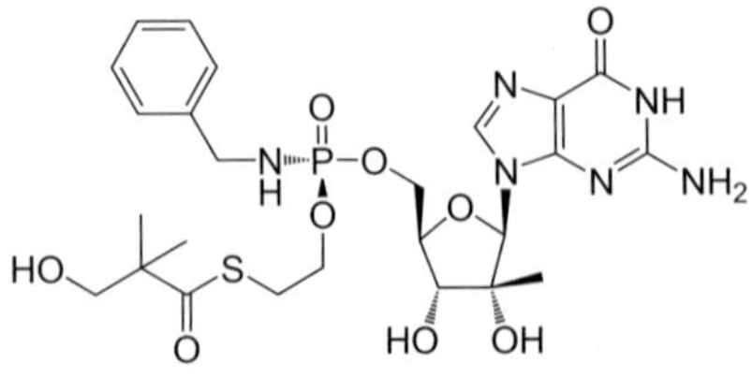
IDX-184

图8-10 其他代表性磷酰胺酯类前药的分子结构

2013 年 12 月 6 日，美国 FDA 批准吉利德公司抗 HCV 新药索非布韦的上市申请，索非布韦是含氟核苷酸类似物的磷酰胺酯类前药，也是一种有效的口服 NS5B 聚合酶抑制剂，丙肝治愈率高达 95% 以上，上市第一年其全球销售额便达到 124 亿美元。2014 年 10 月 10 日，索非布韦与雷迪帕韦(ledipasvir，NS5A 抑制剂)组合而成的二代抗 HCV 药哈瓦尼(harvoni)被批准上市。2015 年，索非布韦和哈瓦尼的总销售额达到 193 亿美元。索非布韦是 2′-氟-2′-甲基-脲苷的磷酰胺酯类前药。2′-氟-2′-甲基-脲苷本身体外试验不显示抗丙肝病毒活性，因为它不能被磷酸酯化。索非布韦的开发成功是磷酸胺酯类前药应用的又一成功例子，也是磷在医药领域应用的又一成功实例。

2016 年 11 月 11 日，美国 FDA 批准了吉利德公司抗 HBV 新药替诺福韦艾拉酚胺的上市申请，替诺福韦艾拉酚胺是一种创新型、靶向性的替诺福韦磷酰胺酯类前药，与 300 mg 的替诺福韦酯相比，其只需要少于 1/10 的剂量(25 mg)就可以达到类同的抗病毒功效，且具有更大的血浆稳定性，能更有效地将核苷酸类似物替诺福韦递送到肝细胞，而且大大降低了其对肾脏的毒副作用(图 8-11)。替诺福韦艾拉酚胺也是近十年内被批准用于治疗慢性乙肝的第一个药物[9]。

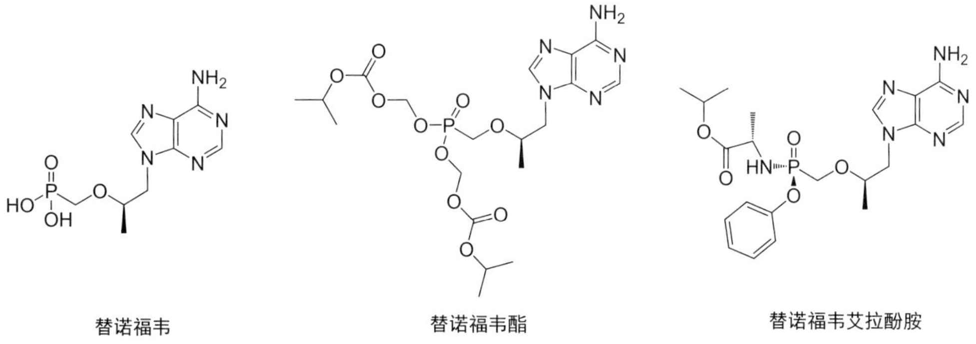

替诺福韦　　　　　　　　　　替诺福韦酯　　　　　　　　　　替诺福韦艾拉酚胺

图 8-11　替诺福韦及其前药替诺福韦酯和替诺福韦艾拉酚胺的分子结构

为了改良核苷的生物活性，核苷的磷酸酯前药的研发成为核苷化学的热点[3]，因为它们可以潜在地绕过限速的单磷酸化步骤，将生物学上的非活性核苷转化为其活性核苷单磷酸酯。

McGuigan 等发展了 ProTide(PROdrug+nucleoTIDE)技术，其技术核

心是通过前药的方式，主要是由一个芳香取代基模体和一个氨基酸酯组成的结构以磷酰胺酯的形式将核苷类似物更加方便和有效地传输进细胞内。研究第一个突破是在 1992 年，McGuigan 等报道了核苷类抗 HIV 药物齐多夫定(AZT)的磷酰胺酯类前药[10,11](图 8-12)。该类前药由于氨基酸酯和芳基的存在，脂溶性大大提高，能有效地穿透细胞膜进入细胞，然后在酯酶的作用下发生氨基酸酯的水解，再经过关环、水解、脱氨基酸等过程得到核苷单磷酸(图 8-9)。

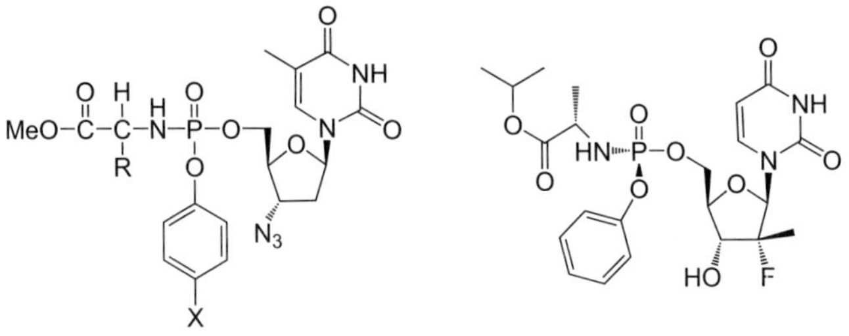

齐多夫定(AZT)的磷酰胺酯类前药   索非布韦

图 8-12　齐多夫定（AZT）的磷酰胺酯类前药与索非布韦的分子结构

8.7

磷酰胺苄酯类前药

目前，靶向给药系统是国内外药物化学的热门研究领域。但目前已有的 HepDirect 和磷酰胺酯类等前药均存在一定的致癌、肾毒性等毒副作用。鉴于目前磷酰胺酯类前药存在的问题，尽快开发新型的核苷磷酸酯类前药，特别是代谢过程中不产生有毒代谢物的肝靶向磷酸酯类前药，具有重大的科学理论意义与实际应用前景。常俊标教授课题组在前期核苷类药物研究的基础上，设计合成了一系列具有自主知识产权的新型核苷磷酸酯类前药[12-15](图 8-13)，用于抗肝癌、抗病毒(包括 HIV、HBV、

HCV）等的研究[16-18]。该类前药结构中的苄基在细胞内被 P450 酶氧化脱去后释放出活性核苷磷酸分子。由于大量的 P450 酶富集于肝脏，所以大多此类前药会被分解释放于肝脏，使肝脏的药物浓度大大高于循环系统。这种新型前药有显著的肝靶向特性。这样的前药用于治疗肝脏疾病，其疗效会因为肝脏的药物浓度的提高而大大增加；同时，毒副作用又因循环系统的药物浓度的大大降低而大大减小。前药分解出来的副产物是无毒的苯甲酸和氨基酸的缩合物。这种前药技术在核苷领域可望有广泛的应用。

推测所设计的氨基磷酸酯类前药的作用机理如图 8-14 所示。与 McGuigan 的磷酰胺酯类前药类似，前药 **5** 首先在酯酶的作用下发生氨基酸的水解得到中间体 **6**。但与中间体 **2**（图 8-9）不同的是，中间体 **5** 由于苄醇的离去能力差，因此是可以稳定存在的，只有在 P450 酶的作用下，在苄醇位置发生羟基化生成中间体 **7** 后才能继续代谢生成核苷单磷酸酯。代谢副产物苯甲醛可被进一步氧化为苯甲酸，进而与同在肝脏中的甘氨酸结合生成无毒的苯甲酰甘氨酸。

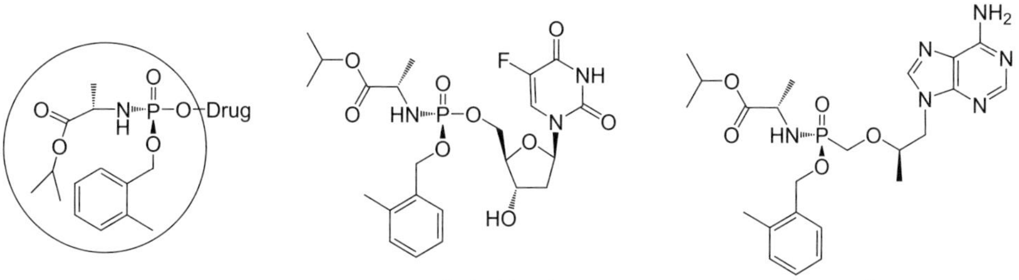

FdUMP前药（抗肿瘤）　　CL-152 (抗HIV/HBV)

图 8-13　代表性磷酰胺苄酯类前药的分子结构

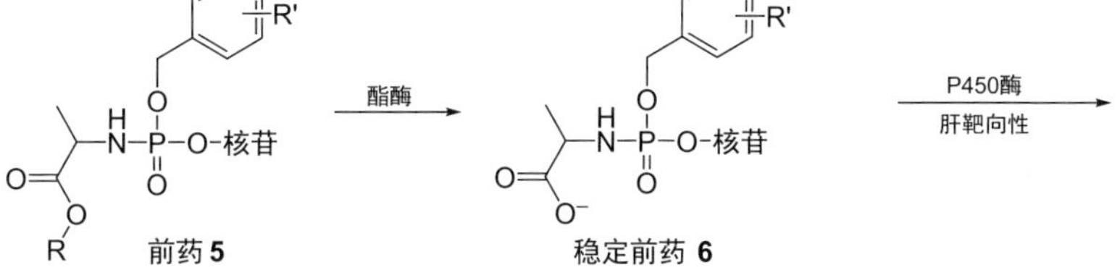

前药 **5**　　稳定前药 **6**

图 8-14

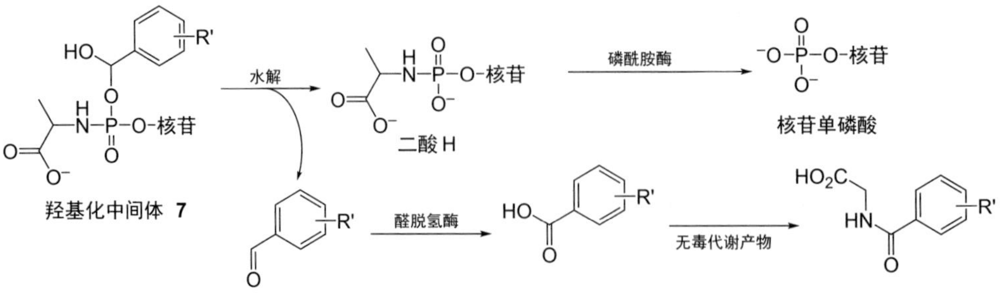

图 8-14 磷酰胺苄酯类前药的作用机理

该类新型核苷氨基磷酸酯类前药具有以下优点：①核苷的生物活性大大提高；②具有高亲脂性且容易穿透细胞膜，从而改善母体药物的药代动力学和／或生物利用率；③可以被 P450 酶和／或肝脏中富含的其他酶活化，核苷氨基磷酸酯可有效地递送核苷-5′-单磷酸酯到肝脏中，具有显著的肝靶向作用；④此类前药代谢产物没有明显的毒性。通过有机磷酸酯／有机磷酸及其钠盐前药改善母体药物的亲脂性和膜穿透能力是磷与医药领域的又一发展趋势。

8.8
新的合成技术推动含磷药物研发

虽然磷酰胺酯类前药的研究从 20 世纪 90 年代初就开始了，但是直到近 5 年，尤其是抗 HCV 的重磅炸弹药物索非布韦和抗 HBV 的替诺福韦艾拉酚胺的获批上市后，这一方法的独特优点以及临床研究出色的成果得到药物研发科学工作者的广泛重视和肯定。

然而，在磷酰胺酯类前药中，五价磷是具有手性的，且磷手性的绝对构型对其药物活性有着较大的影响。传统的合成手性磷的方法是以昂贵的手性五氟苯酚取代的磷酰胺酯为底物，在格氏试剂这样苛刻的条件下与核苷发生反应，形成手性磷酰胺酯类前药，抗 HCV 药物索非布韦

(PSI-7977)也是通过该路线合成的[19](图 8-15)。

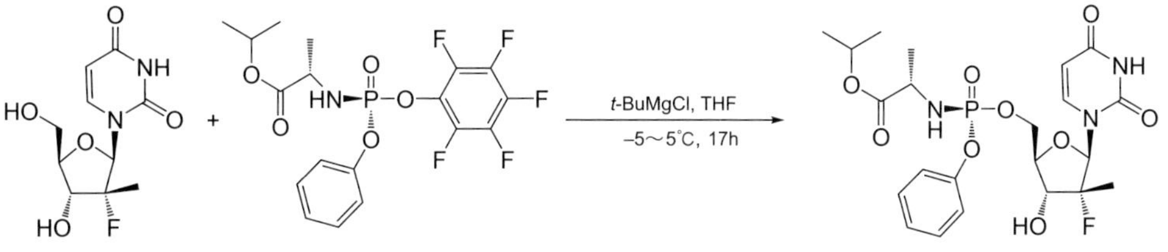

t-BuMgCl, THF
−5～5°C, 17h

68%收率, 99.7% ee

索非布韦 (PSI-7977)

图 8-15 磷手性抗 HCV 药物索非布韦（PSI-7977）的合成

2017 年，手性磷酰胺酯类前药的不对称合成技术取得了重大突破，*Science* 上刊登了默克(Merck)制药公司采用多官能团催化剂进行立体选择性组建手性磷酰胺酯类前药的新方法[20]。该方法使用双齿双环咪唑手性亲核催化剂，通过磷酰氯与核苷一步反应，形成手性 P—O 键，以极高的手性控制得到了系列手性磷酰胺酯类前药(图 8-16)。这一领域合成新方法的涌现，必将推动磷科学的发展，也必将使含磷药物迎来崭新的发展局面。

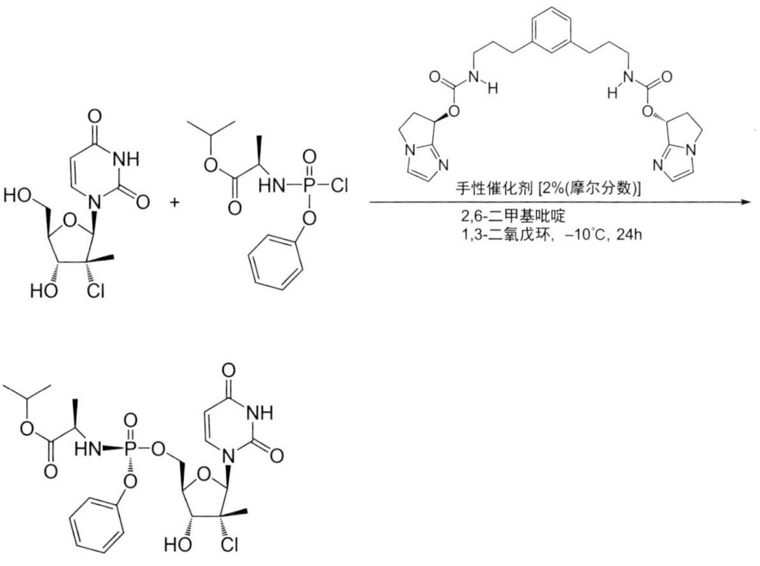

手性催化剂 [2%(摩尔分数)]
2,6-二甲基吡啶
1,3-二氧戊环, −10°C, 24h

92%收率, 99:1 dr

MK-3682

图 8-16 默克制药公司开发的立体选择性合成手性磷酰胺酯类前药 MK-3682 反应

参考文献

[1] Wang Q, Hu W, Wang S, et al. Synthesis of new 2′-deoxy-2′-fluoro-4′-azido nucleoside analogues as potent anti-HIV agents [J]. Eur J Med Chem, 2011, 46 (9): 4178-4183.

[2] Wagner C R, Iyer V V, McIntee E J. Pronucleotides: toward the in vivo delivery of antiviral and anticancer nucleotides [J]. Med Res Rev, 2000, 20 (6): 417-451.

[3] Pradere U, Garnier-Amblard E C, Coats S J, et al. Synthesis of nucleoside phosphate and phosphonate prodrugs [J]. Chem Rev, 2014, 114 (18): 9154-9218.

[4] Hecker S J, Erion M D. Prodrugs of phosphates and phosphonates [J]. J Med Chem, 2008, 51 (8): 2328-2345.

[5] Ji X, Wang J, Zhang L, et al. Application of phosphates and phosphonates prodrugs in drug research and development [J]. Acta Pharm Sin, 2013, 48(5): 621-634.

[6] Boyer S H, Sun Z, Jiang H, et al. Synthesis and characterization of a novel liver-targeted prodrug of cytosine-1-β-D-arabinofuranoside monophosphate for the treatment of hepatocellular carcinoma [J]. J Med Chem, 2006, 49(26): 7711-7720.

[7] Erion M D, Reddy K R, Boyer S H, et al. Design, synthesis, and characterization of a series of cytochrome P_{450} 3A-activated prodrugs (HepDirect prodrugs) useful for targeting phosph(on)ate-based drugs to the liver [J]. J Am Chem Soc, 2004, 126(16): 5154-5163.

[8] 聂飚, 金传飞, 钟文和, 等 . 磷酰胺酯前药策略及 ProTide 技术在药物研发中的应用与进展 [J]. 有机化学, 2017, 37(11): 2818-2840.

[9] Thornton P J, Kadri H, Miccoli A, et al. Nucleoside phosphate and phosphonate prodrug clinical candidates [J]. J Med Chem, 2016, 59(23): 10400-10410.

[10] McGuigan C, Pathirana R N, Mahmood N, et al. Aryl phosphate derivatives of AZT retain activity against HIV1 in cell lines which are resistant to the action of AZT [J]. Antivir Res, 1992, 17(4): 311-321.

[11] McGuigan C, Pathirana R N, Mahmood N, et al. Aryl phosphate derivates of AZT inhibit HIV replication in cells where the nucleoside is poorly active [J]. Bioorg Med Chem Lett, 1992, 2 (7): 701-704.

[12] 常俊标, 黄强, 周素萍 . 2′,3′ - 二脱氧 -2′ -α- 氟 -2′ -β-C- 甲基核苷和其前药 : CN 103987712A[P]. 2014-08-13.

[13] Huang Q, Zhou S, Chang J. 2′,3′-Dideoxy-2′-alpha-Fluoro-2′-beta-C-Methylnucleosides and Prodrugs Thereof. WO 2013013009A3[P]. 2013-01-24; US 20140315850A1[P]. 2014-10-23.

[14] Chang J, Huang Q, Liu R, et al. Double-Liver-Targeting Phosphoramidate and Phosphonoamidate Prodrugs. US 9156874B2[P]. 2015-10-13.

[15] 常俊标, 黄强 . 2′ - 氟 -2′ -(氟甲基)-2′ - 脱氧核苷类化合物及其磷酸酯潜药 : CN 103980332A[P]. 2014-08-13.

[16] Peng Y, Yu W, Li E, et al. Discovery of an orally active and liver-targeted prodrug of 5-fluoro-2′-deoxyuridine for the treatment of hepatocellular carcinoma [J]. J Med Chem, 2016, 59(8): 3661-3670.

[17] Yu W, Li E, Lv Z, et al. Synthesis and anti-HCV activity of a novel 2′,3′-dideoxy-2′-α-fluoro-2′-β-C-methyl guanosine phosphoramidate prodrug [J]. ACS Med Chem Lett, 2017, 8(6): 682-684.

[18] Li E, Wang Y, Yu W, et al. Synthesis and biological evaluation of a novel β-D-2′-deoxy-2′-α-fluoro-2′-β-C-(fluoromethyl) uridine phosphoramidate prodrug for the treatment of hepatitis C virus infection [J]. Eur J Med Chem, 2018, 143(1): 107-113.

[19] Ross B S, Ganapati Reddy P, Zhang H R, et al. Synthesis of diastereomerically pure nucleotide phosphoramidates [J]. J Org Chem, 2011, 76(20): 8311-8319.

[20] DiRocco D A, Ji Y, Sherer E C, et al. A multifunctional catalyst that stereoselectively assembles prodrugs [J]. Science, 2017, 356(6336): 426-430.

索引